AR交互动画与微课视频

AR交互动画是指将含有字母、数字、符号或图形的信息叠加或融合到读者看到的真实世界中，以增强读者对相关知识的直观理解，具有虚实融合的特点。

本书为纸数融合的新形态教材，通过运用AR动画技术，将数电电子技术中的抽象知识与复杂现象进行直观呈现，以提升课堂的趣味性，增强读者的理解力，最终实现高质量教学。

AR交互动画识别图

SSI引脚识别的方法

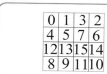

卡诺图

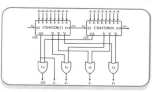

CD4532B级联的工作原理

4位双向移位寄存器的工作原理

集成计数器74LVC161异步级联的工作原理

数字钟电路应用

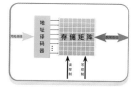

存储器结构示意图

AR5-FPGA封装内存芯片引脚识别的方法

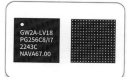

FPGA芯片引脚介绍

蓝球竞赛24s定时电路应用

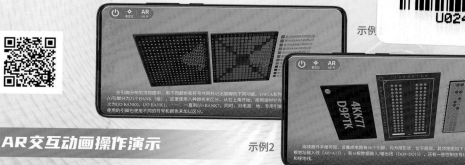

示例2

AR交互动画操作演示

使用指南

01 扫描二维码下载"人邮教育AR"App安装包，并在手机或平板电脑等移动设备上进行安装。

02 安装完成后，打开App，页面中会出现"扫描AR交互动画识别图"和"扫描H5交互页面二维码"两个按钮。

03 单击"扫描AR交互动画识别图"按钮，扫描书中的AR交互动画识别图，即可操作对应的"AR交互动画"，并且可以进行交互学习。

微课视频二维码

手机扫描二维码，即可观看相关知识点的微课视频讲解，重点难点轻松掌握。

二进制数的补码

二进制补码的加减运算

BCD码

格雷码

与非门逻辑功能的仿真验证

用卡诺图表示逻辑函数

用卡诺图化简逻辑函数

含无关项的逻辑函数化简

逻辑函数的化简与变换

普通编码器

编码器的扩展

74HC138扩展成4线-16线译码器

七段显示译码器

数值比较器

数值比较器的应用

SR锁存器

主从D触发器的直接置1与直接置0分析

同步二进制计数器

用74LVC161构成十进制计数器的方法

用集成计数器构成任意进制计数器的仿真

篮球竞赛24s定时电路的仿真

逻辑功能的仿真

分层次的电路设计方法

关于always块的说明

BCD码六十进制计数器

分频器

CMOS异或门的分析

COMS三态门电路

半导体存储器的仿真

倒T型电阻网络D/A转换器

双积分式A/D转换器

高等学校电子信息类
基础课程名师名校系列教材

教育部高等学校
电工电子基础课程教学指导分委员会推荐教材

数字电子技术基础

微课版｜支持AR交互

华中科技大学电子技术课程组／组编

罗杰　秦臻／编著

人 民 邮 电 出 版 社

北 京

图书在版编目（CIP）数据

数字电子技术基础：微课版：支持AR交互 / 华中科技大学电子技术课程组组编；罗杰，秦臻编著. -- 北京：人民邮电出版社，2023.6（2024.3重印）
高等学校电子信息类基础课程名师名校系列教材
ISBN 978-7-115-61233-5

Ⅰ．①数… Ⅱ．①华… ②罗… ③秦… Ⅲ．①数字电路－电子技术－高等学校－教材 Ⅳ．①TN79

中国国家版本馆CIP数据核字（2023）第033755号

内 容 提 要

本书符合教育部高等学校"电工电子基础课程教学指导分委员会"于 2019 年制定的"数字电子技术基础"课程教学基本要求，以"保证基础，精选内容，重视应用"为目标，立足现代数字电子技术的发展和我国高等教育人才培养目标，力求反映当前数字电子技术发展的主流和趋势。

全书共 11 章，主要内容包括数字逻辑基础、逻辑代数、组合逻辑电路、锁存器和触发器、时序逻辑电路、硬件描述语言 Verilog HDL、逻辑门电路、半导体存储器、可编程逻辑器件、数模转换器和模数转换器、脉冲波形的变换与产生。本书采用先"逻辑"、后"电路"的次序安排内容，遵循"由浅入深，循序渐进"的学习规律，力求做到通俗易懂，激发读者学习的主观能动性。

本书可作为普通高等学校电子信息类、电气类、自动化类等相关专业"数字电子技术基础"课程的教材，也可作为从事电子技术工作的工程技术人员的参考书。

◆ 组　　编　华中科技大学电子技术课程组
　　编　　著　罗　杰　秦　臻
　　责任编辑　许金霞
　　责任印制　王　郁　陈　犇

◆ 人民邮电出版社出版发行　　北京市丰台区成寿寺路 11 号
　　邮编　100164　　电子邮件　315@ptpress.com.cn
　　网址　https://www.ptpress.com.cn
　　涿州市京南印刷厂印刷

◆ 开本：787×1092　1/16　　　　　　彩插：1
　　印张：21.25　　　　　　　　　　2023 年 6 月第 1 版
　　字数：617 千字　　　　　　　　　2024 年 3 月河北第 3 次印刷

定价：69.80 元

读者服务热线：**(010)81055256**　印装质量热线：**(010)81055316**
反盗版热线：**(010)81055315**
广告经营许可证：京东市监广登字 20170147 号

前　言

党的二十大报告指出，我们要坚持以推动高质量发展为主题，推动战略性新兴产业融合集群发展，构建新一代信息技术、人工智能、生物技术、新能源、新材料、高端装备、绿色环保等一批新的增长引擎。

随着电子技术的发展，人类社会已进入数字时代。航空航天、工业生产、公共交通乃至人们的日常生活都会涉及数字电路，如个人计算机（或平板电脑）、智能手机、数字电视机、数码相机、数字多媒体播放器、全球定位系统等。因此，"数字电子技术基础"已经成为电气类、电子信息类和部分非电类专业的必修课程，具有很强的工程性和实践性。设置该课程的主要目的是使学生获得数字电路分析与设计的基本知识、基本理论和基本技能，掌握数字集成电路的基本使用方法，了解可编程逻辑器件原理和现代 EDA 设计概念，提高学生分析、解决复杂工程问题的能力，帮助学生为后续专业课程的学习打好基础。

本书是根据教育部高等学校"电工电子基础课程教学指导分委员会"于 2019 年制定的"数字电子技术基础"课程教学基本要求编写的，可与作者在"中国大学 MOOC"网络平台上开设的"数字电子技术基础"课程配套使用。华中科技大学"数字电子技术基础"课程于 2019 年 1 月获评"国家精品在线开放课程"，2020 年 11 月获评"国家级一流本科课程"。该课程的建设得到华中科技大学本科生院的大力支持。华中科技大学不仅是首批"国家基础课程电工电子教学基地"和"国家电工电子实验教学示范中心"，还有一支高素质、高教学水平的电工电子教学团队，教学团队包括电路课程组、模拟电子技术课程组和数字系统课程组等，2007 年获评国家级教学团队。另外，讲授的电路、模拟电子技术基础和电子线路设计测试实验等多门课程获评国家级一流本科课程。

本书特色

1　立足经典知识体系，融入数字技术的前沿知识

本书借鉴了国内外优秀教材的优点，总结了作者多年来的教学实践经验，以"保证基础，精选内容，重视应用"为目标，力求反映当前数字电子技术发展的主流和趋势。本书不仅介绍了基于逻辑门和触发器的传统设计方法，还介绍了基于硬件描述语言、仿真和综合工具的现代数字系统设计方法。同时，在"保证基础"的前提下，弱化了芯片内部复杂电路的分析，突出了器件的逻辑功能和应用。

2　遵循"由浅入深，循序渐进"的原则，逐步培养学生数字电路设计能力

在选材编排方面，本书采用先"逻辑"、后"电路"的次序安排内容，力求做到将数字电路的基本理论与实际应用相结合：首先介绍数制、码制和逻辑代数等基础知识；接着重点介绍组合逻辑电路和时序逻辑电路的分析与设计方法；再介绍当今数字系统设计新方法——采用硬件描述语言（Verilog HDL）来描述和仿真数字电路；然后讨论各种数字集成电路（含逻辑门、可编程逻辑器件和半导体存

储器）的原理及使用方法；最后讲述数模转换器和模数转换器，以及脉冲波形的变换与产生。本书在核心章节编排了贴近实际应用的案例，以提高读者的学习兴趣，提升读者数字电路的设计能力。

3 结合例题，通过大量的练习与仿真实验，强化学生的应用能力

每章以"本章讨论的问题"开头，结合例题讲解重点和难点，并在章后安排了自我检验题、习题和实践训练。在实践训练环节，学生可以使用相关 EDA 软件（Multisim、Proteus、ModelSim 等）进行仿真实验，带着问题主动思考，实现"做中学"，进而将所学理论知识与实践结合起来，积累工程实践经验。

4 配备 AR 交互动画、微课、慕课等新形态资源，提供立体化教学服务

本书以 AR 交互动画的形式展示抽象的知识要点，以微课视频讲解的形式解析重点和难点，便于读者牢固掌握数字电子技术基础的相关知识，极大地降低了学习难度。同时，读者还可以通过作者在"中国大学 MOOC"网络平台上开设的国家精品在线开放课程"数字电子技术基础"课程进行自主学习。

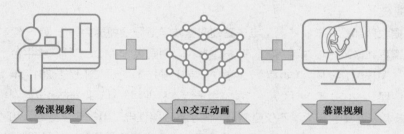

5 采用知识导图梳理知识脉络，配套丰富的教辅资源，助力混合式教学

本书每章都配备了详细的知识导图对知识点进行梳理，便于读者归纳总结，还配有《数字电子技术基础实验指导与习题解析》一书，便于读者通过实验和练习巩固所学知识。此外，本书还提供了丰富的教辅资源，包括教学大纲、教学日历、教学课件、习题答案、试题等资源，助力教师高质量开展教学工作。

AR 交互动画使用指南

AR 交互动画是指将含有字母、数字、符号或图形的信息叠加或融合到读者看到的真实世界中，以增强读者对相关知识的直观理解，具有虚实融合的特点。为了使书中的抽象知识与复杂现象能够生动形象地呈现在读者面前，作者精心打造了与之相匹配的 AR 交互动画，以帮助读者快速理解相关知识，进而实现高效自学。

下载App安装包

读者可以通过以下步骤使用本书配套的 AR 交互动画：

（1）扫描二维码下载"人邮教育 AR"App 安装包，并在手机或平板电脑等移动设备上进行安装；

（2）安装完成后，打开"人邮教育 AR"App，单击"扫描 AR 交互动画识别图"按钮，扫描书中的 AR 交互动画识别图，即可操作对应的"AR 交互动画"，并进行交互学习。

作为教材，本书适合安排 48 ～ 72 学时。在编写过程中，我们充分考虑了高校不同层次、不同学科的教学需求，教师可根据院校的实际需求组织教学，灵活选用相关内容。标有"*"的章节为选学内容，读者可根据需要自主学习。

讲授本书全部内容大约需要 64 学时。每章后面的"实践训练"以仿真实验为主，可以作为课外作业布置给学生，但建议同时安排不少于 16 学时的课堂实验，让学生有机会动手组装电路，并在实验室使用电子仪器实际测试电路的功能和性能指标。有条件的学校，建议多安排一些 FPGA 方面的实验。教师可以在讲完"组合逻辑电路"后，接着介绍 Verilog HDL 基础知识和组合逻辑的 Verilog HDL 建模（6.1 ～ 6.5 节、6.6.1 节），第 6 章其余内容放在"时序逻辑电路"之后进行讲解。

如果在教学计划中安排了"EDA 技术"课程，可以全部略去本书第 6 章中的 Verilog 和第 9 章中可编程逻辑器件的内容，不会影响学习或教学的连贯性。

为方便学生做实验，"实践训练"中仿真图与仿真软件中所提供的电气元件图形符号保持一致。

章	教学内容	建议学时	配套实验	建议学时
第 1 章	数字逻辑基础	4	• Multisim 软件入门 • 逻辑门的功能仿真	2
第 2 章	逻辑代数	4	◦ 用 Multisim 进行逻辑函数的化简与转换	4
第 3 章	组合逻辑电路	8	◦ 3 位二进制奇校验电路实验的功能仿真 • 编码、译码显示电路设计 ◦ 2 位十进制数大小比较电路设计与仿真 ◦ 8 路数字显示的抢答电路实验	4 ～ 8
第 4 章	锁存器和触发器	4	• 触发器的功能仿真 • 4 位流水灯电路实验	4 ～ 8
第 5 章	时序逻辑电路	8	• 计数器 • 用移位寄存器产生序列脉冲	4 ～ 8
*第 6 章	硬件描述语言 Verilog HDL	8	◦ 基于 Verilog 的 4 线—16 线译码器设计 ◦ 基于 Verilog 的可逆二进制计数器设计 ◦ 计数、译码型流水灯电路设计 ◦ 移位寄存器型流水灯电路设计	4 ～ 16
第 7 章	逻辑门电路	4	• OD 门电路的功能仿真	2
第 8 章	半导体存储器	4	• RAM 器件的写入与读出仿真	4
*第 9 章	可编程逻辑器件	4	◦ 基于 FPGA 篮球竞赛 24s 定时器设计 ◦ 基于 FPGA 数字钟设计	4 ～ 16

章	教学内容	建议学时	配套实验	建议学时
第 10 章	数模转换器和模数转换器	4	• D/A 转换器的功能仿真 • A/D 转换器的功能仿真	4 ~ 8
第 11 章	脉冲波形的变换与产生	4	◦ 施密特电路、单稳态电路的功能仿真 • 救护车双音报警器的功能仿真 • 触摸控制灯电路设计	4 ~ 8

注: • 表示重要实验;
　　◦ 表示可选实验。

本书由华中科技大学电子技术课程组组编，其中，罗杰负责编写第 1 ~ 3 章、第 6 章、第 9 ~ 11 章，并负责本书的策划、组织和定稿工作；秦臻负责编写第 4 章、第 5 章、第 7 章、第 8 章。课程组许多老师参与了课程资源的建设和审校工作。

本书的编写得到了华中科技大学本科生院及电子信息与通信学院的大力支持，在此谨致衷心的感谢。

限于编者水平和时间，书中难免有疏漏之处，敬请读者批评指正，可以通过 1210286415@qq.com 给作者发送邮件，我们会阅读所有来信，并尽可能及时回复。

作 者
2023 年 6 月于华中科技大学

目　录

第 4 章

锁存器和触发器

第 5 章

时序逻辑电路

第 6 章

*硬件描述语言Verilog HDL

第 1 章

数字逻辑基础

本章知识导图

本章知识导图

⟳ 本章学习要求

- 了解模拟信号和数字信号之间的区别。
- 掌握二进制数、十六进制数及其与十进制数之间的转换。
- 正确理解带符号数的原码、反码和补码的表示方法。
- 掌握 8421 编码，了解其他常用编码。
- 掌握 3 种基本逻辑运算及常用复合逻辑运算。
- 正确理解集成逻辑门的主要性能参数。

⌕ 本章讨论的问题

- 模拟信号和数字信号有何区别？数字信号的描述方式有哪些？
- 常见的数制有哪些？
- 常见的二进制编码有哪些？
- 无符号数和有符号数的区别是什么？有符号数的原码、反码和补码如何表示？
- 基本的逻辑运算和常用的复合逻辑运算有哪些？
- 什么是集成电路？集成的逻辑门电路有哪些主要的性能指标？

坚持创新在我国现代化建设全局中的核心地位。

随着电子技术的发展，人类社会已进入数字时代，数字系统广泛应用于计算机、数据处理、控制系统、通信与测量等领域，在我们日常生活中也起着越来越重要的作用。由于数字系统比模拟系统有更高的精确度和可靠性，因此，以前用模拟系统完成的许多任务现在都采用数字系统完成。智能手机、数字电视机、数码相机、数字多媒体播放器、全球定位系统等都是数字技术的应用实例。

本章首先介绍模拟信号与数字信号的概念、数字信号的表示；接着介绍数制、二进制代码等；最后介绍常用的逻辑运算，并介绍了集成逻辑门及其一般特性，作为后续各章学习的基础。

1.1　数字信号的基本概念

1.1.1　模拟信号与数字信号

自然界中有许多物理量，如温度、压力、速度、流量、声音、位移等，它们一般都具有连续变化的特点。这些在数值上和时间上都连续变化的物理量称为**模拟量**，它们可以在一定范围内取任意的实数值。在工程应用中，为了测量、传递和处理这些物理量，通常用传感器将它们转换为与之成比例的电（电压或电流）信号，这些电信号表示和模拟了实际的物理量，故称之为**模拟信号**，其电压值或电流值在一定范围内是连续变化的。处理模拟信号的电路称为**模拟电路**。例如，人们常用温度传感器将温度信号转换为电压信号。图 1.1.1（a）所示为某温度传感器在一段时间内输出的电压信号波形。该波形是与时间有关的，并且是一条平滑、连续变化的曲线。

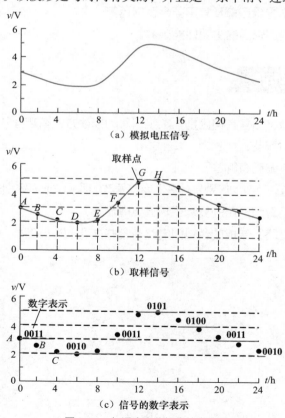

图 1.1.1　与温度变化相应的电信号

与模拟量相对应的另一类物理量称为数字量。数字量在数值上不是连续变化的，其变化总是发生在一些离散的瞬间；数值的大小和每次的增减都是某个最小数量单位的整数倍。例如，每月工厂产品数量的统计、每天通过某大桥车辆数量的统计，得到的结果就是一个数字量，这个数字量的最小数量单位是 1，小于 1 的数值没有物理意义。我们把这种在时间上和数值上都离散的物理量称为**数字量**。表示数字量的电信号称为**数字信号**。处理数字信号的电路称为**数字电路**。由于数字电路的各种功能是通过逻辑运算和逻辑判断来实现的，所以，又将数字电路称为**数字逻辑电路**。

尽管自然界中大多数物理量是模拟量，但它们仍可以用数字量的形式来表示。例如，图 1.1.1（a）是表示温度的模拟电压信号，如果每隔 2 小时对此电压信号进行一次取样，则得到的信号如图 1.1.1（b）中的圆点所示。该信号是时间离散、幅值离散的取样信号。

再将取样信号量化。这里，为便于理解，选取量化单位为 1V[1]。用取样点的值除以量化单位并按照"四舍五入"方式取整数（然后用 4 位二进制表示该整数），A 点量化后的数值为 3，用 **0011** 表示；B 点为 2.6V，量化后的数值为 3，也用 **0011** 表示；C 点为 2.1V，量化后的数值为 2，用 **0010** 表示；……。按照此方法，就可以得到时间离散、幅值离散，并且能用多位二进制数表示的数字信号，如图 1.1.1（c）中的实线所示。将模拟量转换成数字量的方法将在本书第 10 章详细讨论。

1.1.2　数字信号的描述方法

数字信号的描述方法有二值数字逻辑和数字波形两种。

1. 二值数字逻辑

数字信号可以用 **0** 和 **1** 来表示。这里的 0 和 1 不是数值，而是**逻辑 0** 和**逻辑 1**，代表事物的两种不同状态，如是和非、真和假、开和关、低和高、通和断等。这种只有两种对立逻辑状态的逻辑关系称为**二值数字逻辑**，简称**数字逻辑**。注意，用 0 和 1 组成的二进制数也可以用来表示数量的大小，这将在 1.2 节讨论。

在数字电路中，二值数字逻辑可以很方便地用电子器件的开关特性来实现，也就是以高、低电平分别表示逻辑 1 和逻辑 0 两种状态。高、低电平统称为**逻辑电平**（logic level）。

高、低电平的最简单形式是在电压信号范围的中间直接定义一个阈值电压。如果电压值高于这个阈值，用高电平表示；如果电压值低于这个阈值，就用低电平表示。但为了提高抗干扰能力，在实际的数字电路中，高、低电平通常分别与一定范围内的电压值相对应，如图 1.1.2 所示。电压在 $0 \sim V_{L(max)}$ 范围内称为**低电平**，用逻辑 0 表示；电压在 $V_{H(min)} \sim +V_{DD}$ 范围内称为**高电平**，用逻辑 1 表示。电压在 $V_{L(max)} \sim V_{H(min)}$ 范围内则没有定义，不能使用。这种表示称为**正逻辑体制**，是一种常用的表示方法。例如，对 5 V 供电的 CMOS 器件，电压范围与逻辑电平的关系如表 1.1.1 所示。电压在 3.5V ～ 5V 范围内，都表示高电平；在 0V ～ 1.5V 范围内，都表示低电平；在 1.5V 和 3.5V 之间的电压则没有定义，不能使用。注意，逻辑电平不是物理量，而是物理量的相对表示。

在另一种**负逻辑体制**中，低电平用逻辑 1 表示，高电平用逻辑 0 表示。本书不予讨论。

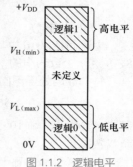

图 1.1.2　逻辑电平

表 1.1.1　电压范围与逻辑电平的关系

电压 /V	逻辑电平	二值数字逻辑
3.5 ～ 5	H（高电平）	1
0 ～ 1.5	L（低电平）	0

1　实际的量化单位通常为 mV 量级，这里给出的仅仅是原理性的说明。

2. 数字波形

数字波形是逻辑电平相对于时间的图形表示。图 1.1.3 所示为理想的数字波形。其中，逻辑 **0** 对应着低电平，逻辑 **1** 对应着高电平。图 1.1.3（a）所示波形标出了时间及幅值。在一个数字系统中，通常采用统一的逻辑电平标准，因此一般可以不标出高、低电平的电压值，时间轴也可以省略，如图 1.1.3（b）所示。

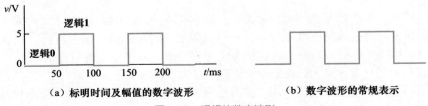

（a）标明时间及幅值的数字波形　　　　（b）数字波形的常规表示

图 1.1.3　理想的数字波形

在实际的数字系统中，数字信号是利用电子器件的开关特性产生的，其波形并没有那么理想。矩形脉冲从低电平跳变到高电平（上升沿），或从高电平跳变到低电平（下降沿）时，边沿没有那么陡峭，而要经历一个过渡过程。我们在只关注各信号之间的逻辑关系时，通常将数字波形画成理想波形；只有在研究数字电路的动态特性时，才会关注信号的过渡过程。

1.2　数制及其相互转换

人们在日常生活中已经习惯使用十进制数。而在数字系统中，为了便于电路实现，通常采用二进制数。但位数较多的二进制数不便于书写和阅读，于是，人们又引入了八进制数和十六进制数。我们将多位数码中每一位的构成方式以及从低位到高位的进位规则称为**进位计数制**，简称**数制**。

在数制中通常会用到两个术语：**基数**和**位权**。**基数**通常指一种数制中允许选用的数码个数。**位权**，简称"权"，是指某位的数码为 **1** 时所表征的数值大小。

1.2.1　几种常用的数制

1. 十进制数

十进制是以 10 为基数的数制。任何一个 N 位的十进制数都可以用 0、1、2、3、4、5、6、7、8、9 这十个数码中的一个或几个按一定的规律排列起来表示，其计数规律是"逢十进一"。

每一数码处于不同的位置时，所代表的数值是不同的。例如，十进制数 565.29 可以表示为

$$565.29 = 5 \times 10^2 + 6 \times 10^1 + 5 \times 10^0 + 2 \times 10^{-1} + 9 \times 10^{-2}$$

其中，10^2、10^1 和 10^0 分别为百位、十位和个位数码的位权，而小数点右边数码的位权是 10 的负指数幂。

一般来说，任意十进制数可表示为

$$(N)_D = \sum_{i=-\infty}^{\infty} (K_i \times 10^i) \tag{1.2.1}$$

等式左边的下标 D 是 Decimal 的缩写，表示十进制数；系数 K_i 的取值为 0 ~ 9 中任何一个数码，下标 i 表示该系数的位置，其位权为 10^i。

如果将式（1.2.1）中的 10 用字母 R 来代替，就可以得到任意进制数的表达式

$$(N)_R = \sum_{i=-\infty}^{\infty} (K_i \times R^i) \tag{1.2.2}$$

式（1.2.2）中，K_i 是 i 次幂的系数，根据基数 R 的不同，其取值为 0 到 $R-1$ 个不同的数码。

用数字电路来存储或处理十进制数是不方便的。因为构成数字电路的基本思路是把电路的状态与数码对应起来。而十进制的十个数码要求电路有十个完全不同的状态，这会使电路很复杂，因此数字电路不直接处理十进制数。

2. 二进制数

二进制是以 2 为基数的数制。二进制数中只有 **0** 和 **1** 两个数码，并且计数规律是"逢二进一"，即 **1 + 1 = 10**（读为"壹零"）。注意，这里的"**10**"与十进制数的"**10**"是完全不同的，它并不代表数"拾"。

根据式（1.2.2），任意二进制数可表示为

$$(N)_B = \sum_{i=-\infty}^{\infty} (K_i \times 2^i) \tag{1.2.3}$$

等式左边的下标 B 是 Binary 的缩写，表示二进制数，也可以用数字 2 作为下标，还可以在一个数的后面增加字母 B 来表示二进制数。系数 K_i 的取值为 **0** 或者 **1**，下标 i 表示该系数的位置（从右往左给每一位数码编上序号），其位权为 2^i。

图 1.2.1 是二进制数（**11010.11**）$_B$ 的位权示意图。二进制数中的每一个数码称为 **1 位**（bit），也称为 **1 比特**。最左边的一位是**最高有效位**（Most Significant Bit，MSB），最右边的一位是**最低有效位**（Least Significant Bit，LSB）。图 1.2.1 中 MSB 的位权是 2^4，LSB 的位权是 2^{-2}。可见，二进制数从右向左每升一位，其位权就会加倍。

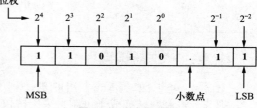

图 1.2.1　位权示意图

在计算机中，4 位二进制数称为半字节（Nibble），8 位二进制数称为**字节**（Byte）。内存容量经常用字节作为单位。

由于二进制数的每一位只有 **0** 和 **1** 两个状态，可以用任何具有两个不同稳定状态的元件来表示，如灯泡的亮和灭、继电器触点的闭合与断开、三极管的导通与截止等，只要规定其中一种状态代表 **1**，另一种状态代表 **0**，就可以用这些元件表示二进制数，因此，二进制数在数字电路中应用十分广泛。

3. 十六进制数与八进制数

十六进制是以 16 为基数的数制。在十六进制数中，每一位上可以是 0、1、2、3、4、5、6、7、8、9、A（代表 10_D）、B（代表 11_D）、C（代表 12_D）、D（代表 13_D）、E（代表 14_D）、F（代表 15_D）十六个不同的数码，其进位规则是"逢十六进一"。

任意十六进制数的按权展开式为

$$(N)_H = \sum_{i=-\infty}^{\infty} (K_i \times 16^i) \tag{1.2.4}$$

等式左边的下标 H 是 Hexadecimal 的缩写，表示十六进制数，也可以用数字 16 作为下标，还可以在一个数的后面增加字母 H 来表示十六进制数（如 3FH）。在 C 语言中，一个数的前面加上 0x 表示十六进制数（如 0x3F）。系数 K_i 的取值为 0 ～ F 中任何一个数字，下标 i 表示该系数的位置，其位权为 16^i。

八进制是以 8 为基数的数制。在八进制中，每一位上可以是 0、1、2、3、4、5、6、7 八个不同的数码，其进位规则是"逢八进一"。现在八进制数用得较少，不做进一步介绍。

十进制、二进制、八进制及十六进制四种数制对照表如表 1.2.1 所示。

表 1.2.1　四种数制对照表

十进制数（D）	二进制数（B）	八进制数（O）	十六进制数（H）
0	**0000**	0	0
1	**0001**	1	1
2	**0010**	2	2
3	**0011**	3	3
4	**0100**	4	4
5	**0101**	5	5
6	**0110**	6	6
7	**0111**	7	7
8	**1000**	10	8
9	**1001**	11	9
10	**1010**	12	A
11	**1011**	13	B
12	**1100**	14	C
13	**1101**	15	D
14	**1110**	16	E
15	**1111**	17	F

1.2.2　数制转换

1. 非十进制数转换成十进制数

把非十进制数转换成十进制数采用按权展开相加法。具体步骤：首先把非十进制数写成按权展开式，然后按十进制数的计数规则求其和。

例 1.2.1　试将二进制数 $(110110.11)_B$ 转换为十进制数。

解　将二进制数的每一位与其位权相乘，然后相加便得相应的十进制数。

$$(110110.11)_B = 1 \times 2^5 + 1 \times 2^4 + 0 \times 2^3 + 1 \times 2^2 + 1 \times 2^1 + 0 \times 2^0 + 1 \times 2^{-1} + 1 \times 2^{-2}$$
$$= 32 + 16 + 0 + 4 + 2 + 0 + 0.5 + 0.25$$
$$= (54.75)_D$$

例 1.2.2　将十六进制数 $(1ABC.EF)_H$ 转换为十进制数。

解　根据式（1.2.4），得到

$$(1AB.EF)_H = 1 \times 16^2 + 10 \times 16^1 + 11 \times 16^0 + 14 \times 16^{-1} + 15 \times 16^{-2}$$
$$= 256 + 160 + 11 + 0.875 + 0.05859375 = (427.93359375)_D$$

2. 十进制数转换成其他进制数

如果待转换的十进制数含有小数点，那么必须将这个数分成整数部分和小数部分，两个部分的转换分别进行，然后将它们的转换结果合并起来。

先讨论整数的转换。

整数部分采用**除以基数取出余数**的方法，即将十进制整数除以基数 R，取其余数，所得之商再除以 R，再取其余数，如此重复，直到商为 0。每次得到的余数构成转换结果的对应位数码，第一个余数为最低有效位，最后一个余数为最高有效位。下面举例说明。

例 1.2.3　将十进制数 $(45)_D$ 转换为二进制数。

解　将 45 除以二进制基数 2，取出余数 1 作为最低位 k_0，再将商 22 除以 2，取出余数 0 作

为 k_1，如此重复，直至最后的商为 0，余数就是想要的二进制数的系数。具体过程如下：

$$
\begin{array}{lll}
2\,\underline{|\,45} & \cdots\cdots\cdots\cdots \text{余 } \mathbf{1} \cdots\cdots k_0 & \text{最低有效位} \\
2\,\underline{|\,22} & \cdots\cdots\cdots\cdots \text{余 } \mathbf{0} \cdots\cdots k_1 & \\
2\,\underline{|\,11} & \cdots\cdots\cdots\cdots \text{余 } \mathbf{1} \cdots\cdots k_2 & \\
2\,\underline{|\,5} & \cdots\cdots\cdots\cdots \text{余 } \mathbf{1} \cdots\cdots k_3 & \\
2\,\underline{|\,2} & \cdots\cdots\cdots\cdots \text{余 } \mathbf{0} \cdots\cdots k_4 & \\
2\,\underline{|\,1} & \cdots\cdots\cdots\cdots \text{余 } \mathbf{1} \cdots\cdots k_5 & \text{最高有效位} \\
\quad 0 & &
\end{array}
$$

因此，转换结果为 $(45)_D = \mathbf{(101101)_B}$。

例 1.2.4 将十进制数 $(78)_D$ 转换成二进制数。

解 另一种转换方法：首先将十进制数分解成 2 的指数之和，然后根据式（1.2.3）写出对应位置的系数。手工转换一个较大的十进制整数时，这种方法比较实用。

$$
\begin{aligned}
(78)_D &= 64 + 8 + 4 + 2 \\
&= 1 \times 2^6 + 0 \times 2^5 + 0 \times 2^4 + 1 \times 2^3 + 1 \times 2^2 + 1 \times 2^1 + 0 \times 2^0 \\
&= \mathbf{(1\ 0\ 0\ 1\ 1\ 1\ 0)_B}
\end{aligned}
$$

接下来讨论小数的转换。

小数部分采用**乘以基数取出整数**的方法，即用基数 R 乘以要转换的十进制小数，从乘出的结果中取出整数，剩余的小数再乘以 R，再取出整数，如此重复，直到小数部分为 0 或小数部分的位数满足误差要求进行"四舍五入"为止。每次得到的整数构成转换结果的对应位数码，第一个整数为最高有效位，最后一个整数为最低有效位。

例 1.2.5 将十进制数 $(81.562)_D$ 转换成二进制数，要求转换误差不大于 2^{-4}。

解（1）整数部分：$(81)_D = 2^6 + 2^4 + 2^0 = \mathbf{(1010001)_B}$。

（2）小数部分：采用乘以基数的方法进行转换时，可能出现小数部分一直不为 0 的情况，此时需要根据转换误差确定二进制小数的位数。根据 $2^{-m} \leqslant 2^{-4}$，可求出 $m \geqslant 4$，取 $m = 4$，则

$$
\begin{array}{lll}
0.562 \times 2 = 1.124 & \cdots\cdots\cdots\text{整数为 } \mathbf{1} \cdots\cdots k_{-1} & \text{最高有效位} \\
0.124 \times 2 = 0.248 & \cdots\cdots\cdots\text{整数为 } \mathbf{0} \cdots\cdots k_{-2} & \\
0.248 \times 2 = 0.496 & \cdots\cdots\cdots\text{整数为 } \mathbf{0} \cdots\cdots k_{-3} & \\
0.496 \times 2 = 0.992 & \cdots\cdots\cdots\text{整数为 } \mathbf{0} \cdots\cdots k_{-4} & \text{最低有效位}
\end{array}
$$

由于最后的小数 0.992 大于 0.5，根据"四舍五入"原则，k_{-4} 应为 **1**。因此，小数部分 $(0.562)_D = \mathbf{(0.1001)_B}$。

因此，转换结果为 $(81.562)_D = \mathbf{(1010001.1001)_B}$，其误差 $\varepsilon < 2^{-4}$。

例 1.2.6 将十进制数 $(152.513)_D$ 转换为十六进制数（保留 3 位小数），并求转换误差。

解（1）先转换整数部分，采用除以基数取出余数的方法。

将 152 除以基数 16，得到商为 9 且余数为 8；再将商 9 除以 16 得到商为 0 且余数为 9。余数就是想要的十六进制数的系数。具体过程如下：

$$
\begin{array}{lll}
16\,\underline{|\,152} & \cdots\cdots\cdots\cdots \text{余 } \mathbf{8} \cdots\cdots k_0 & \text{最低有效位} \\
16\,\underline{|\,9} & \cdots\cdots\cdots\cdots \text{余 } \mathbf{9} \cdots\cdots k_1 & \text{最高有效位} \\
\quad 0 & &
\end{array}
$$

因此，整数部分 $(152)_D = \mathbf{(98)_H}$。

（2）再转换小数部分。将 $(0.513)_D$ 乘基数取出整数，具体过程如下：

$$0.513 \times 16 = 8.208 \cdots\cdots 整数为 8 \cdots\cdots k_{-1} \quad \textbf{最高有效位}$$
$$0.208 \times 16 = 3.328 \cdots\cdots 整数为 3 \cdots\cdots k_{-2}$$
$$0.328 \times 16 = 5.248 \cdots\cdots 整数为 5 \cdots\cdots k_{-3}$$
$$0.248 \times 16 = 3.968 \cdots\cdots 整数为 3 \cdots\cdots k_{-4} \quad \textbf{最低有效位}$$

不断地将小数部分与基数 16 相乘，取出 4 个整数。注意，在十六进制中按照取整法（类似于十进制中的"四舍五入"），$k_{-4}=3 < 8$，所以不需要向次低位进位。最后小数部分转换结果为

$$(0.513)_D = (0.835)_H$$

因此，最后的转换结果为 $(152.513)_D = (98.835)_H$。

（3）求转换的绝对误差。

由于转换误差来自小数部分，因此将十六进制小数 $(0.835)_H$ 按权展开求和，得到十进制小数，即

$$(0.835)_H = 8 \times 16^{-1} + 3 \times 16^{-2} + 5 \times 16^{-3} \approx (0.51294)_D$$

所以，转换误差 $\varepsilon = 0.51294 - 0.513 = -0.00006$。

3. 二进制数与十六进制数之间的转换

将二进制数转换成十六进制数时，可以采用分组转换法：以二进制数的小数点为基准，将小数点左边的整数每 4 位分成一组；同样，将小数点右边的小数每 4 位分成一组；左右两边不足 4 位的以 0 补足 4 位；每组代表十六进制数中的一位。

例 1.2.7 将二进制数 $N_B = (1101100110110011.01)_B$ 转换为十六进制数。

解 采用分组转换法。

$$N_B : \underline{1101}\ \underline{1001}\ \underline{1011}\ \underline{0011}\ .\ \underline{0100}$$
$$N_H : \quad D \quad\ \ 9 \quad\ \ B \quad\ \ 3 \quad .\ \ 4$$

所以，$N_B = (D9B3.4)_H$。

例 1.2.8 将十六进制数 $(4E6.97C)_H$ 转换为二进制数。

解 由于十六进制数的基数 $16=2^4$，因此将十六进制数的每位数码用 4 位二进制数表示即可。

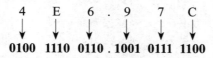

所以，$(4E6.97C)_H = (0100\ 1110\ 0110.\ 1001\ 0111\ 1100)_B$。

1.3 二进制数的算术运算

由于完成二进制运算的电路比完成十进制运算的电路简单得多，因此数字系统中算术运算通常采用二进制数。下面介绍无符号二进制数和有符号二进制数的算术运算。

1.3.1 无符号二进制数的算术运算

无符号二进制数的所有位都用来表示数值。无符号二进制数的加、减、乘、除的运算规则与

十进制数类似，两者唯一的区别在于进位或借位规则不同。

1. 二进制加法

二进制数的加法规则：

$$0+0=0, \ 0+1=1, \ 1+1=\boxed{1}0$$

方框中的 **1** 是进位位，表示两个 **1** 相加"逢二进一"。

例 1.3.1 ▶ 计算两个二进制数 **1010** 和 **0011** 的和。

解　两个二进制数相加的过程如下（括号中是对应的十进制数）：

$$
\begin{array}{llll}
\text{进位} & & 0\,1\,0 & \\
\text{被加数} & & 1\,0\,1\,0 & (10) \\
\text{加数} & + & 0\,0\,1\,1 & (\ 3) \\
\hline
\text{和} & & 1\,1\,0\,1 & (13)
\end{array}
$$

所以，**1010 + 0011 = 1101**。

二进制数的加法运算是基础，数字系统中的各种算术运算都将通过它来进行。

2. 二进制减法

二进制数的减法规则：

$$0-0=0, \ 1-1=0, \ 1-0=1, \ 0-1=\boxed{-1}1$$

方框中的 **-1** 是借位位，表示 **0** 减 **1** 时不够减，向高位借 **1**。

例 1.3.2 ▶ 计算两个二进制数 **1010** 和 **0011** 的差。

解　两个二进制数相减的过程如下（括号中是对应的十进制数）：

$$
\begin{array}{llll}
\text{借位} & & -1\,-1\,-1 & \\
\text{被减数} & & 1\,0\,1\,0 & (10) \\
\text{减数} & - & 0\,0\,1\,1 & (\ 3) \\
\hline
\text{差} & & 0\,1\,1\,1 & (\ 7)
\end{array}
$$

所以，**1010 - 0011 = 0111**。

如果被减数小于减数，就将减数与被减数交换位置，用减数减去被减数，在差的前面加上一个负号。

3. 二进制乘法和除法

二进制数的乘法规则：

$$0\times0=0, \ 0\times1=0, \ 1\times0=0, \ 1\times1=1$$

二进制数的除法规则：

$$0\div1=0, \ 1\div1=1$$

注意，除数不能为 **0**，否则无意义。

例 1.3.3 ▶ 计算两个二进制数 **1011** 和 **1001** 的积。

解　两个二进制数相乘的过程如下（括号中是对应的十进制数）：

被乘数　　　 $1\ 0\ 1\ 1$ (11)

乘数　　 $\times\ 1\ 0\ 0\ 1$ (9)

$$
\begin{array}{r}
1\ 0\ 1\ 1 \\
0\ 0\ 0\ 0 \\
0\ 0\ 0\ 0 \\
1\ 0\ 1\ 1 \\
\end{array}
$$

积　　$1\ 1\ 0\ 0\ 0\ 1\ 1$ (99)

所以，**$1011 \times 1001 = 1100011$**。

由上述运算过程可见，乘法运算是由左移被乘数与加法运算组成的。

例 1.3.4 计算两个二进制数 **1010** 和 **11** 之商。

解　两个二进制数相除的过程如下：

$$
\begin{array}{r}
1\ 1\ \ \ \ \ \\
11\overline{\smash{)}1\ 0\ 1\ 0} \\
0\ 1\ 1\ \ \ \\
\hline
1\ 0\ 0\ \\
1\ 1\ \\
\hline
1\cdots\cdots\text{余数}
\end{array}
$$

所以，**$1010 \div 11 = 11$，余 1**。

由上述运算过程可见，除法运算是由右移除数与减法运算组成的。

1.3.2 有符号二进制数的表示

前面只考虑了无符号二进制数，当算术运算涉及正、负数时，就需要用有符号的二进制数。在日常生活中，我们通常在一个数的前面用 "+" 表示正数，用 "−" 表示负数。但数字系统只能识别 **0** 和 **1**，那么，在数字系统中如何表示正、负数呢？

数字系统中通常正、负号也用 **0** 和 **1** 来表示，即将数的符号数值化，如图 1.3.1 所示。左边的最高位为符号位（通常用 **0** 表示 "+"，用 **1** 表示 "−"），其余位为数值位。根据数值位的编码方式，有符号数又分为原码、反码和补码等不同的表示方法，其中补码是数字系统中使用最多的一种编码。下面分别进行介绍。

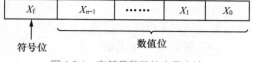

图 1.3.1 有符号整数的表示方法

1. 原码

在原码表示中，数值用其绝对值的二进制数形式表示。这种表示方法又称为**符号—数值**（Sign-Magnitude）表示法。例如：

$$X_1 = +105 = +(110\ 1001)_{\text{B}}，(X_1)_{\text{原}} = (0110\ 1001)_{\text{B}}$$

$$X_2 = -105 = -(110\ 1001)_{\text{B}}，(X_2)_{\text{原}} = (1110\ 1001)_{\text{B}}$$

可见，用原码表示时，+105 和 −105 的数值位相同，而符号位相反。

数 0 有两种不同的原码表示：

$$(+0)_{\text{原}} = (0000\ 0000)_{\text{B}}，(-0)_{\text{原}} = (1000\ 0000)_{\text{B}}$$

原码表示简单易懂，而且转换为十进制数很方便，实现加、减运算却比较麻烦。例如，两个同符号数进行减法运算时，需要根据两数的大小确定被减数和减数，以及运算结果的符号。为了简化运算器的结构，把减法运算转换为加法运算，补码的概念被引入。补码与反码之间有一定的运算关系，我们先介绍反码。

2. 反码

国外教材常将反码称为"1 的补码"（1's Complement）。在反码表示中，正数的反码和原码相同，而负数反码的符号位为 1，数值位为其绝对值按位取反（即将 **1** 翻转成 **0**，将 **0** 翻转成 **1**）。例如：

$$X_1 = +105 = +(110\ 1001)_B，(X_1)_{反} = (0110\ 1001)_B$$
$$X_2 = -105 = -(110\ 1001)_B，(X_2)_{反} = (1001\ 0110)_B$$

可见，正数的反码和原码相同。

数 0 也有两种不同的反码表示：

$$(+0)_{反} = (0000\ 0000)_B，(-0)_{反} = (1111\ 1111)_B$$

3. 补码

国外教材常将补码称为"2 的补码"（2's Complement），也称为"基数补码"。在补码表示中，正数的补码和原码相同，而负数补码的符号位为 1，数值位为其绝对值按位取反，并在最低位加 1。或者说，负数的补码为其反码加 **1**。例如：

二进制数的
补码

$$X_1 = +105 = +(110\ 1001)_B，(X_1)_{补} = (0110\ 1001)_B$$
$$X_2 = -105 = -(110\ 1001)_B，(X_2)_{补} = (1001\ 0111)_B$$

补码解决了原码和反码中数 0 的编码不唯一的问题。**0** 的补码表示是唯一的，即 $(+0)_{补} = (-0)_{补} = (0000\ 0000)_B$。

求负数补码的另一种简便方法：先求出负数的原码，再从右边的最低位向左边的最高位扫描，保留直到第一个"**1**"的所有位不变，之后数值位的各位按位取反，保留符号位不变。

例 1.3.5 求 -90 的 8 位二进制补码。

解 +90 的原码为 $(0101\ 1010)_B$，将最高位即符号位改为 1，得到 -90 的原码：$(1101\ 1010)_B$。再求 -90 的补码。从右向左扫描，保留右边的两位（**10**）不变，对其左边的数值位按位取反，并保留符号位不变。最后结果为

$$(-90)_{补} = (1010\ 0110)_B$$

如果按照前面的方法，求出 $(-90)_{反} = (1010\ 0101)_B$，反码加 1 就得到补码，即 $(-90)_{补} = (1010\ 0110)_B$，可见，结果相同。

例 1.3.6 求 -1 的 8 位二进制补码，然后对 -1 的补码再次求补。

解 因为 $(-1)_{原} = (1000\ 0001)_B$，使用从右向左扫描的方法，保留最低位的 **1** 不变，对其左边的数值位按位取反，并保留符号位不变。得到：

$$(-1)_{补} = (1111\ 1111)_B$$
$$((-1)_{补})_{补} = (1111\ 1111)_{补} = (1000\ 0001)_B = (-1)_{原}$$

可见，对一个整数的补码再次求补，得到该整数的原码。

4 位有符号二进制数的原码、反码和补码对照表如表 1.3.1 所示。对于 -0 和 +0，原码和反码是不同的 4 位二进制数，而补码则是相同的。因此，它们表示的数值范围分别为原码 -7～+7、反码 -7～+7、补码 -8～+7。

一般来说，n 位有符号二进制数的原码、反码和补码都有一位用来表示符号，剩余的$(n-1)$位表示数值。因此，它们表示的数值范围分别为

原码　　$-(2^{n-1}-1) \sim +(2^{n-1}-1)$

反码　　$-(2^{n-1}-1) \sim +(2^{n-1}-1)$

补码　　$-2^{n-1} \sim +(2^{n-1}-1)$

表 1.3.1　4 位有符号二进制数原码、反码、补码对照表

十进制数	二进制数		
	原码	反码	补码
-8	—	—	1000
-7	1111	1000	1001
-6	1110	1001	1010
-5	1101	1010	1011
-4	1100	1011	1100
-3	1011	1100	1101
-2	1010	1101	1110
-1	1001	1110	1111
-0	1000	1111	0000
+0	0000	0000	0000
+1	0001	0001	0001
+2	0010	0010	0010
+3	0011	0011	0011
+4	0100	0100	0100
+5	0101	0101	0101
+6	0110	0110	0110
+7	0111	0111	0111

1.3.3　二进制补码的减法运算

二进制补码的加减运算

1. 补码的减法运算

我们先利用生活中常见的指针式钟表解释补码运算的原理。如果你在 5 点钟时发现时针停在 10 点，需要将其调整到 5 点，有两种调整方法：一是将时针朝逆时针方向拨 5 格，调整到 5 点，即 10 - 5 = 5；二是将时针朝顺时针方向拨 7 格，调整到 5 点，即 10 + 7 = 17，由于钟表盘的最大数为 12，将超过 12 的"进位"丢掉后，剩下的余数即为需要的结果，即 17 - 12 = 5。

由此说明 10 - 5 可以用 10 + 7 完成（舍去进位）。由于钟表盘共有 12 个数，因此称 12 为进位的模，而 5 为 -7 对模 12 的补码，同样，7 为 -5 对模 12 的补码。同理，4 为 -8 对模 12 的补码，8 为 -4 对模 12 的补码。

这里引入了"模"的概念，用 M 表示（也写作 mod M）。所谓"模"是指一个计数系统的进位基数。例如，钟表的小时从 1 到 12 有 12 个数，它的模是 12；1 位十进制数为 0 ~ 9，其模 $M = 10$，n 位十进制数的模 $M = 10^n$；n 位二进制数的模 $M = 2^n$。

从上述例子中可以得出一个结论：减去某个数可以用加上它的负数的补码来完成，并舍去进位。这个结论同样适用于二进制数的运算。

计算机等数字系统均采用补码进行有符号二进制数的减法运算。

设 A 和 B 均为 n 位正数，则补码的运算规则如下：

$$(A + B)_\text{补} = (A)_\text{补} + (B)_\text{补}$$

$$(A - B)_\text{补} = (A)_\text{补} + (-B)_\text{补}$$

$$(-A + B)_{补} = (-A)_{补} + (B)_{补}$$
$$(-A - B)_{补} = (-A)_{补} + (-B)_{补}$$

进行二进制补码运算时，必须注意以下几点。

（1）参与运算的是补码，运算结果仍是补码。

（2）被加数与加数的补码采用相同的位数，如果运算结果超过了模，产生了进位，则丢弃进位才能得到正确结果。

（3）符号位与数值位一起参与运算，结果的符号位由运算结果确定。

例 1.3.7 试用 8 位二进制补码计算 13 − 15。

解　$(13 - 15)_{补} = (13)_{补} + (-15)_{补}$
$\qquad = 00001101 + 11110001$
$\qquad = 11111110$

在补码系统中，符号位和数值位按同样的规则参加运算，例 1.3.7 的运算过程如下：从最右边开始，依次将被加数和加数的对应位相加，得到结果的补码为 **11111110**。其符号位为 **1**，说明是负数，其对应的十进制数真实值为 −2，结果正确。

2. 溢出

例 1.3.8 试用 4 位二进制补码完成下列运算。

（1）4 + 3　　　　　（2）−5 − 3　　　　　（3）2 + 6　　　　　（4）−3 − 6。

解　下面是具体的运算过程，同时还给出了对应十进制数的运算。仔细分析每一个题目的两种运算结果，发现（1）和（2）的结果正确，而（3）和（4）的补码运算结果是错误的。错误产生的原因在于 4 位二进制补码中有 3 位是数值位，所表示的范围为 −8 ～ +7。而（3）和（4）的运算结果应分别是 +8 和 −9，均超过了该表示范围，因而产生了溢出。比较 4 种情况可知，两个符号相反的数相加不会产生溢出，但两个符号相同的数相加有可能产生溢出。如果两个符号相同的数相加时，和的符号与它们的符号不同，则说明运算结果溢出了。

$$
\begin{array}{cc}
+4 & 0100 \\
+)+3 & +0011 \\
\hline
+7 & [0]0111
\end{array}
\qquad
\begin{array}{cc}
-5 & 1011 \\
+)-3 & +1101 \\
\hline
-8 & [1]1000
\end{array}
$$

(1) (2)

$$
\begin{array}{cc}
+2 & 0010 \\
+)+6 & +0110 \\
\hline
+8 & [0]1000
\end{array}
\qquad
\begin{array}{cc}
-3 & 1101 \\
+)-6 & +1010 \\
\hline
-9 & [1]0111
\end{array}
$$

(3) (4)

1.4　码制

一串数码不仅可以表示数量的大小，还可以表示不同的事物或状态。例如，国家邮政局分配给各地区的邮政编码，显然没有数量大小的含义，而仅仅是该地区的地址代码。为了便于记忆和处理，将编制这类代码所遵循的规则称为**码制**。

数字系统中常有若干个二进制数码（**0** 和 **1**）按一定规则排列起来表示数字、符号或汉字等特定的信息，称为**二进制代码**，或称为**二进制码**。用 n 位二进制数可以表示 2^n 个不同的信息，给每个信息规定一个具体的二进制代码，这个过程称为**编码**（Encoding）。编码在计算机、电视、遥控和通信等方面应用广泛。

下面介绍几种常用的码制。

1.4.1 二—十进制码

BCD码

这是用 4 位二进制数码来表示 1 位十进制数（0 ～ 9）的方法，称为二进制编码的十进制数（Binary-Coded-Decimal），简称二—十进制码或 **BCD 码**。

由于 4 位二进制数码有十六种组合，而一位十进制数只需用到其中的十种组合，因此，BCD 码有多种方案。表 1.4.1 所示为几种常用的 BCD 码。

表 1.4.1　几种常用的 BCD 码

十进制数	有权码			无权码	
	8421BCD 码	2421BCD 码	5421BCD 码	余 3BCD 码	余 3 循环 BCD 码
0	0000	0000	0000	0011	0010
1	0001	0001	0001	0100	0110
2	0010	0010	0010	0101	0111
3	0011	0011	0011	0110	0101
4	0100	0100	0100	0111	0100
5	0101	1011	1000	1000	1100
6	0110	1100	1001	1001	1101
7	0111	1101	1010	1010	1111
8	1000	1110	1011	1011	1110
9	1001	1111	1100	1100	1010

（1）8421BCD 码。

8421BCD 码是最常用的一种 BCD 码。它取了 4 位自然二进制数的前 10 种组合，即 **0000** ～ **1001**，代码中从高位到低位的权是固定的，即 b_3 位的权为 $2^3 = 8$，b_2 位的权为 $2^2 = 4$，b_1 位的权为 $2^1 = 2$，b_0 位的权为 $2^0 = 1$，因此称为 8421BCD 码。它属于**有权码**。

（2）2421BCD 码和 5421BCD 码。

2421BCD 码也是**有权码**。对应 b_3、b_2、b_1、b_0 位的权分别是 2、4、2、1。最高位 b_3 只改变一次；若以 b_3 位 **0** 和 **1** 之间的交界为轴，则 0 和 9、1 和 8、2 和 7、3 和 6、4 和 5 分别互为反码，这种特性称为**自补性**。具有自补性的代码称为**自补码**。

5421BCD 码也是**有权码**，代码中从高位到低位的权依次为 5、4、2、1。

（3）余 3 BCD 码。

余 3 BCD 码是**无权码**，它的每一位没有固定的权。余 3BCD 码可以由 8421BCD 码加上十进制数 3 得到，且最高位 b_3 只改变一次；0 和 9、1 和 8、2 和 7、3 和 6、4 和 5 这 5 对代码互为反码。余 3 BCD 码也是**自补码**。

（4）余 3 循环 BCD 码。

余 3 循环 BCD 码也是一种**无权码**，它的特点是具有相邻性，任意两个相邻代码仅有一位不同，例如，3 和 4 的代码 **0101** 和 **0100** 仅 b_0 不同。余 3 循环 BCD 码可以看成是将格雷码首尾各 3 种状态去掉后得到的。

例 1.4.1 将 $(937.25)_D$ 分别转换为 8421BCD 码、5421BCD 码和余 3 BCD 码。

解　在 BCD 码中，一位十进制数要用 4 位二进制代码来表示。当需要表示多位十进制数时，则需要对每一位十进制数进行编码。

$(937.25)_D = (1001\ 0011\ 0111.0010\ 0101)_{8421BCD}$

$(937.25)_D = (1100\ 0011\ 1010.0010\ 1000)_{5421BCD}$

$(937.25)_D = (1100\ 0110\ 1010.0101\ 1000)_{余3BCD}$

1.4.2　格雷码

代码在产生和传输过程中有可能发生错误。为了减少错误的发生，或者在发生错误时能迅速发现或纠正，常常采用可靠性编码。格雷码（Gray Code）是一种常用的可靠性代码。典型的 4 位格雷码如表 1.4.2 所示，表中同时给出了 4 位自然二进制码。

格雷码

表 1.4.2　四位格雷码

十进制数	二进制码				格雷码			
	b_3	b_2	b_1	b_0	G_3	G_2	G_1	G_0
0	0	0	0	0	0	0	0	0
1	0	0	0	1	0	0	0	1
2	0	0	1	0	0	0	1	1
3	0	0	1	1	0	0	1	0
4	0	1	0	0	0	1	1	0
5	0	1	0	1	0	1	1	1
6	0	1	1	0	0	1	0	1
7	0	1	1	1	0	1	0	0
8	1	0	0	0	1	1	0	0
9	1	0	0	1	1	1	0	1
10	1	0	1	0	1	1	1	1
11	1	0	1	1	1	1	1	0
12	1	1	0	0	1	0	1	0
13	1	1	0	1	1	0	1	1
14	1	1	1	0	1	0	0	1
15	1	1	1	1	1	0	0	0

（7 与 8 之间）……反射对称轴

格雷码是无权码，其特点是相邻的两个代码（包括首、尾两个代码）仅有一位不同。例如，十进制数 3 和 4 的格雷码是 **0010** 和 **0110**，只有 G_2 位不同，其余三位相同，而十进制数 0 和 15 的格雷码是 **0000** 和 **1000**，只有 G_3 位不同。另外，格雷码还具有反射特性，即以表中最高位（G_3）的 0 和 1 之间的交界为轴，上、下对称位置的其余位（$G_2G_1G_0$）是相同的。利用这一特点，可以方便地构成位数不同的格雷码。

在编码技术中，把两个代码中不同的位的个数称为这两个代码的距离，简称**码距**。由于格雷码的任意两个相邻代码的距离为 1，故格雷码又称为**单位距离码**。另外，由于首、尾两个代码也具有单位距离码特性，因此格雷码也称为**循环码**。

格雷码的单位距离码特性非常重要，这使它在传送时引起的误差较小。格雷码的缺点是不能直接进行算术运算。这是因为格雷码是无权码，其每一位的权不是固定的。

1.4.3　奇偶校验码

二进制信息在传送时，可能因外界干扰或其他原因而发生错误，即可能有的 **1** 变为 **0**，或者有的 **0** 变为 **1**。奇偶校验码（Parity Check Code）可以检测代码在传送过程中是否出现错误。

　　奇偶校验码由两部分组成：一部分是信息位，即需要传递的信息本身，可以是位数不限的任何一种二进制码，如自然二进制码、BCD 码、ASCII 等；另一部分是奇偶校验位，仅有一位，可以添加在信息位的前面或后面。在编码时，需根据信息位中 1 的个数决定添加的奇偶校验位是 **1**，还是 **0**，有下列两种方式。

　　（1）使每一个码组中信息位和奇偶校验位的"**1**"的个数之和为奇数，称为**奇校验**。

　　（2）使每一个码组中信息位和奇偶校验位的"**1**"的个数之和为偶数，称为**偶校验**。

　　带奇偶校验位的 8421BCD 码如表 1.4.3 所示。

表 1.4.3　带奇偶校验位的 8421BCD 码

十进制数	8421BCD 奇校验码		8421BCD 偶校验码	
	信息位	奇偶校验位	信息位	奇偶校验位
0	0000	1	0000	0
1	0001	0	0001	1
2	0010	0	0010	1
3	0011	1	0011	0
4	0100	0	0100	1
5	0101	1	0101	0
6	0110	1	0110	0
7	0111	0	0111	1
8	1000	0	1000	1
9	1001	1	1001	0

　　奇偶检验码的数据传送原理如图 1.4.1 所示。在发送端，编码器根据信息位编码产生奇偶校验位，形成奇偶检验码发往接收端；在接收端，检测器检查代码中含"**1**"个数的奇偶，判断信息是否出错。例如，当采用偶校验时，若收到的代码中含有奇数个"**1**"，则说明发生了错误。但判断出错后，并不能确定是哪一位出错，也就无法纠正。因此，奇偶检验码只有检错能力，没有纠错能力。

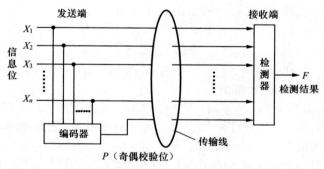

图 1.4.1　奇偶检验码的数据传送原理

　　其次，奇偶校验码只能发现单个错误，不能发现双错（即两位同时出错的情况）。但由于数据传送中出现单错的概率远远高于双错，因此，奇偶校验码还是很有实用价值的。加之它编码简单、容易实现，因而在数字系统中被广泛采用。

1.4.4　ASCII

　　美国信息交换标准代码（American Standard Code for Information Interchange，ASCII）是由美国国家标准学会制定的一种代码，广泛地用于通信和计算机系统中。

ASCII 的构成如表 1.4.4 所示。7 位二进制码的高 3 位（$b_6 b_5 b_4$）构成表中的列，低 4 位（$b_3 b_2 b_1 b_0$）构成表中的行。例如，小写字母"a"的 ASCII 为 **110 0001**（即 61H），大写字母"A"的 ASCII 为 **100 0001**（即 41H）。

表 1.4.4 ASCII 的构成

低 4 位代码 （$b_3 b_2 b_1 b_0$）	高 3 位代码（$b_6 b_5 b_4$）							
	0 0 0	0 0 1	0 1 0	0 1 1	1 0 0	1 0 1	1 1 0	1 1 1
0000	NUL	DLE	SP	0	@	P	`	p
0001	SOH	DC1	!	1	A	Q	a	q
0010	STX	DC2	"	2	B	R	b	r
0011	ETX	DC3	#	3	C	S	c	s
0100	EOT	DC4	$	4	D	T	d	t
0101	ENQ	NAK	%	5	E	U	e	u
0110	ACK	SYN	&	6	F	V	f	v
0111	BEL	ETB	'	7	G	W	g	w
1000	BS	CAN	(	8	H	X	h	x
1001	HT	EM	)	9	I	Y	i	y
1010	LF	SUB	*	:	J	Z	j	z
1011	VT	ESC	+	;	K	[	k	{
1100	FF	FS	,	<	L	\	l	|
1101	CR	GS	-	=	M	]	m	}
1110	SO	RS	.	>	N	∧	n	~
1111	SI	US	/	?	O	—	o	DEL

ASCII 表中总共有 128 个代码，包含数字 0～9、英文大小写字母、32 个特殊的可打印字符（如 %、@、$ 等）和用缩写表示的 34 个不可打印的控制字符（例如，编码为 **0** 的字符是 NUL，用来作为字符串的结尾；编码为 9 的字符是 HT，对应着键盘上的 Tab 键；编码为 7FH 的字符是 DEL，对应着键盘上的 Delete 键等）。ASCII 中控制字符的含义如表 1.4.5 所示。

表 1.4.5 ASCII 中控制字符的含义

字符	含义	字符	含义
NUL	Null，空白	DC1	Device control 1，设备控制 1
SOH	Start of heading，标题开始	DC2	Device control 2，设备控制 2
STX	Start of text，文本开始	DC3	Device control 3，设备控制 3
ETX	End of text，文本结束	DC4	Device control 4，设备控制 4
EOT	End of transmission，传输结束	NAK	Negative acknowledge，否认
ENQ	Enquiry，询问	SYN	Synchronous idle，同步空转
ACK	Acknowledge，确认	ETB	End of transmission block，块传输结束
BEL	Bell，报警	CAN	Cancel，取消
BS	Backspace，退一格	EM	End of medium，纸尽
HT	Horizontal tab，水平列表	SUB	Substitute，替换
LF	Line feed，换行	ESC	Escape，脱离
VT	Vertical tab，垂直列表	FS	File separator，文件分隔符
FF	Form feed，走纸	GS	Group separator，组分隔符
CR	Carriage return，回车	RS	Record separator，记录分隔符
SO	Shift out，移出	US	Unit separator，单元分隔符
SI	Shift in，移入	SP	Space，空格
DLE	Data link escape，数据链路换码	DEL	Delete，删除

例 **1.4.2**　一组信息的 ASCII 如下，它们代表的字符是什么？

1001000 1000101 1001100 1001100 1001111

解　查表 1.4.4 可知，其代表的字符为 HELLO。

1.5 逻辑运算及逻辑门

逻辑是指事物的因果之间所遵循的规律。为了避免用冗余的文字来描述逻辑问题，逻辑代数 [1] 采用逻辑函数表达式来描述事物的因果关系，它是分析和设计数字逻辑电路的数学工具。

与普通代数一样，逻辑函数表达式是由变量和运算符组成的。在逻辑代数中，变量称为**逻辑变量**，一般用斜体大写字母 A、B、C、X、Y、Z⋯⋯表示，并规定逻辑变量的取值只有 0 和 1 两种可能，0 和 1 称为**逻辑常量**。注意，这里的 0 和 1 本身并没有数值意义，它们并不代表数量的大小，而仅仅作为一种符号，代表事物的两种不同的逻辑状态。

当 0 和 1 表示逻辑状态时，两个二进制数按照某种指定的因果关系进行的运算称为**逻辑运算**。逻辑代数中有**与**、**或**、**非** 3 种基本逻辑运算，还有**与非**、**或非**、**同或**、**异或**等常用的复合逻辑运算。下面分别进行讨论。

1.5.1　基本逻辑运算及对应的逻辑门

1. 与运算及与门

与（AND）运算表示的逻辑关系是只有当决定一事件结果的所有条件同时具备时，结果才能发生。例如，在图 1.5.1 所示的串联电路中，只有在开关 A 和开关 B 都闭合的条件下，灯 L 才亮，这种灯亮（结果）与开关闭合（条件）之间的关系就称为**与逻辑**。如果用二值数字逻辑 0 和 1 来表示开关和灯的状态，设开关 A、B 闭合为 1，断开为 0，设灯 L 亮为 1，灭为 0，则 L 与 A、B 的关系可以用表 1.5.1 所示的真值表来描述。

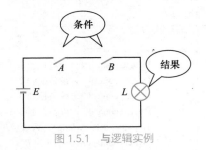

图 1.5.1　与逻辑实例

表 1.5.1　与逻辑真值表

A	B	$L = A \cdot B$
0	0	0
0	1	0
1	0	0
1	1	1

真值表就是将输入变量的各种可能取值组合与其对应的函数值逐一列出来的一个表格。其特点是能够直观地表示输出函数与输入变量之间的逻辑关系，且具有唯一性。

数学上，**与**运算可以借助逻辑代数来表示，写为

$$L = A \cdot B \qquad\qquad (1.5.1)$$

式（1.5.1）也称为逻辑表达式，式中小圆点"·"是**与**运算符，表示变量 A、B 的**与**运算，也称为**逻辑乘**。在不致引起混淆的前提下，"·"可以省略。某些文献也用符号"∧""∩""&"表示**与**运算。

1　又称布尔代数，是英国数学家乔治·布尔（George Boole，1815—1864 年）提出的。

实现**与**运算的电子电路称为**与门电路**（简称**与门**），其图形符号[1]如图 1.5.2 所示。图 1.5.2（a）所示为特定外形符号，图 1.5.2（b）所示为矩形符号。

图 1.5.3 所示为由电阻和二极管构成的**与门电路**。输入 A、输入 B 可以取两种电平值：高电平 +3V 或低电平 0V。假设二极管具有如下特性：当阳极电位高于阴极电位时，二极管相当于开关闭合，支路短路，电阻为 0；当阳极电位低于阴极电位时，二极管相当于开关断开，支路开路，电阻为无穷大。如果 A、B 中有一个（或两个）为低电平，则 VD_1、VD_2 中有一个（或两个）会导通，有导通电流，于是输出为低电平；如果 A、B 都为高电平，则 VD_1、VD_2 均为反向偏置，没有电流流过电阻 R，于是输出为高电平。如果规定高电平为逻辑 **1**，低电平为逻辑 **0**，那么 L 与 A、B 之间逻辑关系的真值表与表 1.5.1 相同，因而实现了 $L = A \cdot B$ 的功能。

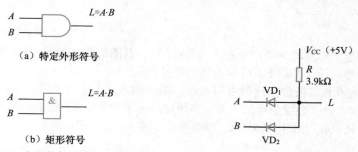

（a）特定外形符号

（b）矩形符号

图 1.5.2　与门的图形符号　　　　　图 1.5.3　二极管实现的与门电路

除了上面介绍的逻辑表达式、真值表和图形符号可以表示**与**运算的逻辑功能外，波形图也可以描述其功能。图 1.5.4 所示为**与门**的电压波形图，低电平用逻辑 **0** 表示，高电平用逻辑 **1** 表示。输入 A 是脉冲信号，在 t_1 时刻之前，输入 B 一直为 **0**，则输出 L 为 **0**，这段时间**与门**被封锁，输入 A 刚开始的 3 个脉冲信号不能通过**与门**。在 t_1 时刻之后，输入 B 为 **1**，则 L 随输入 A 变化，此时，**与门**开通，输入 A 可以通过**与门**传送到输出端。

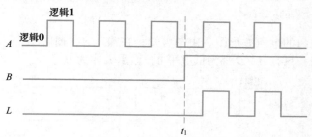

图 1.5.4　与门的输入、输出波形图

2. 或运算及或门

或（OR）运算表示的逻辑关系是，决定一事件结果的所有条件中只要有一个或几个条件得到满足，结果就会发生。例如，在图 1.5.5 所示的并联开关电路中，只要开关 A 或开关 B 闭合或两者均闭合，则灯亮。而当 A 和 B 均断开时，灯不亮。这种因果关系就称为**或逻辑**。仿照前述，用逻辑 **0** 表示开关断开、灯灭，用逻辑 **1** 表示开关闭合、灯亮，可以得出**或逻辑**的真值表，如表 1.5.2 所示。

数学上，**或**运算用下面的逻辑表达式来描述：

$$L = A + B$$

$$\text{（1.5.2）}$$

1　电气与电子工程师协会（Institute of Electrical and Electronics Engineers，IEEE）标准中，门电路的图形符号有两种：矩形符号（rectangle shape symbols）和特定外形符号（distinctive shape symbols）。国家标准采用矩形符号。本书使用特定外形符号。

式（1.5.2）中符号"+"是**或**运算符，表示变量 A、B 的**或**运算，也称为逻辑加。某些文献也用符号"∨""∪""|"来表示**或**运算。

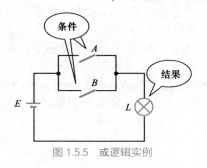

图 1.5.5 或逻辑实例

表 1.5.2 或逻辑真值表

A	B	$L = A + B$
0	**0**	**0**
0	**1**	**1**
1	**0**	**1**
1	**1**	**1**

实现**或**运算的电子电路称为**或**门电路（简称**或**门），其图形符号如图 1.5.6 所示。图 1.5.6（a）所示为特定外形符号，图 1.5.6（b）所示为矩形符号。

图 1.5.7 是由电阻和二极管构成的**或**门电路。图中输入 A、输入 B 可以取两种电平值：高电平 +3V 或低电平 0V。设二极管为理想开关，并规定高电平为逻辑 **1**，低电平为逻辑 **0**，则 L 与 A、B 之间逻辑关系的真值表与表 1.5.2 相同，因而实现了 $L = A + B$ 的功能。

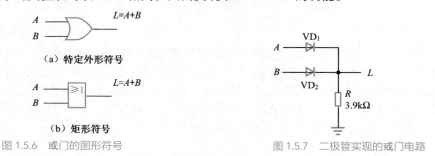

图 1.5.6 或门的图形符号

图 1.5.7 二极管实现的或门电路

图 1.5.8 所示为**或**门的电压波形图。由图可知，在输入 A、输入 B 中，任意一个或两个为高电平 **1**，输出 L 就为 **1**；只有 A、B 都为低电平 **0**，输出 L 才为 **0**。

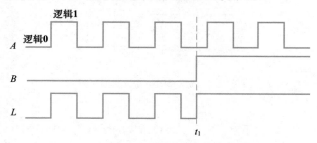

图 1.5.8 或门的输入、输出波形图

上述**与**运算、**或**运算可以推广到更多变量的情况，也有 3 输入、4 输入的逻辑门用来实现相应的逻辑运算：

$$L = A \cdot B \cdot C \cdots \tag{1.5.3}$$
$$L = A + B + C + \cdots \tag{1.5.4}$$

3. 非运算及非门

非（NOT）运算是逻辑的否定：当条件具备时，结果不会发生；而条件不具备时，结果一定会发生。例如，在图 1.5.9 所示的开关电路中，只有当开关 A 断开时，灯 L 才亮，当开关 A 闭合时,灯 L 反而熄灭。灯 L 的状态总是与开关 A 的状态相反,这种结果总是与条件相反的逻辑关系称为非逻辑。非逻辑的真值表如表 1.5.3 所示,其逻辑表达式为

$$L = \overline{A} \qquad\qquad (1.5.5)$$

式(1.5.5)中,字母 A 上方的短线 "一" 表示非运算。通常称 A 为原变量,称 $\overline{A}$ 为反变量。

实现非运算的电子电路称为非门电路(简称非门),其图形符号如图 1.5.10 所示。图中用小圆圈表示非运算。小圆圈可以加在输入端、也可以加在输出端,图 1.5.10(a)和图 1.5.10(c)、图 1.5.10(b)和图 1.5.10(d)表示的运算是完全等效的,但将小圆圈加在输入端强调的是 "输入信号为低电平有效"。

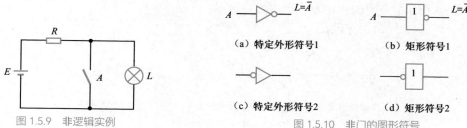

图 1.5.9 非逻辑实例

（a）特定外形符号1 （b）矩形符号1
（c）特定外形符号2 （d）矩形符号2
图 1.5.10 非门的图形符号

图 1.5.11 是由三极管和电阻构成的非门电路。当输入 A 为低电平时,例如,$v_I = 0V$ 时,三极管的发射结为 **0** 偏置($v_{BE} = 0$),集电结为反向偏置($v_{BC} < 0$),则三极管处于截止状态,这时集电极回路中的 c、e 极之间近似于开路,相当于开关断开,输出 L 为高电平。当输入 A 为高电平时,例如,$v_I = V_{CC}$ 时,调节 R_b,使 i_B 足够大,则三极管饱和导通,这时集电极回路中的 c、e 极之间近似于短路,相当于开关闭合,输出 L 为低电平。若规定低电平为逻辑 0,高电平为逻辑 1,则 L 与 A 之间逻辑关系的真值表与表 1.5.3 相同,因此实现了 $L = \overline{A}$ 的功能。

图 1.5.12 所示为非门的电压波形图。由图可知,输入、输出波形的相位正好相反,因此,非门也称为**反相器**。

表 1.5.3 非逻辑真值表

A	L
0	**1**
1	**0**

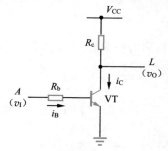

图 1.5.11 三极管实现的非门电路

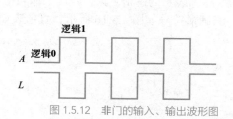

图 1.5.12 非门的输入、输出波形图

如果将两个非门串联起来,如图 1.5.13(a)所示,就构成了另一种称为**缓冲器**的门电路。在实际工作中,缓冲器通常用于增强输入信号的驱动能力。图 1.5.13(b)是缓冲器的特定外形符号。它的逻辑表达式为

$$L = A \qquad\qquad (1.5.6)$$

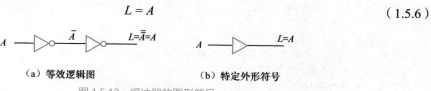

（a）等效逻辑图   （b）特定外形符号
图 1.5.13 缓冲器的图形符号

1.5.2　常用复合逻辑运算及对应的逻辑门

实际的逻辑问题往往要比单一的**与**、**或**、**非**逻辑复杂得多，但都可以用以上三种基本逻辑运算组合而成。常用的复合逻辑运算有**与非运算**、**或非运算**、**异或运算**、**同或运算**等。

1. 与非运算及与非门

将一个**与**门和一个**非**门按照图 1.5.14（a）进行连接，就可以实现**与非**[1]运算。**与非**门的特定外形符号和矩形符号如图 1.5.14（b）、图 1.5.14（c）所示，其真值表如表 1.5.4 所示。逻辑表达式为

$$L = \overline{A \cdot B} \qquad (1.5.7)$$

表 1.5.4　与非逻辑真值表

A	B	L
0	0	1
0	1	1
1	0	1
1	1	0

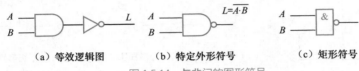

（a）等效逻辑图　　　（b）特定外形符号　　　（c）矩形符号

图 1.5.14　与非门的图形符号

2. 或非运算及或非门

或非[2]运算是**或**运算和**非**运算的组合。其图形符号如图 1.5.15 所示，真值表如表 1.5.5 所示。逻辑表达式为

$$L = \overline{A + B} \qquad (1.5.8)$$

表 1.5.5　或非逻辑真值表

A	B	L
0	0	1
0	1	0
1	0	0
1	1	0

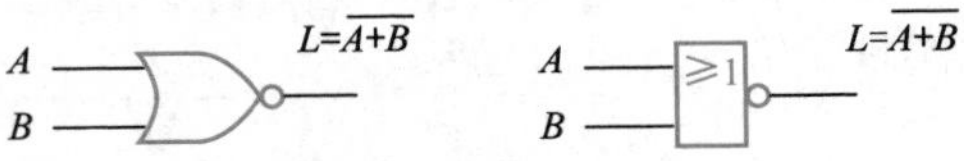

（a）特定外形符号　　　（b）矩形符号

图 1.5.15　或非门的图形符号

3. 异或运算及异或门

异或[3]运算表示的逻辑关系：当两个输入信号相同时，输出为 **0**；当两个输入信号不同时，输出为 **1**。其图形符号如图 1.5.16 所示，真值表如表 1.5.6 所示。逻辑表达式为

$$L = \overline{A}B + A\overline{B} = A \oplus B \qquad (1.5.9)$$

表 1.5.6　异或逻辑真值表

A	B	L
0	0	0
0	1	1
1	0	1
1	1	0

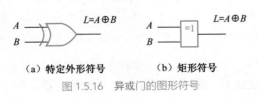

（a）特定外形符号　　　（b）矩形符号

图 1.5.16　异或门的图形符号

将式（1.5.9）中的**与**、**或**、**非**运算符用相应的图形符号代替，并按照逻辑运算的先后次序将

1　英文用 NAND 表示**与非**运算，它是由 NOT-AND 简化而成的。

2　英文用 NOR 表示**或非**运算，它是由 NOT-OR 简化而成的。

3　英文用 XOR 表示**异或**运算，它是由 EXCLUSIVE-OR 简化而成的。

这些图形符号连接起来，就得到图 1.5.17 所示的逻辑图，该逻辑图能实现**异或**运算的功能。

4. 同或运算及同或门

同或运算的逻辑关系：当两个输入信号相同时，输出为 **1**；当两个输入信号不同时，输出为 **0**。其图形符号如图 1.5.18 所示，真值表如表 1.5.7 所示。逻辑表达式为

$$L = \overline{AB} + AB = A \odot B \qquad (1.5.10)$$

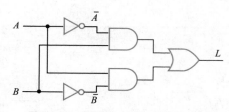

图 1.5.17　由与门、或门、非门构成的
异或运算逻辑图

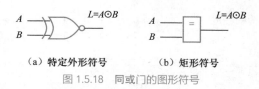

（a）特定外形符号　　　　（b）矩形符号

图 1.5.18　同或门的图形符号

表 1.5.7　同或逻辑真值表

A	B	L
0	0	1
0	1	0
1	0	0
1	1	1

观察表 1.5.7 可知，**同或**运算的逻辑功能刚好与**异或**运算相反，因此**同或**运算也称为**异或非**[1]运算。根据这个关系也可以得到**同或**运算的其他表达式：

$$L = \overline{A \oplus B} = A \odot B$$

或

$$L = \overline{\overline{AB} + A\overline{B}} = \overline{A}\,\overline{B} + AB \qquad (1.5.11)$$

式（1.5.11）的证明见例 2.1.2。

综上所述，常用逻辑门的名称、图形符号、逻辑表达式和真值表如表 1.5.8 所示。

表 1.5.8　常用逻辑门

门的名称	缩写符	图形符号	逻辑表达式	真值表		
与门	**AND**		$L = AB$	A	B	L
				0	0	0
				0	1	0
				1	0	0
				1	1	1
或门	**OR**		$L = A + B$	A	B	L
				0	0	0
				0	1	1
				1	0	1
				1	1	1
非门（反相器）	**NOT**		$L = \overline{A}$	A		L
				0		1
				1		0
缓冲器	**Buffer**		$L = A$	A		L
				0		0
				1		1

---

[1]　英文用 XNOR 表示**同或**（异或非）运算，它是由 EXCLUSIVE-NOR 简化而成的。

续表

门的名称	缩写符	图形符号	逻辑表达式	真值表		
				A	B	L
与非门	NAND		$L = \overline{AB}$	0	0	1
				0	1	1
				1	0	1
				1	1	0
或非门	NOR		$L = \overline{A+B}$	A	B	L
				0	0	1
				0	1	0
				1	0	0
				1	1	0
异或门	XOR		$L = \overline{A}B + A\overline{B}$ $= A \oplus B$	A	B	L
				0	0	0
				0	1	1
				1	0	1
				1	1	0
同或门	XNOR		$L = \overline{A}\,\overline{B} + AB$ $= \overline{A \oplus B}$ $= A \odot B$	A	B	L
				0	0	1
				0	1	0
				1	0	0
				1	1	1

1.5.3　逻辑门的应用

　　上面介绍的逻辑门是大规模集成电路和数字系统的基本部件，熟悉这些逻辑门的功能是非常重要的。下面举例说明。

　　例 1.5.1　图 1.5.19 所示为一个控制楼梯照明灯的电路。单刀双掷开关 A 装在楼下，B 装在楼上。人上楼时，在楼下开灯后，可在楼上关灯；人下楼时，可在楼上开灯，而在楼下关灯。试列出灯的状态和开关位置之间的逻辑关系的真值表，并写出逻辑表达式，画出逻辑图和波形图。

　　解　（1）列出灯的状态和开关位置之间的功能表，如表 1.5.9 所示，只有当两个开关都向上扳或都向下扳时，灯才亮；而两个开关一个向上扳、另一个向下扳时，灯就不亮。

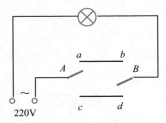

图 1.5.19　控制楼梯照明灯的电路

表 1.5.9　图 1.5.19 电路的功能表

A	B	L
下	下	亮
下	上	灭
上	下	灭
上	上	亮

　　（2）定义逻辑变量，列出真值表。

　　设灯的状态用变量 L 表示，$L = 1$ 表示灯亮，$L = 0$ 表示灯不亮。设开关的输入变量为 A 和 B，

用 **1** 表示开关向上扳，用 **0** 表示开关向下扳。对输入变量 A、B 的取值有 4 种组合（**00**、**01**、**10**、**11**），对每一种组合确定输出 L 的值，得到真值表，如表 1.5.10 所示。

（3）写出逻辑表达式。

以表 1.5.10 所示的真值表为例，得到逻辑表达式的步骤如下。

第一步，对于变量 A、B，真值表中的逻辑 **1** 用原变量表示，逻辑 **0** 用反变量表示，输入变量之间是**与**的关系，由此写出 $L=1$ 对应的乘积项。对于本例，在 A、B 的 4 种取值组合中，只有 $A=B=0$ 和 $A=B=1$ 两种情况才能使灯亮（$L=1$）。得到 $L=1$ 所对应的乘积项为 $\overline{A}\,\overline{B}$ 和 AB。

第二步，输出状态之间是**或**的关系，将 $L=1$ 对应的乘积项进行逻辑加，就得到逻辑表达式

$$L=\overline{A}\,\overline{B}+AB \tag{1.5.12}$$

（4）画出逻辑图。

用**与门、或门、非门**等图形符号表示逻辑表达式中各变量之间的逻辑关系所得到的图形称为**逻辑图**。将式（1.5.12）中所有的**与、或、非**运算用相应的图形符号代替，并按照逻辑运算的先后次序将这些图形符号连接起来，就得到图 1.5.20（a）所示的逻辑图。式（1.5.12）表示的是**同或**逻辑关系，为简便起见，逻辑图也可以用图 1.5.20（b）所示的**同或门**图形符号来表示。

表 1.5.10　图 1.5.19 电路的真值表

A	B	L
0	**0**	**1**
0	**1**	**0**
1	**0**	**0**
1	**1**	**1**

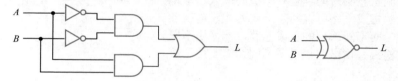

（a）由**与门、或门、非门**图形符号构成的逻辑图　　　（b）由**同或门**图形符号构成的逻辑图

图 1.5.20　图 1.5.19 电路的逻辑图

（5）画出波形图。

根据时间的变化，对输入变量的每一种取值求出相应的输出值，并将输入和输出按时间顺序依次排列得到的图形，称为**波形图**。

图 1.5.21 所示的波形图中，在 t_1 期间，输入 A、输入 B 均为低电平 **0**，根据式（1.5.12）或表 1.5.10 可知，输出 $L=1$。依照此方法，可得出 t_2、t_3 和 t_4 期间输出 L 的波形图。从图 1.5.21 中可以直观地看出，对于**同或**逻辑关系，只要输入 A 和输入 B 相同，输出就为 **1**；A 和 B 不同，则输出为 **0**。

综上所述，同一逻辑问题可以用不同的方法描述。不同的描述方法可以相互转换。

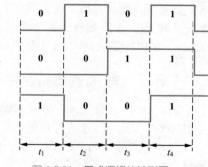

图 1.5.21　同或逻辑的波形图

1.6　集成逻辑门简介

1.6.1　数字集成电路简介

上面介绍的逻辑运算关系都可以用数字集成电路实现。把晶体管、电阻、电容等元件及它

们之间的连线全部制作在一小块硅片上构成的具有一定功能的电路称为芯片，封装起来的集成电路芯片就称为**集成电路**（Integrated Circuit，IC）。

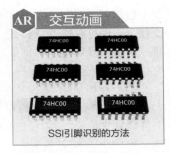

图 1.6.1 所示为集成电路封装示意图，这种封装形式称为双列直插封装（Dual-Inline Package，DIP）。所有电路都集成在内部硅片上，硅片通过细导线与外部引脚相连。由于集成电路具有可靠性高、功耗低、体积小和质量轻等优点，因此，现在数字系统的主流形式是数字集成电路。

集成电路最早出现在 1958 年，是美国德州仪器（Texas Instruments，TI）公司的基尔比（Jack Kilby）[1] 发明的。经过半个多世纪的发展，出现了大量的集成电路。

数字集成电路的实质就是集成逻辑门。根据电路结构和采用工艺的不同，数字集成电路可以分成 TTL（Transistor-Transistor Logic，晶体管—晶体管逻辑）和 MOS（Metal-Oxide-Semiconductor，金属氧化物半导体）等不同逻辑系列。并且随着电路制造工艺的改进（产生更小、更快和更低功耗的电路），还会出现更多的逻辑系列。

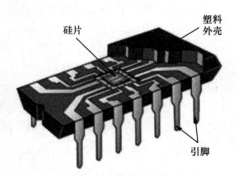

图 1.6.1 集成电路封装示意图

逻辑系列是一些功能不同的集成电路的集合，这些集成电路是用相同工艺制造的，且有类似的输入、输出特性。同一系列的集成电路可以通过外部的相互连线实现任意逻辑功能，而不同系列的集成电路可能采用不同的电源电压，或输入、输出逻辑电平不同，需要使用接口电路[2]相互连接。

TTL 系列是集成电路发明之后出现的第一个逻辑系列，其特点是工作速度快，但功耗大。TTL 系列曾经得到广泛应用，人们在 1960 年代用 TTL 系列构建了第一台集成电路计算机。MOS 系列又细分为 CMOS（Complementary Metal-Oxide-Semiconductor，互补金属氧化物半导体）、NMOS（N-Metal-Oxide-Semiconductor，N 型金属氧化物半导体）和 PMOS（P-Metal-Oxide-Semiconductor，P 型金属氧化物半导体）等，其中 CMOS 系列具有集成度高、功耗低的优势，在低功耗系统（如笔记本电脑、数码相机、智能手机等）中得到广泛应用。目前，CMOS 系列在市场中占据主导地位，而 TTL 系列的应用日渐衰落，但许多 CMOS 集成电路的编号和封装引脚与 TTL 相同。

1.6.2 常用的集成逻辑门

图 1.6.2 所示为几种芯片的引脚图。它们均采用 14 引脚 DIP，其中 14 号引脚 V_{CC} 接电源，7 号引脚 GND 接地。这些芯片都是常用的集成逻辑门。

74× 系列芯片的名称以"74"开始，后面加不同的缩写字母及数字，如 74LS00。中间的缩写字母表示不同产品系列，如 LS 系列。最后的几位数字表示不同逻辑功能芯片的编号，例如，00 表示 4 个 2 输入**与非门**，即一个芯片中封装了 4 个**与非门**；02 表示 4 个 2 输入**或非门**；04 表示 6 个**非门**。

在 20 世纪 90 年代前，人们曾广泛使用中小规模集成电路来设计数字系统，即把多个芯片连接起来实现具有一定功能的电路，但随着技术的进步，其应用范围已大为缩小。在这里，我们关注的重点是这些芯片实现的逻辑功能，以及它们的引脚图和外部特性，以便使用它们在电路板上搭建一些简单电路，从而掌握数字电路的工作原理。这些集成逻辑门的内部结构将在第 7 章中讨论。

1　实际上，仙童半导体（Fairchild Semiconductor）公司的诺伊斯（Noyce）和摩尔（Moore）在同一时期也发明了集成电路。2016 年，仙童半导体公司被安森美半导体（ON Semiconductor）公司收购。

2　7.3 节将会讨论各种门电路之间的接口问题。

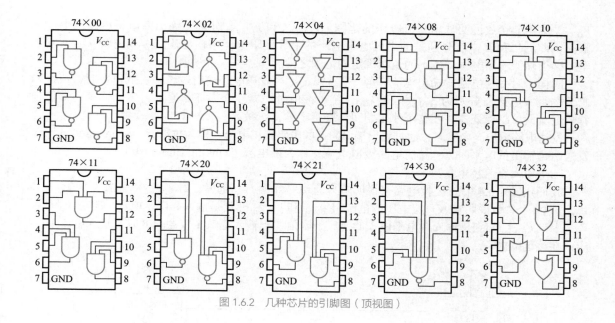

图 1.6.2 几种芯片的引脚图（顶视图）

1.6.3 集成逻辑门电路的一般特性

将功能不同的集成逻辑门在外部用导线连接起来，就可以组成数字电路。图 1.6.3 是一个简单数字电路模型，发送电路（Transmitter，简称 Tx）和接收电路（Receiver，简称 Rx）都应该包含输入端口和输出端口，为简单起见，图中未全部画出。

发送电路也称为驱动电路，它可以由一个逻辑门构成，也可以由相互连接的多个逻辑门构成；其输出端口会输出用 **0**、**1** 组成的二进制代码（即数字信号）。接收电路也称为负载电路，它也可以由一个或多个逻辑门构成；其输入端会接收互连线上传送的数字信号，这就要求接收电路能够正确地识别收到的二进制代码。为了保证这两个电路正常工作，电路的输入、输出信号必须符合规定的技术参数规范。常用的技术参数介绍如下。

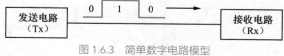

图 1.6.3 简单数字电路模型

（1）电源电压与功耗。

所有数字电路都需要供电的电源。通常，电源正端用 V_{CC} 或 V_{DD} 表示，接地端用 GND 表示。不同系列的器件对电源电压要求不一样，表 1.6.1 列出了几种 CMOS 集成电路的电源电压范围和所允许的最大电源电压。

功耗是指逻辑门所消耗的电源功率，包括静态功耗和动态功耗，在 7.1.2 节进一步讨论。

表 1.6.1 几种 CMOS 集成电路的电源电压

参数	类型				
	4000B	74HC	74HCT	74LVC	74AUC
电源电压范围 /V	3 ～ 18	2 ～ 6	2 ～ 6	1.2 ～ 3.6	0.8 ～ 2.7
电源最大额定值 /V	20	7	7	6.5	3.6

（2）输出直流技术参数。

我们用图 1.6.4 所示的发送电路来说明输出直流技术参数。通常用 $V_{OH(max)}$、$V_{OH(min)}$、$V_{OL(max)}$ 和

$V_{\text{OL(min)}}$ 这 4 个参数说明输出直流电压的范围。$V_{\text{OH(max)}}$ 和 $V_{\text{OH(min)}}$ 分别是输出高电平电压的上、下限值，$V_{\text{OL(max)}}$ 和 $V_{\text{OL(min)}}$ 分别是输出低电平电压的上、下限值，当输出逻辑 1 或逻辑 0 时，发送电路必须确保输出电压（V_{O}）的值在规定的范围之内。

同样，对发送电路的输出电流（I_{O}）也有规定。当发送电路输出逻辑高、低电平时，流经输出端的最大电流值分别为 $I_{\text{OH(max)}}$、$I_{\text{OL(max)}}$，超过该值时，器件会损坏。通常，生产厂家还提供推荐的电流值，以保证器件在整个使用期间具有指定的工作参数。

发送电路输出高电平时，通过输出端口向接收电路提供电流，称为**拉电流**（Sourcing Current）。发送电路输出低电平时，从接收电路汲取电流，称为**灌电流**（Sinking Current）。

（3）输入直流技术参数。

我们用图 1.6.4 中的接收电路来说明输入直流技术参数。通常，用 $V_{\text{IH(max)}}$、$V_{\text{IH(min)}}$、$V_{\text{IL(max)}}$ 和 $V_{\text{IL(min)}}$ 这 4 个参数说明输入直流电压的范围。$V_{\text{IH(max)}}$ 和 $V_{\text{IH(min)}}$ 分别是输入高电平电压的上、下限值，$V_{\text{IL(max)}}$ 和 $V_{\text{IL(min)}}$ 分别是输入低电平电压的上、下限值，当输入逻辑 1 或逻辑 0 时，输入电压（V_{I}）应该在该范围内。

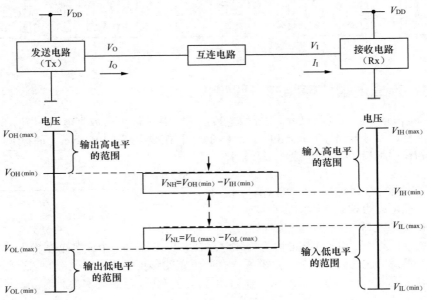

图 1.6.4 数字电路直流技术参数示意图

同样，对接收电路的输入电流（I_{I}）也有规定。$I_{\text{IH(max)}}$ 是指逻辑高电平下的最大灌电流值。$I_{\text{IL(max)}}$ 是指逻辑低电平下的最大拉电流值。

所有输入直流技术参数和输出直流技术参数都反映了电路在稳定状态下的输入特性和输出特性，因此在器件数据手册中它们被归类为**静态特性**。

（4）噪声容限。

在传输数字信号时，最好的情况是发送电路以 $V_{\text{OH(max)}}$ 输出高电平、以 $V_{\text{OL(min)}}$ 输出低电平，而最坏的情况是发送电路以 $V_{\text{OH(min)}}$ 和 $V_{\text{OL(max)}}$ 输出其电平信号。高、低电平在传输过程中容易受到互连线上可能出现的噪声等影响，为了确保最坏情况下信号的正确传输，在规定技术参数时预先考虑了噪声容限。先讨论发送电路以 $V_{\text{OH(min)}}$ 发送逻辑高电平，这是最坏情况。如果接收电路的 $V_{\text{IH(min)}}$ 设计成等于 $V_{\text{OH(min)}}$，那么在通过互连线时，如果输出信号衰减了一点点，它到达接收电路时就会低于 $V_{\text{IH(min)}}$，于是接收电路就不会将其解释为逻辑 1。由于互连线上总会有一定的损耗或噪声，因此规定 $V_{\text{IH(min)}}$ 总是小于 $V_{\text{OH(min)}}$，它们之间的差值称为**高电平噪声容限**（用 V_{NH} 表示），即

$$V_{NH} = V_{OH(min)} - V_{IH(min)} \qquad (1.6.1)$$

它表示 Tx/Rx 在传送逻辑 **1** 时容许叠加在 $V_{OH(min)}$ 上的负向噪声电压的最大值。即只要高电平信号叠加噪声后不低于接收电路的 $V_{IH(min)}$，其逻辑状态就不会受到影响。

　　类似地，$V_{IL(max)}$ 的值始终大于 $V_{OL(max)}$，它们之间的差值称为**低电平噪声容限**（用 V_{NL} 表示），即

$$V_{NL} = V_{IL(max)} - V_{OL(max)} \qquad (1.6.2)$$

它表示 Tx/Rx 在传送逻辑 **0** 时容许叠加在 $V_{OL(max)}$ 上的正向噪声电压的最大值，即只要低电平信号叠加噪声后不高于接收电路的 $V_{IL(max)}$，其逻辑状态就不会受到影响。

　　图 1.6.4 给出了噪声容限的图形描述，电路的噪声容限越大，抗干扰能力越强。注意，位于图中 $V_{IH(min)}$ 和 $V_{IL(max)}$ 之间的这个电压区域，既不是"高"电平区，也不是"低"电平区，这是一个不确定区域，应避免使用。可见，输入和输出之间高、低电平范围的设置符合"宽进严出"的规则。

　　（5）开关特性。

　　开关特性是指数字电路的瞬态行为（或称为动态特性），在器件数据手册中通常用**传输延迟**和**过渡时间**来描述，如图 1.6.5 所示。图中，输入幅值的最小值和最大值分别定义为 0V 和 V_{CC}，而输出幅值的最小值和最大值分别定义为 V_{OL} 和 V_{OH}。

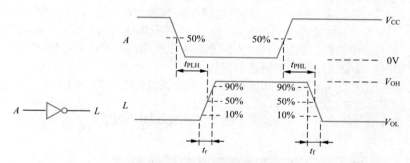

图 1.6.5　数字电路的开关特性

　　传输延迟是指输出响应滞后于输入变化的时间。任何一个实际的数字电路都有传输延迟。传输延迟的定义是从输入幅值变化 50% 到输出幅值变化 50% 所需要的时间。当输出从高电平变为低电平时，输入与输出信号之间的传输延迟记作 t_{PHL}；当输出从低电平变为高电平时，输入与输出信号之间的传输延迟记作 t_{PLH}。当 $t_{PLH} = t_{PHL}$ 时，则用 t_{pd} 来表示传输延迟。

　　过渡时间描述了输出状态转换的快慢。其定义为输出信号从幅值范围的 10% 过渡到 90% 所花费的时间。**上升时间**（t_r）是指输出从低电平跳变到高电平所需要的时间，**下降时间**（t_f）是指输出从高电平跳变到低电平所花费的时间。当 $t_r = t_f$ 时，用 t_t 来表示过渡时间。

　　由于制造工艺带来的误差，同一型号的器件，其传输延迟也不会完全相同，于是生产厂家会给出传输延迟的最小值、典型值和最大值，实际设计产品时，只要保证器件，在最大延迟下仍能正常工作即可。

　　（6）扇入数与扇出数。

　　扇入数（N_I）是指一个逻辑门输入端的个数，例如，一个 3 输入**与非门**，其扇入数 $N_I = 3$。

　　扇出数（N_O）是指在保证电路正常工作的情况下，逻辑门输出端能够驱动的同种类型逻辑门电路的最大数目。它是双极型逻辑门电路的一个重要参数，由于 CMOS 集成电路具有非常高的输入阻抗，因此其扇出数本身非常高，但由于电容效应，CMOS 集成电路的扇出数主要取决于工作频率。

小结

- 模拟信号是连续的，数字信号是离散的。离散值可能来自一个连续变化的物理量的量化。用一组二进制数就可以表示各种各样的离散信息。
- 数字信号是由高、低两种电平构成的。将高电平用逻辑 **1** 表示，低电平用逻辑 **0** 表示，这种表示方法称为**正逻辑体制**。
- **0** 和 **1** 可以组成二进制数表示数量的大小，也可以表示对立的两种逻辑状态。
- 在用数码表示数量的大小时采用的各种进位计数制简称**数制**。常用的数制有十进制、二进制、十六进制等。不同进制的数可以相互转换。
- 与十进制数类似，二进制数也有加、减、乘、除四种运算，加法是各种运算的基础。
- 在用数码表示不同的事物或状态时，这些数码被称为**代码**。常用的二进制代码有 BCD 码、格雷码、奇偶校验码和 ASCII。
- 常用的 BCD 码有 8421BCD 码、2421BCD 码、5421BCD 码、余 3BCD 码、余 3 码循环 BCD 码等。
- **与、或、非**是逻辑运算中的三种基本运算，由这三种基本运算可以构成其他的逻辑运算。
- 逻辑运算可以用集成电路实现。根据电路结构和采用的工艺不同，数字集成电路可以分成 TTL、MOS、CMOS 等不同逻辑系列。同一系列集成电路的输入、输出特性基本相同，相互之间可以用导线直接连接；而不同系列集成电路的电源电压、输入/输出逻辑电平则不一定相同，需要使用接口电路进行连接。
- 集成逻辑门的主要技术参数有电源电压、输出直流技术参数、输入直流技术参数、噪声容限、传输延迟和过渡时间等。
- 逻辑函数可用真值表、逻辑表达式、逻辑图和波形图等表示。

自我检验题

1.1 选择题

1. 跟模拟信号相比，数字信号具有_____性。一个数字信号只有两种取值，分别用_____和_____表示。

A. 连续性，1，2   B. 数字性，1，2

C. 对偶性，0，1   D. 离散性，0，1

答案

2. 将二进制数 $(10\ 1101.11)_B$ 转换成十进制数是_____。

A. 45.3   B. 45.75   C. 46.75   D. 48.75

3. 将二进制数 $(1010\ 0110\ 1100)_B$ 转换成十六进制数是_____。

A. A6B   B. A6C   C. A6D   D. E3B

4. 用_____位二进制数可以表示任意 2 位十进制数。

A. 7   B. 8   C. 9   D. 10

5. 用_____位二进制数可以表示十进制数 5000。

A. 11   B. 12   C. 13   D. 14

6. 十进制数 18 的 8421BCD 码是_____。

A. **0001001**   B. **00011000**   C. **10001100**   D. **10101000**

7. 已知 2 位余 3 BCD 码为 **0101 1010**，将它转换成十进制数是_____。

A. 50　　　　　　　　B. 80　　　　　　　　C. 60　　　　　　　　D. 27

8. 字符 Y 的 ASCII 的十六进制数表示为_____。

A. 4D　　　　　　　　B. 59　　　　　　　　C. 4F　　　　　　　　D. 79

9. 8 位二进制补码 $(1111\ 1111)_B$ 所对应的十进制数真实值是_____。

A. 127　　　　　　　　B. 256　　　　　　　　C. 255　　　　　　　　D. −1

10. 十进制数 −90 所对应的 8 位二进制补码是_____。

A. **1101 1010**　　　　B. **0101 1010**　　　　C. **1010 0101**　　　　D. **1010 0110**

1.2　判断题（正确的画"√"，错误的画"×"）

1. 二进制数 **0** 和 **1** 可以表示任意数量的大小，也可以表示两种不同的逻辑状态。　　　　（　　　）

2. 格雷码的两个相邻代码之间仅有 1 位取值相同。　　　　（　　　）

3. 余 3BCD 码是无权码，但也是自补码。　　　　（　　　）

4. 2421BCD 码既是有权码，又是自补码。　　　　（　　　）

5. 字符 S 的 ASCII 为 $(1010011)_B$，在最高位添加奇校验位后，其二进制代码为 $(11010011)_B$。

（　　　）

6. 扇出数是给定门可以驱动的同类型门的个数。　　　　（　　　）

📝 **习题**

1.1　数字信号的基本概念

下列哪些是模拟量，哪些是数字量？

（1）扬声器中的电流　　　　　　　　　　（2）房间的温度

（3）10 位拨码开关　　　　　　　　　　　（4）自行车轮胎的压力

（5）汽车上指针式速度表指示的车速

1.2　数制及其相互转换

1.2.1 将下列二进制数转换为十进制数。

（1）$(1110)_B$　　　　　　　　　　　　　（2）$(10111100)_B$

（3）$(1110110)_B$　　　　　　　　　　　（4）$(1001.01101)_B$

（5）$(0.11011)_B$

1.2.2 将下列二进制数转换为十六进制数。

（1）$(101001)_B$　　　　　　　　　　　（2）$(1011.0101)_B$

（3）$(11010.11001)_B$　　　　　　　　　（4）$(110111.011101)_B$

1.2.3 将下列十进制数转换为二进制数和十六进制数。

（1）63　　　　（2）127　　　　（3）234　　　　（4）2313

1.2.4 将下列十进制数转换为二进制数和十六进制数（要求转换误差不大于 2^{-4}）。

（1）4.8　　　　（2）15.27　　　　（3）254.35　　　　（4）1002.456

1.2.5 将下列十六进制数转换为十进制数。

（1）$(13)_H$　　　（2）$(103.2)_H$　　　（3）$(A3.0C)_H$　　　（4）$(A45D.0BC)_H$

1.2.6 试比较下列各数，并指出从大到小的排列顺序。

（1）$(74)_D$　　　（2）$(1101101)_B$　　　（3）$(10E)_H$

1.2.7 假设 $(24+17=40)_r$，该数字系统的基数 r 是多少？

1.3　二进制数的算术运算

1.3.1 8 位和 16 位二进制无符号数可以表示的十进制数范围分别是多少？

1.3.2 8 位和 16 位二进制补码可以表示的十进制数范围分别是多少？

1.3.3 写出下列各个十进制数的原码、反码和补码（符号位在内，取 8 位）。

（1）-88 （2）-100 （3）-128 （4）+127

1.3.4 求下列补码的原码，并将其转换成十进制数。

（1）$(X_1)_补 = (11010)_B$ （2）$(X_2)_补 = (1011\ 1110)_B$

（3）$(X_3)_补 = (11111)_B$ （4）$(X_4)_补 = (1111\ 1110)_B$

1.4 码制

1.4.1 将下列十进制数转换为 8421BCD 码。

（1）63 （2）127 （3）254.25 （4）3.14

1.4.2 试写出十进制数 255 的以下编码形式。

（1）二进制数 （2）8421BCD 码 （3）ASCII

1.4.3 将下列数码分别作为自然二进制数和 8421BCD 码，求出相应的十进制数。

（1）10010111 （2）100010010011

（3）000101001001 （4）10000100.10010001

1.4.4 若采用奇校验方式，在传输下列二进制码时，应添加的奇偶校验位 P 分别是什么？

（1）100101 （2）111111 （3）110000 （4）100000

1.4.5 试用十六进制数写出下列字符的 ASCII 表示。

（1）% （2）CPU （3）YOU （4）134

1.5 逻辑运算及逻辑门

1.5.1 列出 3 输入与门的真值表。

1.5.2 对于 8 输入与非门，其输入取值共有多少不同的组合？

1.5.3 如果输入逻辑变量为 A、B、C、D，输出逻辑变量为 L，写出下列门电路的逻辑表达式：

（1）3 输入或门；

（2）4 输入或非门。

1.5.4 在图题 1.5.4 中，已知输入 A、输入 B 的波形，画出各逻辑门输出 L 的波形。

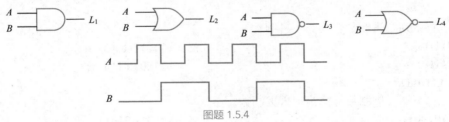

图题 1.5.4

1.5.5 在图题 1.5.5 中，已知输入 A、输入 B 的波形，画出各逻辑门输出 L 的波形。

1.5.6 试列出图题 1.5.6 所示开关电路的真值表，并写出逻辑表达式。

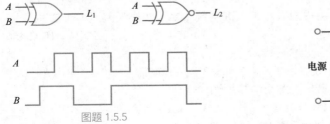

图题 1.5.5

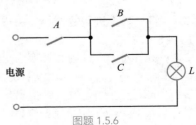

图题 1.5.6

1.6 集成逻辑门简介

1.6.1 上网查找安世（Nexperia）半导体公司与非门 74HC00 的数据手册，要求如下。

（1）画出其图形符号和引脚图（SO14 封装），列出功能表。

（2）在电源电压 4.5V 和室温 25℃条件下工作时，它的输入直流电压参数、输出直流电压参数的典型值分别是多少？

（3）在电源电压 4.5V 和室温 25℃条件下工作时，它的传输延迟和过渡时间分别是多少？

1.6.2　上网查找安世半导体公司**与非门 HEF4011B** 的数据手册，要求如下。

（1）画出其图形符号和引脚图（SO14 封装）。

（2）在电源电压 5V 和室温 25℃条件下工作时，它的输入直流电压参数、输出直流电压参数分别是多少？

（3）在电源电压 5V 和室温 25℃条件下工作时，它的传输延迟和过渡时间分别是多少？

1.6.3　将一个正脉冲加到一个反相器的输入端，其输出端会得到一个反相的输出信号，测得输出波形前沿比输入波形前沿滞后了 7ns，这个参数的名称是什么？其表示符号是什么？

第1章部分
习题答案

📝 实践训练

S1.1　在 Multisim 中验证逻辑门的功能。要求如下。

（1）使用**与非门**搭建图 S1.1 所示的仿真电路，运行仿真并改变开关的状态（单击开关），观察指示灯的状态，列出**与非门**的状态表和真值表，并写出逻辑表达式。

（2）按照类似方法，验证**或非门、非门**和**异或门**的逻辑功能。

与非门逻辑功
能的仿真验证

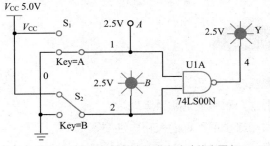

图 S1.1　与非门的静态仿真电路（仿真图）

S1.2　在 Multisim 中，使用**与非门**搭建图 S1.2 所示的仿真电路，运行仿真并改变 B（单击开关使 $B=0$ 和 $B=1$），用 4 通道示波器观察 A、B 和 Y 的波形。

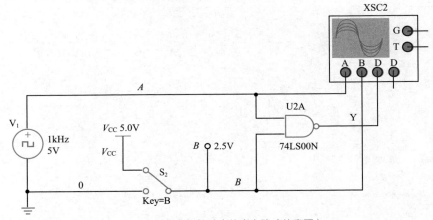

图 S1.2　与非门的动态仿真电路（仿真图）

第 **2** 章

逻辑代数

本章知识导图

✪ 本章学习要求

- 掌握逻辑代数基本定律和规则，并能导出常用公式。
- 掌握逻辑函数的表示方法及其相互转换。
- 掌握逻辑函数的化简方法（公式化简法、卡诺图化简法）。
- 正确理解最小项、最大项、无关项（含约束项和任意项）的概念。

✪ 本章讨论的问题

- 逻辑代数有哪些基本公式？
- 什么是代入规则、对偶规则和反演规则？
- 什么是最大项和最小项？它们有哪些性质？
- 如何得到逻辑函数的"最小项之和"表达式和"最大项之积"表达式？
- 代数法化简逻辑函数的步骤是什么？
- 什么是卡诺图？用卡诺图化简逻辑函数的原理和步骤是什么？

2.1 逻辑代数的基本公式和规则

逻辑代数有一系列基本公式和规则，这些公式和规则常用于逻辑函数的化简和变换。

2.1.1 逻辑代数的基本公式

逻辑代数的基本公式如表 2.1.1 所示。等式中的字母（如 A、B、C）为逻辑变量，其值可以取 **0** 或 **1**，代表逻辑信号的两种可能状态之一。有些公式与普通代数相似，有的与普通代数不同，使用时一定要注意它们之间的差别。

表 2.1.1　逻辑代数的基本公式

序号	公式 a	公式 b	名称
1	$A \cdot 0 = 0$	$A + 1 = 1$	
2	$A \cdot 1 = A$	$A + 0 = A$	同一律
3	$A \cdot A = A$	$A + A = A$	重叠律
4	$A \cdot \overline{A} = 0$	$A + \overline{A} = 1$	互补律
5	$AB = BA$	$A + B = B + A$	交换律
6	$A(BC) = (AB)C$	$A + (B + C) = (A + B) + C$	结合律
7	$A(B + C) = AB + AC$	$A + BC = (A + B)(A + C)$	分配律
8	$\overline{A \cdot B \cdot C \cdots} = \overline{A} + \overline{B} + \overline{C} + \cdots$	$\overline{A + B + C + \cdots} = \overline{A} \cdot \overline{B} \cdot \overline{C} \cdots$	反演律
9	$\overline{\overline{A}} = A$		还原律

表 2.1.1 中除公式 9 之外，其他公式是成对出现的，具有对偶性[1]。验证基本公式是否成立的最直接的办法是列真值表。如果等式成立，那么，任何一组变量取值代入公式两边，所得结果都应相等。因此，等式两边表达式所对应的真值表必然完全相同。

在以上所有公式中，数学家摩根（Augustus de Morgan）提出的反演律（公式 8a 和公式 8b）具有特殊的重要意义。反演律又称为德摩根定律，它经常用于求一个原函数的非函数，或者对逻辑函数进行变换。

例 2.1.1　用真值表证明下列两式成立。

$$\overline{A \cdot B} = \overline{A} + \overline{B}$$
$$\overline{A + B} = \overline{A} \cdot \overline{B}$$

证明　将 A、B 所有可能的取值情况列出，并求出相应表达式的结果，得到表 2.1.2 所示的真值表。分别将表中第 3 列和第 4 列进行比较、第 5 列和第 6 列进行比较，可见上面每个等式两边都相等，故等式成立。

表 2.1.2　真值表

A B	$\overline{A}$ $\overline{B}$	$\overline{A \cdot B}$	$\overline{A} + \overline{B}$	$\overline{A + B}$	$\overline{A} \cdot \overline{B}$
0　0	1　1	$\overline{0 \cdot 0} = 1$	1	$\overline{0 + 0} = 1$	1
0　1	1　0	$\overline{0 \cdot 1} = 1$	1	$\overline{0 + 1} = 0$	0
1　0	0　1	$\overline{1 \cdot 0} = 1$	1	$\overline{1 + 0} = 0$	0
1　1	0　0	$\overline{1 \cdot 1} = 1$	0	$\overline{1 + 1} = 0$	0

1　2.1.2 节有对偶规则的介绍。

例 2.1.2 用基本公式证明等式 $\overline{AB} + \overline{A}\overline{B} = \overline{A}\,\overline{B} + AB$ 成立。

证明　$\overline{AB} + \overline{A}\overline{B} = \overline{AB} \cdot \overline{\overline{A}\overline{B}}$　　　　　　　　　　反演律公式 8b

$\qquad\qquad\qquad = (A + \overline{B}) \cdot (\overline{A} + B)$　　　　　　反演律公式 8a

$\qquad\qquad\qquad = A\overline{A} + AB + \overline{A}\,\overline{B} + \overline{B}B$　　分配律公式 7a

$\qquad\qquad\qquad = \mathbf{0} + AB + \overline{A}\,\overline{B} + \mathbf{0}$　　　互补律公式 4a

$\qquad\qquad\qquad = \overline{A}\,\overline{B} + AB$　　　　　　　交换律公式 5b

　　根据基本公式，可导出表 2.1.3 所示若干常用公式。直接运用这些导出公式，可以为化简逻辑函数带来方便。

表 2.1.3　逻辑代数的常用公式

序号	公式 a	公式 b
1	$AB + A\overline{B} = A$	$(A + B)(A + \overline{B}) = A$
2	$A + AB = A$	$A(A + B) = A$
3	$A + \overline{A}B = A + B$	$A(\overline{A} + B) = AB$
4	$AB + \overline{A}C + BC = AB + \overline{A}C$	$(A + B)(\overline{A} + C)(B + C) = (A + B)(\overline{A} + C)$
5	$A \cdot \overline{AB} = A\overline{B}$	$A + \overline{A + B} = A + \overline{B}$
6	$\overline{A} \cdot AB = \overline{A}$	$\overline{A} + \overline{A + B} = \overline{A}$

例 2.1.3 用基本公式证明表 2.1.3 中的公式 $A + \overline{A}B = A + B$ 和 $A \cdot \overline{AB} = A\overline{B}$ 成立。

证明　$A + \overline{A}B = (A + \overline{A})(A + B)$　　　　分配律公式 7b

$\qquad\qquad\quad = \mathbf{1} \cdot (A + B)$　　　　　　互补律公式 4b

$\qquad\qquad\quad = A + B$

$\quad A \cdot \overline{AB} = A \cdot (\overline{A} + \overline{B})$　　　　　反演律公式 8a

$\qquad\qquad = A\overline{A} + A\overline{B}$　　　　　分配律公式 7a

$\qquad\qquad = A\overline{B}$　　　　　　　　互补律公式 4a

2.1.2　逻辑代数的基本规则

1. 代入规则

　　在任何一个逻辑等式中，如果将等式两边出现的某变量 A 都代之以一个逻辑函数，则等式仍然成立，这就是代入规则。

　　运用代入规则可扩展所有公式为更多变量的形式。例如，可以把反演律 $\overline{A \cdot B} = \overline{A} + \overline{B}$ 扩展为任意变量形式，将 $B \cdot C$ 代入 B 的位置，于是

$$\overline{A(BC)} = \overline{A} + \overline{BC} = \overline{A} + \overline{B} + \overline{C}$$

依次类推，该式还可继续扩展到 4 变量、5 变量、6 变量……

2. 反演规则

　　对任意一个逻辑表达式 L，若将其中所有的与（·）换成或（+），或（+）换成与（·），原变量换成反变量，反变量换成原变量，**0** 换成 **1**，**1** 换成 **0**；那么，所得逻辑表达式为 $\overline{L}$。这个规则称为反演规则。

　　利用反演规则，容易求出已知逻辑函数的非函数。运用反演规则时必须注意遵守以下两个原则。

　　（1）保持原来的运算优先顺序。必要时要增加括号来保持运算的优先顺序。

　　（2）不属于单个变量的非运算符应保持不变。

例 2.1.4 试求 $L = \overline{A} \cdot \overline{B} + C \cdot D + 0$ 的非函数 $\overline{L}$。

解 按照反演规则，得

$$\overline{L} = (A + B) \cdot (\overline{C} + \overline{D}) \cdot 1 = (A + B) \cdot (\overline{C} + \overline{D})$$

例 2.1.5 试求 $L = A + \overline{B \cdot \overline{C}} + \overline{\overline{D} + \overline{E}}$ 的非函数 $\overline{L}$。

解 按照反演规则，并保留反变量以外的非运算符不变，得

$$\overline{L} = \overline{A} \cdot \overline{(\overline{B} + C)} \cdot \overline{\overline{D} \cdot E}$$

3. 对偶规则

对任意一个逻辑表达式 L，若把 L 中的与、或互换，0、1 互换，那么就得到一个新的逻辑表达式，这就是 L 的对偶式，记作 L'。或者说 L 和 L' 互为对偶式。

与、或互换就是把与（·）换成或（+），或（+）换成与（·）；0、1 互换就是把 1 换成 0，0 换成 1。变换时需注意保持原式中"先括号，然后与，最后或"的运算顺序。

对偶规则：若两逻辑表达式相等，则它们的对偶式也相等。

例如，$\overline{A \cdot B} = \overline{A} + \overline{B}$ 成立，则 $\overline{A + B} = \overline{A} \cdot \overline{B}$ 也成立。

对偶性意味着逻辑代数中每个恒等式可以有两种不同的表达，即任何一个公式的对偶式也成立。观察表 2.1.1 和表 2.1.3，可发现表中每行左边的公式和右边的公式均互为对偶式。

2.2 逻辑函数的代数化简法

化简逻辑函数的方法很多，本节介绍代数化简法，2.4 节将介绍卡诺图化简法。尽管这些手工化简逻辑函数的方法可以被当今的自动化设计技术所取代，但掌握这些方法对于设置计算机辅助设计工具中的一些控制选项，并理解计算机所做的处理是有帮助的。

2.2.1 逻辑函数的最简形式

一个逻辑函数往往有多种不同的逻辑表达式，有的复杂，有的简单，差别是较大的。在各种逻辑表达式中，最常用的为**与—或**表达式，例如：

$$
\begin{aligned}
L &= AB + \overline{A}B + \overline{A}\,\overline{B} \\
&= (A + \overline{A})B + \overline{A}\,\overline{B} \\
&= 1 \cdot B + \overline{A}\,\overline{B} \quad &\text{（应用 } A + \overline{A} = 1 \text{ 和 } 1 \cdot A = A\text{）} \\
&= B + \overline{A} \quad &\text{（应用 } A + \overline{A}B = A + B\text{）}
\end{aligned}
$$

图 2.2.1（a）所示为化简之前的 L 表达式的逻辑图，是**与—或**电路，而图 2.2.1（b）则是化简之后的 L 表达式的逻辑图，也是成本最低的电路，它们具有完全相同的逻辑功能。显然，简化电路使用的逻辑门较少，比原来的电路体积小且成本低。简化电路的连线较少，减少了电路的潜在故障，电路可靠性得到提高。因此，化简逻辑函数是有意义的。

在设计数字电路时，根据实际要求直接归纳出来的逻辑函数往往不是最简形式，这就需要对逻辑函数进行化简。

由于**与—或**表达式易于转换为其他类型的函数，所以下面着重讨论**与—或**表达式的化简方法。判别最简**与—或**表达式的标准如下。

（1）表达式中的与项（也称为"乘积项"）最少。

（2）每个与项中的变量最少。

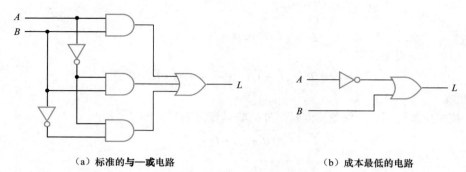

（a）标准的**与—或**电路　　　　　　　　　　（b）**成本最低**的电路

图 2.2.1　具有相同逻辑功能的两种逻辑图

2.2.2　用代数法化简逻辑函数

1. 逻辑函数的化简

代数法是运用逻辑代数中的公式或规则对逻辑函数进行化简，这种方法需要一些技巧，没有固定的步骤。下面是经常使用的方法。

（1）并项法。

利用公式 $A + \overline{A} = 1$，将两项合并成一项，并消去一个变量。

例 2.2.1　试用并项法化简逻辑函数 $L = A(BC + \overline{B}\,\overline{C}) + A(B\overline{C} + \overline{B}C)$。

解　$L = A(BC + \overline{B}\,\overline{C}) + A(B\overline{C} + \overline{B}C)$

$\qquad = ABC + A\overline{B}\,\overline{C} + AB\overline{C} + A\overline{B}C$　　　　　（分配律）

$\qquad = AB(C + \overline{C}) + A\overline{B}(C + \overline{C})$　　　　　（结合律）

$\qquad = A(B + \overline{B})$　　　　　（互补律）

$\qquad = A$

（2）吸收法。

利用公式 $A + AB = A$，消去多余的项 AB。根据代入规则，A、B 可以是任何一个复杂的逻辑表达式。

例 2.2.2　试用吸收法化简逻辑函数 $L = \overline{A}B + \overline{A}BCDE + \overline{A}BCDF$。

解　$L = \overline{A}B + \overline{A}BCDE + \overline{A}BCDF$

$\qquad = \overline{A}B(1 + CDE + CDF)$　　　　　（分配律）

$\qquad = \overline{A}B$

（3）消去法。

利用 $A + \overline{A}B = A + B$，消去多余的因子。

例 2.2.3　试用消去法化简逻辑函数 $L = AB + \overline{A}C + \overline{B}C$。

解　$L = AB + \overline{A}C + \overline{B}C$

$\qquad = AB + (\overline{A} + \overline{B})C$　　　　　（分配律）

$\qquad = AB + \overline{AB}C$　　　　　（反演律）

$\qquad = AB + C$

（4）配项法。

先利用 $A = A(B + \overline{B})$ 增加必要的乘积项，再用并项法或吸收法使项数减少。

例 2.2.4 试用配项法化简逻辑函数 $L = AB + \overline{A}\,\overline{C} + B\overline{C}$。

解　$L = AB + \overline{A}\,\overline{C} + B\overline{C}$

$\quad = AB + \overline{A}\,\overline{C} + (A + \overline{A})B\overline{C}$ 　　　　（利用 $A + \overline{A} = 1$）

$\quad = AB + \overline{A}\,\overline{C} + AB\overline{C} + \overline{A}B\overline{C}$ 　　（分配律）

$\quad = (AB + AB\overline{C}) + (\overline{A}\,\overline{C} + \overline{A}\,\overline{C}B)$ 　（结合律）

$\quad = AB + \overline{A}\,\overline{C}$ 　　　　　　　　（利用 $A + \overline{A}B = A + B$）

使用配项法要有一定的经验，否则可能越配越繁。通常对逻辑函数进行化简要综合使用上述技巧。

2. 逻辑函数的变换

用逻辑门来实现前面介绍的**与—或**表达式，需要用到**与门、或门**和**非门**。一片集成电路中通常只有一种类型的逻辑门（参考图 1.6.2），为此，需要对逻辑函数进行变换。

例 2.2.5 已知逻辑函数为

$$L = \overline{A}B\overline{D} + A\,\overline{B}\,\overline{D} + \overline{A}BD + A\,\overline{B}\,\overline{C}D + A\overline{B}CD$$

要求：（1）试求最简的**与—或**表达式，并画出相应的逻辑图；

（2）仅用**与非门**画出该逻辑函数的逻辑图。

解　$L = \overline{A}B(\overline{D} + D) + A\,\overline{B}\,\overline{D} + A\overline{B}(\overline{C} + C)D$ 　（分配律）

$\quad = \overline{A}B + A\,\overline{B}\,\overline{D} + A\overline{B}D$ 　　　　（利用 $A + \overline{A} = 1$）

$\quad = \overline{A}B + A\overline{B}(D + \overline{D})$

$\quad = \overline{A}B + A\overline{B}$ 　　　　　　　　（**与—或**表达式）

$\quad = \overline{\overline{\overline{A}B + A\overline{B}}}$ 　　　　　　　　（先利用 $\overline{\overline{A}} = A$，再用德摩根定律）

$\quad = \overline{\overline{\overline{A}B} \cdot \overline{A\overline{B}}}$ 　　　　　　　　（**与非—与非**表达式）

根据最简**与—或**表达式，画出图 2.2.2（a）所示逻辑图，该图用到**与门、或门**和**非门** 3 种类型的逻辑门；根据**与非—与非**表达式，画出图 2.2.2（b）所示的逻辑图，该图只需要使用 5 个两输入**与非门**（如 74HC00）。注意，在图 2.2.2（b）中，一个**与非门**的两个输入端被连接在一起，以实现**非门**的功能，以减少逻辑门的类型。

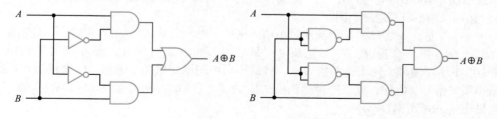

　　（a）用**与门、或门、非门**实现的逻辑图　　　　　（b）用**与非门**实现的逻辑图

图 2.2.2　例 2.2.5 的逻辑图

可见，将**与—或**表达式变换成**与非—与非**表达式的方法是，首先对**与—或**表达式两次取非，然后使用德摩根定律进行变换。下面再举两例说明逻辑函数的变换。

例 2.2.6 试对逻辑函数 $L = \overline{A}BC + A\overline{B}\overline{C}$ 进行变换，仅用或非门画出该逻辑函数的逻辑图。

解 首先对**与—或**表达式中的每个乘积项单独取两次非，然后使用德摩根定律进行变换，得到**或非—或非**表达式。

$$L = \overline{\overline{\overline{A}BC}} + \overline{\overline{A\overline{B}\overline{C}}}$$ （利用 $\overline{\overline{A}} = A$，分别对两个乘积项取两次非）

$$= \overline{\overline{A + \overline{B} + \overline{C}} + \overline{\overline{A} + B + C}}$$ （德摩根定律）

$$= \overline{\overline{A + B + \overline{C}} + \overline{\overline{A} + B + C}}$$ （**或非—或非**表达式）

用**或非门**画出的逻辑图如图 2.2.3 所示。将一个**或非门**的两个输入端连接在一起，能实现非门的功能。

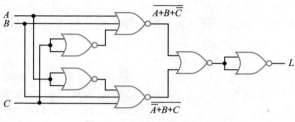

图 2.2.3　例 2.2.6 的逻辑图

2.3　逻辑函数的两种标准形式

逻辑函数具有各种不同的形式。下面先介绍最小项的概念及逻辑函数的"最小项之和"表达式，再介绍最大项的概念及逻辑函数的"最大项之积"表达式。

2.3.1　最小项与最小项表达式

逻辑函数的最小项表达式是建立在最小项基础之上的，下面先介绍最小项的定义和性质。

1. 最小项的定义和性质

一个逻辑函数可以用乘积项之和来表示。对于有 n 个变量的逻辑函数，若乘积项中包含了所有的变量，每个变量都以它的原变量或反变量的形式在乘积项中出现，且仅出现一次，则称该乘积项为**最小项**（Minterm）。例如，三个变量 A、B、C 的最小项有 $\overline{A}\,\overline{B}\,\overline{C}$、$AB\overline{C}$、$ABC$ 等，而 $\overline{A}B$、$\overline{A}BC\overline{A}$、$A(B + C)$ 等则不是最小项。

对于 n 个变量，一共有 2^n 个不同的最小项。例如，两个变量 A、B 的 4 个最小项分别是 $\overline{A} \cdot \overline{B}$、$\overline{A}B$、$A\overline{B}$ 和 AB。三个变量 A、B、C 组成 8 个最小项，如表 2.3.1 所示。最小项通常用 m_i 表示，下标 i 为最小项的编号，用十进制数表示。将最小项中的原变量用 **1** 表示，反变量用 **0** 表示，可得到最小项的编号。例如，以三变量乘积项 $\overline{A}BC$ 为例，它的二进制取值为 **011**，对应十进制数 3，所以把最小项 $\overline{A}BC$ 记作 m_3。

由真值表可以看出，最小项具有下列性质。

（1）任意一个最小项，输入变量只有一组取值使其值为 **1**，而其他各组取值均使其值为 **0**。并且，最小项不同，使其值为 **1** 的输入变量取值也不同。以 m_6 为例，只有当 ABC 取 **110** 时，最小项 $m_6 = 1$，取其他值时，m_6 均为 **0**。

（2）任意两个最小项之积为 **0**。

（3）所有最小项之和为 **1**。

表 2.3.1　三变量的最小项真值表

A	B	C	乘积项	符号	m_0	m_1	m_2	m_3	m_4	m_5	m_6	m_7
0	0	0	$\overline{A}\,\overline{B}\,\overline{C}$	m_0	1	0	0	0	0	0	0	0
0	0	1	$\overline{A}\,\overline{B}\,C$	m_1	0	1	0	0	0	0	0	0
0	1	0	$\overline{A}\,B\,\overline{C}$	m_2	0	0	1	0	0	0	0	0
0	1	1	$\overline{A}\,B\,C$	m_3	0	0	0	1	0	0	0	0
1	0	0	$A\,\overline{B}\,\overline{C}$	m_4	0	0	0	0	1	0	0	0
1	0	1	$A\,\overline{B}\,C$	m_5	0	0	0	0	0	1	0	0
1	1	0	$A\,B\,\overline{C}$	m_6	0	0	0	0	0	0	1	0
1	1	1	ABC	m_7	0	0	0	0	0	0	0	1

2. 最小项表达式

由若干个最小项相**或**构成的逻辑表达式称为**最小项表达式**，也称为标准**与—或**表达式。

例 2.3.1 将逻辑函数 $L(A, B, C) = AB + \overline{A}C$ 变换成最小项表达式。

解　利用公式 $A + \overline{A} = 1$，将逻辑函数中的每一个乘积项化成包含所有变量 A、B、C 的项，即

$$L(A, B, C) = AB + \overline{A}C = AB(C + \overline{C}) + \overline{A}(B + \overline{B})C$$
$$= ABC + AB\overline{C} + \overline{A}BC + \overline{A}\,\overline{B}C$$

此式为 4 个最小项之和，是一个标准**与—或**表达式。为了简便，在表达式中常用最小项的编号表示最小项，上式又可写为

$$L(A, B, C) = m_7 + m_6 + m_3 + m_1$$
$$= \sum m(1, 3, 6, 7)$$

由此可见，任一逻辑函数都能变换成唯一的最小项表达式。

例 2.3.2 将逻辑函数 $L(A, B, C) = \overline{(AB + \overline{A}\,\overline{B} + \overline{C})AB}$ 变换成最小项表达式。

解　（1）多次利用德摩根定律去掉非运算符，直至得到一个只在单个变量上有非运算符的表达式，即

$$L(A, B, C) = \overline{(AB + \overline{A}\,\overline{B} + \overline{C})AB} = \overline{(AB + \overline{A}\,\overline{B} + \overline{C})} + \overline{AB}$$
$$= (\overline{AB} \cdot \overline{\overline{A}\,\overline{B}} \cdot C) + AB = (\overline{A} + \overline{B})(A + B)C + AB$$

（2）利用分配律去掉括号，直至得到一个**与—或**表达式

$$L(A, B, C) = (\overline{A} + \overline{B})(A + B)C + AB$$
$$= \overline{A}BC + A\overline{B}C + AB$$

（3）式中 AB 不是最小项，用（$C + \overline{C}$）进行配项，可得

$$L(A, B, C) = \overline{A}BC + A\overline{B}C + AB(C + \overline{C})$$
$$= \overline{A}BC + A\overline{B}C + ABC + AB\overline{C}$$
$$= m_3 + m_5 + m_6 + m_7 = \sum m(3, 5, 6, 7)$$

*2.3.2 最大项与最大项表达式

逻辑函数的最大项表达式是建立在最大项基础之上的，下面先介绍最大项的定义和性质。

1. 最大项的定义和性质

一个逻辑函数可以用**或**—与表达式来表示。对于有 n 个变量的逻辑函数，若**或**项（求和项）中包含了全部的 n 个变量，每个变量都以它的原变量或反变量的形式在**或**项中出现一次，且仅出现一次，则称该**或**项为**最大项**（Maxterm）。

一般 n 个变量的最大项应有 2^n 个。由三个变量 A、B、C 组成的 8 个最大项如表 2.3.2 所示。

表 2.3.2　三变量的最大项真值表

A	B	C	求和项	符号	M_0	M_1	M_2	M_3	M_4	M_5	M_6	M_7
0	0	0	$A+B+C$	M_0	0	1	1	1	1	1	1	1
0	0	1	$A+B+\overline{C}$	M_1	1	0	1	1	1	1	1	1
0	1	0	$A+\overline{B}+C$	M_2	1	1	0	1	1	1	1	1
0	1	1	$A+\overline{B}+\overline{C}$	M_3	1	1	1	0	1	1	1	1
1	0	0	$\overline{A}+B+C$	M_4	1	1	1	1	0	1	1	1
1	0	1	$\overline{A}+B+\overline{C}$	M_5	1	1	1	1	1	0	1	1
1	1	0	$\overline{A}+\overline{B}+C$	M_6	1	1	1	1	1	1	0	1
1	1	1	$\overline{A}+\overline{B}+\overline{C}$	M_7	1	1	1	1	1	1	1	0

表 2.3.2 中每一行列出的二进制数都使其对应的最大项的值为 **0**，每个最大项都是 3 个变量的逻辑**或**，在求和项中，用原变量代表 **0**，用反变量代表 **1**。最大项通常用 M_i 表示，下标 i 用于区别不同的最大项。对于一个最大项，输入变量只有一组取值使其值为 **0**，与该二进制数对应的十进制数就是该最大项的下标。例如，ABC 的取值为 **010**，其对应十进制数为 2，它使最大项 $(A+\overline{B}+C)=\mathbf{0}$，所以把 $(A+\overline{B}+C)$ 记作 M_2。由真值表可以看出，最大项是一个不等于 **1** 的函数，在真值表中 **1** 的个数最多；而最小项是一个不等于 **0** 的函数，在真值表中 **1** 的个数最少。这正是"最小项"和"最大项"名称的由来。

最大项具有下列性质。

（1）任意一个最大项，输入变量只有一组取值使得它的值为 **0**，而在变量取其他各组值时，这个最大项的值是 **1**。并且，最大项不同，使其值为 **0** 的输入变量取值也不同。

（2）任意两个不同的最大项之和为 **1**。

（3）所有最大项之积为 **0**。

2. 最大项表达式

由若干最大项相与构成的逻辑表达式称为**最大项表达式**，也称为标准**或**—与表达式。

例 2.3.3 将逻辑函数 $L(A, B, C) = A \cdot B + \overline{A} \cdot C$ 变换成最大项表达式。

解 （1）多次利用德摩根定律，将该函数变换成**或**—与表达式，即

$$L(A, B, C) = \overline{\overline{A \cdot B + \overline{A} \cdot C}} = \overline{(\overline{A} + \overline{B})(A + \overline{C})}$$

$$= \overline{\overline{A} \cdot A + A \cdot \overline{B} + \overline{A} \cdot \overline{C} + \overline{B} \cdot \overline{C}}$$

$$= (\overline{A} + B) \cdot (A + C) \cdot (B + C)$$

（2）利用公式 $\overline{A} \cdot A = \mathbf{0}$ 和 $A + B \cdot C = (A + B) \cdot (A + C)$，将**或**—与表达式中非最大项扩展成最大项，即

$$L(A, B, C) = (\overline{A} + B + \mathbf{0}) \cdot (A + C + \mathbf{0}) \cdot (B + C + \mathbf{0})$$

$$= (\overline{A} + B + C \cdot \overline{C}) \cdot (A + C + B \cdot \overline{B}) \cdot (B + C + A \cdot \overline{A})$$

$$= (\overline{A} + B + C) \cdot (\overline{A} + B + \overline{C}) \cdot (A + C + B) \cdot (A + C + \overline{B}) \cdot (B + C + A) \cdot (B + C + \overline{A})$$

$$= (\overline{A} + B + C) \cdot (\overline{A} + B + \overline{C}) \cdot (A + B + C) \cdot (A + \overline{B} + C)$$

此式为 4 个最大项之积，是一个标准**或—与**表达式。

为了简便，在表达式中常用最大项的编号表示最大项，上式又可写为

$$L(A, B, C) = M_4 \cdot M_5 \cdot M_0 \cdot M_2 = \prod M(0, 2, 4, 5)$$

由此可见，任一逻辑函数都能变换成唯一的最大项表达式。

3. 最小项和最大项的关系

根据最小项和最大项的性质可知，相同变量构成的最小项与最大项之间存在互补关系，即

$$m_i = \overline{M_i} \quad 或 \quad M_i = \overline{m_i}$$

例如，$m_2 = \overline{A}B\overline{C}$，则 $\overline{m_2} = \overline{\overline{A}B\overline{C}} = A + \overline{B} + C = M_2$。

例 2.3.4 一个逻辑函数的真值表如表 2.3.3 所示，试写出它的最小项表达式和最大项表达式。

表 2.3.3 例 2.3.4 的真值表

行号	输入			输出
	A	B	C	L
0	0	0	0	0
1	0	0	1	0
2	0	1	0	0
3	0	1	1	$1 \to m_3$
4	1	0	0	0
5	1	0	1	$1 \to m_5$
6	1	1	0	$1 \to m_6$
7	1	1	1	0

解 （1）根据真值表求最小项表达式的一般方法：

① 写出使函数 $L = 1$ 的各行所对应的最小项；

② 将这些最小项相加，即得到最小项表达式。

$$L(A, B, C) = m_3 + m_5 + m_6$$

$$= \sum m(3, 5, 6)$$

$$= \overline{A} \cdot B \cdot C + A \cdot \overline{B} \cdot C + A \cdot B \cdot \overline{C}$$

（2）根据真值表求最大项表达式的一般方法：

① 写出使函数 $L = 0$ 的各行所对应的最大项，在每个最大项中，用原变量代表 **0**，用反变量代表 **1**；

② 将这些最大项相乘，即得到最大项表达式。

$$L(A, B, C) = M_0 \cdot M_1 \cdot M_2 \cdot M_4 \cdot M_7$$

$$= \prod M(0, 1, 2, 4, 7)$$

$$= (A + B + C) \cdot (A + B + \overline{C}) \cdot (A + \overline{B} + C) \cdot (\overline{A} + B + C) \cdot (\overline{A} + \overline{B} + \overline{C})$$

由上面的推导可知，由未出现在最小项表达式中的各编号组成的最大项之积就构成了最大项表达式，反之亦然。

2.4 逻辑函数的卡诺图化简法

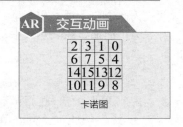

AR 交互动画
2 3 1 0
6 7 5 4
14 15 13 12
10 11 9 8
卡诺图

2.4.1 用卡诺图表示逻辑函数

1. 相邻最小项

在两个最小项中，如果仅有一个变量互为反变量，其余变量都相同，则称这两个最小项为逻辑上相邻的最小项，简称相邻项。例如，三变量最小项 $\overline{A}\,\overline{B}\,\overline{C}$ 和 $\overline{A}\,\overline{B}C$ 中只有 $\overline{C}$ 和 C 不同，其余变量都相同，所以 $\overline{A}\,\overline{B}\,\overline{C}$ 和 $\overline{A}\,\overline{B}C$ 是相邻项。两个相邻项可以合并，如 $\overline{A}\,\overline{B}\,\overline{C}+\overline{A}\,\overline{B}C=\overline{A}\,\overline{B}(\overline{C}+C)=\overline{A}\,\overline{B}$，合并后的乘积项中保留两个相邻项共有的变量。

2. 卡诺图的组成

卡诺图将逻辑上相邻的最小项变为几何位置相邻的方格，做到逻辑相邻和几何相邻的一致。对于 n 个变量，共有 2^n 个最小项，需要用 2^n 个相邻方格来表示这些最小项。将 n 变量函数的每个最小项都用一个方格表示，并将全部最小项的方格按几何位置相邻、逻辑上也相邻的规则排列成一张矩形图，这张矩形图就称为 n 变量卡诺图。下面分别介绍二变量到四变量最小项卡诺图的画法。

（1）二变量卡诺图。

两个变量 A、B 共有 $2^2=4$ 个最小项：$m_0=\overline{A}\,\overline{B}$、$m_1=\overline{A}B$、$m_2=A\overline{B}$、$m_3=AB$。根据相邻性可以画出图 2.4.1 所示的卡诺图。

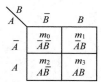

B
A
B̄
B
Ā
A
m0 ĀB̄
m1 ĀB
m2 AB̄
m3 AB
B
A
0
1
0
1
00
01
10
11
B
A
0
1
0
1
0
1
2
3

（a）方格内为最小项　（b）方格内为最小项取值　（c）方格内为最小项编号

图 2.4.1　二变量卡诺图

图 2.4.1（a）显示了 4 个最小项之间的相邻关系，由图可知：横向变量和纵向变量相交的方格表示的最小项为这些变量的**与**项，而且上下、左右方格中的最小项均为相邻项。如果将原变量用 **1** 表示，反变量用 **0** 表示，则图 2.4.1（a）可用图 2.4.1（b）表示。如果用最小项编号表示最小项，则又可用图 2.4.1（c）表示。

（2）三变量卡诺图。

三个变量 A、B、C 共有 $2^3=8$ 个最小项，卡诺图由 8 个方格组成。根据相邻性可以画出图 2.4.2（a）所示的卡诺图。图中变量 B、C 的取值组合不是按照自然二进制数的顺序（**00**、**01**、**10**、**11**）排列，而是按照格雷码的顺序（**00**、**01**、**11**、**10**）排列，这样才能保证同一行左右逻辑相邻，同一列上下逻辑相邻，而且同一行左、右两端或同一列上、下两端的最小项也逻辑相邻。因此，卡诺图中的最小项具有循环相邻性。例如，$\overline{A}\,\overline{B}\,\overline{C}$ 和 $\overline{A}B\overline{C}$、$A\overline{B}\,\overline{C}$ 和 $AB\overline{C}$ 就是相邻项。图 2.4.2（a）还可用图 2.4.2（b）表示。

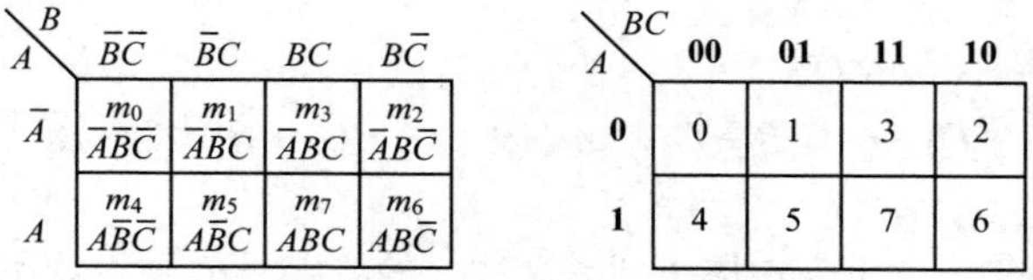

B
A
B̄C̄
B̄C
BC
BC̄
Ā
A
m0 ĀB̄C̄
m1 ĀB̄C
m3 ĀBC
m2 ĀBC̄
m4 AB̄C̄
m5 AB̄C
m7 ABC
m6 ABC̄
BC
A
00
01
11
10
0
1
0
1
3
2
4
5
7
6

（a）方格内为最小项　（b）方格内为最小项编号

图 2.4.2　三变量卡诺图

（3）四变量卡诺图。

四个变量 A、B、C、D 共有 $2^4 = 16$ 个最小项，卡诺图由 16 个方格组成。根据相邻性可以画出图 2.4.3（a）所示的卡诺图。图中横向变量（A、B）和纵向变量（C、D）的取值组合都按格雷码顺序排列，保证了同一行左右逻辑相邻，同一列上下逻辑相邻，而且同一行左、右两端或同一列上、下两端的最小项也是逻辑相邻的。

AB＼CD	$\overline{C}\,\overline{D}$	$\overline{C}D$	CD	$C\overline{D}$
$\overline{A}\,\overline{B}$	m_0 $\overline{A}\,\overline{B}\,\overline{C}\,\overline{D}$	m_1 $\overline{A}\,\overline{B}\,\overline{C}D$	m_3 $\overline{A}\,\overline{B}CD$	m_2 $\overline{A}\,\overline{B}C\overline{D}$
$\overline{A}B$	m_4 $\overline{A}B\,\overline{C}\,\overline{D}$	m_5 $\overline{A}B\,\overline{C}D$	m_7 $\overline{A}BCD$	m_6 $\overline{A}BC\overline{D}$
AB	m_{12} $AB\,\overline{C}\,\overline{D}$	m_{13} $AB\,\overline{C}D$	m_{15} $ABCD$	m_{14} $ABC\overline{D}$
$A\overline{B}$	m_8 $A\overline{B}\,\overline{C}\,\overline{D}$	m_9 $A\overline{B}\,\overline{C}D$	m_{11} $A\overline{B}CD$	m_{10} $A\overline{B}C\overline{D}$

（a）方格内为最小项

AB＼CD	00	01	11	10
00	0	1	3	2
01	4	5	7	6
11	12	13	15	14
10	8	9	11	10

（b）方格内为最小项编号

图 2.4.3　四变量卡诺图

用卡诺图表示逻辑函数

5 个变量以上的卡诺图应用较少，这里不做介绍。

3. 用卡诺图表示逻辑函数

任何逻辑函数都可以转换为最小项表达式，而卡诺图中的每个方格都代表一个最小项，所以逻辑函数可以用卡诺图表示。下面举例说明。

例 2.4.1 已知某逻辑函数 L 的真值表如表 2.4.1 所示，试画出其卡诺图。

解　真值表给出了输入变量的每一种取值与其对应的输出函数值，而卡诺图则以不同的形式给出相同的信息。将表 2.4.1 中各行 L 的值填入三变量卡诺图的对应方格，得到图 2.4.4 所示的卡诺图。可见，真值表与卡诺图有一一对应关系。

表 2.4.1　一个三变量函数的真值表

A	B	C	L
0	0	0	0
0	0	1	1
0	1	0	0
0	1	1	1
1	0	0	1
1	0	1	1
1	1	0	0
1	1	1	1

例 2.4.2 用卡诺图表示逻辑函数

$$L = \overline{A}B + \overline{A}\,\overline{B}\,\overline{C} + A\overline{C}$$

解　（1）将逻辑函数化为最小项表达式：

$$
\begin{aligned}
L &= \overline{A}B + \overline{A}\,\overline{B}\,\overline{C} + A\overline{C}\\
&= \overline{A}B(C+\overline{C}) + \overline{A}\,\overline{B}\,\overline{C} + A\overline{C}(B+\overline{B})\\
&= \overline{A}BC + \overline{A}B\overline{C} + \overline{A}\,\overline{B}\,\overline{C} + AB\overline{C} + A\overline{B}\,\overline{C}\\
&= \sum m(0, 2, 3, 4, 6)
\end{aligned}
$$

（2）填写卡诺图。在三变量卡诺图中对应最小项表达式中最小项 m_0、m_2、m_3、m_4 和 m_6 的方格中填 **1**，其余所有的方格中填 **0**，即得逻辑函数 L 的卡诺图，如图 2.4.5 所示。

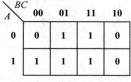

图 2.4.4　例 2.4.1 卡诺图

A \\ BC	00	01	11	10
0	0	1	1	0
1	1	1	1	0

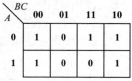

图 2.4.5　例 2.4.2 卡诺图

A \\ BC	00	01	11	10
0	1	0	1	1
1	1	0	0	1

根据逻辑表达式画出卡诺图的方法：首先把逻辑函数转换为最小项表达式；然后根据最小项表达式填写卡诺图，对于表达式中存在的最小项，在卡诺图相应方格内填 **1**，对于表达式中不存在的最小项，在卡诺图相应方格内填 **0**。这样就能得到函数的卡诺图。

2.4.2　用卡诺图化简逻辑函数

1. 化简的依据

在卡诺图中，几何位置相邻的最小项必然是逻辑相邻的，即对于相邻的两个方格，只有一个变量互为反变量。在卡诺图中，若对两个为 1 的相邻方格画包围圈，则表示对这两个最小项进行逻辑**加**，利用公式 $A + \overline{A} = 1$ 可将这两个最小项合并为一项，合并结果中只保留两乘积项中相同变量，消去一个互反的变量。例如，图 2.4.3（a）中的 $m_8 + m_9 = A\overline{B}\overline{C}\overline{D} + A\overline{B}\overline{C}D = A\overline{B}\overline{C}(\overline{D} + D) = A\overline{B}\overline{C}$，消去了变量 D。

若 4 个相邻的方格为 **1**，则这四个最小项之和可以消去两个变量，如图 2.4.3（b）所示四变量卡诺图中的方格 2、3、7、6，它们的最小项之和

$$\overline{A}\overline{B}C\overline{D} + \overline{A}\overline{B}CD + \overline{A}BCD + \overline{A}BC\overline{D} = \overline{A}\overline{B}C(D + \overline{D}) + \overline{A}BC(D + \overline{D})$$
$$= \overline{A}\overline{B}C + \overline{A}BC = \overline{A}C$$

消去了 4 个方格中不相同的两个变量（B、D），保留了相同的两个变量。这样使逻辑表达式得到简化，这就是卡诺图法化简逻辑函数的基本原理。

依次类推，如果将 8 个为 1 的方格合并，则合并后可消去 3 个变量。可见合并最小项的一般规则：如果有 2^n 个排成矩形的最小项相邻（$n = 1, 2, 4, 8\cdots$），则可将它们合并为一项，并消去 n 个变量，保留各相邻最小项中的共有变量。

可见，包围的方格越多，消去的变量也越多。

2. 化简步骤

用卡诺图化简逻辑函数的步骤如下。

（1）将逻辑函数写成最小项表达式。

（2）按最小项表达式填写卡诺图，凡最小项表达式中存在的最小项，其对应方格内填 **1**，其余方格内填 **0**。

（3）找出为 1 的相邻最小项，用虚线（或细实线）画包围圈，每个包围圈中有 2^n 个方格，写出每个包围圈的乘积项。

（4）将所有包围圈对应的乘积项相加。

有时也可以由真值表直接填写卡诺图，则以上的步骤（1）、步骤（2）合为一步。

画包围圈的原则如下。

（1）包围圈内的方格数必定是 2^n，n 等于 0, 1, 2, 3, $\cdots$。

（2）相邻是指上、下底相邻，左、右边相邻和四个角两两相邻。

（3）同一方格可以被不同的包围圈重复包围，但新增包围圈中一定要有新的方格，否则该包围圈多余。

（4）包围圈内的方格要尽可能多，包围圈要尽可能少。

化简逻辑函数后，一个包围圈对应一个乘积项，包围圈越大，所得乘积项中的变量越少。包围圈越少，乘积项也越少，得到的**与—或**表达式最简。

例 2.4.3 用卡诺图化简逻辑函数

$$L(A, B, C, D) = \sum m(0, 1, 2, 5, 6, 7, 8, 9, 13, 14)$$

解 （1）根据最小项表达式画出逻辑函数的卡诺图，如图 2.4.6（a）所示。凡最小项表达式中存在的最小项，其对应方格内填 **1**，其余方格内填 **0**。

（2）合并最小项，即将相邻的 **1** 圈成一组（包围圈）。

（3）将所有包围圈对应的乘积项相加，即得最简的**与—或**表达式

$$L = \overline{B}\,\overline{C} + \overline{C}D + BC\overline{D} + \overline{A}BC + \overline{A}CD$$

注意，此例包围圈的另一种画法如图 2.4.6（b）所示，此时得到的最简与—或表达式为

$$L = \overline{B}\,\overline{C} + \overline{C}D + BC\overline{D} + \overline{A}BD + \overline{A}\,\overline{B}\,\overline{D}$$

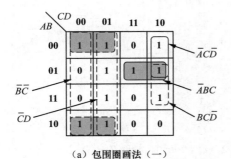

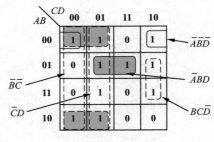

（a）包围圈画法（一）　　　　　　　（b）包围圈画法（二）

图 2.4.6　例 2.4.3 卡诺图

可见，包围圈画的不同，得到的表达式也不同。所以，用卡诺图化简一个逻辑函数式时，得到的结果不是唯一的。

例 2.4.4 用卡诺图化简逻辑函数

$$L(A, B, C, D) = (\overline{A}\,\overline{B} + B\overline{D})\overline{C} + BD(\overline{\overline{A}\,\overline{C}}) + \overline{D}(\overline{A + \overline{B}})$$

解 （1）变换逻辑函数为**与—或**表达式：

$$L(A, B, C, D) = \overline{A}\,\overline{B}\,\overline{C} + B\overline{C}\,\overline{D} + BD(A + C) + \overline{D}AB$$
$$= \overline{A}\,\overline{B}\,\overline{C} + B\overline{C}\,\overline{D} + ABD + BCD + AB\overline{D}$$

（2）由逻辑表达式直接画出卡诺图，如图 2.4.7 所示。

（3）画包围圈合并最小项，得简化的**与—或**表达式

$$L = AB + BCD + \overline{A}\,\overline{B}\,\overline{C} + \overline{A}\,C\overline{D}$$

注意，如果将 m_4 和 m_{12} 画入一个包围圈，则得到的简化**与—或**表达式为

$$L = AB + BCD + \overline{A}\,\overline{B}\,\overline{C} + B\overline{C}\,\overline{D}$$

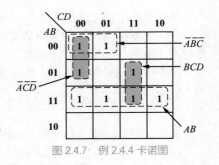

图 2.4.7　例 2.4.4 卡诺图

例 2.4.5 真值表如表 2.4.2 所示，试用卡诺图化简该逻辑函数，并画出逻辑图。

解　根据真值表，画出卡诺图，如图 2.4.8 所示。用包围 **1** 的方法，得到

$$L = AB + AC + BC$$

画出逻辑图，如图 2.4.9 所示。

表 2.4.2　例 2.4.5 的真值表

A	B	C	L
0	0	0	0
0	0	1	0
0	1	0	0
0	1	1	1
1	0	0	0
1	0	1	1
1	1	0	1
1	1	1	1

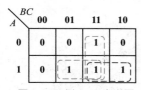

图 2.4.8　例 2.4.5 卡诺图

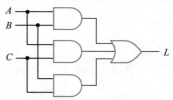

图 2.4.9　例 2.4.5 逻辑图（一）

也可以用包围 **0** 的方法（见图 2.4.10），得到：

$$\overline{L} = \overline{A}\,\overline{B} + \overline{A}\,\overline{C} + \overline{B}\,\overline{C}$$

$$L = \overline{\overline{A}\,\overline{B} + \overline{A}\,\overline{C} + \overline{B}\,\overline{C}} = \overline{\overline{A}\,\overline{B}} \cdot \overline{\overline{A}\,\overline{C}} \cdot \overline{\overline{B}\,\overline{C}} = (A+B)(A+C)(B+C)$$

画出逻辑图，如图 2.4.11 所示。

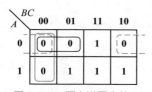

图 2.4.10　圈卡诺图中的 **0**

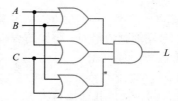

图 2.4.11　例 2.4.5 逻辑图（二）

从例 2.4.5 可以看出，用卡诺图化简逻辑函数可以用包围 **1** 的方法，得到与—或表达式，也可以用包围 **0** 的方法，然后稍加变换得**或—与**表达式。如果要用**与非门**实现化简的数字电路，则先包围 **1** 取得**与—或**表达式，然后变换为**与非—与非**表达式比较方便。如果要用**或非门**实现，则先包围 **0** 取得**或—与**表达式，然后变换为**或非—或非**表达式更方便。

2.4.3　含无关项的逻辑函数及其化简

1. 约束项、任意项和无关项

在实际工作中，当逻辑变量被赋予特定含义时，有一些取值组合根本就不会出现，或者不允许出现。例如，假设 A 和 B 代表两个不能同时接通且带有互锁装置的开关，用 **0** 表示开关断开，用 **1** 表示开关闭合，则正常工作时，只可能出现两个开关均断开或者一个开关断开而另一个闭合的情况，不允许出现（互锁装置也确保不会出

含无关项的逻辑函数化简

现）两个开关同时闭合的情况，即输入变量的取值组合只有 **00**、**01**、**10** 三种情况，不允许出现输入变量取值组合为 **11** 的情况。我们称 A、B 的取值是受到限制（或约束）的，其对应的最小项（m_3）被称为**约束项**。在逻辑表达式中，约束项的取值永远是 **0**。设计人员可以根据化简的需要，将约束项加入或不加入逻辑函数，这并不影响函数值。

在实际工作中还会遇到另一种逻辑函数，就是在输入变量取某些值时，函数的输出值等于 **0** 或者等于 **1** 都可以，不影响函数实际的逻辑功能。将输入变量取这些值时，其值等于 **1** 的那些最小项称为**任意项**。如果把任意项写入逻辑函数，则当输入变量取值使该任意项的值为 **1** 时，函数的输出值等于 **1**；如果不把任意项写入逻辑函数，则当输入变量取值使该任意项的值为 **1** 时，函数的输出值等于 **0**。

约束项和任意项统称为逻辑函数中的**无关项**。含有无关项的逻辑函数，其函数值是不确定的，可以为 **0**，也可以为 **1**，这类函数称为不完全确定的逻辑函数。比较而言，前面介绍的逻辑函数称为完全确定的逻辑函数，因为对于输入变量的每一组取值，函数都有确定的输出值。

2. 化简含无关项的逻辑函数

由于无关项可以加入逻辑函数，也可以不加入逻辑函数，它们并不影响函数实际的逻辑功能，所以在设计数字电路时，可以利用无关项使逻辑表达式尽量简单，从而降低实现成本。在卡诺图或真值表中，无关项以 ×（或 ϕ）表示，而在逻辑表达式中，无关项用 d 表示。下面举例说明含有无关项的逻辑函数的化简方法。

例 2.4.6 要求设计一个数字电路，能够判断一位十进制数是奇数还是偶数，当十进制数为奇数时，电路输出为 **1**，当十进制数为偶数时，电路输出为 **0**。

解　（1）列写真值表。用 8421BCD 码表示十进制数，输入变量用 A、B、C、D 表示，当对应的十进制数为奇数时，函数值为 **1**，反之为 **0**，得到真值表如表 2.4.3 所示。

注意，一位十进制数不包括 10 ~ 15，表 2.4.3 中四位 8421BCD 码只用于表示 10 个数，后 6 种组合是无关的，根本不会出现，它们所对应的最小项就是无关项，其函数值可以任意假设，为 **0** 或 **1** 都可以。

表 2.4.3　例 2.4.6 的真值表

对应十进制数	输入				输出
	A	B	C	D	L
0	0	0	0	0	0
1	0	0	0	1	1
2	0	0	1	0	0
3	0	0	1	1	1
4	0	1	0	0	0
5	0	1	0	1	1
6	0	1	1	0	0
7	0	1	1	1	1
8	1	0	0	0	0
9	1	0	0	1	1
无关项	1	0	1	0	×
	1	0	1	1	×
	1	1	0	0	×
	1	1	0	1	×
	1	1	1	0	×
	1	1	1	1	×

（2）根据真值表的内容，填写四变量卡诺图，如图 2.4.12 所示。

（3）画包围圈，此时应利用无关项。显然，将最小项 m_{13}、m_{15}、m_{11} 对应的方格视为 **1**，可以得到最大的包围圈，由此得到逻辑表达式

$$L = D$$

若不利用无关项，$L = \overline{A}D + \overline{B}\,\overline{C}D$，结果复杂得多。

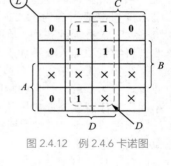

图 2.4.12　例 2.4.6 卡诺图

例 2.4.7 化简下列含有无关项的逻辑函数，并画出逻辑图。

$$L(A, B, C, D) = \sum m(5, 6, 7, 8, 9) + \sum d(10, 11, 12, 13, 14, 15)$$

解 （1）画出逻辑函数的卡诺图，如图 2.4.13 所示。

（2）画包围圈。遵循使 **1** 的包围圈尽可能大、包围圈数尽可能少的化简原则，将无关项都看作 **1**，于是可得

$$L = A + BC + BD$$

（3）逻辑图如图 2.4.14 所示。

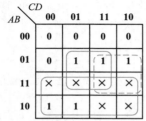

图 2.4.13　例 2.4.7 卡诺图

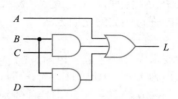

图 2.4.14　例 2.4.7 逻辑图

2.4.4　多输出逻辑函数的化简

上面讨论的电路只有一个输出端，而实际电路常常有两个或者两个以上的输出端，如图 2.4.15 所示。

图 2.4.15　多输出逻辑函数的框图

化简多输出逻辑函数时，不能单纯地追求各个单一函数的最简，而应该统一考虑，尽可能地共享那些公共乘积项，从而降低电路的总成本。举例说明如下。

例 2.4.8 化简下列多输出逻辑函数，画出逻辑图，并对比各函数单独化简的结果。

$$L_1(A, B, C) = \sum m(0, 4, 5, 6, 7)$$
$$L_2(A, B, C) = \sum m(0, 6, 7)$$

解 （1）画出两个逻辑函数的卡诺图，如图 2.4.16 所示。

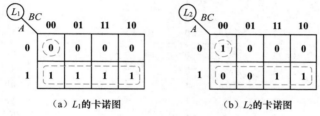

（a）L_1 的卡诺图　　　　（b）L_2 的卡诺图

图 2.4.16　例 2.4.8 卡诺图

观察两个卡诺图，找出两者相同的部分，化简后得到如下结果。可见，乘积项 $\overline{A}\,\overline{B}\,\overline{C}$ 为两个

函数所共享，我们称为共享乘积项。

$$L_1 = A + \overline{A}\,\overline{B}\,\overline{C}$$
$$L_2 = AB + \overline{A}\,\overline{B}\,\overline{C}$$

（2）根据这两个表达式，得到图 2.4.17（a）所示的逻辑图。

（3）如果分别考虑各自的逻辑函数最简，L_2 的表达式与上面相同，而 L_1 的最简表达式为

$$L_1 = A + \overline{B}\,\overline{C}$$

于是将得到图 2.4.17（b）所示的逻辑图，显然，该图从整体上来说成本不是最低的。

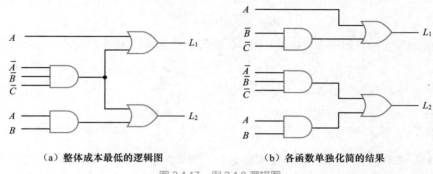

（a）整体成本最低的逻辑图　　　　　　　　　（b）各函数单独化简的结果

图 2.4.17　例 2.4.8 逻辑图

2.5　逻辑门符号的等效变换

用德摩根定律对一个**与非门**的逻辑表达式进行变换，得到

$$L = \overline{AB} = \overline{A} + \overline{B} \tag{2.5.1}$$

式（2.5.1）说明**与非门**和每一个输入端接有反相器的**或门**等效，即图 2.5.1（a）和图 2.5.1（b）是等效的。事实上，这两种模型都是用来表示**与非**功能的。在图 2.5.1（c）所示的等效符号中，输入端的小圆圈表示非运算。

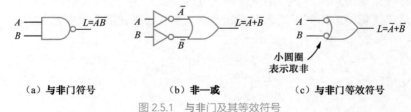

（a）与非门符号　　　　　（b）非—或　　　　　（c）与非门等效符号

图 2.5.1　与非门及其等效符号

同理，对于**或非门**有

$$L = \overline{A + B} = \overline{A} \cdot \overline{B} \tag{2.5.2}$$

式（2.5.2）说明**或非门**和每一个输入端接有反相器的**与门**等效，即图 2.5.2（a）和图 2.5.2（b）是等效的。事实上，这两种模型都是用来表示**或非**功能的。在图 2.5.2（c）所示的等效符号中，输入端的小圆圈表示非运算。

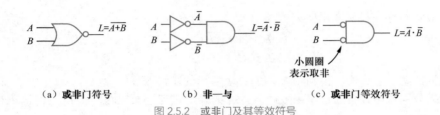

（a）**或非门符号**　　　（b）**非—与**　　　（c）**或非门等效符号**

图 2.5.2　或非门及其等效符号

同理，对**与门**和**或门**的逻辑表达式稍做变换，得到

$$L = \overline{\overline{AB}} = \overline{\overline{A} + \overline{B}}$$

$$L = \overline{\overline{A + B}} = \overline{\overline{A} \cdot \overline{B}}$$

于是**与门**的等效符号如图 2.5.3（b）所示，**或门**的等效符号如图 2.5.4（b）所示。

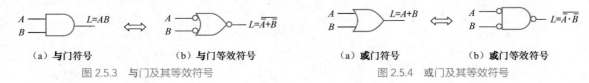

（a）**与门符号**　　　（b）**与门等效符号**　　　　　　（a）**或门符号**　　　（b）**或门等效符号**

图 2.5.3　与门及其等效符号　　　　　　　　图 2.5.4　或门及其等效符号

实际的数字电路中经常会有以上介绍的各种等效符号。输入端有小圆圈，除了表示非运算外，还表示输入信号为低电平有效[1]，即当输入信号为低电平时，电路能完成所要求的相应操作。而输入端没有小圆圈，除了表示输入原变量外，还表示输入信号为高电平有效，即当输入信号为高电平时，电路才能完成相应的操作。

例 2.5.1　数字电路如图 2.5.5 所示，试用等效符号对电路进行变换，使之只用一种逻辑门（单个芯片）实现。

解　将图 2.5.5 中的**或非门**用等效符号代替，可得到图 2.5.6 所示的逻辑电路。

在图 2.5.6 中，一根连线两端的小圆圈等于进行两次非运算，根据公式 $\overline{\overline{A}} = A$，这两个小圆圈可以剔除，于是得到图 2.5.7 所示的逻辑图。由于 74HC08[2] 芯片内部有 4 个 2 输入**与门**，所以只需要用其中的 3 个**与门**就能实现该电路。

可见，用等效符号变换电路和简化逻辑函数，关键在于一根连线上的两次非运算。化简时有以下两种情况需要注意。

（1）一根连线两端的小圆圈必须都包含非运算的意义。

（2）简化后的逻辑图应当便于用标准集成电路实现，否则化简是没有意义的。

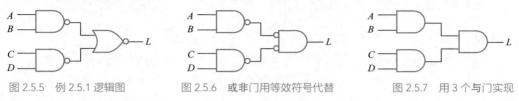

图 2.5.5　例 2.5.1 逻辑图　　　　图 2.5.6　或非门用等效符号代替　　　　图 2.5.7　用 3 个与门实现

1　为了强调"低电平有效"，除了在图形符号上加小圆圈外，通常还会在变量名称上加短线"‾"。这里为了避免跟非运算混淆，输入变量名称上面没有加短线"‾"。

2　74HC08 的引脚图可参考图 1.6.2。

小结

- 逻辑代数是分析和设计数字电路的数学工具，它有一系列基本公式和基本规则，可以用于对逻辑函数进行变换和化简。
- **与—或**表达式和**或—与**表达式是两种常见的逻辑函数形式。任一逻辑函数经过变换，都能得到唯一的最小项表达式或最大项表达式。逻辑函数最小项表达式和最大项表达式是逻辑表达式的两种标准形式。
- 代数化简法和卡诺图化简法是逻辑函数的两种化简方法。代数化简法没有局限性，但也没有一定的步骤可以遵循，要想快速得到函数的最简**与—或**表达式，不仅要熟悉公式和规则，还要总结一些运算技巧。
- 用卡诺图法化简逻辑函数，利用了最小项的逻辑相邻和方格几何位置相邻的一致性原理。由于二维方格图的局限性，卡诺图法只适用于五变量及以下逻辑函数的化简。
- 合理利用无关项，可以使逻辑函数得到进一步简化。
- 基本逻辑门的等效符号是在同一逻辑体系下的另一种表达方式，它们可更清楚地表达低电平有效信号及其逻辑关系。

自我检验题

2.1　选择题

1. n 个变量构成的最小项有_____个。

A. n^2　　　　　　　B. 2^n　　　　　　　C. n　　　　　　　D. $2n$

2. 下列说法不正确是_____。

A. 全部最小项之和恒等于 **1**

B. 最小项的非是其对应的最大项

C. 最小项的对偶式是其对应的最大项

D. 任意两个最小项 m_i 和 m_j（$i \neq j$）的乘积恒等于 **0**

3. 求一个逻辑函数 L 的对偶式 L' 时，下列说法不正确的是_____。

A. 把 L 中的"与"换成"或"，"或"换成"与"

B. 常数中的"**1**"换成"**0**"，"**0**"换成"**1**"

C. 原变量保持不变

D. 原变量换成反变量，反变量换成原变量

4. 使逻辑函数 $L(A, B, C, D) = \overline{AB} + C\overline{D}$ 为 **1** 的最小项有_____个。

A. 5　　　　　　　　B. 6　　　　　　　　C. 7　　　　　　　　D. 8

5. 下列_____是 4 个变量 A、B、C、D 中的最小项。

A. $\overline{AB} + C\overline{D}$　　　　B. $\overline{A}BC$　　　　　　C. BC　　　　　　D. $\overline{AB}C\overline{D}$

6. 用卡诺图化简具有无关项的逻辑函数时，若用圈 **1** 法，在包围圈内的"×"是按_____处理的；在包围圈外的"×"是按_____处理的。

A. 不确定　　　　　B. **1**，**1**　　　　　　C. **0**，**1**　　　　　D. **1**，**0**

7. 实现 $L = A \oplus B$ 至少需要使用_____个两输入端**与非**门。

A. 3　　　　　　　　B. 4　　　　　　　　C. 5　　　　　　　　D. 6

8. 分析下图所示电路，输出函数 F 的表达式为_____。

A. $F = A \oplus B$　　　　B. $F = A \odot B$　　　　C. $F = A + B$　　　　D. $F = AB$

2.2　判断题（正确的画"√"，错误的画"×"）

1. 已知 $A + B = A + C$，则 $B = C$。　　　　　　　　　　　　　　　　　　　　（　　　）

2. 已知 $AB = AC$，则 $B = C$。　　　　　　　　　　　　　　　　　　　　　　（　　　）

3. 已知 $A \oplus B = A \oplus C$，则 $B = C$。　　　　　　　　　　　　　　　　　（　　　）

4. 在一个卡诺图中，所有方格内都填 1，就表示所有最小项的值都为 1，化简的结果也为 1。
　　　　　　　　　　　　　　　　　　　　　　　　　　　　　　　　　　　　　（　　　）

5. $m_1 + m_2 + m_3 + m_4 = \overline{M_1 \cdot M_2 \cdot M_3 \cdot M_4}$。　　　　　　　　　　　　（　　　）

6. 用卡诺图化简一个逻辑函数，得到的最简**与**或表达式可能不是唯一的。　　　（　　　）

📝 习题

2.1　逻辑代数的基本公式和规则

2.1.1　试用真值表证明下列异或运算公式。

（1）$A \oplus 0 = A$

（2）$A \oplus 1 = \overline{A}$

（3）$A \oplus A = 0$

（4）$A \oplus \overline{A} = 1$

（5）$(A \oplus B) \oplus C = A \oplus (B \oplus C)$

（6）$\overline{A \oplus B} = \overline{A}\,\overline{B} + AB$

2.1.2　用逻辑代数定律证明下列等式。

（1）$AB + BCD + \overline{A}C + \overline{B}C = AB + C$

（2）$AB + BC + AC = (A + B)(B + C)(A + C)$

（3）$\overline{A}B + \overline{B}C + \overline{C}A = \overline{A}B + \overline{B}C + \overline{C}A$

（4）$(A + B)(A + \overline{B}) = A$

（5）$AB + \overline{A}C + BCD = AB + \overline{A}C$

（6）$(A + B)(B + C)(\overline{A} + C) = (A + B)(\overline{A} + C)$

（7）$A + A\overline{B}\,\overline{C} + \overline{A}CD + (\overline{C} + \overline{D})E = A + CD + E$

2.1.3　应用反演规则和对偶规则，求下列函数的非函数和对偶函数（用与—或表达式表示）。

（1）$L = A \cdot B + \overline{A} \cdot \overline{B}$

（2）$L = A \cdot B + \overline{C + D}$

（3）$L = \overline{A} \cdot \overline{B} + \overline{\overline{A} \cdot B \cdot \overline{C}} \cdot D$

2.2　逻辑函数的代数化简法

2.2.1　用代数法将下列各式化简成最简与—或表达式。

（1）$L = \overline{A}B + \overline{A}C + \overline{B}\,\overline{C} + AD$

（2）$L = AD + A\overline{D} + AB + \overline{A}E + BD + ACEF + \overline{B}EF$

（3）$L = \overline{(AB + \overline{A}C)C + \overline{C}D}$

（4）$L = \overline{AC + \overline{A}BC + \overline{B}C + AB\overline{C}}$

2.2.2　已知逻辑函数为 $L = \overline{A}BC\overline{D}$，画出实现该逻辑表达式的逻辑图，限使用非门和 2 输入与非门。

2.2.3　画出实现下列逻辑表达式的逻辑图，限使用非门和 2 输入与非门。

（1）$L = AB + AC$

（2）$L = \overline{D(A + C)}$

（3）$L = \overline{(A + B)(C + D)}$

2.2.4 已知逻辑表达式 $L = A\overline{B} + \overline{A}C$，画出实现该式的逻辑图，限使用**非门**和 2 输入**或非门**。

2.2.5 利用分配律 $A + BC = (A + B)(A + C)$，将逻辑表达式 $L = A\overline{B} + \overline{C}D$ 变换成**或—与**表达式。

2.3 逻辑函数的两种标准形式

2.3.1 试写出下列各个逻辑函数的最小项表达式。

（1）$L(A, B, C, D) = A\overline{C}D + \overline{B}C\overline{D} + ABCD$

（2）$L(A, B, C) = \overline{(A\overline{B} + B\overline{C})\overline{A}B}$

2.3.2 列出逻辑函数 $L(A, B, C) = A\overline{B} + B\overline{C}$ 的真值表，并写出该函数的最小项表达式。

2.3.3 列出逻辑函数 $L(A, B, C) = \overline{A} \cdot C + A \cdot \overline{B} \cdot \overline{C}$ 的真值表，并写出该函数的最大项表达式。

2.3.4 已知下列逻辑函数的最大项表达式，试写出其最小项表达式。

（1）$L(A, B) = \prod M(0, 1, 2)$

（2）$L(A, B, C) = \prod M(0, 1, 3, 6, 7)$

2.3.5 已知下列逻辑函数的最小项表达式，试写出其最大项表达式。

（1）$L(A, B) = \sum m(1, 2)$

（2）$L(A, B, C, D) = \sum m(1, 2, 5, 6)$

2.4 逻辑函数的卡诺图化简法

2.4.1 已知逻辑函数 $L(A, B, C) = A\overline{B} + B\overline{C} + C\overline{A}$，试用真值表和卡诺图表示。

2.4.2 已知函数 $L(A, B, C, D)$ 的逻辑功能：$AB = \mathbf{00}$ 时，$L = C + D$；$AB = \mathbf{01}$ 时，$L = \overline{CD}$；$AB = \mathbf{10}$ 时，$L = C \oplus D$；$AB = \mathbf{11}$ 时，L 为任意项。试用卡诺图化简该逻辑函数，并写出最简逻辑表达式。

2.4.3 用卡诺图化简下列各式。

（1）$A\overline{B}CD + AB\overline{C}D + A\overline{B} + A\overline{D} + \overline{A}BC$

（2）$\overline{A}\overline{B}C + A\overline{B}\overline{C}D + AB\overline{C}D + ABC$

（3）$A\overline{B}CD + D(\overline{B}\overline{C}D) + (A + C)B\overline{D} + \overline{A}(\overline{B} + C)$

（4）$L(A, B, C, D) = \sum m(0, 2, 4, 8, 10, 12)$

（5）$L(A, B, C, D) = \sum m(0, 1, 2, 5, 6, 8, 9, 13, 14)$

（6）$L(A, B, C, D) = \sum m(0, 2, 4, 6, 9, 13) + \sum d(1, 3, 5, 7, 11, 15)$

（7）$L(A, B, C, D) = \sum m(0, 4, 6, 13, 14, 15) + \sum d(1, 2, 3, 5, 7, 9, 10, 11)$

2.4.4 用卡诺图化简法，求下列函数的最简**或—与**表达式。

（1）$L(A, B, C, D) = A\overline{C} + AD + \overline{B}\overline{C} + \overline{B}D$

（2）$L(A, B, C, D) = \sum m(3, 4, 5, 7, 13, 14, 15)$

（3）$L(A, B, C, D) = (\overline{A} + D)(B + \overline{D})(A + B)$

（4）$L(A, B, C, D) = \prod M(3, 4, 6, 7, 11, 12, 13, 14, 15)$

2.4.5 已知逻辑函数 $L = AB\overline{D} + A\overline{B}D + \overline{B}CD + \sum d(*)$ 的简化表达式为 $L = B \oplus D$，试用卡诺图求出该逻辑函数至少有哪些无关项。

2.5 逻辑门符号的等效变换

设 A、B、C、D 均为低电平有效信号，它们对 L 的控制电路如图题 2.5.1 所示。试用等效符号对其进行简化，用一种逻辑门实现相同功能的电路，并画出逻辑图。

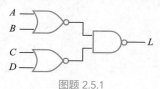

图题 2.5.1

第2章部分
习题答案

📝 实践训练

S2.1 使用 Multisim 提供的逻辑转换器（Logic Converter），化简下列逻辑函数，并转换成用**与门、或门、非门**实现的逻辑图，以及用**与非门**实现的逻辑图。

（1）$L(A, B, C, D) = \sum m(0, 4, 6, 13, 14, 15) + \sum d(1, 2, 3, 5, 7, 9, 10, 11)$

（2）$L(A, B, C) = \overline{(\overline{AB} + B\overline{C})\overline{AB}}$

（3）$L(A, B, C, D, E) = A\overline{B}CD\overline{E} + \overline{A}\,\overline{C}\,D\,\overline{E} + \overline{A}\,\overline{B}\,\overline{C}D + \overline{A}BD\overline{E} + BCDE + AB\overline{C}DE + AB\overline{C}\,\overline{D}\,\overline{E}$

S2.2 使用 Multisim 提供的 Logic Converter，输入逻辑表达式，完成下列任务。

（1）将其转换成真值表。

（2）将其转换成用**与门**及**或门**实现的逻辑图，并与例 2.4.5 中的结果比较。

（3）将其转换成仅用**与非门**实现的逻辑图。

$$L = AB + AC + BC$$

S2.3 使用 Multisim 搭建图 S2.3 所示的电路，使用 Logic Converter 完成下列任务。

（1）将其转换成真值表。

（2）将其转换成逻辑表达式。

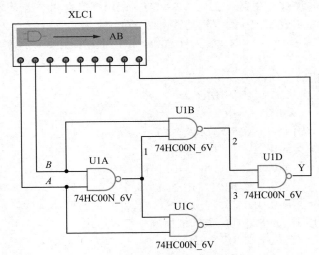

图 S2.3　逻辑图与逻辑转换器的连接（仿真图）

第 3 章

组合逻辑电路

本章知识导图

⟳ 本章学习要求

- 掌握组合逻辑电路的特点、分析方法和设计方法。
- 掌握用编码器、译码器、数据选择器、数值比较器和加法器等常用组合电路的逻辑功能。
- 了解组合逻辑电路的竞争—冒险现象及其消除方法。

⟳ 本章讨论的问题

- 什么是组合逻辑电路？组合逻辑电路在电路结构上有何特点？
- 分析组合逻辑电路的一般步骤是什么？
- 设计组合逻辑电路的一般步骤是什么？
- 什么是组合逻辑电路中的竞争—冒险？
- 常用组合逻辑功能部件有哪些？

3.1 概述

按照逻辑功能的不同，数字电路分为两大类：一类称为组合逻辑电路，另一类称为时序逻辑电路。本章讲解组合逻辑电路，第 5 章开始讨论时序逻辑电路。

如果一个数字电路在任意时刻的输出仅仅取决于同一时刻的输入，而与该电路原来的状态无关，则称该电路为**组合逻辑电路**。

一个多输入、多输出组合逻辑电路可以用图 3.1.1 所示的一般框图表示。图中，输出与输入之间的逻辑关系可用如下逻辑函数来描述：

$$L_i = f(A_1, A_2, \cdots, A_n) \quad (i = 1, 2, \cdots, m) \tag{3.1.1}$$

式（3.1.1）中，A_1，A_2，$\cdots$，A_n 为输入变量；L_1，L_2，$\cdots$，L_m 为输出变量。

从电路结构上看，组合逻辑电路具有以下两个特点。

（1）组合逻辑电路一般由相互连接的逻辑门组成，不含具有记忆功能的存储元件。

（2）组合逻辑电路中，信号只有从输入到输出的通路，没有从输出到输入的反馈回路。

图 3.1.1 组合逻辑电路的一般框图

3.2 组合逻辑电路的分析

组合逻辑电路分析，是指对一个给定的组合逻辑电路，找出其输出与输入之间的逻辑关系，并确定电路的逻辑功能。分析组合逻辑电路的一般步骤如图 3.2.1 所示。具体说明如下。

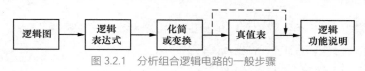

图 3.2.1 分析组合逻辑电路的一般步骤

（1）依据逻辑图，写输出逻辑函数。

通常采用的方法是从电路的输入到输出，逐级写出各级逻辑表达式，最后得到输出逻辑函数。

（2）逻辑函数的化简或变换。

利用代数化简法或卡诺图化简法，将各逻辑函数化简和变换，求出最简的逻辑表达式。

（3）列出真值表。

将输入变量的各种取值组合代入逻辑函数，求出对应的函数值，列出真值表。

（4）根据真值表或简化后的逻辑表达式，确定电路的逻辑功能。

下面举例说明组合逻辑电路的分析方法。

例 3.2.1 分析图 3.2.2 所示的逻辑图，说明电路的逻辑功能。

解 （1）根据逻辑图，写输出逻辑函数。为方便写输出端的逻辑函数，电路中标注了 3 个中间变量 Z_1、Z_2 和 Z_3，于是

$$Z_1 = \overline{AB}, \ Z_2 = \overline{\overline{A}\,\overline{B}}, \ Z_3 = \overline{Z_1 \overline{C}} = \overline{\overline{AB}\,\overline{C}}$$

最后，输出与输入之间的逻辑表达式为

$$L = Z_2 Z_3 = \overline{\overline{A}\,\overline{B}\,\overline{AB}\,\overline{C}}$$

（2）变换逻辑表达式。

$$L = \overline{\overline{A\,\overline{B}} \cdot \overline{\overline{AB}\,\overline{C}}} = (A+B)(AB+C)$$
$$= AB + AC + BC$$

（3）列出真值表。

将 A、B、C 的 8 种取值组合分别代入逻辑函数进行运算，求出相应的输出函数值，并与输入值——对应地列在真值表中，如表 3.2.1 所示。

（4）确定电路的逻辑功能。

由真值表可见，当输入 A、B、C 中 **1** 的个数大于或等于 **2** 时，输出为 **1**，否则为 **0**。所以，该电路可作为 3 输入"多数表决电路"，用于按照"少数服从多数"的原则执行表决，确定某项决议是否通过。

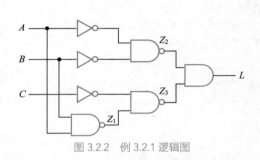

图 3.2.2　例 3.2.1 逻辑图

表 3.2.1　例 3.2.1 的真值表

A	B	C	L
0	0	0	0
0	0	1	0
0	1	0	0
0	1	1	1
1	0	0	0
1	0	1	1
1	1	0	1
1	1	1	1

例 3.2.2　分析图 3.2.3 所示的逻辑图，说明电路的逻辑功能。

解　（1）根据逻辑图，写出各输出端的逻辑函数。

电路中标注了 4 个中间变量 Z_1、Z_2、Z_3 和 Z_4，于是

$$Z_1 = A \oplus B, \ Z_2 = AB, \ Z_3 = AC, \ Z_4 = BC$$
$$L_1 = Z_1 \oplus C = A \oplus B \oplus C = \overline{A}\,\overline{B}C + \overline{A}B\overline{C} + A\overline{B}\,\overline{C} + ABC$$
$$L_2 = Z_2 + Z_3 + Z_4 = AB + AC + BC$$

（2）根据逻辑表达式，列出真值表。

将 A、B、C 的 8 组取值代入逻辑函数，列出电路的真值表，如表 3.2.2 所示。

表 3.2.2　例 3.2.2 的真值表

输入			输出	
A	B	C	L_1	L_2
0	0	0	0	0
0	0	1	1	0
0	1	0	1	0
0	1	1	0	1
1	0	0	1	0
1	0	1	0	1
1	1	0	0	1
1	1	1	1	1

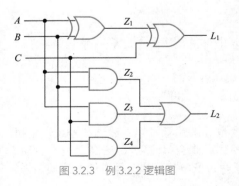

图 3.2.3　例 3.2.2 逻辑图

（3）分析真值表，确定其功能。

从真值表可知，当 A、B、C 3 个输入变量的取值有奇数个 **1** 时，输出 L_1 为 **1**，否则为 **0**。输

出 L_1 的电路可用于检查 3 位二进制码的奇偶性，也称为奇校验电路。而当 A、B、C 3 个输入变量中 **1** 的个数大于或等于 2 时，输出 L_2 为 1，否则为 **0**。

该电路还可以实现全加器的功能，L_1 为相加的和，L_2 为进位（3.4.5 节讨论全加器）。

3.3 组合逻辑电路的设计

组合逻辑电路设计是分析的逆过程，它的任务是根据实际逻辑问题，求得实现给定逻辑功能的最简电路。这里所说的最简，是指所用的器件种类和数量都尽可能少。电路最简化，不仅经济、合理，更重要的是可大幅度提高电路的可靠性。

实现同一逻辑功能的电路形式有多种，可以采用各种逻辑门，也可以用功能部件（如译码器、数据选择器等）或者可编程逻辑器件。本节主要介绍用逻辑门实现组合逻辑电路的方法。

设计组合逻辑电路的一般步骤如图 3.3.1 所示，具体说明如下。

图 3.3.1　设计组合逻辑电路的一般步骤

（1）对实际问题进行逻辑抽象。

由于设计要求往往是用文字描述的，因此，设计者需要通过逻辑抽象建立逻辑函数的描述方式。逻辑抽象包括以下操作。

1）根据逻辑问题的因果关系确定输入变量、输出变量，并给每个变量分配一个符号。一般总是把事件产生的原因定义为输入变量，而将事件的结果定义为输出变量。

2）定义输入变量和输出变量的逻辑状态，即将输入变量和输出变量的两种状态分别用 0 和 1 表示，并规定 **0** 和 **1** 的具体含义。定义逻辑状态也称为**逻辑赋值**。

（2）根据逻辑功能要求，列出真值表。

（3）求输出函数的最简表达式。

用代数化简法或卡诺图化简法，求最简逻辑表达式，并根据所用器件（或其他约束条件）的情况，对逻辑表达式进行变换。

（4）根据逻辑表达式，画出逻辑图。

下面举例说明组合逻辑电路的设计方法。

例 3.3.1　某雷达站有 A、B、C 三部雷达，其中 A 和 B 消耗的功率相等，C 消耗的功率是 A 的两倍。这些雷达由两台发电机 X 和 Y 供电，发电机 X 的最大输出功率等于雷达 A 的功率消耗，发电机 Y 的最大输出功率是 X 的 3 倍。要求用与门、或门、非门设计一个数字电路，根据来自各雷达的启动和关闭信号，以最节约电能的方式控制发电机的启动和停止。

解　（1）对实际问题进行逻辑抽象。

1）根据逻辑问题的因果关系来确定输入变量、输出变量。由题意可知，启动、停止发电机由三部雷达 A、B、C 启动运行时所消耗的功率来决定。所以，来自 A、B、C 三部雷达的启动 / 关闭信号是事件产生的原因，应定为输入变量；启动 / 停止两台发电机 X 和 Y 是事件产生的结果，定为输出变量。

2）定义输入变量、输出变量的逻辑状态。输入变量 A、B、C 为 **1**，表示雷达启动运行；为 **0** 表示雷达关闭。输出变量 X、Y 为 **1**，表示发电机启动；为 **0** 表示发电机停止。

（2）根据逻辑功能要求，列出真值表。

由题意可知，当 A 或 B 工作时，只需要 X 发电；A、B、C 同时工作时，需要 X 和 Y 同时发电；其他情况只需要 Y 发电。于是可列出真值表，如表 3.3.1 所示。

（3）根据真值表，画出卡诺图，如图 3.3.2（a）所示。

根据卡诺图，可得输出函数的最简表达式为

$$X = \overline{A}B\overline{C} + A\overline{B}\,\overline{C} + ABC$$

$$Y = AB + C$$

（4）根据逻辑表达式，画出由**与门**、**或门**、**非门**构成的数字电路，如图 3.3.2（b）所示。

表 3.3.1　例 3.3.1 的真值表

A	B	C	X	Y
0	0	0	0	0
0	0	1	0	1
0	1	0	1	0
0	1	1	0	1
1	0	0	1	0
1	0	1	0	1
1	1	0	0	1
1	1	1	1	1

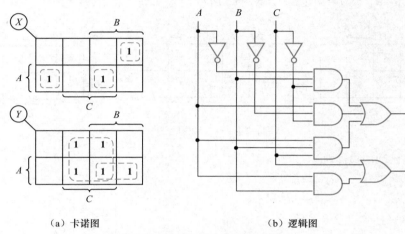

（a）卡诺图　　　　　　　（b）逻辑图

图 3.3.2　例 3.3.1 卡诺图及逻辑图

例 3.3.2　电热水器的内部容器示意图如图 3.3.3 所示，图中 A、B、C 为 3 个水位检测元件。当水面低于检测元件时，检测元件输出高电平；水面高于检测元件时，检测元件输出低电平。试用非门和与非门设计一个热水器水位状态显示电路，要求当水面在 A、B 之间的正常位置时，绿灯 G 亮；水面在 B、C 之间或 A 以上的异常位置时，黄灯 Y 亮；水面在 C 以下的危险位置时，红灯 R 亮。

解　（1）对实际问题进行逻辑抽象。

由题意可知，3 个水位检测元件 A、B、C 输出的逻辑电平是水位状态显示电路的输入，我们定义其输出高电平为逻辑 **1**，输出低电平为逻辑 **0**。绿、黄、红 3 个指示灯 G、Y、R 是水位状态显示电路的输出，我们定义灯亮为逻辑 **1**，灯灭为逻辑 **0**。

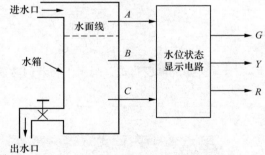

图 3.3.3　电热水器内部容器示意图

（2）根据逻辑功能要求，列出真值表。

在具体分析这一逻辑问题时可发现，当逻辑变量被赋予特定含义时，有一些取值组合根本就不会出现，例如，A、B、C 不可能有 **001** 的取值组合，因为 3 个水位检测元件 A、B、C 不可能检测到水位高于 A 点和 B 点却低于 C 点的情况，同样，也不会有 **010**、**011**、**101** 几个取值组合，这些最小项应被确定为无关项（用"×"表示）。

根据上述分析列出真值表，如表 3.3.2 所示。

表 3.3.2　例 3.3.2 的真值表

A	B	C	G	Y	R
0	0	0	0	1	0
0	0	1	×	×	×
0	1	0	×	×	×
0	1	1	×	×	×
1	0	0	1	0	0
1	0	1	×	×	×
1	1	0	0	1	0
1	1	1	0	0	1

（3）根据真值表，画出卡诺图，如图 3.3.4 所示。

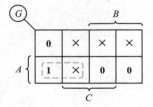 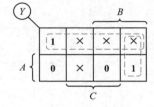

图 3.3.4　例 3.3.2 卡诺图

于是，输出函数的最简表达式为

$$G = A\overline{B}$$
$$Y = \overline{A} + B\overline{C}$$
$$R = C$$

由于要用**与非门**来实现，故需对逻辑表达式求反两次，使之变换为**与非—与非**表达式，即

$$G = A\overline{B} = \overline{\overline{A\overline{B}}}$$
$$Y = \overline{A} + B\overline{C} = \overline{\overline{\overline{A} + B\overline{C}}} = \overline{\overline{A} \cdot \overline{B\overline{C}}}$$
$$R = C$$

（4）根据逻辑表达式，画出由**与非门**构成的逻辑电路，如图 3.3.5 所示。

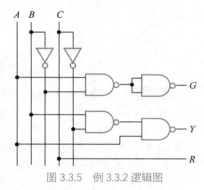

图 3.3.5　例 3.3.2 逻辑图

3.4　常用组合逻辑电路

在数字系统设计中，经常会用到具有某种特定功能的组合逻辑电路，如编码器、译码器、数据选择器、数据分配器、数值比较器、加法器等，这些典型的单元电路曾被制成中规模集成电路并得到广泛应用。如今这些单元电路经常被当作基本模块，并以库元件的形式存在于很多电子设计自动化（Electronic Design Automation，EDA）工具中，由高层次设计调用，以构建所需要的数字电路。

3.4.1　编码器

在数字系统里，常常需要用二进制码来表示一些具有特定含义的信息，以便系统存储或处理。将特定的信息表示成二进制码的过程称为编码。实现编码功能的数字电路称为编码器。

编码器分为普通编码器和优先编码器两种。普通编码器任何时刻只允许一个输入信号有效，否则将产生错误输出。优先编码器允许多个输入信号同时有效，但输出只对优先级别高的输入信号进行编码。

下面首先以 4 线—2 线编码器为例，介绍编码器的电路结构和工作原理；然后介绍 8 线—3 线集成电路编码器的应用。

1. 普通编码器

4 线—2 线普通编码器的功能如表 3.4.1 所示，它有 4 个输入和 2 个输出。在普通编码器中，任何时刻 $I_3 \sim I_0$ 只能有一个输入信号有效（这里为高电平有效，用 1 表示），对每一个有效的输入，输出 $Y_1 Y_0$ 产生一组对应的二进制码。

普通编码器

表 3.4.1 4 线—2 线编码器功能表

输入				输出	
I_3	I_2	I_1	I_0	Y_1	Y_0
0	0	0	1	0	0
0	0	1	0	0	1
0	1	0	0	1	0
1	0	0	0	1	1

假设在任何时刻只有一个输入为 1，由功能表得到下面的逻辑表达式：

$$Y_1 = I_2 + I_3 \tag{3.4.1}$$
$$Y_0 = I_1 + I_3$$

根据式（3.4.1），可以用两个**或**门来实现该编码器（逻辑图略）。

对于普通编码器，如果在某一时刻有多个输入有效，就会出现错误的输出。例如，若 I_2、I_1 同时为 1，根据式（3.4.1）可知，$Y_1 Y_0 = 11$。此编码既不是 I_2 的编码，也不是 I_1 的编码，而是 I_3 的编码。显然，编码器此时的输出不正确。

2. 优先编码器

在实际应用中，编码器经常会遇到两个或两个以上的输入同时有效的情况。例如，计算机的主机常常要接受几个工作对象的服务请求，如打印机、键盘、磁盘驱动器等。当多个外设同时向主机发出服务请求时，为了避免编码混乱造成主机误操作，必须按轻重缓急事先规定好这些外设允许操作的先后次序（即优先级别），编码器按优先级别从高到低逐一编码，这样就不会出现混乱。能够识别编码请求信号的优先级别，并能按优先级别完成编码功能的电路称为**优先编码器**。

一个 4 线—2 线优先编码器的功能如表 3.4.2 所示。其输入为高电平有效，表中的"×"表示无关条件。另外，该电路还增加了一个输出 V，用来指示输出的编码是否为有效编码。如果所有的输入都无效（即 $I_3 \sim I_0$ 均为 0），V 就等于 0（输出编码无效）；当至少一个输入有效时，V 就为 1（输出编码有效），并且其输出编码有以下特点。

当 $I_3 = 1$ 时，无论 I_2、I_1、I_0 的状态如何，输出 $Y_1 Y_0 = 11$，为 I_3 的编码。

当 $I_2 = 1$，且只有 I_3 为 0 时，无论 I_1、I_0 的状态如何，输出 $Y_1 Y_0 = 10$，为 I_2 的编码。

当 $I_1 = 1$，且 I_2、I_3 均为 0 时，无论 I_0 的状态如何，输出 $Y_1 Y_0 = 01$，为 I_1 的编码。

当 $I_0 = 1$，且 I_1、I_2、I_3 均为 0 时，输出 $Y_1 Y_0 = 00$，为 I_0 的编码。

可见，电路输入的优先级别由高到低依次为 I_3、I_2、I_1、I_0；当多个输入同时有效时，电路能按预先设定的优先级别，对优先级别高的输入信号进行编码，产生一个与之对应的二进制码。例如，当 I_2、I_1 同时为 1 时，因为 I_2 的优先级别高于 I_1，所以输出 I_2 的编码 $Y_1 Y_0 = 10$。

表 3.4.2　4 线—2 线优先编码器功能表

输入				输出		
I_3	I_2	I_1	I_0	Y_1	Y_0	V
0	**0**	**0**	**0**	**0**	**0**	**0**
1	×	×	×	**1**	**1**	**1**
0	**1**	×	×	**1**	**0**	**1**
0	**0**	**1**	×	**0**	**1**	**1**
0	**0**	**0**	**1**	**0**	**0**	**1**

根据真值表，画出卡诺图，可以得到简化的逻辑表达式：

$$\begin{cases} Y_1 = I_3 + I_2 \\ Y_0 = I_3 + I_1 \bar{I_2} \\ V = I_3 + I_2 + I_1 + I_0 \end{cases}$$ （3.4.2）

根据式（3.4.2），得到图 3.4.1 所示的 4 线—2 线优先编码器逻辑图。

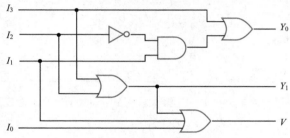

图 3.4.1　4 线—2 线优先编码器逻辑图

3. 集成电路编码器

8 线—3 线优先编码器 CD4532B 是 CMOS 中规模集成电路，常用图 3.4.2 所示的图形符号表示，其功能如表 3.4.3 所示。为便于多个芯片连接，扩展电路的功能，CD4532B 设置了使能输入 EI 和使能输出 EO，以及编码器工作状态标志 GS（其功能与图 3.4.1 中 V 相同）。

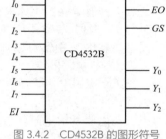

图 3.4.2　CD4532B 的图形符号

从功能表可以得出如下结论。

（1）该编码器有 8 个信号输入端，3 位二进制码输出端。输入为高电平有效。输入优先级别由高到低的次序依次为 I_7，I_6，…，I_0。

（2）当 $EI = 1$ 时，编码器工作；当 $EI = 0$ 时，编码器不工作，此时，无论 $I_7 \sim I_0$ 的状态如何，$Y_2 \sim Y_0 = \mathbf{000}$，且 GS 和 EO 均为低电平。

（3）当 $EI = 1$ 且至少有一个输入高电平时，$GS = 1$，$EO = 0$，表明编码器处于正常工作状态。

（4）当 $EI = 1$ 时，如果所有的输入都为 **0**（无有效信号），则 $Y_2 \sim Y_0 = \mathbf{000}$，且 $GS = 0$，$EO = 1$。

表 3.4.3　优先编码器 CD4532B 功能表

输入									输出				
EI	I_7	I_6	I_5	I_4	I_3	I_2	I_1	I_0	Y_2	Y_1	Y_0	GS	EO
0	×	×	×	×	×	×	×	×	**0**	**0**	**0**	**0**	**0**
1	**0**	**0**	**0**	**0**	**0**	**0**	**0**	**0**	**0**	**0**	**0**	**0**	**1**
1	**1**	×	×	×	×	×	×	×	**1**	**1**	**1**	**1**	**0**
1	**0**	**1**	×	×	×	×	×	×	**1**	**1**	**0**	**1**	**0**

续表

输入									输出				
EI	I_7	I_6	I_5	I_4	I_3	I_2	I_1	I_0	Y_2	Y_1	Y_0	GS	EO
1	0	0	1	×	×	×	×	×	1	0	1	1	0
1	0	0	0	1	×	×	×	×	1	0	0	1	0
1	0	0	0	0	1	×	×	×	0	1	1	1	0
1	0	0	0	0	0	1	×	×	0	1	0	1	0
1	0	0	0	0	0	0	1	×	0	0	1	1	0
1	0	0	0	0	0	0	0	1	0	0	0	1	0

例 3.4.1 用两片 8 线—3 线编码器 CD4532B 组成 16 线—4 线优先编码器，其逻辑图如图 3.4.3 所示，试分析其工作原理。

解 根据 CD4532B 的功能表，对逻辑图进行分析。

（1）当 $EI_1 = 0$ 时，芯片 CD4532B（1）禁止编码，其输出 $Y_2Y_1Y_0$ 为 **000**，且 GS_1、EO_1 均为 **0**。由于 $EI_0 = EO_1 = 0$，故芯片 CD4532B（0）也禁止编码，所有的输出均为 **0**。电路中，$GS = GS_1 + GS_0 = 0$，表示此时电路输出端的代码 $L_3L_2L_1L_0 = $ **0000**，是非编码输出。

编码器的扩展

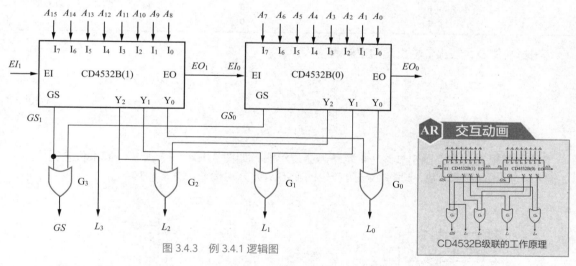

图 3.4.3　例 3.4.1 逻辑图

（2）当 $EI_1 = 1$ 时，芯片 CD4532B（1）允许编码，若 $A_{15} \sim A_8$ 均无有效电平输入，则 $EO_1 = $ **1**，由于 $EI_0 = EO_1 = 1$，因此芯片 CD4532B（0）允许工作。可见，芯片 CD4532B（1）的优先级别高于芯片 CD4532B（0）。此时，$L_3 = GS_1 = 0$，由于芯片 CD4532B（1）的 3 个输出均为 **0**，L_2、L_1、L_0 取决于芯片 CD4532B（0）的输出，故 $L_3L_2L_1L_0$ 为 **0000 ~ 0111**。

（3）当 $EI_1 = 1$ 且 $A_{15} \sim A_8$ 至少有一个为高电平输入时，$EO_1 = 0$，使 $EI_0 = 0$，芯片 CD4532B（0）被禁止编码，其输出的三位编码均为 **0**，L_2、L_1、L_0 取决于芯片 CD4532B（1）的输出。由于 $L_3 = GS_1 = 1$，因此 $L_3L_2L_1L_0$ 为 **1000 ~ 1111**，并且在 $A_{15} \sim A_8$ 中，A_{15} 优先级别最高，A_8 优先级别最低。

可见，该电路实现了 16 线—4 线优先编码器的逻辑功能，优先级别从 $A_{15} \sim A_0$ 依次递减。

3.4.2　译码器／数据分配器

将代码的特定含义翻译出来的过程称为译码。显然，译码是编码的逆过程。具有译码功能的数字电路称为译码器。译码器可以将二进制码转换成十进制数、字符和其他输出信号，在数字系统中广泛应用，如数字仪表中的各种显示译码器、计算机中的地址译码器、通信设备中用译码器构成数据分配器及各种代码变换器等。

常用的译码器有二进制译码器、二—十进制译码器和显示译码器等，下面分别进行介绍。

1. 二进制译码器

下面首先通过 2 线—4 线译码器的设计，介绍译码器的电路结构和工作原理；然后介绍集成译码器的应用。

（1）2 线—4 线译码器。

2 线—4 线译码器的功能如表 3.4.4 所示。输入 A_1、A_0 为 2 位二进制码，对于每一种可能的输入组合，输出 $Y_0 \sim Y_3$ 中只有一个有效电平（**1**），其余三个为无效电平（**0**）。可见，译码器是通过不同输出端的有效电平来译出代码的不同含义的。

表 3.4.4　2 线—4 线译码器功能表

输入		输出			
A_1	A_0	Y_0	Y_1	Y_2	Y_3
0	**0**	**1**	**0**	**0**	**0**
0	**1**	**0**	**1**	**0**	**0**
1	**0**	**0**	**0**	**1**	**0**
1	**1**	**0**	**0**	**0**	**1**

根据功能表，写出各输出端的逻辑表达式：

$$\begin{cases} Y_0 = \overline{A_1}\,\overline{A_0} = m_0 \\ Y_1 = \overline{A_1}A_0 = m_1 \\ Y_2 = A_1\overline{A_0} = m_2 \\ Y_3 = A_1A_0 = m_3 \end{cases} \qquad (3.4.3)$$

依据逻辑表达式，画出 2 线—4 线译码器逻辑图，如图 3.4.4（a）所示。如果将它视为一个 2 输入 4 输出的逻辑函数，则每个**与**门产生的输出函数分别代表一个最小项。

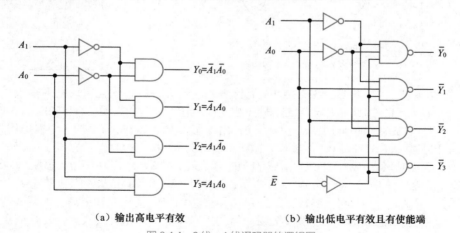

（a）输出高电平有效　　　　　　　　（b）输出低电平有效且有使能端

图 3.4.4　2 线—4 线译码器的逻辑图

市售的中规模集成译码器有 2 线—4 线、3 线—8 线、4 线—16 线、4 线—10 线等品种，它们的共同特点是输出低电平有效（即电路的输出用**与非**门取代**与**门），且带有一个或多个使能端。

图 3.4.4（b）是输出低电平有效的 2 线—4 线译码器，还设置了低电平有效的使能端 $\overline{E}$。当

$\overline{E} = 1$ 时，无论 A_1、A_0 为何种状态，输出 $\overline{Y}_0 \sim \overline{Y}_3$ 全为 **1**，译码器不工作。只有 $\overline{E} = 0$ 时，译码器才工作。其逻辑表达式和功能表留给读者完成（习题 3.4.2）。

（2）集成二进制译码器及其应用。

典型的集成二进制译码器有 2 线—4 线译码器和 3 线—8 线译码器。集成的 2 线—4 线译码器有 CMOS 系列（如 74HC139）和 TTL 系列（如 74LS139），两者在逻辑功能上没有区别，只是电性能参数不同，一般用 "74×139" 表示其中的任意一种。74×139 内部有两个功能相同、各自独立的 2 线—4 线译码器，其逻辑图与图 3.4.4（b）相同，其图形符号如图 3.4.5（a）所示。

在此，以 74×139 的图形符号为例做如下说明。

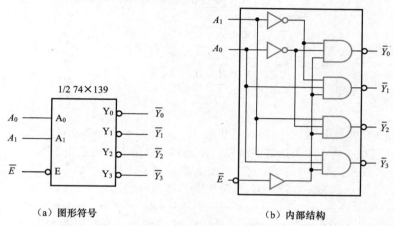

（a）图形符号　　　　　（b）内部结构

图 3.4.5　74×139 的图形符号及内部结构

74×139 符号框外部的 $\overline{E}$、$\overline{Y}_0 \sim \overline{Y}_3$ 为变量符号，表示外部输入或输出的信号，字母上面的短线仅说明该输入或输出是低电平有效。符号框内部的输入变量和输出变量表示内部的逻辑关系，全部为原变量。当输入或输出是低电平有效时，符号框外部的输入端或输出端要画小圆圈，并在字母上面加表示反相的短线，如 $\overline{E}$、$\overline{Y}_0 \sim \overline{Y}_3$。

3 线—8 线译码器 74HC138 是 CMOS 中规模集成电路，其功能如表 3.4.5 所示，其逻辑符号如图 3.4.6 所示。该译码器有 3 个输入端 A_2、A_1、A_0 和 8 个输出端 $\overline{Y}_0 \sim \overline{Y}_7$。此外，电路还设置了 3 个使能输入端 E_3、$\overline{E}_2$ 和 $\overline{E}_1$。

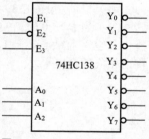

图 3.4.6　74HC138 的图形符号

表 3.4.5　译码器 74HC138 功能表

输入						输出							
E_3	$\overline{E}_2$	$\overline{E}_1$	A_2	A_1	A_0	$\overline{Y}_0$	$\overline{Y}_1$	$\overline{Y}_2$	$\overline{Y}_3$	$\overline{Y}_4$	$\overline{Y}_5$	$\overline{Y}_6$	$\overline{Y}_7$
×	1	×	×	×	×	1	1	1	1	1	1	1	1
×	×	1	×	×	×	1	1	1	1	1	1	1	1
0	×	×	×	×	×	1	1	1	1	1	1	1	1
1	0	0	0	0	0	0	1	1	1	1	1	1	1
1	0	0	0	0	1	1	0	1	1	1	1	1	1
1	0	0	0	1	0	1	1	0	1	1	1	1	1
1	0	0	0	1	1	1	1	1	0	1	1	1	1
1	0	0	1	0	0	1	1	1	1	0	1	1	1
1	0	0	1	0	1	1	1	1	1	1	0	1	1
1	0	0	1	1	0	1	1	1	1	1	1	0	1
1	0	0	1	1	1	1	1	1	1	1	1	1	0

由功能表可以得出如下结论。

（1）74HC138 只有在 $E_3 = 1$ 且 $\overline{E}_2 = \overline{E}_1 = 0$ 时，电路处于工作状态；当 $A_2A_1A_0 = 000 \sim 111$ 时，$\overline{Y}_0 \sim \overline{Y}_7$ 分别输出低电平；如果 E_3、$\overline{E}_2$、$\overline{E}_1$ 不满足上述条件（对应功能表中的前 3 行），则译码器不工作，各输出均为无效电平——高电平。

（2）译码器输出端的有效电平是低电平。

根据功能表，当 $E_3 = 1$，且 $\overline{E}_2 = \overline{E}_1 = 0$ 时，$\overline{Y}_0 \sim \overline{Y}_7$ 的逻辑表达式为

$$\begin{cases} Y_0 = \overline{\overline{A}_2\overline{A}_1\overline{A}_0} = \overline{m_0} \\ Y_1 = \overline{\overline{A}_2\overline{A}_1A_0} = \overline{m_1} \\ Y_2 = \overline{\overline{A}_2A_1\overline{A}_0} = \overline{m_2} \\ Y_3 = \overline{\overline{A}_2A_1A_0} = \overline{m_3} \\ Y_4 = \overline{A_2\overline{A}_1\overline{A}_0} = \overline{m_4} \\ Y_5 = \overline{A_2\overline{A}_1A_0} = \overline{m_5} \\ Y_6 = \overline{A_2A_1\overline{A}_0} = \overline{m_6} \\ Y_7 = \overline{A_2A_1A_0} = \overline{m_7} \end{cases} \qquad (3.4.4)$$

由式（3.4.4）可见，$\overline{Y}_0 \sim \overline{Y}_7$ 分别是三变量 A_2、A_1、A_0 的全部最小项的**非**：$\overline{m_0} \sim \overline{m_7}$。由于任何逻辑函数都可以写成最小项表达式，所以，译码器可以用来实现逻辑函数。

利用 3 线—8 线译码器 74HC138 的 3 个使能输入端 E_3、$\overline{E}_2$ 和 $\overline{E}_1$，可以方便地实现译码器功能的扩展，构成 4 线—16 线、5 线—32 线或 6 线—64 线译码器。

例 3.4.2 用两片 74HC138 可以组成 4 线—16 线译码器，其逻辑图如图 3.4.7 所示，试分析其工作原理。

解 根据 74HC138 的功能表，对逻辑图进行分析。

（1）当 $B_3 = 0$ 时，74HC138（1）被禁止工作，$\overline{L}_8 \sim \overline{L}_{15}$ 均为高电平；而 74HC138（0）的使能信号全部有效（$E_3 = 1$、$\overline{E}_2 = \overline{E}_1 = 0$），正常工作，当 B_0、B_1、B_2 输入不同的代码时，$\overline{L}_0 \sim \overline{L}_7$ 输出相应的低电平。

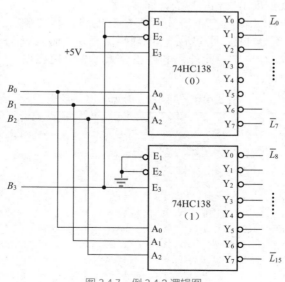

74HC138扩展成
4线—16线
译码器

图 3.4.7 例 3.4.2 逻辑图

（2）当 $B_3 = 1$ 时，74HC138（0）被禁止工作，$\overline{L}_0 \sim \overline{L}_7$ 均为高电平；而 74HC138（1）的使

能信号全部有效（$E_3 = 1$，$\overline{E_2} = \overline{E_1} = 0$），正常工作，当 B_0、B_1、B_2 输入不同的代码时，$\overline{L_8} \sim \overline{L_{15}}$ 输出相应的低电平。

可见，该电路实现了 4 线—16 线译码器的逻辑功能。

例 3.4.3　试用 74HC138 和必要的逻辑门，实现以下 2 个逻辑函数。

（1）$L_1(A, B, C) = BC + A\overline{B}C$　　　　　　　　　　（2）$L_2(A, B, C) = \prod M(2, 7)$

解　（1）列出功能表，如表 3.4.6 所示。

（2）写出 2 个逻辑函数的最小项表达式：

$$L_1 = m_3 + m_5 + m_7，\quad \overline{L_2} = m_2 + m_7$$

（3）由于译码器 74HC138 输出最小项的**非**，用德摩根定律变换，可得

$$L_1 = m_3 + m_5 + m_7 = \overline{\overline{m_3} \cdot \overline{m_5} \cdot \overline{m_7}} = \overline{\overline{Y_3} \cdot \overline{Y_5} \cdot \overline{Y_7}}$$
$$L_2 = \overline{m_2 + m_7} = \overline{m_2} \cdot \overline{m_7} = \overline{Y_2} \cdot \overline{Y_7}$$

为实现给定逻辑函数，先使 3 线—8 线译码器处于工作状态，即 $E_3 = 1$，且 $\overline{E_2} = \overline{E_1} = 0$，并且将输入变量 A、B、C 分别接译码器的 A_2、A_1 和 A_0；再依据上面的表达式，在译码器的输出端加一个 3 输入**与非门**，实现逻辑函数 L_1，用一个 2 输入**与门**实现逻辑函数 L_2，逻辑图如图 3.4.8 所示。注意，在真值表中，L_2 只有两项为 **0**，所以写出 $\overline{L_2}$ 的表达式，再进行变换，就可以使用扇入数少的**与门**来实现。另外要注意，函数输入变量的最高位 A 应与 74HC138 译码器代码输入的最高位 A_2 相连接，B 与 A_1 相连接，C 与 A_0 相连接。

表 3.4.6　例 3.4.3 的功能表

输入			输出	
A	B	C	L_1	L_2
0	0	0	0	1
0	0	1	0	1
0	1	0	0	0
0	1	1	1	1
1	0	0	0	1
1	0	1	1	1
1	1	0	0	1
1	1	1	1	0

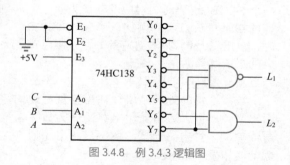

图 3.4.8　例 3.4.3 逻辑图

2. 二—十进制译码器

在数字系统中，十进制数往往用二—十进制编码（8421BCD 码）来表示。由于人们不习惯直接识别 BCD 码，因此实际应用时需用二—十进制译码器来解决系统中十进制数的识别问题。

二—十进制译码器的功能表如表 3.4.7 所示。它有 4 个 8421BCD 码输入端，有 10 个输出端，能将输入的 10 种 BCD 码分别译成 10 个低电平送到不同的输出端。对于输入的每一个 BCD 码，$\overline{Y_0} \sim \overline{Y_9}$ 中只有一个输出有效电平（**0**），其余 9 个输出无效电平（**1**）。例如，$A_3A_2A_1A_0 = \mathbf{0101}$ 时，仅 $\overline{Y_5}$ 输出低电平（其他均输出高电平），它将输入的 4 位 8421BCD 码译成十进制数 5。

表 3.4.7　二—十进制译码器功能表

十进制数	输入				输出									
	A_3	A_2	A_1	A_0	$\overline{Y_0}$	$\overline{Y_1}$	$\overline{Y_2}$	$\overline{Y_3}$	$\overline{Y_4}$	$\overline{Y_5}$	$\overline{Y_6}$	$\overline{Y_7}$	$\overline{Y_8}$	$\overline{Y_9}$
0	0	0	0	0	0	1	1	1	1	1	1	1	1	1
1	0	0	0	1	1	0	1	1	1	1	1	1	1	1

续表

十进制数	输入				输出									
	A_3	A_2	A_1	A_0	$\overline{Y_0}$	$\overline{Y_1}$	$\overline{Y_2}$	$\overline{Y_3}$	$\overline{Y_4}$	$\overline{Y_5}$	$\overline{Y_6}$	$\overline{Y_7}$	$\overline{Y_8}$	$\overline{Y_9}$
2	0	0	1	0	1	1	0	1	1	1	1	1	1	1
3	0	0	1	1	1	1	1	0	1	1	1	1	1	1
4	0	1	0	0	1	1	1	1	0	1	1	1	1	1
5	0	1	0	1	1	1	1	1	1	0	1	1	1	1
6	0	1	1	0	1	1	1	1	1	1	0	1	1	1
7	0	1	1	1	1	1	1	1	1	1	1	0	1	1
8	1	0	0	0	1	1	1	1	1	1	1	1	0	1
9	1	0	0	1	1	1	1	1	1	1	1	1	1	0
10	1	0	1	0	1	1	1	1	1	1	1	1	1	1
11	1	0	1	1	1	1	1	1	1	1	1	1	1	1
12	1	1	0	0	1	1	1	1	1	1	1	1	1	1
13	1	1	0	1	1	1	1	1	1	1	1	1	1	1
14	1	1	1	0	1	1	1	1	1	1	1	1	1	1
15	1	1	1	1	1	1	1	1	1	1	1	1	1	1

对输入的非 8421BCD 码（即 $A_3A_2A_1A_0$ 为 **1010** ～ **1111**），$\overline{Y_0}$ ～ $\overline{Y_9}$ 均输出高电平，电路无显示。

二一十进制译码器的应用电路如图 3.4.9 所示。电路的输出分别接标有十进制数的指示灯。当输入一组 8421BCD 码时，对应的输出为低电平，与之相连的指示灯被点亮。例如，当输入 $A_3A_2A_1A_0 = $ **0110** 时，输出 $\overline{Y_6} = $ **0**，只有对应的 6 号指示灯被点亮，其余的指示灯都不亮。

3. 七段显示译码器

数字系统的处理结果往往需要直观地用数字显示出来，所以，数字显示电路已成为数字系统中不可或缺的一种电路形式。数字显示电路通常由译码驱动器和显示器组成。

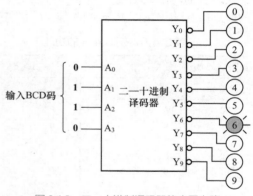

图 3.4.9　二一十进制译码器的应用电路

七段数字显示器由七个独立的发光段按图 3.4.10（a）的形式排列而成。利用不同发光段的组合，可显示阿拉伯数字 0 ～ 9，如图 3.4.10（b）所示。有些数字显示器增加了一段，作为小数点，就形成八段数字显示器。

七段显示译码器

（a）分段布置图　　　　　　　　（b）段组合图

图 3.4.10　七段数字显示器发光段

根据连接方式的不同，发光二极管构成的七段数字显示器分为共阴极显示器和共阳极显示器两种，其等效电路分别如图 3.4.11（a）、（b）所示。共阴极显示器将 7 个发光二极管的阴极连在一起，作为公共端。使用时，将公共端接低电平，当某个二极管的阳极为高电平时，相应段就发光。共阳极显示器的控制方式与共阴极显示器正好相反。

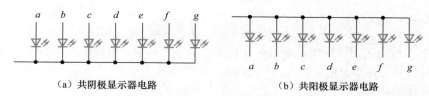

（a）共阴极显示器电路　　　　　　　　　（b）共阳极显示器电路

图 3.4.11　发光二极管显示器等效电路

为了使七段数字显示器能显示十进制数，首先必须对十进制数的代码进行译码，然后用译码器的输出经驱动器点亮对应的发光段。例如，要用共阴极显示器显示 8421BCD 码 **0101** 对应的十进制数，就要求显示译码器在输入 **0101** 时，其输出 a、f、c、d、g 均为高电平，这样，七段显示器的 a、f、c、d、g 各段被点亮，其他段不亮，便可显示对应的十进制数 5。

集成七段显示译码器有两类：一类输出高电平有效，可用来驱动共阴极显示器；另一类输出低电平有效，可用来驱动共阳极显示器。下面介绍输出高电平有效的集成七段显示译码器 74HC4511。

七段显示译码器 74HC4511 功能如表 3.4.8 所示。当输入为 **1010** ～ **1111** 六个非 BCD 码时，输出全为低电平，显示器无显示。该显示译码器设有 3 个辅助控制输入 LE、$\overline{BL}$、$\overline{LT}$，以增强器件的功能，现分别简要说明如下。

表 3.4.8　七段显示译码器 74HC4511 功能表

十进制数或功能	输入							输出							字形
	LE	$\overline{BL}$	$\overline{LT}$	D_3	D_2	D_1	D_0	a	b	c	d	e	f	g	
0	0	1	1	0	0	0	0	1	1	1	1	1	1	0	
1	0	1	1	0	0	0	1	0	1	1	0	0	0	0	
2	0	1	1	0	0	1	0	1	1	0	1	1	0	1	
3	0	1	1	0	0	1	1	1	1	1	1	0	0	1	
4	0	1	1	0	1	0	0	0	1	1	0	0	1	1	
5	0	1	1	0	1	0	1	1	0	1	1	0	1	1	
6	0	1	1	0	1	1	0	1	0	1	1	1	1	1	
7	0	1	1	0	1	1	1	1	1	1	0	0	0	0	
8	0	1	1	1	0	0	0	1	1	1	1	1	1	1	
9	0	1	1	1	0	0	1	1	1	1	1	0	1	1	
10	0	1	1	1	0	1	0	0	0	0	0	0	0	0	熄灭
11	0	1	1	1	0	1	1	0	0	0	0	0	0	0	熄灭
12	0	1	1	1	1	0	0	0	0	0	0	0	0	0	熄灭
13	0	1	1	1	1	0	1	0	0	0	0	0	0	0	熄灭
14	0	1	1	1	1	1	0	0	0	0	0	0	0	0	熄灭
15	0	1	1	1	1	1	1	0	0	0	0	0	0	0	熄灭
试灯	×	×	0	×	×	×	×	1	1	1	1	1	1	1	8
灭灯	×	0	1	×	×	×	×	0	0	0	0	0	0	0	熄灭
锁存	1	1	1	×	×	×	×	*							*

注：* 表示此时输出状态取决于 LE 由 **0** 跳变为 **1** 时 BCD 码的输入。

（1）试灯输入 $\overline{LT}$。

当 $\overline{LT}$ = **0** 时，无论其他输入端是什么状态，所有输出 a ～ g 均为 **1**，显示器显示字形 8。该输入常用于检查译码器本身及显示器各段的好坏。

（2）灭灯输入 $\overline{BL}$。

当 $\overline{BL} = 0$，并且 $\overline{LT} = 1$ 时，无论其他输入端是什么状态，所有输出 $a \sim g$ 均为 **0**，显示器不显示任何字形。该输入用于使不必显示的 **0** 熄灭。例如，一个 6 位数字 023.050，为使显示结果更加清楚，应将首、尾多余的 0 熄灭，即显示为 23.05。

（3）锁存使能输入 LE。

在 $\overline{BL} = \overline{LT} = 1$ 的条件下，当 $LE = 0$ 时，译码器的输出随输入的变化而变化；当 LE 由 **0** 跳变为 **1** 时，输入的代码被锁存，输出只取决于锁存器的内容，不再随输入的变化而变化。锁存器将在第 4 章介绍。

根据表 3.4.8，如果不考虑辅助控制输入 LE、$\overline{BL}$、$\overline{LT}$ 的作用，可以画出 $a \sim g$ 与 D_3、D_2、D_1、D_0 的卡诺图，并求出每一个发光段的最简逻辑表达式。图 3.4.12 所示为 a 段的卡诺图，a 段的最简逻辑表达式为

$$a = \overline{D_3}\,\overline{D_2}D_1 + D_3\overline{D_2}D_1 + \overline{D_3}D_2D_0 + \overline{D_3}\,\overline{D_2}\,\overline{D_0}$$

当考虑 $\overline{BL}$、$\overline{LT}$ 的作用时，a 段的逻辑表达式为

$$a = (\overline{D_3}\,\overline{D_2}D_1 + D_3\overline{D_2}D_1 + \overline{D_3}D_2D_0 + \overline{D_3}\,\overline{D_2}\,\overline{D_0})\overline{BL} + \overline{\overline{LT}}$$

依次类推，可以写出其他发光段的最简逻辑表达式，并根据各段的逻辑表达式画出逻辑图（此处省略）。

七段显示译码器 74HC4511 与七段数字显示器的连接如图 3.4.13 所示。

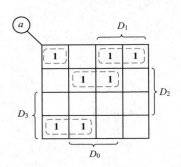

图 3.4.12　a 段卡诺图

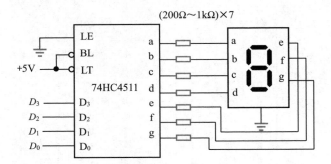

图 3.4.13　七段显示译码器与七段数字显示器的连接

4. 数据分配器

在数字系统中，有时需要将 1 路数据线上的数据分时送到不同的通道上，实现这种逻辑功能的电路称为数据分配器（Demultiplexer）。它的作用相当于多输出的单刀多掷开关，其示意图如图 3.4.14 所示。

数据分配器可用带有使能端的二进制译码器实现。用译码器实现数据分配器时，译码器的输入端输入通道地址信号，使能端输入数据。

图 3.4.15 所示为 3 线—8 线译码器 74HC138 用作数据分配器的逻辑图。它把 1 路数据信号 D 分时送到 8 个不同的输出通道上去。例如，当 $E_3 = 1$，$A_2A_1A_0 = 010$ 时，由 74HC138 功能表（见表 3.4.5）可得 $\overline{Y_2}$ 的逻辑表达式

$$\overline{Y_2} = \overline{(E_3 \cdot \overline{\overline{E_2}} \cdot \overline{\overline{E_1}}) \cdot \overline{A_2} \cdot A_1 \cdot \overline{A_0}} = \overline{E_1} = D$$

而译码器其余输出均为高电平。因此，当地址 $A_2A_1A_0 = 010$ 时，只有 $\overline{Y_2}$ 得到与输入相同的数据波形。改变 $A_2A_1A_0$ 的取值，则可以将数据送到不同的输出端。

数据分配器的用途比较多，比如用它连接一台计算机与多台外部设备，则可将计算机的数据

分别送到指定的外部设备中。

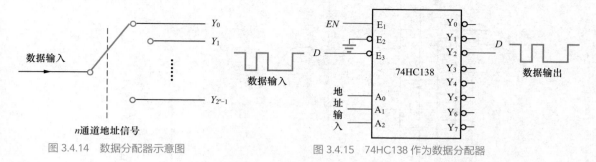

图 3.4.14　数据分配器示意图

图 3.4.15　74HC138 作为数据分配器

3.4.3　数据选择器

1. 数据选择器的功能及工作原理

数据选择器（Multiplexer，MUX）具有从多个输入通道中选取某一通道的数据传送到公共数据输出端的逻辑功能。其作用类似于多输入的单刀多掷开关，其示意图如图 3.4.16 所示。

在数字系统中，常用的有 2 选 1、4 选 1、8 选 1 数据选择器。

2 选 1 数据选择器从 2 路输入数据中选择 1 路送到公共数据输出端。图 3.4.17（a）所示为其逻辑图，D_0 和 D_1 是数据输入，Y 是数据输出，S 是通道选择输入。当 $S = 0$ 时，**与门 G_0 工作**，输出 Y 等于 D_0；当 $S = 1$ 时，**与门 G_1 工作**，输出 Y 等于 D_1。逻辑函数为

$$Y = \overline{S}D_0 + SD_1 \tag{3.4.5}$$

图 3.4.17（b）所示为 2 选 1 数据选择器的图形符号。2 选 1 数据选择器常用于大规模集成电路中，其功能如表 3.4.9 所示，表中输入部分只列出了通道选择输入信号，在输出栏直接说明输出是输入的简单逻辑函数。这种表示法更清晰地说明了电路的逻辑功能，节省了 2 列和 6 行。

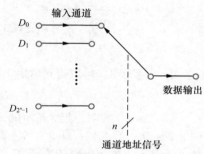

图 3.4.16　数据选择器示意图

表 3.4.9　2 选 1 数据选择器功能表

通道选择输入	输出
S	Y
0	D_0
1	D_1

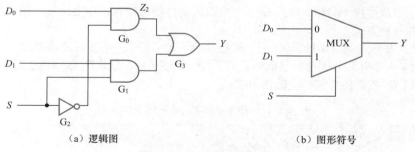

（a）逻辑图　　　　　　　　　　（b）图形符号

图 3.4.17　2 选 1 数据选择器

4 选 1 数据选择器从 4 路输入数据中选择 1 路送到公共数据输出端。图 3.4.18 所示为其逻辑图及图形符号，它有 4 个数据输入 $D_3 \sim D_0$，1 个数据输出 Y，2 个通道选择输入 S_1、S_0。

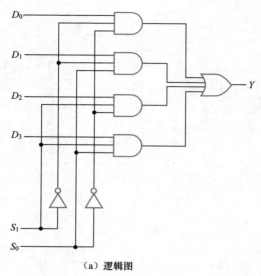

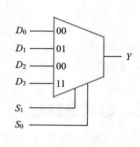

（a）逻辑图　　　　　　　　　　　　　（b）图形符号

图 3.4.18　4 选 1 数据选择器

分析逻辑图，可以得到输出 Y 的逻辑表达式

$$Y = D_0\overline{S_1}\,\overline{S_0} + D_1\overline{S_1}S_0 + D_2 S_1\overline{S_0} + D_3 S_1 S_0 \tag{3.4.6}$$

式（3.4.6）表明，当 $S_1 S_0 = \mathbf{00}$ 时，$Y = D_0$；当 $S_1 S_0 = \mathbf{01}$ 时，$Y = D_1$；当 $S_1 S_0 = \mathbf{10}$ 时，$Y = D_2$；当 $S_1 S_0 = \mathbf{11}$ 时，$Y = D_3$。于是，可列出电路的功能表，如表 3.4.10 所示。

从以上分析可见，数据选择器的输入通道越多，所需通道地址信号（也称为地址码）的位数也越多。输入通道数与地址码位数的关系：输入通道数为 2^n 时，地址码位数为 n。

4 选 1 数据选择器也可以用 3 个 2 选 1 数据选择器构成（习题 3.4.7）。

表 3.4.10　4 选 1 数据选择器功能表

S_1	S_0	Y
0	**0**	D_0
0	**1**	D_1
1	**0**	D_2
1	**1**	D_3

2. 集成数据选择器

集成数据选择器中通常会增加一个使能端。图 3.4.19 所示为 74×157 的逻辑图和图形符号，芯片内部集成了 4 个 2 选 1 数据选择器，同时，还有一个低电平有效的使能输入 $\overline{E}$。图中信号名之前增加了一个数字用于分组，表示是哪一路数据选择器的输入、输出信号，这是器件数据手册中经常使用的一种方式。

74×157 的功能如表 3.4.11 所示。由表可知，当 $\overline{E} = \mathbf{1}$ 时，不管通道选择输入 S 为何值，输出都为 $\mathbf{0}$。当 $\overline{E} = \mathbf{0}$ 时，数据选择器能够正常工作：若 $S = \mathbf{0}$，则将 D_0 数据传送到相应的输出端；若 $S = \mathbf{1}$，则将 D_1 数据传送到相应的输出端。

表 3.4.11　数据选择器 74×157 功能表

$\overline{E}$	S	$1Y$	$2Y$	$3Y$	$4Y$
1	×	**0**	**0**	**0**	**0**
0	**0**	$1D_0$	$2D_0$	$3D_0$	$4D_0$
0	**1**	$1D_1$	$2D_1$	$3D_1$	$4D_1$

常用的集成数据选择器还有双 4 选 1 数据选择器 74×153、8 选 1 数据选择器 74×151 等。下面介绍 74HC151 的功能及应用。

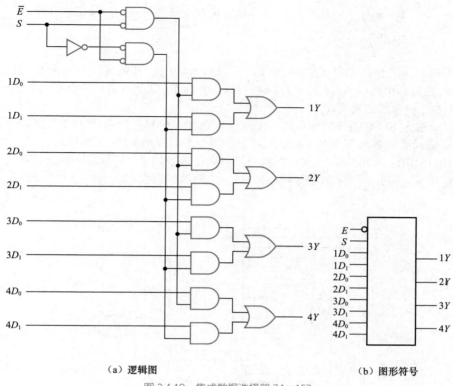

（a）逻辑图　　　　　　　　　　　　（b）图形符号

图 3.4.19　集成数据选择器 74×157

74HC151 有 3 个通道选择输入 S_2、S_1、S_0，可选择 $D_0 \sim D_7$ 共 8 个输入数据，电路具有同相输出 Y 和反相输出 $\overline{Y}$，另外还有使能输入 $\overline{E}$（低电平有效）。74HC151 的功能如表 3.4.12 所示。

表 3.4.12　74HC151 功能表

输入				输出	
使能	通道选择				
$\overline{E}$	S_2	S_1	S_0	Y	$\overline{Y}$
1	×	×	×	0	1
0	0	0	0	D_0	$\overline{D_0}$
0	0	0	1	D_1	$\overline{D_1}$
0	0	1	0	D_2	$\overline{D_2}$
0	0	1	1	D_3	$\overline{D_3}$
0	1	0	0	D_4	$\overline{D_4}$
0	1	0	1	D_5	$\overline{D_5}$
0	1	1	0	D_6	$\overline{D_6}$
0	1	1	1	D_7	$\overline{D_7}$

由功能表可知，当 $\overline{E}=1$ 时，$Y=0$，无数据输出。

当 $\overline{E}=0$ 时，输出 Y 的逻辑表达式为

$$Y = \overline{S}_2\overline{S}_1\overline{S}_0 D_0 + \overline{S}_2\overline{S}_1 S_0 D_1 + \overline{S}_2 S_1\overline{S}_0 D_2 + \overline{S}_2 S_1 S_0 D_3 \tag{3.4.7}$$
$$+ S_2\overline{S}_1\overline{S}_0 D_4 + S_2\overline{S}_1 S_0 D_5 + S_2 S_1\overline{S}_0 D_6 + S_2 S_1 S_0 D_7$$

将式（3.4.7）中的 $S_2 S_1 S_0$ 的最小项用 m_i（$i=0\sim7$）代替，则可写为

$$Y = m_0D_0 + m_1D_1 + m_2D_2 + m_3D_3 + m_4D_4 + m_5D_5 + m_6D_6 + m_7D_7 \qquad (3.4.8)$$

$$= \sum_{i=0}^{7} (m_iD_i)$$

根据逻辑表达式可知，当 $S_2S_1S_0 = $ **010** 时，只有 m_2 为 **1**，其余各最小项为 **0**，故得 $Y = D_2$，即只有 D_2 传送到输出端。当 $S_2S_1S_0 = $ **111** 时，只有 m_7 为 **1**，其余各最小项为 **0**，故得 $Y = D_7$。电路实现了数据选择器的逻辑功能。

利用使能输入 $\overline{E}$，数据选择器可以方便地实现功能的扩展。用两片 74HC151 和逻辑门构成 16 选 1 数据选择器的逻辑图如图 3.4.20 所示。电路中最高位地址码 A 和经**非**门产生的 $\overline{A}$ 分别作为芯片 74HC151(0)、74HC151(1) 的使能信号。将低位地址码 B、C 和 D 分别接到两芯片的公共输入 S_2、S_1 和 S_0。同时，两个数据选择器的输出用**或**门实现逻辑加，就得到 16 选 1 数据选择器的输出。

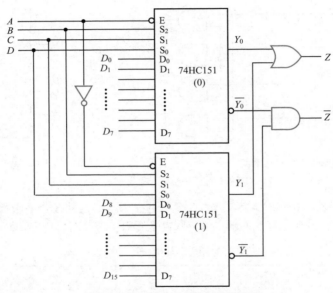

图 3.4.20　16 选 1 数据选择器逻辑图

当 $A = 0$ 时，74HC151(1) 被禁止工作，输出 Y_1 为低电平。而 74HC151(0) 工作，根据 S_2、S_1 和 S_0 的状态可从 $D_7 \sim D_0$ 中选择一路数据经**或**门传送到输出端。

当 $A = 1$ 时，74HC151(0) 被禁止工作，输出 Y_0 为低电平。而 74HC151(1) 工作，根据 S_2、S_1 和 S_0 的状态可从 $D_{15} \sim D_8$ 中选择一路数据经**或**门传送到输出端。

在式（3.4.8）中，如果数据选择器所有的数据输入全为 **1**，则 $Y = \sum_{i=0}^{7} m_i$，即输出 Y 为 $S_2S_1S_0$ 全部最小项的和。由于任何逻辑函数都可以变换为最小项表达式，因此，可用数据选择器来实现逻辑函数，下面举例说明。

例 3.4.4 　试用 8 选 1 数据选择器 74HC151 实现逻辑函数 $L = A \oplus B \oplus C$。

解　将逻辑函数变换成最小项表达式

$$L = A \oplus B \oplus C = (\overline{A \oplus B})C + (A \oplus B)\overline{C} = (\overline{A}\overline{B} + AB)C + (A\overline{B} + \overline{A}B)\overline{C}$$

$$= \overline{A}\overline{B}C + ABC + A\overline{B}\overline{C} + \overline{A}B\overline{C}$$

$$= m_1 + m_7 + m_4 + m_2$$

用 74HC151 实现逻辑函数，首先要使数据选择器处于使能状态，且将 A、B、C 作为

74HC151 的通道选择输入，即 $S_2 = A$，$S_1 = B$，$S_0 = C$，于是有

$$Y = \sum_{i=0}^{7} (m_i D_i) = m_0 D_0 + m_1 D_1 + m_2 D_2 + m_3 D_3 + m_4 D_4 + m_5 D_5 + m_6 D_6 + m_7 D_7$$

比较 L 与 Y 的逻辑函数可知，只要数据输入 $D_1 = D_2 = D_4 = D_7$ = **1**，$D_0 = D_3 = D_5 = D_6 = $ **0**，则 $Y = L$，即可用 74HC151 实现给定逻辑函数。

由此可画出实现逻辑函数 $L = A \oplus B \oplus C$ 的逻辑图，如图 3.4.21 所示。

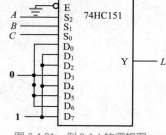

图 3.4.21 例 3.4.4 的逻辑图

综上所述，利用 8 选 1 数据选择器实现逻辑函数的一般步骤如下。

（1）将逻辑函数变换成最小项表达式。

（2）使数据选择器处于工作状态，即将使能端接有效电平。

（3）将通道地址信号 S_2、S_1、S_0 作为逻辑函数的输入变量。

（4）处理数据输入 $D_0 \sim D_7$。若逻辑表达式中有最小项（m_i），则相应 $D_i = 1$，其他数据输入均为 0。

例 3.4.4 说明用 8 选 1 数据选择器可以很方便地实现三变量逻辑函数。如要实现四变量逻辑函数，电路又该如何设计？下面举例说明。

例 3.4.5 分析图 3.4.22 所示数字电路，写出输出 L 的最简逻辑表达式。

解 由图 3.4.22 可知，74HC151 使能输入 $\overline{E} = 0$，数据选择器能够正常工作。其输出逻辑表达式为

$$Y = \sum_{i=0}^{7} (m_i D_i) = m_0 D_0 + m_1 D_1 + m_2 D_2 + m_3 D_3 + m_4 D_4 + m_5 D_5 + m_6 D_6 + m_7 D_7$$

由于 $D_2 = D_7 = $ **0**，$D_1 = D_3 = D_5 = $ **1**，$D_0 = D_4 = D$，$D_6 = \overline{D}$，因此

$$L = m_0 D + m_1 + m_3 + m_4 D + m_5 + m_6 \overline{D}$$
$$= \overline{A}\,\overline{B}\,\overline{C}D + \overline{A}\,\overline{B}C + \overline{A}BC + A\overline{B}\,\overline{C}D + A\overline{B}C + AB\overline{C}\,\overline{D}$$

画出 L 的卡诺图，如图 3.4.23 所示。用卡诺图化简，得到最简逻辑表达式为

$$L = \overline{A}C + \overline{B}C + \overline{B}D + AB\overline{C}\,\overline{D}$$

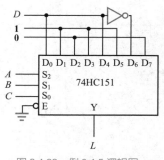

图 3.4.22 例 3.4.5 逻辑图

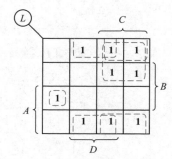

图 3.4.23 例 3.4.5 卡诺图

3.4.4 数值比较器

1. 数值比较器的定义及功能

在数字系统中，常常需要对两个二进制数的大小进行比较，并依据比较的结

数值比较器

果去完成不同的控制或操作。能对两个二进制数的大小进行比较的数字电路称为**数值比较器**。

（1）1 位数值比较器。

1 位数值比较器是多位数值比较器的基础。设两个二进制数 A 和 B 都是一位数，它们只能取 **0** 或 **1** 两种值，比较结果有 $A > B$、$A < B$、$A = B$ 三种情况，分别用 $F_{A>B}$、$F_{A<B}$ 和 $F_{A=B}$ 表示，且用高电平表示比较结果成立。由此可列出 1 位数值比较器的功能表，如表 3.4.13 所示。

根据功能表，得到输出逻辑表达式

$$\begin{cases} F_{A>B} = A\overline{B} \\ F_{A<B} = \overline{A}B \\ F_{A=B} = \overline{A}\,\overline{B} + AB = \overline{\overline{A}B + A\overline{B}} \end{cases} \quad (3.4.9)$$

依据逻辑表达式画出 1 位数值比较器的逻辑图，如图 3.4.24 所示。

（2）2 位数值比较器。

设要比较的 2 位二进制数为 $A = A_1A_0$ 和 $B = B_1B_0$，仍用 $F_{A>B}$、$F_{A<B}$ 和 $F_{A=B}$ 表示 3 种比较结果，且高电平有效。分析两位数 A_1A_0 和 B_1B_0 的大小比较情况：如高位 A_1、B_1 不相等，则无需比较低位 A_0、B_0，两个数的大小比较结果就是高位比较的结果；如高位相等，两个数大小比较的结果由低位比较结果决定。

利用 1 位数值比较器分析结果，可以列出 2 位数值比较器的简化功能表，如表 3.4.14 所示。

表 3.4.13　1 位数值比较器功能表

输入		输出		
A	B	$F_{A>B}$	$F_{A<B}$	$F_{A=B}$
0	0	0	0	1
0	1	0	1	0
1	0	1	0	0
1	1	0	0	1

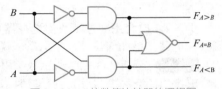

图 3.4.24　1 位数值比较器的逻辑图

表 3.4.14　2 位数值比较器功能表

输入		输入		输出	输出	输出
A_1	B_1	A_0	B_0	$F_{A>B}$	$F_{A<B}$	$F_{A=B}$
$A_1 > B_1$		×		1	0	0
$A_1 < B_1$		×		0	1	0
$A_1 = B_1$		$A_0 > B_0$		1	0	0
$A_1 = B_1$		$A_0 < B_0$		0	1	0
$A_1 = B_1$		$A_0 = B_0$		0	0	1

根据表 3.4.14，可以写出如下逻辑表达式：

$$\left. \begin{array}{l} F_{A>B} = (A_1 > B_1) + (A_1 = B_1) \cdot (A_0 > B_0) = F_{A_1>B_1} + F_{A_1=B_1} \cdot F_{A_0>B_0} \\ F_{A<B} = (A_1 < B_1) + (A_1 = B_1) \cdot (A_0 < B_0) = F_{A_1<B_1} + F_{A_1=B_1} \cdot F_{A_0>B_0} \\ F_{A=B} = (A_1 = B_1) \cdot (A_0 = B_0) = F_{A_1=B_1} \cdot F_{A_0=B_0} \end{array} \right\} \quad (3.4.10)$$

依据式（3.4.10），用 1 位数值比较器作为基本模块，可以得到 2 位数值比较器，如图 3.4.25 所示。该电路利用 1 位数值比较器的输出作为中间结果：若高位 A_1、B_1 不相等，$F_{A_1=B_1} = 0$，与门 G_1、G_2、G_3 的输出均为 **0**，低位 A_0、B_0 的比较结果不能传送到**或**门 G_4、G_5 的输入端，只有高位比较结果通过**或**门传送到输出端，即两个数的比较结果取决于高位比较的结果；若 A_1、B_1 相等，则 $F_{A_1=B_1} = 1$，$F_{A_1>B_1} = 0$，$F_{A_1<B_1} = 0$，低位 A_0、B_0 的比较结果将通过逻辑门传送到输出端，即两个数的比较结果取决于低位比较的结果。

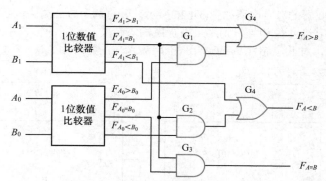

图 3.4.25 2 位数值比较器的逻辑图

用类似的方法可以设计出多位数值比较器。

2. 集成数值比较器

（1）集成数值比较器 74HC85。

集成数值比较器 74HC85 是 4 位数值比较器。74HC85 的功能如表 3.4.15 所示。两个 4 位二进制数 $A = A_3 \sim A_0$，$B = B_3 \sim B_0$ 作为电路的输入，比较结果分别用 $F_{A>B}$、$F_{A<B}$ 和 $F_{A=B}$ 表示。此外，74HC85 还有 3 个扩展输入端（$I_{A>B}$、$I_{A<B}$ 和 $I_{A=B}$），以便实现位数更多的数值比较器。

数值比较器
的应用

表 3.4.15 4 位数值比较器 74HC85 功能表

输入										输出		
A_3 B_3	A_2 B_2	A_1 B_1	A_0 B_0	$I_{A>B}$	$I_{A<B}$	$I_{A=B}$	$F_{A>B}$	$F_{A<B}$	$F_{A=B}$
---	---	---	---	---	---	---	---	---	---
$A_3 > B_3$	×	×	×	×	×	×	1	0	0
$A_3 < B_3$	×	×	×	×	×	×	0	1	0
$A_3 = B_3$	$A_2 > B_2$	×	×	×	×	×	1	0	0
$A_3 = B_3$	$A_2 < B_2$	×	×	×	×	×	0	1	0
$A_3 = B_3$	$A_2 = B_2$	$A_1 > B_1$	×	×	×	×	1	0	0
$A_3 = B_3$	$A_2 = B_2$	$A_1 < B_1$	×	×	×	×	0	1	0
$A_3 = B_3$	$A_2 = B_2$	$A_1 = B_1$	$A_0 > B_0$	×	×	×	1	0	0
$A_3 = B_3$	$A_2 = B_2$	$A_1 = B_1$	$A_0 < B_0$	×	×	×	0	1	0
$A_3 = B_3$	$A_2 = B_2$	$A_1 = B_1$	$A_0 = B_0$	1	0	0	1	0	0
$A_3 = B_3$	$A_2 = B_2$	$A_1 = B_1$	$A_0 = B_0$	0	1	0	0	1	0
$A_3 = B_3$	$A_2 = B_2$	$A_1 = B_1$	$A_0 = B_0$	×	×	1	0	0	1
$A_3 = B_3$	$A_2 = B_2$	$A_1 = B_1$	$A_0 = B_0$	1	1	0	0	0	0
$A_3 = B_3$	$A_2 = B_2$	$A_1 = B_1$	$A_0 = B_0$	0	0	0	1	1	0

从表 3.4.15 可以看出，4 位数值比较器与 2 位数值比较器的比较原理相同。两个 4 位数的比较是从最高位 A_3 和 B_3 开始的，如果它们不相等，则该位的比较结果可以作为两数的比较结果。若最高位 $A_3 = B_3$，则比较次高位 A_2 和 B_2，依次类推。显然，如果两数相等，必须将比较进行到最低位才能得到结果。

若仅对两个 4 位数进行比较，则应对 3 个扩展输入端进行适当处理（即 $I_{A>B} = I_{A<B} = 0$，$I_{A=B} = 1$），使它们不影响输出结果。注意，尽量不要使 $I_{A>B}$、$I_{A<B}$ 和 $I_{A=B}$ 出现表 3.4.15 中最后两行的状态。

（2）数值比较器的位数扩展。

若两个大于 4 位的二进制数进行比较，就需要将多片 74HC85 级联起来，组成位数更高的数值比较器。此时，就要用到 3 个扩展输入端。

一个 8 位数值比较器的数字电路如图 3.4.26 所示。若这两个数的高 4 位不相等，则 74HC85(1) 直接输出比较结果；若高 4 位相等，则结果由扩展输入端决定，即低位芯片的比较结果要送到高位芯片的扩展输入端；对低位芯片 74HC85(0) 扩展输入端的处理为 $I_{A>B} = I_{A<B} = \mathbf{0}$，$I_{A=B} = \mathbf{1}$。

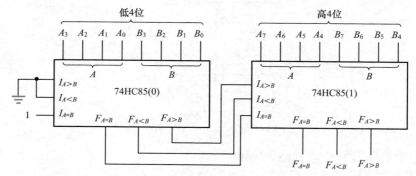

图 3.4.26　数值比较器的位数扩展

3.4.5　加法器

算术运算是数字系统必备的功能。加法运算是最基本的算术运算，因为减法、乘法和除法都可以用加法结合某些变换和操作来实现。能完成两个二进制数的数值相加的数字电路称为**加法器**。

图 3.4.27 所示是两个 8 位二进制数进行加法运算的过程。从右边的最低位开始，对应位的两个二进制数依次相加，同时还需要考虑来自低位的进位。对于最低位来说，只需要考虑两个一位的二进制数相加，不需要考虑进位，这种加法运算称为**半加**。实现半加运算的数字电路称为**半加器**。除了最低一位，其他位的加法运算都要考虑来自低位的进位，我们把能完成被加数、加数和来自低位的进位相加的逻辑电路称为**全加器**。

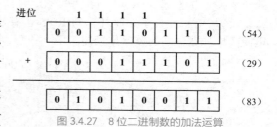

图 3.4.27　8 位二进制数的加法运算

下面先讨论半加器和全加器的电路设计，再将它们作为基本模块，讨论多位二进制数加法器的组成。

1. 1 位加法器

（1）半加器。

半加器的功能如表 3.4.16 所示。表中 A、B 分别表示两个 1 位二进制数，S 表示相加的和，C 表示进位。

根据功能表，可得半加器的逻辑表达式为

$$\begin{cases} S = \overline{A}B + A\overline{B} = A \oplus B \\ C = AB \end{cases} \qquad (3.4.11)$$

根据逻辑表达式，可画出由**异或**门和**与**门组成的半加器逻辑图，如图 3.4.28 所示。

表 3.4.16　半加器功能表

输入		输出	
A	B	C	S
0	0	0	0
0	1	0	1
1	0	0	1
1	1	1	0

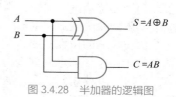

图 3.4.28　半加器的逻辑图

（2）全加器。

全加器的功能如表 3.4.17 所示。表中 A_i 和 B_i 分别表示第 i 位的加数和被加数，C_i 表示低位到本位的进位，S_i 表示本位的和，C_{i+1} 表示向相邻高位的进位。

根据功能表，分别画出 S_i 和 C_{i+1} 的卡诺图，如图 3.4.29 所示。

由卡诺图可以看出，S_i 已经不能化简。用逻辑代数做如下变换：

$$S_i = \overline{A_i}\,\overline{B_i}C_i + A_iB_iC_i + \overline{A_i}B_i\overline{C_i} + A_i\overline{B_i}\,\overline{C_i} = (\overline{A_i \oplus B_i})C_i + (A_i \oplus B_i)\overline{C_i}$$
$$= A_i \oplus B_i \oplus C_i \tag{3.4.12}$$

化简多输出逻辑函数时，应考虑共享逻辑门输出的中间结果，故由 C_{i+1} 的卡诺图做如下化简，得

$$C_{i+1} = A_iB_i + A_i\overline{B_i}C_i + \overline{A_i}B_iC_i \tag{3.4.13}$$
$$= A_iB_i + (A_i \oplus B_i)C_i$$

由于 S_i 和 C_{i+1} 的逻辑表达式中都有 $A_i \oplus B_i$ 项，因此它可为两个函数共用，这样就可减少逻辑门的个数，达到电路最简的目的。

根据式（3.4.12）和式（3.4.13），可以画出 1 位全加器的逻辑图，如图 3.4.30（a）所示，可见它是由两个半加器（点画线框内）和一个**或**门组成的，相应的图形符号如图 3.4.30（b）所示。有时，也采用图 3.4.30（c）所示的图形符号，这样全加器的级联可以画得更清晰。

表 3.4.17　全加器功能表

输入			输出	
A_i	B_i	C_i	S_i	C_{i+1}
0	0	0	0	0
0	0	1	1	0
0	1	0	1	0
0	1	1	0	1
1	0	0	1	0
1	0	1	0	1
1	1	0	0	1
1	1	1	1	1

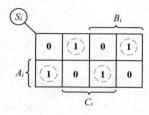

（a）S_i 的卡诺图

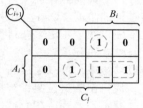

（b）C_{i+1} 的卡诺图

图 3.4.29　全加器的 S_i 和 C_{i+1} 的卡诺图

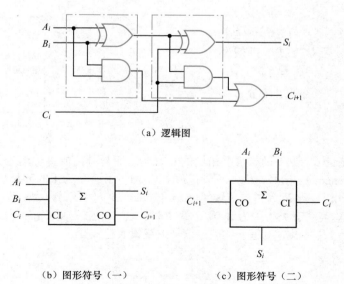

（a）逻辑图

（b）图形符号（一）　　　　（c）图形符号（二）

图 3.4.30　全加器

2. 多位加法器

（1）串行进位加法器。

若有多位数相加，则可采用并行相加串行进位的方式来完成。例如，两个 4 位二进制数 $A_3A_2A_1A_0$ 和 $B_3B_2B_1B_0$ 相加，可以采用 4 个 1 位全加器来构成 4 位加法器，如图 3.4.31 所示。图中将低位的进位输出信号接到高位的进位输入端，最低位的进位输入（C_0）通常接 **0**，为此，任何 1 位的加法运算，必须在低 1 位的运算完成之后才能进行，这种进位方式称为串行进位。串行进位加法器的电路比较简单，但它的运算速度比较慢。为克服这一缺点，可以采用超前进位等方式。

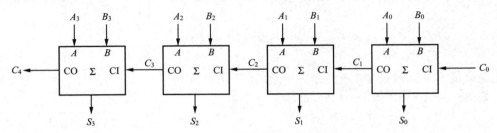

图 3.4.31　4 位串行进位全加器

（2）超前进位加法器。

采用图 3.4.31 所示的结构组成 n 位串行进位加法器时，进行一次运算需要经过 n 级全加器的传输。为了提高运算速度，必须设法减少进位信号逐级传递所占去的时间，于是人们设计出一种超前进位加法器（Carry Lookahead Adder），也称为并行进位加法器。

下面以两个 4 位二进制数 $A_3A_2A_1A_0$ 和 $B_3B_2B_1B_0$ 相加为例进行讨论。根据式（3.4.12）可知，某 1 位全加器的和（S_i, $i = 0 \sim 3$）是被加数（A_i）、加数（B_i）和相邻低位的进位（C_i）这 3 个信号**异或**的结果，可以通过两个**异或**门来实现。如果专门设计一个"并行进位逻辑电路"产生各位的 C_i，使每位的进位只由被加数和加数来决定，而与相邻低位的进位无关，这样每一位进行全加运算时就不需要等待相邻低位送来的进位信号，从而可使运算速度得到提升。基于这一想法，可以画出某 1 位并行进位全加器的结构，如图 3.4.32 所示。

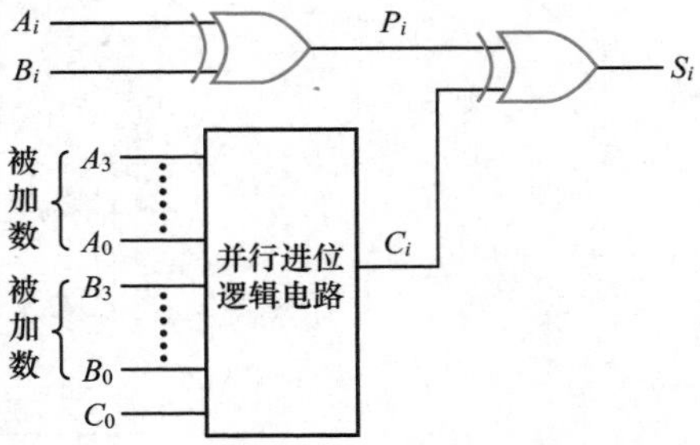

如何实现"并行进位逻辑电路"呢？根据进位 C_{i+1} 的逻辑表达式（3.4.13），有

$$C_{i+1} = A_iB_i + (A_i \oplus B_i)C_i$$

定义两个中间变量 G_i 和 P_i，即假设

$$G_i = A_iB_i \qquad (3.4.14)$$
$$P_i = A_i \oplus B_i \qquad (3.4.15)$$

则进位 C_{i+1} 可表示为

$$C_{i+1} = G_i + P_iC_i \qquad (3.4.16)$$

图 3.4.32　某 1 位并行进位全加器的结构

式（3.4.16）中，变量 G_i 和 P_i 只与两个相加的数有关，而与低位的进位信号无关。通常称 G_i 为进位产生（Carry Generate）信号，因为不管进位 C_i 为何值，两个为 **1** 的数相加都会产生进位（即 $A_i = B_i = \mathbf{1}$ 时，$G_i = \mathbf{1}$）。称 P_i 为进位传输（Carry Propagate）信号，因为从式（3.4.16）来看，从 C_i 到 C_{i+1} 的进位传输与它有关（因为 A_i 或 B_i 为 **1** 时，若 C_i 为 **1**，则 $C_{i+1} = \mathbf{1}$）。

根据式（3.4.16），可以写出每一位进位信号的逻辑表达式：

$$\left.\begin{array}{l} C_1 = G_0 + P_0C_0 \\ C_2 = G_1 + P_1C_1 = G_1 + P_1G_0 + P_1P_0C_0 \\ C_3 = G_2 + P_2C_2 = G_2 + P_2G_1 + P_2P_1G_0 + P_2P_1P_0C_0 \\ C_4 = G_3 + P_3C_3 = G_3 + P_3G_2 + P_3P_2G_1 + P_3P_2P_1G_0 + P_3P_2P_1P_0C_0 \end{array}\right\} \qquad (3.4.17)$$

根据式（3.4.17），每一个进位都能用一级**与**门后接一级**或**门（或者用两级**与非**门）来实现，于是得到并行进位逻辑电路，如图 3.4.33 所示。

可见，进位信号 $C_1 \sim C_4$ 与相邻低位的进位信号无关，而由被加数、加数和最低位的进位输入 C_0 直接产生，这种进位方式称为**超前进位**。将前面的图 3.4.32 和图 3.4.33 结合起来，得到 4 位并行进位加法器的结构，如图 3.4.34 所示。从 $A_3A_2A_1A_0$ 和 $B_3B_2B_1B_0$ 送到电路的输入端到产生 $C_1 \sim C_4$，有 3 级门延迟，再经过 1 级**异或**门便得到求和结果。当扩展更多位时，电路的传输延迟几乎不再增加。集成电路 74HC283 是 4 位并行进位加法器，其设计思路与此相同。

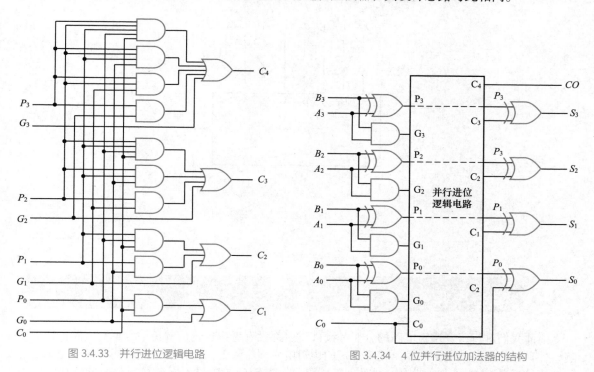

图 3.4.33　并行进位逻辑电路　　　　　　　　　图 3.4.34　4 位并行进位加法器的结构

并行进位加法器极大地提高了运算速度。但是，随着加法器位数的增加，并行进位逻辑电路越来越复杂。为降低复杂度，可以采用多个模块级联的方法进行扩展。例如，用 74HC283 实现 8 位二进制数相加，两片 4 位并行进位加法器的连接方法如图 3.4.35 所示。该电路的级联是串行进位方式，低位片 74HC283(0) 的进位输出连到高位片 74HC283(1) 的进位输入。当级联数增加时，该方式会影响运算速度，可采用并行进位的级联方式加以改进。

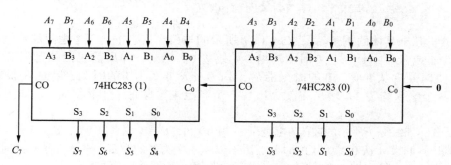

图 3.4.35　两个 8 位二进制数相加

例 3.4.6 试用 74HC283 实现两个 4 位二进制数的减法运算。设被减数为 $A = A_3A_2A_1A_0$，减数为 $B = B_3B_2B_1B_0$，差值为 $D_3D_2D_1D_0$，其中 A 和 B 均为正数。

解 因为 A 和 B 均为正数，所以 $A - B = [A]_补 + [-B]_补$。A 为正数，其补码和原码相同，而 $[-B]_补 = [-B]_反 + 1$，这样用 4 个反相器将 B 的各位求反，且将 C_0 接 1，可求得 B 的补码，于是得到图 3.4.36 所示的电路。图中，V 为借位信号，当 $A > B$ 时，借位信号为 **0**，而当 $A < B$ 时，借位信号为 **1**。注意，运算结果 $D_3D_2D_1D_0$ 仍然为补码。

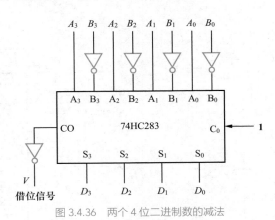

图 3.4.36　两个 4 位二进制数的减法

*3.5　组合逻辑电路的竞争—冒险

前面我们进行组合逻辑电路的分析和设计时，都没有考虑逻辑门的传输延迟对电路产生的影响，并且认为电路的输入和输出均为稳定的逻辑电平。实际上，信号经过逻辑门都需要一定的时间。当信号从输入端传输到输出端时，不同路径上逻辑门的数量不同会导致信号的传输时间不同。或者，传输路径上逻辑门的数量相同，而各个逻辑门的传输延迟有差异，也会造成信号的传输时间不同。因此，电路在信号电平变化瞬间，逻辑功能可能与稳态下不一致，产生错误输出，这种现象就是电路中的**竞争—冒险**。为了确保电路工作的可靠性，必须研究竞争—冒险产生的原因及消除的方法。

3.5.1　竞争—冒险现象及产生的原因

下面分析几个具体的例子。图 3.5.1（a）所示的**与门**在稳态下，不考虑门的传输延迟，当 $A = 0$，$B = 1$ 或者 $A = 1$，$B = 0$ 时，输出 L 始终为 0。但是，如果前级门的延迟有差异或其他因素致使信号 B 从 1 变为 0 的时刻滞后于信号 A 从 0 变为 1 的时刻，造成在很短的时间内**与门**的两个输入均为 **1**，输出端就会出现一个高电平窄脉冲（干扰脉冲），如图 3.5.1（b）所示。

同理，图 3.5.2（a）所示的**或门**在稳态下，当 $A = 0$，$B = 1$ 或者 $A = 1$，$B = 0$ 时，输出 L 始终为 1。但是，如果 A 从 0 变为 1 的时刻滞后于 B 从 1 变为 0 的时刻，造成在很短的时间内**或门**的两个输入均为 **0**，输出端就会出现一个低电平窄脉冲，如图 3.5.2（b）所示。

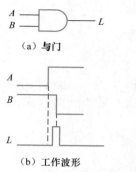

（a）与门

（b）工作波形

图 3.5.1　产生正向跳变脉冲的竞争—冒险

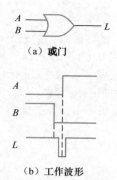

（a）或门

（b）工作波形

图 3.5.2　产生负向跳变脉冲的竞争—冒险

　　再举一个例子。数字电路如图 3.5.3（a）所示，其输出逻辑表达式为 $L = AC + B\overline{C}$。由逻辑表达式可知，当 A 和 B 都为 1 时，$L = C + \overline{C}$，L 应与 C 的状态无关。但是，假设每个逻辑门有 10ns 的传输延迟，由图 3.5.3（b）所示的工作波形可以看出，在 C 由 1 变 0 时，经过 10ns 的延时，门 G_2 的输出 E 就会变为 0；由于存在非门 G_2，致使门 G_3 的输出 D 需要经过 20ns 的延时才会变成 1。$\overline{C}$ 由 0 变 1 有 10ns 延迟，这样在 D 变为 1 之前，E 会先变为 0，逻辑门 G_4 的两个输入会有一段时间同时为 0，经过延迟，在输出端产生一个瞬时的 0 状态（即负向跳变的窄脉冲）。

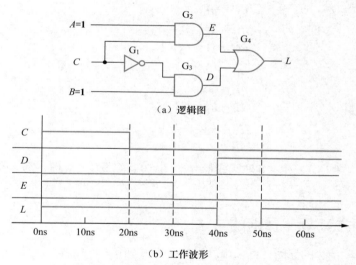

（a）逻辑图

（b）工作波形

图 3.5.3　组合逻辑电路的竞争—冒险

　　综上所述，在一定条件下，一个逻辑门的两个输入端的信号同时向相反的逻辑电平跳变，而变化的时间有差异，这种现象称为**竞争**；由于竞争的存在，电路的输出端可能产生干扰脉冲，这种现象称为**冒险**。

　　值得注意的是，有竞争时不一定会产生冒险。例如，图 3.5.1（a）中，如果 A 从 0 变为 1 的时刻没有滞后于 B 的变化，则输出不会产生冒险。

　　如何判断一个电路是否存在竞争—冒险呢？可以先判断逻辑表达式中是否同时存在某个变量的原变量和反变量，这是产生竞争的基本条件；然后，判断在一定的输入条件下（即在变量取某种值时），逻辑表达式是否可以简化成原变量与反变量相**与**（$L = A \cdot \overline{A}$）或者相**或**（$L = A + \overline{A}$）的运算关系，如果可以写成这样的逻辑运算关系，则说明原变量和反变量可能在某个逻辑门的输入端发生竞争，在变量状态变化时有可能出现冒险现象。

85

例 3.5.1 ▶ 试判断下列逻辑函数是否有可能产生竞争—冒险。

（1）$L_1(A, B, C) = \overline{A}B + \overline{A}\,\overline{C} + AC$

（2）$L_2(A, B, C) = (A + C)(\overline{A} + B)(B + \overline{C})$

解　（1）观察逻辑表达式，变量 A 和 C 均具备竞争条件，所以，应该对这两个变量分别进行分析。先分析变量 A，为此将 B 和 C 的各种取值组合分别代入逻辑表达式，得到以下结果：

$$BC = 00，L_1 = \overline{A}$$
$$BC = 01，L_1 = A$$
$$BC = 10，L_1 = \overline{A}$$
$$BC = 11，L_1 = \overline{A} + A$$

可见，当 $B = C = 1$ 时，在变量 A 的状态发生变化时有可能出现冒险现象。

类似地，将 A 和 B 的各种取值组合分别代入逻辑表达式，根据代入的结果判断出变量 C 的状态发生变化时不会出现冒险现象。

（2）从 L_2 的逻辑表达式可知，变量 A 和 C 均具备竞争条件。将 B 和 C 的各种取值组合分别代入逻辑表达式，得到以下结果。

考察变量 A：

$$BC = 00，L_2 = A\overline{A}$$
$$BC = 01，L_2 = 0$$
$$BC = 10，L_2 = A$$
$$BC = 11，L_2 = 1$$

考察变量 C：

$$AB = 00，L_2 = C\overline{C}$$
$$AB = 01，L_2 = C$$
$$AB = 10，L_2 = 0$$
$$AB = 11，L_2 = 1$$

可见，当 $B = C = 0$ 且 A 发生变化时，或者当 $A = B = 0$ 且 C 发生变化时，都有可能出现冒险现象。

3.5.2　消去竞争—冒险的方法

针对竞争—冒险产生的原因，可采用以下方法消去竞争—冒险。

1. 发现并消去可能出现的互补变量运算

这种方法主要通过逻辑表达式的变换来实现。

（1）发现并消去互补项

例如，$F = (A + B)(\overline{A} + C)$，在 $B = C = 0$ 时，$F = A\overline{A}$。若直接根据这个逻辑表达式组成数字电路，则可能出现竞争—冒险。若将该逻辑表达式用逻辑代数的分配律变换为 $F = A\overline{A} + AC + A\overline{B} + BC = AC + A\overline{B} + BC$，则已将 $A\overline{A}$ 消掉。根据这个逻辑表达式组成数字电路，就不会出现竞争—冒险。

（2）增加乘积项

对于图 3.5.3（a）所示的数字电路，可写出输出逻辑表达式 $L = AC + B\overline{C}$；再画出对应的卡诺图，发现没有包围圈同时包围 ABC 和 $AB\overline{C}$ 这两个最小项，于是在卡诺图上增加一个冗余的包围圈，同时包围这两个最小项，使输出变为 $L = AC + B\overline{C} + AB$，如图 3.5.4 所示，然后在逻辑图中增加一个相应的**与门**，如图 3.5.5 所示，这样就消去了冒险。因为当 $A = B = 1$ 时，G_5 输出为

1，使 G_4 输出也为 **1**，消除了 C 变化时对输出状态的影响。可见，在卡诺图中，任何两个相邻的 **1** 未被同一个包围圈所涵盖，就可能出现冒险。

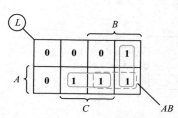

图 3.5.4　增加了乘积项 AB 的卡诺图

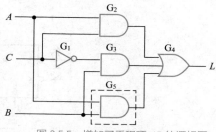

图 3.5.5　增加了乘积项 AB 的逻辑图

2. 增加选通控制信号

可在逻辑门的输入端增加一个选通控制信号，并将选通控制信号的有效作用时间选定在输入信号变化结束以后。这样，逻辑门在输入信号变化时没有输出，输出端也就不会产生干扰脉冲了。

3. 用滤波电路消除干扰脉冲

竞争—冒险产生的干扰脉冲很窄，对于工作速度不高的电路，可以在输出端并联一滤波电容，其容量为 4pF ～ 20pF，如图 3.5.6（a）所示。图中 R_o 是逻辑门电路的输出电阻，R_o 和 C_L 实际上构成一个低通滤波电路，对于很窄的脉冲起到平波的作用。若在图 3.5.3（a）所示电路的输出端并联一电容 C_L，当 $A = B = 1$，C 的波形与图 3.5.3（b）相同的情况下，则可得到图 3.5.6（b）所示的 L 波形。显然，这时在输出端不会出现逻辑错误。与此同时，由于 C_L 的作用，L 波形的上升沿和下降沿变得平缓了。

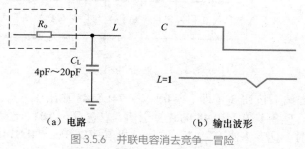

（a）电路　　　　　　　　（b）输出波形

图 3.5.6　并联电容消去竞争—冒险

3.6　应用举例：抢答器电路

抢答器的功能有两个：一是分辨出选手按键的先后，并锁存优先抢答者的编号，供译码显示电路使用；二是使其他选手的按键操作无效。选用优先编码器 74LS148 和 SR 锁存器 74LS279（第 4 章会介绍锁存器的原理）组成电路，如图 3.6.1 所示。

抢答开始前，由于按钮 S_0 ～ S_7 均处于断开位置，74LS148 的 $\bar{I}_7$ ～ $\bar{I}_0$ 均输入高电平，其输出 $\bar{Y}_2$ ～ $\bar{Y}_0$ 和 $\bar{Y}_{EX}$ 均为高电平；主持人开关 S 闭合，处于"清除"位置时，74LS279 的 $\bar{R}$ 为低电平，于是 4 个锁存器的 $\bar{R} = 0$、$\bar{S} = 1$，其输出 Q_4 ～ Q_1 全部为低电平，译码器 74LS48 的 4 号引脚为 0，显示器不显示数字；由于 $Q_1 = 0$，使 $\overline{ST} = 0$，因此 74LS148 处于工作状态，发光二极管 VD_1 不亮。当主持人将开关断开且宣布"抢答开始"时，4 个锁存器的 $\bar{R} = 1$、$\bar{S} = 1$，此时，锁存器和优先编码器同时处于工作状态，选手可以开始抢答。

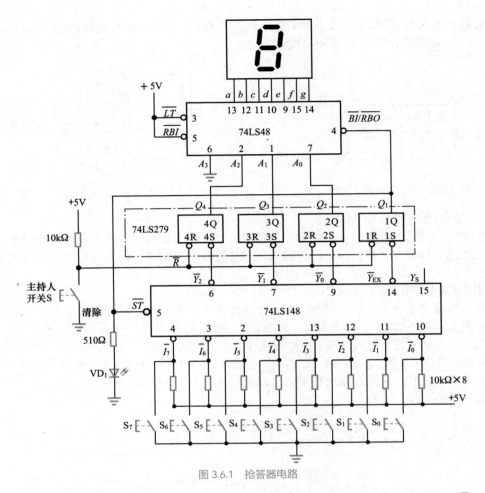

图 3.6.1　抢答器电路

　　假设 5 号选手首先按下按钮 S_5（即 $\overline{I}_5 = 0$），则 74LS148 输出 $\overline{Y}_2\overline{Y}_1\overline{Y}_0 = \mathbf{010}$，且 $\overline{Y}_{EX} = \mathbf{0}$，经过锁存器 74LS279 后，$Q_1 = \mathbf{1}$ 送 74LS48 的 4 号引脚，$Q_4Q_3Q_2 = \mathbf{101}$，经 74LS48 译码后，显示器显示 "5"；与此同时，$Q_1 = \mathbf{1}$ 使 $\overline{ST} = \mathbf{1}$，发光二极管 VD_1 亮，74LS148 处于禁止工作状态，$\overline{I}_7 \sim \overline{I}_0$ 不会被响应。在按钮 S_5 松开后，由于 Q_1 维持高电平不变，所以 74LS148 仍处于禁止工作状态。

　　在优先抢答者回答完问题后，由主持人操控开关 S，使抢答器电路复位，以便进行下一轮抢答。

小结

- 组合逻辑电路在任何时刻的输出状态只取决于同一时刻的输入状态，而与电路原来的状态无关。它一般由逻辑门、可编程器件等组成。
- 分析组合逻辑电路的目的是确定已知电路的逻辑功能。分析步骤：写出各逻辑门的输出逻辑表达式→化简和变换逻辑表达式→列出真值表→确定逻辑功能。
- 组合逻辑电路设计是根据实际问题设计出符合要求的数字电路。用逻辑门设计组合逻辑电路的步骤：逻辑抽象→列出真值表→写出逻辑表达式→根据器件要求变换和化简逻辑式→画出逻辑图。

- 常用的中规模组合逻辑器件包括编码器、译码器、数据分配器、数据选择器、数值比较器、加法器等。这些组合逻辑电路通常具有输入使能、输出使能、输入扩展、输出扩展功能，应用更加灵活。
- 读懂器件功能表是正确使用中规模组合逻辑器件分析、设计电路的基础。
- 应用组合逻辑器件设计电路时，要充分利用器件本身的逻辑功能。当一个组合逻辑器件不能满足设计要求时，需要对组合逻辑器件进行扩展，即用若干个器件加上逻辑门来完成设计。

自我检验题

3.1 填空题

1. 组合逻辑电路的状态在任何时刻只取决于同一时刻的_____状态，而与电路_____的状态无关。

2. 组合逻辑电路的结构特点：（1）输出与_____之间没有反馈延迟通路；（2）电路不含具有_____功能的元件。

3. 实现两个 4 位二进制数相乘的组合电路，应有_____个输出端。

4. 普通编码器的 2 个或 2 个以上输入同时为有效信号时，输出将出现_____编码。

5. 优先编码器的 2 个或 2 个以上输入同时为有效信号时，输出将对_____的输入进行编码。

6. 串行进位加法器的缺点是_____，优点是_____。超前进位加法器的优点是_____，缺点是_____。

7. 一个逻辑门的两个输入端的信号同时向_____方向变化，而变化的时间有_____，这种现象称为竞争。由竞争而可能产生输出_____的现象称为冒险。

8. 消去组合逻辑电路中竞争—冒险的方法有_____、_____和_____三种。

3.2 选择题

1. 设计一个 4 输入的二进制码奇校验电路，需要_____个异或门。

A. 2   B. 3   C. 4   D. 5

2. 用 74HC138 芯片可以构成 6 线—64 线译码器，需要_____块芯片。

A. 7   B. 8   C. 9   D. 10

3. 为了使 74HC138 正常工作，使能端输入 E_3、$\overline{E}_2$ 和 $\overline{E}_1$ 的电平应是_____。

A. 110   B. 100   C. 111   D. 011

4. 16 选 1 数据选择器的地址输入端有_____个。

A. 2   B. 3   C. 4   D. 5

5. 多路数据分配器可以直接由_____来实现。

A. 编码器   B. 译码器   C. 多路数据选择器   D. 多位加法器

6. 用两片 4 位数值比较器 74HC85 串联接成 8 位数值比较器时，低位片中 $I_{A>B}$、$I_{A<B}$、$I_{A=B}$ 所接的电平应为_____。

A. 110   B. 100   C. 111   D. 001

习题

3.1 概述题

组合逻辑电路在逻辑功能上有何特点？在电路组成上有何特点？

3.2 组合逻辑电路的分析

3.2.1 组合逻辑电路及其输入波形如图题 3.2.1（a）、（b）所示。试列出其真值表，并对应输入波形画出输出 L 的波形。

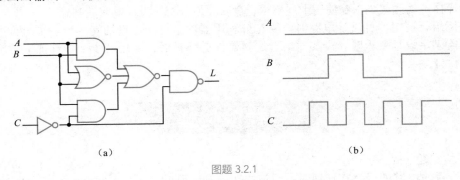

图题 3.2.1

3.2.2 组合逻辑电路及其输入波形分别如图题 3.2.2（a）、（b）所示，试写出输出逻辑表达式，并画出输出波形。

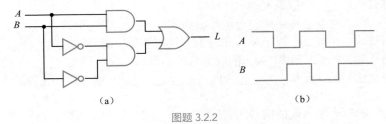

图题 3.2.2

3.2.3 分析图题 3.2.3 所示的组合逻辑电路，试说明该电路的逻辑功能。

3.2.4 组合逻辑电路如图题 3.2.4 所示，试分析其逻辑功能。

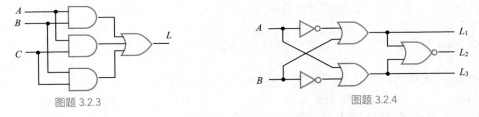

图题 3.2.3

图题 3.2.4

3.2.5 试分析图题 3.2.5 所示组合逻辑电路的功能。

3.2.6 试分析图题 3.2.6 所示组合逻辑电路的功能。

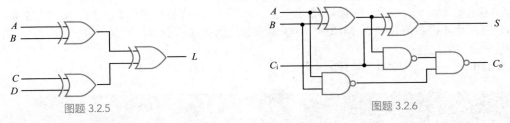

图题 3.2.5

图题 3.2.6

3.3 组合逻辑电路的设计

3.3.1 某工厂有 3 个车间（用 A、B、C 表示）和 2 台发动机（用 X、Y 表示）。如果只有 1 个车间开工，启动发电机 Y 就能满足供电要求；如果 2 个车间同时开工，启动发电机 X 能满足供电要求；如果 3 个车间同时开工，则需要同时启动 X 和 Y 才能满足供电要求。试根据供电需求，用逻辑门设计一个电路来控制发电机的启动 / 停止运行。

3.3.2 已知某组合逻辑电路的输入 A、B、C 和输出 F 的波形如图题 3.3.2 所示。写出 F 的逻辑表达式，并用**与非门**实现该组合逻辑电路，画出逻辑图。

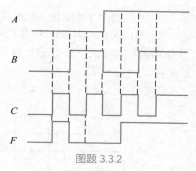
图题 3.3.2

3.3.3 某足球评委会由 1 位教练和 3 位球迷组成，他们要对裁判员的判罚进行表决。当满足以下条件之一时表示同意裁判员的判罚：有 3 人或 3 人以上同意；有 2 人同意，但其中 1 人必须是教练。试用 2 输入**与非门**设计该表决电路。

3.3.4 设计 2 位二进制数相加的数字电路，可以用任何逻辑门来实现。设 A_1、A_0 和 B_1、B_0 分别为被加数和加数，S_1、S_0 为相加的和，C_1 为进位。

3.3.5 假设用 4 位二进制数来表示十进制数，试设计一个素数的检测电路（注意，1 不是素数）。当输入为素数时，输出为 **1**，否则输出为 **0**。写出其最小项表达式，并化简成最简**与或**表达式，最后画出逻辑图。

3.3.6 试用**异或门**设计一个 4 位码转换电路，将 4 位二进制码转换成格雷码。

3.3.7 试用逻辑门设计一个 8421BCD 码到余 3 BCD 码的转换电路。

3.4 常用组合逻辑电路

3.4.1 对于优先编码器 CD4532 来说，如果 $I_0 = I_2 = I_4 = I_6 = I_7 = \mathbf{0}$，$I_1 = I_3 = I_5 = \mathbf{1}$，试问：

（1）当 $EI = \mathbf{1}$ 时，其输出 EO、GS、$Y_2 Y_1 Y_0$ 的值是什么？

（2）当 $EI = \mathbf{0}$ 时，其输出 EO、GS、$Y_2 Y_1 Y_0$ 的值是什么？

3.4.2 试写出图 3.4.4（b）所示译码器的输出逻辑表达式，并列出功能表。

3.4.3 上网查找安世半导体公司的译码器 74HC138 的数据手册，画出其逻辑图和引脚图（SO16 封装），列出功能表。为了使 74HC138 的 10 号引脚（$\overline{Y_5}$）输出低电平，请标出各输入端应置的逻辑电平。

3.4.4 由译码器 74HC138 和逻辑门组成图题 3.4.4 所示的电路，试写出输出 L_1 和 L_2 的简化逻辑表达式。

3.4.5 试用译码器 74HC138 和适当的逻辑门，实现函数 $F = \overline{A}\,\overline{B}\,\overline{C} + A\overline{B}\,\overline{C} + AB\overline{C} + ABC$。

3.4.6 试用译码器 74HC138 设计组合逻辑电路，当输入的 4 位二进制数能被 5 整除时，输出 L 为 **1**，否则为 **0**。

3.4.7 分析图题 3.4.7 所示的数字电路，写出逻辑表达式，列出真值表，说明电路实现的逻辑功能。

3.4.8 由 74HC151 构成的电路如图题 3.4.8 所示，分析该电路，写出输出 L 的最简逻辑表达式。

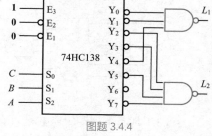
图题 3.4.4

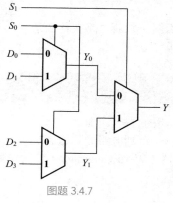
图题 3.4.7

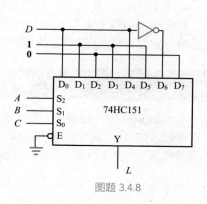
图题 3.4.8

3.4.9　试用 74HC151 实现逻辑函数 $Y = A\overline{B}\overline{C} + A\overline{B}C + \overline{A}\,\overline{B}C$。

3.4.10　由 74HC151 和**非**门组成的多功能组合逻辑电路如图题 3.4.10 所示。M_1、M_0 为功能选择输入信号，A、B 为输入逻辑变量，L 为输出逻辑变量。试写出输出 L 的逻辑表达式（注意，L 接在反相输出端），并分析 M_1、M_0 取不同的二进制值时，电路实现的逻辑功能。

3.4.11　试分析图题 3.4.11 所示电路的逻辑功能。

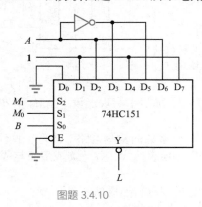

图题 3.4.10

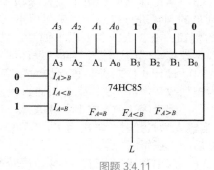

图题 3.4.11

3.4.12　试用 4 位二进制加法器 74HC283 设计一个码转换电路，将余 3 BCD 码转换为 8421BCD 码。

3.4.13　仿照半加器的设计方法，试设计一个半减器，所用的逻辑门由自己选定。

*3.5　组合逻辑电路的竞争—冒险

3.5.1　判断图题 3.5.1 所示电路是否会产生竞争—冒险。

3.5.2　判断图题 3.5.2 所示电路在什么条件下产生竞争—冒险，以及怎样修改电路能消去竞争—冒险。

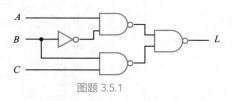

图题 3.5.1

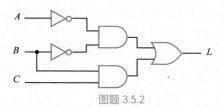

图题 3.5.2

3.5.3　判断下列逻辑函数是否有可能产生竞争—冒险。如果可能，应如何消除？

（1）$L_1(A, B, C, D) = \Sigma(5, 7, 13, 15)$

（2）$L_2(A, B, C, D) = \Sigma(5, 7, 8, 9, 10, 11, 13, 15)$

（3）$L_3(A, B, C, D) = \Sigma(0, 2, 4, 6, 8, 10, 12, 14)$

（4）$L_2(A, B, C, D) = \Sigma(0, 2, 4, 6, 12, 13, 14, 15)$

3.5.4　画出逻辑函数 $L(A, B, C) = (A + \overline{B})(B + C)$ 的逻辑图，判断电路在什么条件下产生竞争—冒险，以及怎样修改电路能消去竞争—冒险。

第3章部分
习题答案

📝 **实践训练**

S3.1　在 Multisim 中，按照下列要求完成组合逻辑电路的分析。

（1）搭建图 S3.1（a）所示的电路，使用 Logic Converter 得到电路的真值表。

（2）搭建图 S3.1（b）所示的电路，使用字信号发生器（Word Generator）作为电路的输入，使用 4 通道示波器观察 *A*、*B*、*C* 和 *Y* 的时序波形。提示：双击 XWG1 图标，选择 Burst 作为输出信号的格式（即从初值开始，逐条输出直至终止值），再单击"Set"按钮设置字信号的参数，在 Preset Patterns（预置模式）中选择 Up Counter（递增计数），提供给电路的输入信号是按二进制递增计数的。

（3）根据真值表或时序波形图，说明电路完成的逻辑功能。

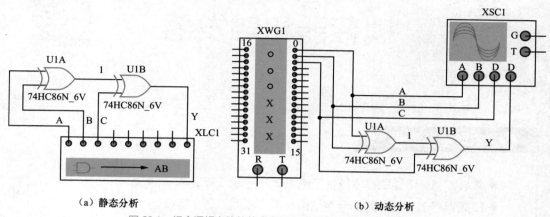

（a）静态分析　　　　　　　　　　　　　　　　　　　　（b）动态分析

图 S3.1　组合逻辑电路的静态分析和动态分析连接图（仿真图）

S3.2　试选用 CD4532、74HC4511、七段共阴极显示器等器件，设计 8 线—3 线编码、译码显示电路，要求将开关编号（十进制数 0～7）显示在显示器上，然后用 Multisim 进行逻辑功能仿真。

S3.3　试选用 74HC85、74HC157、74HC4511、七段共阴极显示器等器件，设计一个电路，能够比较两个 2 位十进制数（8421BCD 码）的大小，并将其中较大的数用数码管显示。

S3.4　试用逻辑门设计 1 位半加器、1 位全加器和 4 位全加器电路，并进行逻辑功能仿真。

S3.5　试对图 3.6.1 所示的抢答器电路进行逻辑功能仿真。

第 4 章

锁存器和触发器

本章知识导图

本章学习要求

- 掌握双稳态电路的基本特性及电路状态的表示方法。
- 掌握锁存器、触发器的电路结构、工作原理和动作特点。
- 熟练掌握 D 触发器、JK 触发器、T 触发器的逻辑功能。
- 掌握触发器的同步清零或置数、异步清零或置数及使能控制的工作原理。
- 了解触发器的动态特性及定时参数。

本章讨论的问题

- 锁存器与触发器有何相同点与差别?
- 由**与非门**和**或非门**构成的 SR 锁存器有何差别?
- D 触发器有哪些结构?
- 什么是异步清零和异步置数?
- 触发器有哪些逻辑功能?
- 触发器的常用时间参数有哪些?

4.1 双稳态电路的基本特性

数字电路常常需要存储参与运算的数据和运算结果。锁存器（Latch）和触发器（Flip-Flop，FF）就是具有记忆功能、可以存放二值信息的双稳态电路，它们是组成时序逻辑电路的基本单元。双稳态电路具有如下特性。

（1）电路有两个互补输出，分别用 Q 和 $\overline{Q}$ 表示。在稳态时两个输出的状态相反。

（2）有 **0** 和 **1** 两种稳定状态。通常，用输出 Q 的状态来表示双稳态电路的状态。例如，$Q = 0, \overline{Q} = 1$ 表示电路为 **0** 状态（也称为复位状态）；$Q = 1, \overline{Q} = 0$ 表示电路为 **1** 状态（也称为置位状态）。若输入信号不发生变化，双稳态电路必然处于其中一种状态，且一旦状态被确定，就能自行保持不变，即长期存储 1 位二进制数。

（3）电路在输入信号的作用下，会从一种稳定状态转换为另一种稳定状态。通常把输入信号变化前电路的状态称为现态，用 Q^n 表示。为了简洁，可以省略现态的上标 n，将 Q^n 写成 Q。把输入信号变化后电路的状态称为次态，用 Q^{n+1} 表示。

（4）锁存器和触发器的区别：锁存器没有时钟输入端，它是一种对输入脉冲电平敏感的存储单元电路，其状态的改变由输入脉冲电平（高电平或低电平）触发；而触发器是由锁存器构成的，每一个触发器有一个时钟输入端，只有时钟脉冲的有效沿到来时触发器的状态才有可能改变，通常状态的改变由时钟脉冲的上升沿或下降沿触发。

4.2 锁存器

4.2.1 基本 SR 锁存器

1. 由或非门构成的基本 SR 锁存器

（1）电路结构。

由两个**或非门**交叉连接构成的基本 SR（Set-Reset）锁存器如图 4.2.1 所示，它有两个输入端 S、R 和两个输出端 Q、$\overline{Q}$。

SR锁存器

锁存器有 **0** 和 **1** 两个状态，正常工作时，Q 和 $\overline{Q}$ 为互补关系，即一个为高电平，另一个就为低电平，反之亦然。

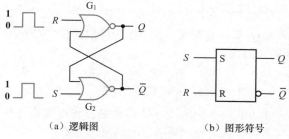

（a）逻辑图　　　　　　（b）图形符号

图 4.2.1　由或非门构成的基本 SR 锁存器

（2）工作原理。

1）$S = 0$，$R = 0$。

对**或非门**而言，高电平表示有信号，低电平表示无信号，此时 S、R 均为低电平，对**或非门**不起作用。因此，在这种情况下，锁存器的状态保持不变。

2）$S = 0$，$R = 1$。

若 $Q = 1$，$\overline{Q} = 0$，由于 $R = 1$，首先使 G_1 的输出 $Q = 0$，因此 G_2 的两个输入均为 0，使其输出 $\overline{Q} = 1$。若 $Q = 0$，$\overline{Q} = 1$，则 G_1 的两个输入均为 1，其输出 Q 保持为 0，G_2 的两个输入端均为 0，使输出 $\overline{Q}$ 保持为 1。由此得出，在这种情况下，不论原来是 0 状态还是 1 状态，锁存器输出都为 0，称为置 0 或复位。

3）$S = 1$，$R = 0$。

若 $Q = 1$，$\overline{Q} = 0$，由于 $S = 1$，首先使 G_2 的输出 $\overline{Q} = 0$，因此 G_1 的两个输入均为 0，使其输出 Q 保持 1。若 $Q = 0$，$\overline{Q} = 1$，由于 $S = 1$，使 G_2 的输出 $\overline{Q}$ 变为 0，因此 G_1 的两个输入均为 0，使输出 Q 翻转为 1。由此得出，在这种情况下，不论原来是 0 状态还是 1 状态，锁存器输出都为 1，称为置 1 或置位。

4）$S = R = 1$。

无论 Q 和 $\overline{Q}$ 原来是什么状态，当 $S = R = 1$ 时，G_1 和 G_2 各有一个输入为 1，使它们的输出变为 $Q = \overline{Q} = 0$，锁存器处于非定义状态，并且当 S 和 R 同时回到 0 时，两个**或非门**的传输延迟会有差异，不能确定锁存器是处于 1 状态还是 0 状态。若 G_1 的传输延迟小于 G_2 的传输延迟，则锁存器最终稳定在 $Q = 1$，$\overline{Q} = 0$ 的状态。若 G_1 的传输延迟大于 G_2 的传输延迟，则锁存器最终稳定在 $Q = 0$，$\overline{Q} = 1$ 的状态。因此，在实际应用时，锁存器的输入绝对不允许同时为 1，即输入信号应满足 $SR = 0$ 的**约束条件**。

（3）特性表和特性方程。

综合上述分析，可列出基本 SR 锁存器的特性表，如表 4.2.1 所示。基本 SR 锁存器具有置 1、置 0 和保持三种功能。

表 4.2.1 由或非门构成的基本 SR 锁存器的特性表

S	R	Q^n	Q^{n+1}	锁存器状态
0	0	0	0	保持
0	0	1	1	
0	1	0	0	置 0
0	1	1	0	
1	0	0	1	置 1
1	0	1	1	
1	1	0	×	不确定
1	1	1	×	

将表 4.2.1 中的 S、R 和 Q^n 作为自变量，Q^{n+1} 作为函数，Q^{n+1} 的卡诺图如图 4.2.2 所示。于是得到基本 SR 锁存器的逻辑表达式：

$$\begin{cases} Q^{n+1} = S + \overline{R}Q^n \\ SR = 0 \,(\text{约束条件}) \end{cases} \tag{4.2.1}$$

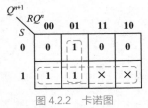

图 4.2.2 卡诺图

式（4.2.1）称为锁存器的**特性方程**或**次态方程**。它反映了锁存器的次态与输入信号、现态之间的逻辑关系。

（4）基本 SR 锁存器的特点。

基本 SR 锁存器是结构最简单的双稳态电路，其输入信号直接控制电路的状态，抗干扰能力差。由于输入信号 S、R 之间有约束条件的限制，因此基本 SR 锁存器在使用上有局限性。

例 4.2.1 图 4.2.1（a）所示基本 SR 锁存器的 S、R 波形如图 4.2.3 点画线上方所示，试画出 Q 和 $\overline{Q}$ 的波形。设锁存器的初始状态为 0。

解 根据表 4.2.1 可以画出 Q 和 $\overline{Q}$ 的波形，如图 4.2.3 点画线下方所示。

当 SR 为 00、01、10 时，电路分别为保持、置0、置1 状态。需要注意，第一次出现 $S = R = 1$，使 $Q = \overline{Q} = 0$，之后 R、S 同时变为 0，电路为不确定状态，用虚线表示；第二次出现 $S = R = 1$，使 $Q = \overline{Q} = 0$，随后变为 $S = 1$、$R = 0$，电路为置1 状态。

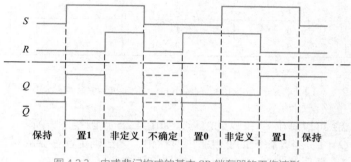

| 保持 | 置1 | 非定义 | 不确定 | 置0 | 非定义 | 置1 | 保持 |

图 4.2.3 由或非门构成的基本 SR 锁存器的工作波形

2. 由与非门构成的基本 SR 锁存器

由**与非门**构成的基本 SR 锁存器如图 4.2.4 所示，该锁存器的两个输入均为低电平有效。一般情况下，两个输入均为 1，则电路状态保持不变，只有需要改变锁存器的状态时，才改变输入信号。

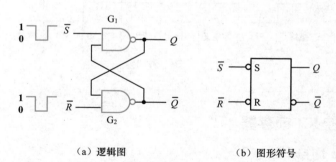

（a）逻辑图　　　　　　　　　（b）图形符号

图 4.2.4 由与非门构成的基本 SR 锁存器

当 $\overline{R} = 1$，$\overline{S} = 0$ 时，无论 Q 和 $\overline{Q}$ 原来是什么状态，锁存器都将进入置位状态，即 $Q = 1$。此时，即使输入回到 $\overline{R} = \overline{S} = 1$，电路仍保持 $Q = 1$ 不变；电路是对称的，当 $\overline{R} = 0$，$\overline{S} = 1$ 时，锁存器进入复位状态，即 $Q = 0$。当两个输入 $\overline{R} = \overline{S} = 0$ 时，将迫使 $Q = \overline{Q} = 1$，但在输入回到 $\overline{R} = \overline{S} = 1$ 后，无法确定锁存器将回到 1 状态还是 0 状态。因此，在实际应用时，锁存器的输入 $\overline{R}$、$\overline{S}$ 绝对不允许同时为 0，即输入信号应满足 $\overline{S} + \overline{R} = 1$ 的**约束条件**。

跟**或非门**构成的基本 SR 锁存器不同，这种锁存器的输入 $\overline{S}$ 和 $\overline{R}$ 以低电平作为有效电平；当 $\overline{S}$ 输入一个低电平脉冲时，Q 置位；当 $\overline{R}$ 输入一个低电平脉冲时，Q 被清零。如图 4.2.4（b）所示，图形符号方框外侧输入端的小圆圈表示低电平有效。这种锁存器有时也称为基本 $\overline{S}\,\overline{R}$ **锁存器**，其特性表如表 4.2.2 所示。

表 4.2.2　由与非门构成的基本 SR 锁存器的特性表

$\bar{R}$	$\bar{S}$	Q^n	Q^{n+1}	锁存器状态
1	1	1	1	保持
1	1	0	0	
1	0	1	1	置1
1	0	0	1	
0	1	1	0	置0
0	1	0	0	
0	0	1	×	不确定
0	0	0	×	

例 4.2.2　图 4.2.4（a）所示基本 $\bar{S}\bar{R}$ 锁存器的 $\bar{S}$、$\bar{R}$ 波形如图 4.2.5 点画线上方所示，试画出 Q 和 $\bar{Q}$ 的波形。设电路初始状态为 0。

解　根据表 4.2.2 可以画出 Q 和 $\bar{Q}$ 的波形，如图 4.2.5 点画线下方所示。注意，第一次出现 $\bar{S} = \bar{R} = 0$，使 $Q = \bar{Q} = 1$，当 $\bar{S}$ 和 $\bar{R}$ 的低电平同时撤销，无法确定锁存器的状态；第二次出现 $\bar{S} = \bar{R} = 0$，使 $Q = \bar{Q} = 1$，随后变为 $\bar{S} = 0$、$\bar{R} = 1$，电路进入置 1 状态。

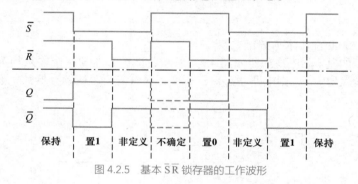

图 4.2.5　基本 $\bar{S}\bar{R}$ 锁存器的工作波形

4.2.2　门控 SR 锁存器

1. 电路结构及工作原理

由于基本 $\bar{S}\bar{R}$ 锁存器的输入端直接控制 Q 和 $\bar{Q}$ 的变化，电路抗干扰能力差，也不便于控制多个锁存器同时工作，因此，引入使能端，构成门控 SR 锁存器。如图 4.2.6 所示，它由一个基本 $\bar{S}\bar{R}$ 锁存器和两个**与非门**构成。该锁存器在使能信号 E 为高电平时，才按照输入信号改变状态。其工作原理如下。

（1）当 $E = 0$ 时，G_3、G_4 输出为 1，即 $\bar{S} = \bar{R} = 1$，此时无论输入 S 和 R 如何变化，输出都不会改变，即锁存器保持原状态不变。

（2）当 $E = 1$ 时，G_3 和 G_4 打开，R 和 S 可以送入基本 $\bar{S}\bar{R}$ 锁存器，电路状态可能会发生变化。当 $S = R = 0$，即 $\bar{S} = \bar{R} = 1$，锁存器保持原状态不变；当 $S = 1$，$R = 0$，即 $\bar{S} = 0$，$\bar{R} = 1$，Q 被置 1；当 $S = 0$，$R = 1$，即 $\bar{S} = 1$，$\bar{R} = 0$，Q 被置 0；当 $S = R = 1$，即 $\bar{S} = \bar{R} = 0$，锁存器的状态不确定。显然，该锁存器仍需满足 $SR = 0$ 的**约束条件**。

门控 SR 锁存器的图形符号如图 4.2.6（b）所示，输入均为高电平有效。方框内用 C1 和 1R、1S 表示内部逻辑关系。C 表示"控制"，其后缀"1"表示该输入的逻辑状态对所有以"1"作为前缀的输入起控制作用。R 和 S 受 C1 的控制，故 R 和 S 以"1"作为前缀。

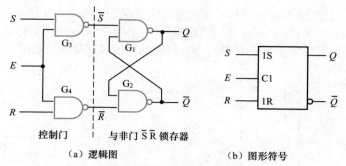

（a）逻辑图　　　　　　　　　（b）图形符号

图 4.2.6　门控 SR 锁存器

2. 特性表和特性方程

门控 SR 锁存器的特性表如表 4.2.3 所示。当 $E = 1$ 时，其特性方程与式（4.2.1）相同。

表 4.2.3　门控 SR 锁存器的特性表

E	S	R	Q^n	Q^{n+1}	锁存器状态
0	×	×	0	0	保持
0	×	×	1	1	
1	0	0	0	0	保持
1	0	0	1	1	
1	0	1	0	0	置 0
1	0	1	1	0	
1	1	0	0	1	置 1
1	1	0	1	1	
1	1	1	0	×	不确定
1	1	1	1	×	

3. 门控 SR 锁存器的动作特点

门控 SR 锁存器的状态受使能信号 E 的控制，当 $E = 0$ 时，锁存器被禁止工作；在 $E = 1$ 时，锁存器接收输入信号。但是，在 $E = 1$ 期间，若输入信号发生多次变化，则锁存器的状态也将随之变化多次，且输入 $S = R = 1$ 是被禁止的。

4.2.3　门控 D 锁存器

基本 SR 锁存器和门控 SR 锁存器都有约束条件，因此，引入门控 D 锁存器。

1. 逻辑门控 D 锁存器

为了避免图 4.2.6 所示门控 SR 锁存器出现 S 和 R 同时为 1 的情况，将 S 通过非门与 R 相连，就构成门控 D 锁存器，如图 4.2.7 所示。电路有两个输入：数据输入端 D 和使能输入端 E。其工作原理如下。

（1）当 $E = 0$ 时，$\overline{S} = \overline{R} = 1$，无论 D 取什么值，输出 Q 和 $\overline{Q}$ 均保持不变。

（2）当 $E = 1$ 时，将 $S = D$ 和 $R = \overline{D}$ 代入式（4.2.1），即 SR 锁存器的特性方程，得到门控 D 锁存器的特性方程

$$Q^{n+1} = S + \overline{R}Q^n = D + \overline{\overline{D}}Q^n = D$$

在 $E = 1$ 期间，数据输入端 D 的值将被传输给输出端 Q。因此，D 锁存器常被称为**透明锁存器**（Transparent Latch）。门控 D 锁存器的图形符号如图 4.2.7（b）所示，特性表如表 4.2.4 所示。锁存器 SN74LS373 内部集成了 8 个 D 锁存器，电路的输出端还接有三态门[1]。

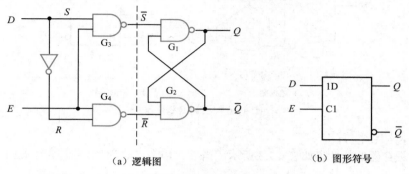

（a）逻辑图　　　　　　　　　　　　　　（b）图形符号

图 4.2.7　门控 D 锁存器

表 4.2.4　D 锁存器的特性表

E	D	Q^n	Q^{n+1}	锁存器状态
0	×	0	0	保持
0	×	1	1	
1	0	0	0	置 0
1	0	1	0	
1	1	0	1	置 1
1	1	1	1	

2. 传输门控 D 锁存器

传输门[2]控 D 锁存器电路结构简单，占用芯片面积小，因而在 CMOS 集成电路中被广泛应用。

（1）传输门的基本特性。

传输门是一个受电压控制的开关，互补的 C 和 $\overline{C}$ 是控制信号，可以双向传输数字信号或模拟信号。传输门的图形符号如图 4.2.8（a）所示。

当 $C = 1$，$\overline{C} = 0$ 时，传输门 TG 导通，并且导通电阻很小，相当于开关导通，等效电路如图 4.2.8（b）所示。

当 $C = 0$，$\overline{C} = 1$ 时，传输门 TG 截止，相当于开关断开，如图 4.2.8（c）所示。

（a）图形符号　　　　（b）导通时等效电路　　　（c）截止时等效电路

图 4.2.8　传输门图形符号及等效电路

（2）传输门控 D 锁存器的工作原理。

传输门控 D 锁存器电路结构如图 4.2.9（a）所示。

1　三态门将在 7.1.5 节介绍。

2　传输门的具体结构及工作原理将在 7.1.4 节介绍。

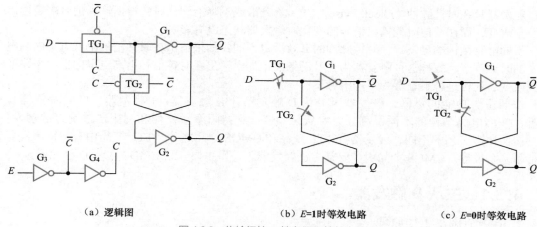

（a）逻辑图　　　　　　　（b）E=1时等效电路　　　　　（c）E=0时等效电路

图 4.2.9　传输门控 D 锁存器及等效电路

当 $E=1$ 时，$\overline{C}=0$，$C=1$，TG$_1$ 导通，TG$_2$ 断开，等效电路如图 4.2.9（b）所示。输入 D 经 G$_1$、G$_2$ 两个非门，使 $Q=D$，$\overline{Q}=\overline{D}$。此时 Q 跟随输入 D 变化。

当 $E=0$ 时，$\overline{C}=1$，$C=0$，TG$_1$ 断开，TG$_2$ 导通，等效电路如图 4.2.9（c）所示，电路处于保持状态，Q 被锁定在 E 由 1 变 0 前瞬间的状态。

传输门控 D 锁存器与逻辑门控 D 锁存器的逻辑功能完全相同，图形符号也一样。

例 4.2.3　门控 D 锁存器输入 E、D 的波形如图 4.2.10 点画线上方所示，试画出 Q 和 $\overline{Q}$ 的输出波形。设电路初始状态为 0。

解　根据 D 锁存器的特性表，当 $E=0$ 时，Q 被锁定在 E 由 1 变 0 前瞬间的状态；当 $E=1$ 时，Q 的状态与 D 一致。画出 Q 和 $\overline{Q}$ 的波形，如图 4.2.10 点画线下方所示。

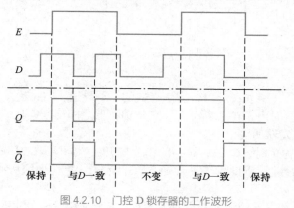

图 4.2.10　门控 D 锁存器的工作波形

4.3 触发器的电路结构和工作原理

前面讨论的电平触发 D 锁存器在使能信号 E 有效期间，数据输入端的任何变化都会影响锁存器的状态，因而该电路易受噪声尖峰的干扰。为了提高电路的可靠性，增强抗干扰能力，可使用触发器。

触发器只在时针脉冲（Clock Pulse，CP）上升沿或下降沿到达时，根据输入信号决定输出是否发生改变，而在其他时刻输入信号的变化对触发器状态没有影响。

不同电路结构的触发器，时钟脉冲的有效沿也不同：如果输出在时钟信号由低电平向高电平跳变的时刻改变，就称这种触发器为上升沿触发；如果输出在时钟信号由高电平向低电平跳变的时刻改变，就称这种触发器为下降沿触发。

按照逻辑功能的不同，触发器可分为 D 触发器、JK 触发器、T 触发器、T′ 触发器等几种类型；按照电路结构的不同，可分为主从触发器、维持阻塞触发器和利用传输延迟的触发器。

按照生产工艺的不同，触发器有 TTL 产品和 CMOS 产品之分。TTL 产品中有主从触发器和维持阻塞触发器。CMOS 产品中主要是主从触发器。这里主要介绍 CMOS 主从 D 触发器。

4.3.1 主从 D 触发器

1.电路结构及工作原理

主从 D 触发器的逻辑图如图 4.3.1（a）所示，它是由两个传输门控 D 锁存器（见图 4.2.9）构成的。第一个锁存器称为主锁存器（Master Latch），第二个锁存器称为从锁存器（Slave Latch）。主、从锁存器的使能信号相位相反。电路的工作原理如下。

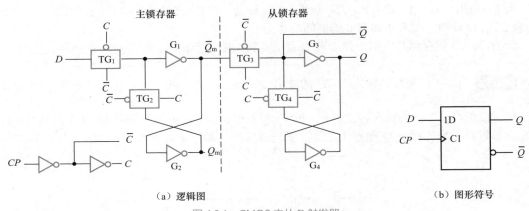

（a）逻辑图　　　　　　　　　　　　　（b）图形符号

图 4.3.1　CMOS 主从 D 触发器

（1）在 $CP = 0$ 期间，$C = 0$，$\overline{C} = 1$，主锁存器的 TG_1 导通，TG_2 断开，主锁存器接收输入 D，Q_m 跟随输入 D 变化。同时由于 TG_3 断开，主、从锁存器之间切断连接。而 TG_4 导通，使锁存器保持原来的状态，即触发器的输出不变。

（2）当 CP 由 0 变为 1 时，$C = 1$，$\overline{C} = 0$，TG_1 断开，TG_2 导通，主锁存器处于保持状态，锁存 CP 跳变前 D 输入的数据。同时，TG_3 导通，TG_4 断开，$\overline{Q}_m$ 传递给从锁存器，使 $\overline{Q} = \overline{Q}_m$，$Q = \overline{\overline{Q}_m} = Q_m$。

从上述分析可见，触发器的输出 Q 只能在 CP 从 0 到 1 跳变时发生改变，因此，这种触发器被称为**上升沿触发的主从触发器**。如果将所有传输门的控制端信号反过来，电路就变成下降沿触发的主从触发器。

图 4.3.1（b）所示为 D 触发器的图形符号，方框内侧的">"表示该触发器由时钟脉冲边沿触发。C1 控制着 1D。

2.特性表和特性方程

经过分析，D 触发器的特性表如表 4.3.1 所示。表中向上的箭头（↑）表示 CP 的上升沿，Q^n 表示 CP 下降沿到达前瞬间触发器的状态（简称现态），Q^{n+1} 表示 CP 上升沿到达后触发器的状态（简称次态）。

表 4.3.1　D 触发器的特性表

CP	D	Q^{n+1}
↑	0	0
↑	1	1
×	×	Q^n

由表 4.3.1 可知，D 触发器的逻辑功能可以用下式来表达：

$$Q^{n+1} = D \qquad\qquad (4.3.1)$$

式（4.3.1）称为 D 触发器的**特性方程**。

4.3.2 有清零输入和置数输入的 D 触发器

根据实际工作需要，一些触发器电路中还增加了与时钟无关的输入端（通常称为异步输入端），即直接置 0 端和直接置 1 端。它们的作用是强迫触发器进入 0 或 1 状态。例如，当数字系统刚接通电源时，触发器会随机进入 0 状态或 1 状态。使用直接置 0 端或直接置 1 端，就可以使系统中的触发器进入一个指定的初始状态。

能直接将触发器状态置为 1 的输入端称为直接置 1 端，能直接将触发器状态清 0 的输入端称为直接置 0 端（或复位端、清零端）。当这些输入端有有效信号时，触发器会直接进入 1 或 0 状态。

有异步输入端的 D 触发器如图 4.3.2 所示。为了增加直接置 1 端和直接置 0 端，将图 4.3.1 中 4 个**非门**换成**或非门**，低电平有效的 $\overline{R}_D$ 或 $\overline{S}_D$ 经非门缓冲后，分别送入主锁存器和从锁存器。为了清楚起见，直接置 1 线用点画线画出，直接置 0 线用浅灰色线画出。

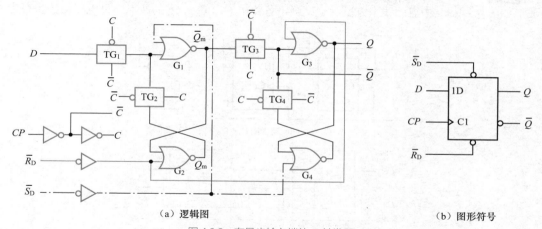

（a）逻辑图　　　　　　　　　　　　　（b）图形符号

图 4.3.2　有异步输入端的 D 触发器

图 4.3.2（b）所示为其图形符号，输入端的小圆圈表示输入逻辑 0（低电平）时使触发器的输出清零或置位，$\overline{R}_D$ 和 $\overline{S}_D$ 分别表示低电平有效的清零输入[1]和置位输入[2]。

当 $\overline{S}_D = 1$，$\overline{R}_D = 1$ 时，它们对**或非门**无影响，电路的工作原理与图 4.3.1（a）类似。

直接置 1 和直接置 0 的过程如下。

（1）$CP = 1$。

当 $\overline{S}_D = 0$，$\overline{R}_D = 1$ 时，TG_1、TG_4 断开，而 TG_2、TG_3 导通，$\overline{\overline{S}}_D = 1$ 使 G_1 输出 $\overline{Q}_m = 0$，此时 G_2 的两个输入均为 0，使其输出 $Q_m = 1$。$\overline{Q}_m = 0$，通过 TG_3 使 $\overline{Q} = 0$，此时 G_3 的两个输入均为 0，使其输出 $Q = 1$。

当 $\overline{S}_D = 1$，$\overline{R}_D = 0$ 时，$\overline{\overline{R}}_D = 1$ 经过 G_3 使 $Q = 0$。$\overline{\overline{R}}_D = 1$ 接 G_2 的输入端，使 $Q_m = 0$，此时 G_1 的两个输入均为 0，使输出 $\overline{Q}_m = 1$，并通过 TG_3 使 $\overline{Q} = 1$。

主从 D 触发器
的直接置 1 与
直接置 0 分析

1　清零输入的符号为 $\overline{R}_D$ 或 $\overline{CLR}$。
2　置位输入的符号 $\overline{S}_D$ 或 $\overline{PR}$、$\overline{PRE}$。

（2）$CP = 0$。

TG$_3$ 断开，TG$_4$ 导通，**或非门** G$_3$ 和 G$_4$ 构成基本 SR 从锁存器。$\overline{R}_D$ 或 $\overline{S}_D$ 直接将从锁存器的输出置 **0** 或置 **1**。

注意，当 $\overline{S}_D = 0$，$\overline{R}_D = 0$ 时可以分析出，$Q = \overline{Q} = 0$，因此，禁止出现 $\overline{R}_D = \overline{S}_D = 0$ 的情况。

所以，无论 $CP = 1$，还是 $CP = 0$，$\overline{R}_D$ 或 $\overline{S}_D$ 都可以直接将触发器置 **0** 或置 **1**，显然，$\overline{R}_D$ 和 $\overline{S}_D$ 控制触发器的优先级别最高。只有当 $\overline{S}_D = \overline{R}_D = 1$ 时，触发器才能被 CP 上升沿触发，按 D 值更新状态。

由于直接置 **1** 和清零时跟 CP 信号无关，所以称置 **1**、清零操作为异步置 **1** 和异步清零。

在实际应用中，也常使用具有同步清零端的触发器。**同步清零或同步置数**，是指清零信号或置数信号在 CP 的有效沿到来时才起作用。在 D 触发器的数据输入端增加一个与门，就可以得到图 4.3.3 所示的有同步清零端的 D 触发器，当 $\overline{R}_D = 0$ 时，在 CP 上升沿到来时，触发器的输出 Q 会被清零，当 $\overline{R}_D = 1$ 时，触发器正常工作。

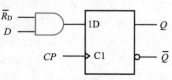

图 4.3.3　有同步清零端的 D 触发器

例 4.3.1▶ 图 4.3.4 所示为 D 锁存器和 D 触发器构成的电路，假设数据输入 D 和时钟输入 CP 的波形如图 4.3.4(b) 中点画线上方所示，试画出各输出 Q_0、Q_1、Q_2 的波形。设电路初始状态为 **0**。

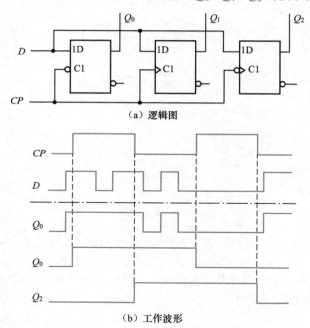

（a）逻辑图

（b）工作波形

图 4.3.4　例 4.3.1 逻辑图和工作波形

解 图 4.3.4 中，Q_0 是低电平敏感型的 D 锁存器输出，在 CP 为低电平期间，$Q_0 = D$，输出跟随输入变化。在 CP 为高电平期间，Q_0 处于保持状态。

Q_1 是上升沿触发的 D 触发器输出，在 CP 从 **0** 跳变到 **1** 的时刻，$Q_1 = D$，其他时间 Q_1 处于保持状态。

Q_2 是下降沿触发的 D 触发器输出，在 CP 从 **1** 跳变到 **0** 的时刻，$Q_2 = D$，其他时间 Q_2 处于保持状态。Q_0、Q_1、Q_2 的波形如图 4.3.4（b）中点画线下方所示。

由波形可知，锁存器对脉冲电平敏感，触发器对脉冲边沿敏感。即使相同逻辑功能的触发器在输入相同的情况下，由于对输入的敏感时刻不同，因此输出波形也不同。

4.3.3　带使能端的 D 触发器

在多个触发器组成的同步电路中，各个触发器的时钟输入端连接在同一个时钟脉冲源上，因此，在 CP 有效沿到来时，所有触发器的状态会同时发生改变。但在实际工作中，经常会遇到这样的问题：触发器的输入信号发生改变时，希望某些触发器能够保持状态不变。

图 4.3.5 所示为解决这一问题的方法之一，即在时钟输入端增加一个与门。当 $En = 0$ 时，触发器的时钟输入为 0，Q 保持不变。这种方法有两个潜在的问题：第一，由于逻辑门存在传输延迟，因此 CP 到达这些触发器的时间与到达其他未经过逻辑门的触发器的时间可能不同，从而失去同步性；第二，如果 En 改变的时间不合适，有可能使触发器由 En 触发，而不是由 CP 触发，同样失去了同步性。

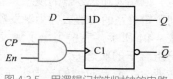

图 4.3.5　用逻辑门控制时钟的电路

另一种更好的方法是使用带时钟使能端（Clock Enable）的触发器，也称为 D-CE 触发器，这种触发器广泛应用在 CPLD（Complex Programming Logic Device，复杂可编程逻辑器件）或 FPGA（Field Programmable Gate Array，现场可编程门阵列）中。图 4.3.6（a）所示为其图形符号，当 $CE = 0$ 时，触发器的状态没有变化，即 $Q^{n+1} = Q^n$，相当于时钟无效；当 $CE = 1$ 时，触发器相当于普通 D 触发器。因此这种触发器的特性方程为

$$Q^{n+1} = \overline{CE} \cdot Q^n + CE \cdot D$$

图 4.3.6（b）所示为实现这种触发器的一种方法，在数据输入端增加一个 2 选 1 数据选择器：当 $CE = 0$ 时，选择 Q 作为输入数据送到 1D 端，CP 上升沿到来后，仍然保持 $Q^{n+1} = Q^n$；当 $CE = 1$ 时，选择外部的 D 作为输入数据，实现普通 D 触发器功能。由于时钟通路上没有逻辑门，因此不会引起同步性问题。

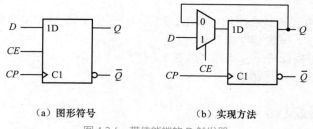

（a）图形符号　　　　　　　　　　（b）实现方法

图 4.3.6　带使能端的 D 触发器

4.4　触发器的逻辑功能

超大规模集成电路内部通常有成千上万个逻辑门，触发器是由逻辑门通过内部连接构成的。由于 D 触发器需要逻辑门的数目相对较少，因此被广泛应用。对于可编程逻辑器件 [1]（CPLD、FPGA）来说，芯片内部的触发器可以配置成 D 触发器、T 触发器、JK 触发器，或者其他类型的触发器。本节将在总结 D 触发器逻辑功能的基础上，重点介绍 JK 触发器、T 触发器和 T′ 触发器。另外，历史上还出现过 SR 触发器，现在已经很少应用，这里不做介绍。

1　可编程逻辑器件将在第 9 章介绍。

4.4.1　D 触发器

触发器的逻辑功能表明其状态与输入之间的逻辑关系，可用特性表、特性方程、状态图等进行描述。下面总结 D 触发器的逻辑功能。

1. 特性表

以输入和触发器的现态为变量，以次态为函数，描述它们之间逻辑关系的真值表称为触发器的特性表。D 触发器的特性表如表 4.4.1 所示，表中列出了触发器在现态 Q^n 和输入 D 的不同取值组合下的次态 Q^{n+1}。此表与表 4.3.1 类似。由于触发器状态的转变总是需要时钟的，为了简洁起见，表 4.4.1 中没有列出 CP。

表 4.4.1　D 触发器的特性表

D	Q^n	Q^{n+1}
0	0	0
0	1	0
1	0	1
1	1	1

2. 特性方程

触发器的逻辑功能也可以用逻辑表达式来描述，称为触发器的特性方程。根据表 4.4.1 可以写出 D 触发器的特性方程：

$$Q^{n+1} = D \tag{4.4.1}$$

3. 状态图

触发器的功能还可以用状态图来描述。状态图反映了触发器从一个状态转换到另一个状态或保持状态不变时，对输入提出的要求。图 4.4.1 所示 D 触发器的状态图是根据表 4.4.1 画出来的。

图 4.4.1 中，圆圈内为触发器的状态，**0** 和 **1** 两个圆圈代表了触发器的两个状态；4 根带箭头的方向线表示状态转换，分别对应表 4.4.1 中的 4 行，方向线的起点为触发器的现态，箭头指向相应的次态；方向线旁边标出了状态转换的条件，即输入 D 的逻辑值。

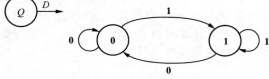

图 4.4.1　D 触发器的状态图

由特性表、特性方程或状态图均可看出：当 $D = 0$ 时，D 触发器的下一状态将被置 **0**（$Q^{n+1} = 0$）；当 $D = 1$ 时，D 触发器的下一状态将被置 **1**（$Q^{n+1} = 1$）；在 CP 的两个有效沿之间，触发器状态保持不变，即存储 1 位二进制数。

4.4.2　JK 触发器

JK 触发器曾是被广泛应用的器件，随着可编程逻辑器件的发展，集成 JK 触发器的用量在逐渐减少，因此学习 JK 触发器时应该重点关注其逻辑功能，而不是其内部电路结构。这里介绍如何将 D 触发器转换为 JK 触发器。

由 D 触发器和逻辑门组成的 JK 触发器如图 4.4.2（a）所示，图 4.4.2（b）所示为其图形符号。

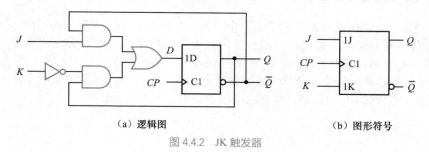

（a）逻辑图　　　　　　　　　　　（b）图形符号

图 4.4.2　JK 触发器

1. 特性表

JK 触发器有两个数据输入端，根据图 4.4.2（a）所示逻辑图及 D 触发器特性方程可以推导出 JK 触发器的特性表。

（1）当 $J = K = 0$ 时，$D = J\overline{Q^n} + \overline{K}Q^n = Q^n$，CP 上升沿到来时，触发器将保持原状态不变，即 $Q^{n+1} = Q^n$。

（2）当 $J = 0$，$K = 1$ 时，$D = 0$，CP 上升沿到来时，输出复位，即 $Q^{n+1} = 0$。

（3）当 $J = 1$，$K = 0$ 时，$D = \overline{Q^n} + Q^n = 1$，CP 上升沿到来时，输出置位，即 $Q^{n+1} = 1$。

（4）当 $J = K = 1$ 时，$D = \overline{Q^n}$，CP 上升沿到来时，触发器的输出将翻转为与现态相反的状态，即 $Q = \overline{Q^n}$。

因此得到 JK 触发器的特性表，如表 4.4.2 所示。表中列出了触发器在现态 Q^n 和输入 J、K 的不同取值组合下次态 Q^{n+1} 的值。

由表 4.4.2 可见，当 $J = K = 0$ 时，JK 触发器状态不变；当 $J = K = 1$ 时，输出状态发生翻转；当 $J \neq K$ 时，输入 J 的作用是将触发器置位为 1，输入 K 的作用是将触发器复位为 0。可见，JK 触发器具有保持、置 0、置 1 和翻转 4 种功能。

表 4.4.2　JK 触发器的特性表

J	K	Q^n	Q^{n+1}	说明
0	0	0	0 $\}Q^n$	状态不变
0	0	1	1	
0	1	0	0 $\}0$	置 0
0	1	1	0	
1	0	0	1 $\}1$	置 1
1	0	1	1	
1	1	0	1 $\}\overline{Q^n}$	翻转
1	1	1	0	

2. 特性方程

根据图 4.4.2 及 D 触发器特性方程，可以得出 JK 触发器的特性方程：

$$Q^{n+1} = J\overline{Q^n} + \overline{K}Q^n \tag{4.4.2}$$

也可以根据表 4.4.2 画出 JK 触发器次态 Q^{n+1} 的卡诺图，求得其特性方程。

3. 状态图

JK 触发器的状态图如图 4.4.3 所示，它可从表 4.4.2 导出。与 D 触发器的状态图在形式上的差别是它有两个输入变量，所以每根方向线旁都标有两个逻辑值，分别为 J、K 的值。可以注意到，在每一个转换方向上，J、K 中总有一个是无关变量。例如，表 4.4.2 的第 5 行和第 7 行，$Q^n =$ 0 转换为 $Q^{n+1} = 1$，条件是 $J = 1$，而 K 既可以取 0，

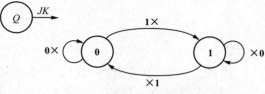

图 4.4.3　JK 触发器的状态图

也可以取 1，故状态图中的转换条件以"1×"表示。所以，状态图中的 4 根方向线实际对应表中 8 行。

凡是符合表 4.4.2 所示逻辑关系的触发器，无论其触发方式如何，均称为 JK 触发器。

例 4.4.1　图 4.4.2 所示 JK 触发器的 CP 和 J、K 的波形如图 4.4.4 中的点画线上方所示，试画出输出 Q 的波形。设触发器的初始状态为 0。

解　根据 JK 触发器的特性表或特性方程可画出 Q 的波形，如图 4.4.4 点画线下方所示。

JK 触发器是上升沿触发的，在第 1 个 CP 上升沿到来之前，$J = 1$，$K = 0$，CP 上升沿到来后，根据特性表可知，$Q = 1$；第 2 个和第 3 个 CP 上升沿到来时，$J = 0$、$K = 1$，使 $Q = 0$；在第 4 个 CP 上升沿到来时，J、K 均为 1，触发器为翻转状态，使 $Q = 1$。触发器的这种工作状态称为**计数**状态，即由触发器翻转的次数可以计算出 CP 的个数。在第 5 个 CP 上升沿到来时，J、K 均为 0，触发器为保持状态，Q 的值不变。

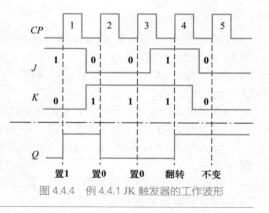

图 4.4.4　例 4.4.1 JK 触发器的工作波形

4.4.3　T 触发器

由 D 触发器和逻辑门组成的 T（Toggle）触发器如图 4.4.5（a）所示，图 4.4.5（b）所示为其图形符号。

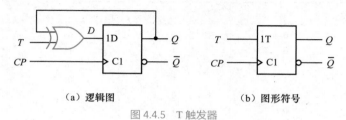

（a）逻辑图　　　　　　　　　　（b）图形符号

图 4.4.5　T 触发器

1. 特性表

根据图 4.4.5 所示逻辑图及 D 触发器特性方程，可以推导出 T 触发器的特性表，如表 4.4.3 所示。

表 4.4.3　T 触发器的特性表

T	Q^n	Q^{n+1}	说明
0 0	0 1	0 1 $\Big\}Q^n$	状态不变
1 1	0 1	1 0 $\Big\}\overline{Q^n}$	翻转

由于 $D = T \oplus Q^n = T\overline{Q^n} + \overline{T}Q^n$，当 $T = 0$ 时，$D = Q^n$，CP 上升沿到来时，触发器将保持状态不变；而当 $T = 1$ 时，$D = \overline{Q^n}$，CP 上升沿到来时，触发器的输出将翻转为与现态相反的状态。

由此可知，T 触发器的功能：$T = 1$ 时为翻转状态，$Q^{n+1} = \overline{Q^n}$；$T = 0$ 时为保持状态，$Q^{n+1} = Q^n$。凡是符合表 4.4.3 所示逻辑关系的触发器，无论其触发方式如何，均称为 T 触发器。

2. 特性方程

根据图 4.4.5 及 D 触发器特性方程，可以得出 T 触发器的特性方程：

$$Q^{n+1} = T\overline{Q^n} + \overline{T}Q^n \tag{4.4.3}$$

3. 状态图

T 触发器的状态图如图 4.4.6 所示。

比较式（4.4.3）和式（4.4.2），如果令 $J = K = T$，则两式等效。事实上，只要将 JK 触发器

的输入 J、K 连接在一起作为输入 T，就可实现 T 触发器的功能，因此，集成触发器中没有专门的 T 触发器，如果有需要，可用其他触发器实现其功能。

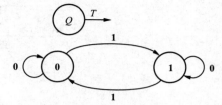

图 4.4.6　T 触发器的状态图

4.4.4　T′ 触发器

当 T 触发器的输入 T 固定接高电平时（即 $T \equiv 1$），则式（4.4.3）变为

$$Q^{n+1} = \overline{Q^n}$$

（4.4.4）

因此，CP 每作用一次，触发器翻转一次。这种特定的 T 触发器常在集成电路内部逻辑图中出现，其输入只有时钟信号，称为 T′ 触发器。上升沿触发的 T′ 触发器图形符号如图 4.4.7 所示，状态图如图 4.4.8 所示。

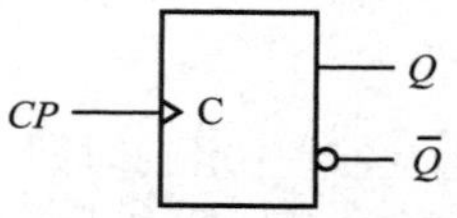

图 4.4.7　T′ 触发器的图形符号

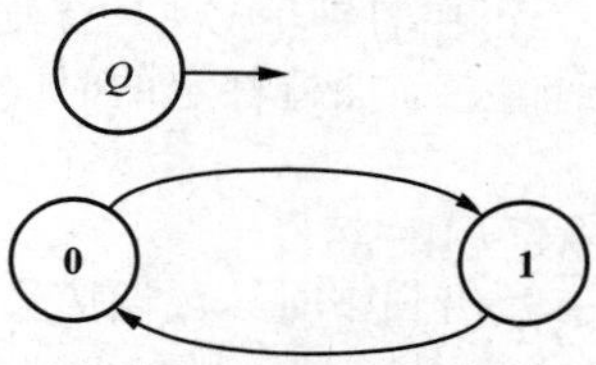

图 4.4.8　T′ 触发器的状态图

T′ 触发器的输出 Q 与 CP 的波形如图 4.4.9 所示。可见，输出 Q 的频率为 CP 的二分之一，所以 T′ 触发器相当于 2 分频电路。

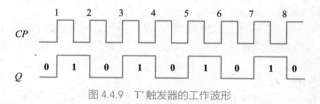

图 4.4.9　T′ 触发器的工作波形

*4.5　触发器的动态特性

在前面的讨论中，我们忽略了逻辑门传输延迟的影响，而在实际使用触发器时，要满足其动态特性的要求，必须考虑传输延迟。下面以上升沿触发的 D 触发器为例，介绍几个重要的时间参数的含义。

D 触发器的时序图如图 4.5.1 所示。它显示了信号间的时间要求或传输延迟。各个时间测试点都对应波形幅值的 50%。

1. 建立时间

数据信号 D 在时钟信号 CP 有效沿（此处为上升沿）到达之前必须保持稳定的最短时间称为建立时间 t_{SU}，即在 CP 上升沿到达之前，D 应保持某一逻辑电平不变，以保证输入信号能够被有效地识别出来。

2. 保持时间

数据信号 D 在时钟信号 CP 有效沿到达之后必须保持稳定的最短时间称为保持时间 t_H。在 CP 的上升沿到达之后，D 还应保持一段时间，才能保证 D 可靠地传输给 Q 和 $\overline{Q}$。若电路不能达到这个时间要求，触发器对数据信号的响应就可能出错。

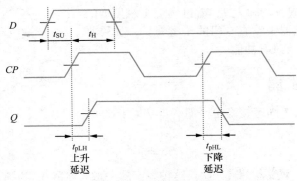

图 4.5.1　D 触发器时序图

芯片厂家在数据手册中会给出 t_{SU} 和 t_H 的最小值。

因此，为了在时钟信号 CP 有效沿到来时触发器能够可靠地工作，在设计电路时，输入在 CP 有效沿到达之前保持稳定的时间至少等于 t_{SU}，在 CP 有效沿到达之后保持稳定的时间至少等于 t_H。

3. 传输延迟时间

在 CP 有效沿到来时，数据信号 D 被传送到触发器电路内部，经过一定的时间，输出 Q 将会得到稳定的新状态，这一时间被定义为传输延迟时间。t_{pLH}，是指输出从低电平变到高电平的传输延迟时间；t_{pHL}，是指输出从高电平变到低电平的传输延迟时间，有时取其平均传输延迟时间 $t_{pd} = (t_{pLH} + t_{pHL})/2$。对于 CMOS 工艺，这两个值通常是相同的，而对于双极型工艺，两者之间的差异可达两倍。

4. 最高时钟脉冲频率

触发器可靠工作时所允许输入的 CP 频率的最大值 $f_{max} = 1/T_{min}$。因为 CP 无论在高电平，还是在低电平，触发器内部都要完成一系列动作，需要一定的时间，所以对 CP 有最高工作频率的限制。

5. 时钟脉冲的宽度

芯片厂家通常会规定时钟脉冲的宽度，如图 4.5.2 所示。时钟信号保持在低电平不变的最短时间称为 t_{WL}，时钟信号保持在高电平不变的最短时间称为 t_{WH}。若不能满足这些要求，触发器的工作就可能不可靠。

6. 异步有效电平脉冲的宽度

芯片厂家还会规定异步信号（如异步清零、异步置数）要完成清零或置数而必须保持有效电平的最短时间。图 4.5.3 所示的 t_{WL} 是低电平有效的输入异步脉冲宽度。

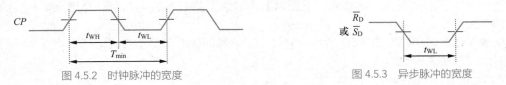

图 4.5.2　时钟脉冲的宽度　　　　　　　　　　图 4.5.3　异步脉冲的宽度

表 4.5.1 列出了几种实际集成触发器的时间参数，表中的参数除了传输延迟是最大值，其他参数都是最小值。表中参数的测试条件：工作环境温度 25℃；CMOS 系列的供电电压 V_{CC} = 4.5V，输出 Q 接负载电容 C_L = 50pF；TTL 系列的 V_{CC} = 5V，接负载电容 C_L = 15pF。其中，74 × 74 为 D 触发器，74 × 112 为 JK 触发器。

观察表 4.5.1 可知，所有触发器对 t_H 的要求都非常低，这是新型边沿触发器的典型特征。

表 4.5.1 几种典型的触发器时间参数

参数	说明	TTL		CMOS	
		74LS74	74LS112	74HCT74	74HCT112
t_{SU}/ns	建立时间	20	20	12	16
t_H/ns	保持时间	5	0	3	3
t_{PHL}/ns	从 CP 有效沿到达到 Q 从 1 变 0 的传输延迟时间	40	24	35	35
t_{PLH}/ns	从 CP 有效沿到达到 Q 从 0 变 1 的传输延迟时间	25	16	35	35
$t_{PHL}(\overline{R_D}$ 或 $\overline{S_D})$/ns	从 $\overline{R_D}$ 或 $\overline{S_D}$ 有效到 Q 从 1 变 0 的传输延迟时间	40	24	40	37
$t_{PLH}(\overline{R_D}$ 或 $\overline{S_D})$/ns	从 $\overline{R_D}$ 或 $\overline{S_D}$ 有效到 Q 从 0 变 1 的传输延迟时间	25	16	40	32
t_{WL}/ns	CP 低电平时间	25	15	18	16
t_{WH}/ns	CP 高电平时间	25	20	18	16
$t_{WL}(\overline{R_D}$ 或 $\overline{S_D})$/ns	$\overline{R_D}$ 或 $\overline{S_D}$ 低电平时间	25	15	16	18
f_{max}/MHz	CP 的最高频率	25	30	25	30

4.6 应用举例：会客厅照明灯控制电路

图 4.6.1 所示为会客厅照明灯控制电路。图 4.6.1（a）是为控制电路提供 +12V 的直流电源电路，S 为安装在墙壁上的开关，当开关 S 闭合时，交流 220V 经过 R_1、C_1 降压后，得到 20V 左右的交流电压，再经过 $VD_1 \sim VD_4$ 组成的桥式整流电路和 R_2、VD_Z 组成的稳压电路后，得到 +12V 的直流电压。

图 4.6.1（b）为照明灯控制电路，其中的相线 A、中性线 B 与图 4.6.1（a）中相应的 A、B 连在一起。EL_1、EL_2 为两组照明灯，照明灯的亮、灭由开关 S 和继电器 K 控制。电路的工作原理如下。

（1）第 1 次将开关 S 闭合（$S=1$）时，A 接通相线，接在 A、B 之间的 EL_1 组灯亮。+12V 电源经过 VD_5、VD_6 同时给 D 触发器和三极管电路供电。V_{DD} 经过 C_S 和 R_S 给电容 C_S 充电，由于 C_S 两端的电压不能突变，所以，此时 RST 处为高电平，触发器处于复位状态，$Q=0$，三极管 VT 截止，继电器 K 的动合触点断开，EL_2 组的灯熄灭。图 4.6.1（c）为其理想化工作波形。

此时，+12V 通过 R_2 给电容 C_C 充电，其充电时间常数较小，在 CP 处产生一个上升沿，但此时触发器一直处于复位状态，因此上升沿不起作用。

与此同时，上电复位电路的电容 C_S 也充电，充电时间常数为 $\tau_S = R_S C_S = 20\text{ms}$，$T_1 = (3 \sim 4)\tau_S$ 后，C_S 充满电荷，RST 变为无效的低电平，触发器处于正常工作状态。

（2）第 2 次将开关 S 先断开（$S=0$）再闭合（$S=1$）时，$S=0$ 时，由于 VD_5 的作用，电容 C_S 只能通过触发器复位端的输入电阻形成放电回路，其放电时间较长，电容 C_S 上储存的电荷能维持触发器的工作，同时 RST 将保持低电平。

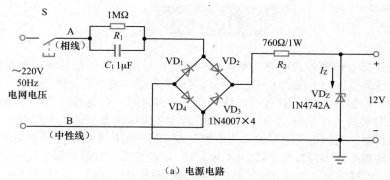

（a）电源电路

图 4.6.1 会客厅照明灯控制电路（一）

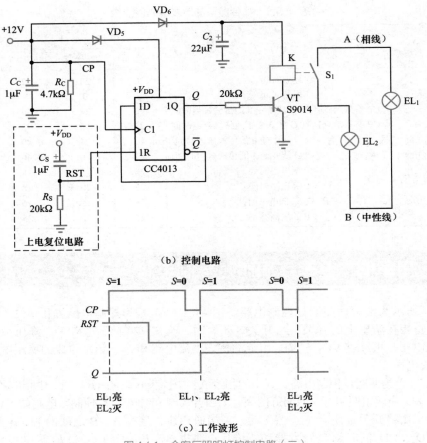

（b）控制电路

（c）工作波形

图 4.6.1　会客厅照明灯控制电路（二）

但与此同时，$S=0$ 时，电容 C_C 上存储的电荷通过 R_C 迅速释放，其放电时间常数为 $\tau_C = R_C C_C = 4.7\text{ms}$，$T_2 = (3 \sim 4)\tau_C$ 后 CP 变为低电平；当 $S=1$ 时，电容 C_C 被迅速充电，在 CP 处产生一个上升沿，将触发器置位，即 $Q=1$，使 VT 导通，K 触点闭合，EL_2 组的灯被点亮。

（3）第 3 次将开关 S 断开再闭合时，CP 再次出现上升沿，使 $Q=0$，VT 截止，K 的触点断开，EL_2 组的灯熄灭。

总之，第 1 次闭合 S，EL_1 组灯被点亮；第 2 次将 S 断开再闭合，EL_2 组灯被点亮；第 3 次将 S 断开再闭合，EL_2 组灯熄灭。

小结

- 锁存器和触发器是时序逻辑电路的基本逻辑单元，这两种器件都具有存储功能。每个锁存器或触发器都能存储 1 位二值信息，所以又称为存储单元或记忆单元。
- 触发器有一个时钟输入端，只有时钟脉冲有效沿到来时，触发器的状态才能改变。而锁存器是没有时钟输入端的存储单元，其状态的改变直接由数据输入端控制。从基本锁存器、门控锁存器，再到主从触发器和边沿触发器，器件的抗干扰能力逐步提高。
- 触发器按逻辑功能划分为 D 触发器、JK 触发器、T 触发器、T′ 触发器等几种类型。触发器的逻辑功能可用特性表、特性方程、状态图和时序图等进行描述，并且它们可以相互转换。

- 触发器的电路结构与逻辑功能没有必然联系。同一种电路结构的触发器可以具有不同的逻辑功能，如主从触发器有主从 D 触发器、主从 JK 触发器等。同一种逻辑功能的触发器也可用不同结构的电路实现。如 D 触发器有主从 D 触发器、维持阻塞 D 触发器等。无论哪种电路结构，同一种功能的触发器具有相同的特性表和特性方程。
- 触发器的电气特性有静态特性和动态特性之分，本章介绍了几个描述动态特性的参数：t_{SU}、t_H、t_{pLH}、t_{pHL}、f_{max}、t_{WL}、t_{WH}。应正确理解这些参数的物理意义。

自我检验题

4.1 选择题

1. 通常用锁存器或触发器的输出端_____的状态表示其状态。

A. Q　　　　　　　B. $\overline{Q}$　　　　　　　C. 1　　　　　　　D. 0

2. 由**或非**门构成的基本 SR 锁存器的约束条件为_____。

A. $SR = 1$　　　　　　　　　　　　　B. $SR = 0$

C. $S + R = 1$　　　　　　　　　　　　D. $S + R = 0$

3. 由**与非**门构成的基本 SR 锁存器的约束条件为_____。

A. $\overline{S}\,\overline{R} = 1$　　　　B. $\overline{S}\,\overline{R} = 0$　　　　C. $\overline{S} + \overline{R} = 1$　　　　D. $\overline{S} + \overline{R} = 0$

4. 当**或非**门构成的基本 SR 锁存器的输入 S 和 R 为_____时，其输出保持原状态不变。

A. $S = 1$，$R = 0$　　　B. $S = 0$，$R = 1$　　　C. $S = 1$，$R = 1$　　　D. $S = 0$，$R = 0$

5. 当**或非**门构成的基本 SR 锁存器的输入 S 和 R 为_____时，其输出为置位状态。

A. $S = 1$，$R = 0$　　　B. $S = 0$，$R = 1$　　　C. $S = 1$，$R = 1$　　　D. $S = 0$，$R = 0$

6. 由**与非**门构成的基本 SR 锁存器在 $\overline{S}$ 和 $\overline{R}$ 为_____时，其输出为复位状态。

A. $\overline{S} = 1$，$\overline{R} = 0$　　　B. $\overline{S} = 0$，$\overline{R} = 1$　　　C. $\overline{S} = 1$，$\overline{R} = 1$　　　D. $\overline{S} = 0$，$\overline{R} = 0$

7. 对于门控 D 锁存器，在_____，输出 Q 总是等于输入 D。

A. 使能脉冲之前　　　　　　　　　　B. 使能脉冲期间

C. 使能脉冲之后的瞬间　　　　　　　D. 任何时候

8. 传输门控 D 锁存器和逻辑门控 D 锁存器的逻辑功能是_____的，图形符号也是_____的。

A. 不同　　　　　　　B. 相同

9. 每个触发器有_____个稳定状态，可以保存_____位二进制码。

A. 1　　　　　　　B. 2

10. 在下图所示的电路中，能完成 $Q^{n+1} = Q^n$ 的逻辑功能的电路有_____。

　　（a）　　　　　　　（b）　　　　　　　（c）　　　　　　　（d）

A. （a）（c）　　　B. （b）（c）　　　C. （b）（c）（d）　　　D. （a）（c）（d）

4.2　判断题（正确的画"√"，错误的画"×"）

1. 锁存器和触发器都具有存储功能，是构成时序逻辑电路的基本单元。（　　　）

2. 门控 SR 锁存器在使能输入 E 为高电平期间，R、S 的状态多次发生变换，那么锁存器的输出状态也可能多次翻转。（　　　）

3. 对于图 4.2.7 所示门控 D 锁存器，只有当使能输入 $E=1$ 时，D 的值才会影响 Q 的状态。

（　　）

4. 由**或非**门构成的基本 SR 锁存器的两个输入不能同时为 **0**，否则在两个输入端的有效电平撤走后，输出状态不能确定。（　　）

5. 触发器有两个稳定状态：$Q=1$，称为 1 状态，$\overline{Q}=0$，称为 0 状态。（　　）

6. 对时钟脉冲控制的触发器而言，时钟脉冲决定其状态何时改变，输入信号决定其状态如何改变。（　　）

7. T 触发器的下一状态与其输入信号保持一致。（　　）

8. JK 触发器有使输出不确定的输入条件。（　　）

9. D 触发器的直接置位端或直接复位端的优先级别最高，当其为无效时，触发器才能响应输入 D。（　　）

10. 当 JK 触发器的 $J=\overline{D}$，$K=D$ 时，可以实现 D 触发器的逻辑功能。（　　）

📝 习题

4.1 双稳态电路的基本特性是什么？

4.1.1 双稳态电路有 **0** 和 **1** 两种稳定状态，**0** 状态和 **1** 状态又称为什么？

4.1.2 锁存器和触发器有何区别？

4.2 锁存器

4.2.1 对于图 4.2.1 所示**或非**门构成的基本 SR 锁存器，输入 S、R 的波形如图题 4.2.1 所示，试画出输出 Q 及 $\overline{Q}$ 的波形。设锁存器的初始状态为 **1**。

4.2.2 对于图 4.2.4 所示**与非**门构成的基本 SR 锁存器，输入 $\overline{S}$、$\overline{R}$ 的波形如图题 4.2.2 所示，试画出输出 Q 及 $\overline{Q}$ 的波形。设锁存器的初始状态为 **0**。

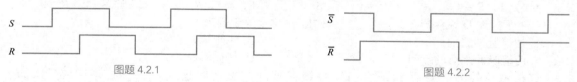

图题 4.2.1　　　　　　　　　　　　　　　　　图题 4.2.2

4.2.3 图题 4.2.3（a）所示为防止机械开关抖动的开关电路。当拨动开关 S 时，开关触点会在瞬间发生抖动，假设拨动开关 S 时，$\overline{S}$、$\overline{R}$ 的波形如图题 4.2.3（b）所示，试画出输出 Q 的波形。

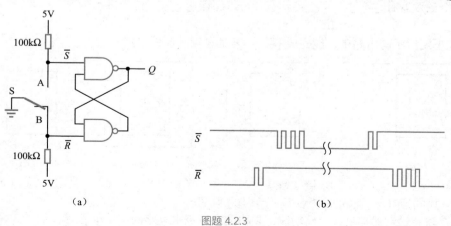

（a）　　　　　　　　　　　　　　　　（b）

图题 4.2.3

4.2.4　门控 D 锁存器有哪几种形式的电路结构？列出它们的特性表，并写出特性方程。

4.2.5　对于图 4.2.6 所示门控 SR 锁存器，输入 S、R 的波形如图题 4.2.5 所示，试画出输出 Q 及 $\overline{Q}$ 的波形。设锁存器的初始状态为 **0**。

4.2.6　由**或非门**和**与门**组成的带使能端的 SR 锁存器如图题 4.2.6 所示，试分析其工作原理，并列出表示其逻辑功能的特性表。

4.2.7　对于图 4.2.7 所示的 D 锁存器，若输入 E、D 的波形如图题 4.2.7 所示，试画出输出 Q 的波形。设锁存器的初始状态为 **0**。

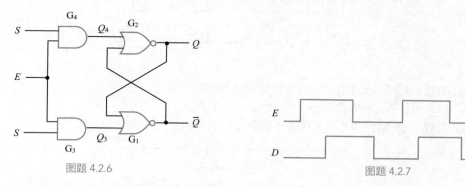

图题 4.2.5

图题 4.2.6

图题 4.2.7

4.3　触发器的电路结构和工作原理

4.3.1　触发器的异步清零和同步清零的区别是什么？

4.3.2　下降沿触发和上升沿触发的 D 触发器图形符号及时钟信号 CP 和数据信号 D 的波形如图题 4.3.2 所示，试分别画出 Q_1 和 Q_2 的波形。设触发器的初始状态为 **0**。

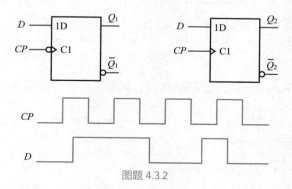

图题 4.3.2

4.3.3　电路及输入 A、CP 的波形如图题 4.3.3 所示。设触发器的初始状态为 **0**，画出输出 Q 的波形。

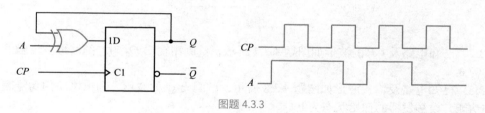

图题 4.3.3

4.3.4 设图题 4.3.4 所示电路中，触发器的初始状态均为 **0**。

（1）画出在时钟脉冲 CP 的作用下，输出 Q_0、Q_1 的波形。

（2）试说明 Q_0、Q_1 信号频率与 CP 信号频率之间的关系。

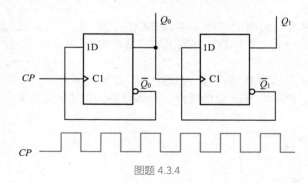

图题 4.3.4

4.3.5 设图题 4.3.5 所示电路中，触发器的初始状态均为 **0**。

（1）画出在时钟信号 CP 的作用下，输出 Q_0、Q_1 的波形。

（2）试说明 Q_0、Q_1 信号频率与 CP 信号频率之间的关系。

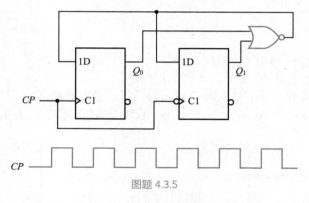

图题 4.3.5

4.3.6 已知电路及输入波形如图题 4.3.6 所示，试画出输出 Q 的波形。设触发器初始状态为 **0**。

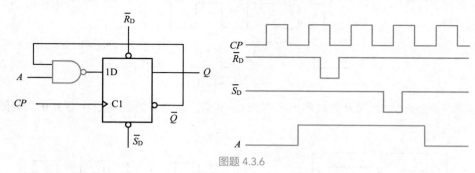

图题 4.3.6

4.3.7 已知电路及 CP 的波形如图题 4.3.7 所示，试画出输出 Q_0、Q_1 的波形。设触发器初始状态均为 **0**。

4.3.8 已知电路及输入波形如图题 4.3.8 所示，试画出 Q 的波形，列出电路的功能表，说明电路的功能。设触发器的初始状态为 **0**。

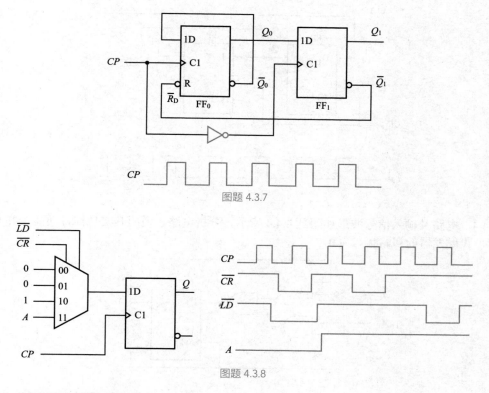

图题 4.3.7

图题 4.3.8

4.4 触发器的逻辑功能

4.4.1 电路如图题 4.4.1 所示,设触发器的初始状态为 **0**,试画出触发器在 CP 作用下 Q 的波形,说明输出信号 Q 的频率和输入时钟信号 CP 的频率之间的关系。

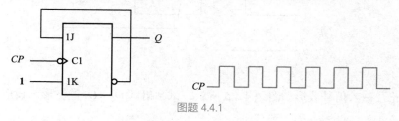

图题 4.4.1

4.4.2 JK 触发器及输入波形如图题 4.4.2 所示,试画出输出 Q 的波形。设触发器的初始状态为 **0**。

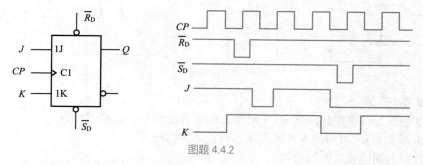

图题 4.4.2

4.4.3 电路如图题 4.4.3 所示,试画出触发器在 CP 作用下 Q_0、Q_1 的波形。设触发器的初始状态为 **0**。

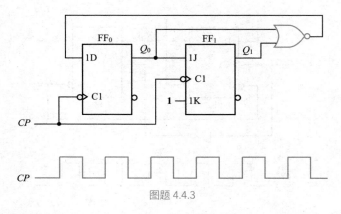

图题 4.4.3

4.4.4　电路及输入信号波形如图题 4.4.4 所示，分析电路，说明其实现何种功能，并画出 Q 的波形。设触发器的初始状态为 **0**。

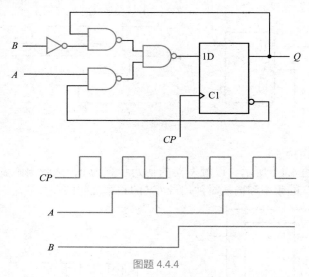

图题 4.4.4

4.4.5　电路及输入信号波形如图题 4.4.5 所示，试画出其 Q_0、Q_1 的波形。设触发器的初始状态为 **0**。

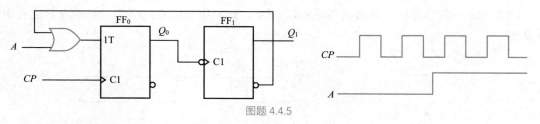

图题 4.4.5

*4.5　触发器的动态特性

4.5.1　D 触发器时序图如图题 4.5.1 所示，说明各段对应什么时间参数。

4.5.2　根据表 4.5.1 所列的 4 种触发器，回答下列问题。

（1）哪种触发器的建立时间最短？

（2）触发器的保持时间是否可以为 **0**？

（3）当用异步清零端的 $\overline{R}_D$ 置 **0** 时，哪种触发器置 **0** 最快？

（4）哪个触发器 CP 的最高工作频率数值最大？

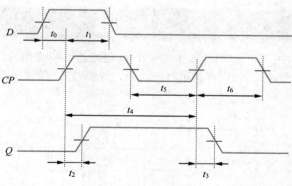

图题 4.5.1

4.6 应用举例：会客厅照明灯控制电路

图题 4.6.1 所示为会客厅多路照明灯控制电路，与图 4.6.1 相比，多了一组灯及其控制电路。分析电路工作原理，并画出工作波形。

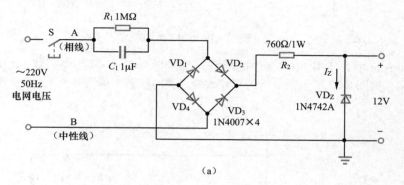

（a）

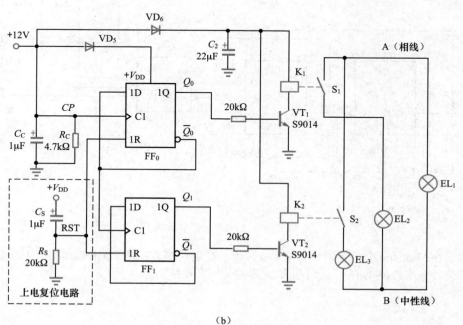

（b）

图题 4.6.1　会客厅多路照明灯控制电路

📝 实践训练

S4.1 在 Multisim 中，使用 74LS74 中的一个 D 触发器，搭建图 S4.1 所示电路，运行仿真并改变开关的状态（单击开关），观察指示灯的状态，说明开关控制灯的原理。

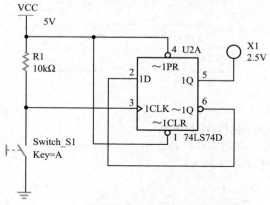

图 S4.1 触发器控制灯的电路（仿真图）

S4.2 在 Multisim 中，使用 74LS74 中的两个 D 触发器和 2 线—4 线译码器 74LS139D，搭建 4 位流水灯电路，如图 S4.2 所示，运行仿真并改变开关的状态（单击开关），观察发光二极管的状态。

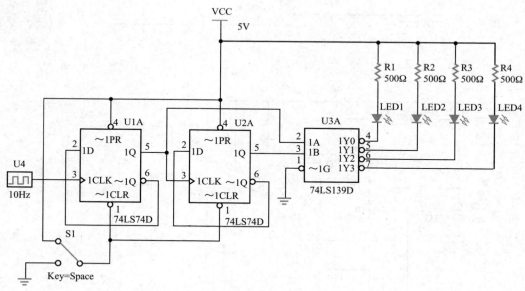

图 S4.2 4 位流水灯电路（仿真图）

S4.3 在 Multisim 中，将图 S4.2 所示 4 位流水灯电路中 74LS139D 的输出接入 4 通道示波器，并将时钟信号频率改成 1kHz。运行仿真，观察输出波形的变化。

第 **5** 章

时序逻辑电路

本章知识导图

⮂ 本章学习要求

- 掌握时序逻辑电路的基本结构、分类及描述方法。
- 掌握时序逻辑电路的分析步骤，熟练掌握同步时序逻辑电路的分析，掌握异步时序逻辑电路的分析。
- 熟练掌握同步时序逻辑电路的设计。
- 熟练掌握典型时序逻辑电路寄存器、移位寄存器、计数器的逻辑功能及其应用。
- 了解序列信号发生器的类型及设计过程。

◔ 本章讨论的问题

- 时序逻辑电路由哪几部分组成？它和组合逻辑电路在逻辑功能和电路结构上有什么区别？
- 描述时序逻辑电路逻辑功能的方程有哪些？
- 穆尔（Moore）型和米利（Mealy）型电路有什么区别？
- 同步时序逻辑电路和异步时序逻辑电路有何区别？分析时序逻辑电路的一般步骤是什么？
- 同步时序逻辑电路的设计步骤是什么？
- 寄存器和移位寄存器有哪些逻辑功能？如何分析移位寄存器的逻辑功能？
- 如何采用集成计数器构成任意进制计数器？

5.1 概述

前面介绍的组合逻辑电路是以逻辑门为基础的，它的输出只与当时的输入信号有关，而与电路原来的状态无关。与组合逻辑电路不同，时序逻辑电路任意时刻的输出信号不仅与当时的输入信号有关，而且与电路原来的状态有关。

本章在讲述时序逻辑电路的基本概念和描述其逻辑功能的基础上，着重介绍同步时序逻辑电路的分析方法与设计方法，然后讨论常用时序逻辑器件寄存器、移位寄存器、计数器的逻辑功能及其应用。

5.1.1 时序逻辑电路的基本结构及特点

由于时序逻辑电路任意时刻的输出不仅与该时刻的输入信号有关，而且与电路原来的状态有关，因此，时序逻辑电路中必有能记忆前一刻状态的电路，即存储电路。存储电路可由延时元件或触发器构成。本章只介绍由触发器构成存储电路的时序逻辑电路。时序逻辑电路的一般结构框图如图 5.1.1 所示。

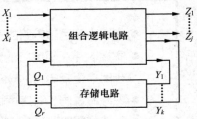

图 5.1.1　时序逻辑电路的一般结构框图

图 5.1.1 中 $X(X_1 \sim X_i)$ 是时序逻辑电路的输入信号，也是外部输入信号；$Z(Z_1 \sim Z_j)$ 是时序逻辑电路的输出信号；$Y(Y_1 \sim Y_k)$ 是存储电路的输入信号；$Q(Q_1 \sim Q_r)$ 是存储电路的输出信号，也是组合逻辑电路的部分输入信号，与外部输入信号共同决定组合逻辑电路的输出。这些信号之间的逻辑关系可用以下方程描述：

$$Z = F_1(X, Q^n) \tag{5.1.1}$$
$$Y = F_2(X, Q^n) \tag{5.1.2}$$
$$Q^{n+1} = F_3(Y, Q^n) \tag{5.1.3}$$

其中，Q^n 表示 t_n 时刻存储电路的状态，即现态，Q^{n+1} 表示 t_{n+1} 时刻存储电路的状态，即次态。

式（5.1.1）称为**输出方程**，是时序逻辑电路的输出逻辑表达式；式（5.1.2）称为**驱动方程（或称激励方程）**，是存储电路的输入逻辑表达式；式（5.1.3）称为**状态转换方程（简称状态方程）**，是存储电路的次态逻辑表达式，它表达了存储电路从现态到次态的转换特性。

时序逻辑电路具有以下结构特征。

（1）时序逻辑电路由组合逻辑电路和存储电路组成，存储电路是其必不可少的组成部分。

（2）时序逻辑电路中存在反馈，因而，电路的输出由输入和电路原来的状态共同决定。

在时序逻辑电路中，存储电路是不可缺少的，但是否包含组合逻辑电路和外部输入信号，根据实际需要确定。

5.1.2 时序逻辑电路的分类

时序逻辑电路有多种类型，通常有以下几种分类方法。

（1）根据存储电路中触发器的状态变化特点，时序逻辑电路分为同步时序逻辑电路和异步时序逻辑电路两大类。

同步时序逻辑电路中，所有触发器的时钟输入端都与同一个时钟脉冲源相接，要更新状态的触发器同时翻转，且与时钟脉冲（CP）同步。

异步时序逻辑电路中，没有统一的时钟脉冲，要更新状态的触发器遇到有效沿则翻转，否则不翻转，即状态更新有先后。

（2）根据输出信号的特点，时序逻辑电路分为米利（Mealy）型时序逻辑电路和穆尔（Moore）型时序逻辑电路。

米利型时序逻辑电路：其输出信号不仅与存储电路的状态有关，而且与输入信号有关，即 $Y = F(X, Q^n)$。

穆尔型时序逻辑电路：其输出信号仅与存储电路的状态有关，即 $Y = F(Q^n)$。穆尔型时序逻辑电路可以视为米利型时序逻辑电路的一种特例。

（3）根据逻辑功能，时序逻辑电路分为寄存器、移位寄存器、计数器、顺序脉冲发生器等。

5.2 时序逻辑电路分析

时序逻辑电路的分析，就是依据给定的时序逻辑电路，找出在输入和时钟信号作用下电路的状态及输出的变化规律，进而确定电路逻辑功能的过程。

本节内容的重点是同步时序逻辑电路的分析方法。首先介绍分析同步时序逻辑电路的一般步骤，然后通过例题帮助读者进一步理解和掌握分析方法。

5.2.1 时序逻辑电路分析的一般步骤

1. 时序逻辑电路分析的一般步骤

时序逻辑电路的分析过程示意图如图 5.2.1 所示。时序逻辑电路分析的一般步骤如下。

（1）根据给定的时序逻辑电路写出下列各逻辑方程。

1）输出方程：电路各输出的逻辑表达式。

2）时钟方程：各个触发器时钟信号的逻辑表达式。

3）驱动方程：各个触发器的输入逻辑表达式。将驱动方程代入相应触发器的特性方程，求出状态方程。

（2）根据状态方程和输出方程，列出状态转换表（简称状态表），画出状态转换图（简称状态图）或时序图。

（3）确定电路的逻辑功能，用文字详细描述。

图 5.2.1　时序逻辑电路的分析过程示意图

在此需要说明的是，上述步骤不是必须执行的固定程序，实际应用中可根据具体情况加以取舍。例如，分析同步时序逻辑电路可以省略时钟方程。若电路简单，可直接列出状态表，画出状态图或时序图。

2. 时序逻辑电路逻辑功能的描述

时序逻辑电路的逻辑功能描述是电路分析和设计的必要步骤。在分析时序逻辑电路时，仅列出输出方程、驱动方程和状态方程，很难确定电路的逻辑功能。因此，时序逻辑电路的逻辑功能描述除了逻辑方程，还需要状态表、状态图和时序图等描述方式，如图 5.2.2 所示。

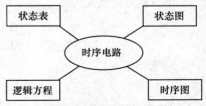

图 5.2.2　时序逻辑电路逻辑功能的描述方式

（1）逻辑方程。

时序逻辑电路的逻辑方程是根据逻辑图写出的输出方程、驱动方程和状态方程的统称。

（2）状态表。

反映时序逻辑电路的次态、输出和现态、输入之间对应关系的表格称为**状态表**。

（3）状态图。

反映时序逻辑电路状态转换规律及相应输入、输出取值关系的图形称为**状态图**。

（4）时序图。

在时钟脉冲的作用下，电路的状态和输出随时间变化的波形图称为**时序图**。

上面介绍的逻辑方程、状态表、状态图和时序图，虽然表现形式不同，但都是针对同一电路的，所以，它们可以互相转换。逻辑方程、状态表、状态图这 3 种描述方式可以直接互相转换，而根据它们中任意一种描述方式都可以画出时序图。

5.2.2　同步时序逻辑电路分析举例

例 5.2.1 同步时序逻辑电路及时钟脉冲波形如图 5.2.3 所示，分析电路并确定其逻辑功能（电路的初始状态为 **00**）。

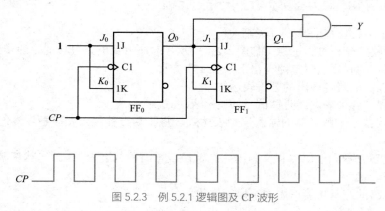

图 5.2.3　例 5.2.1 逻辑图及 CP 波形

解　电路为 JK 触发器组成的穆尔型同步时序逻辑电路，按照时序逻辑电路分析步骤，分析过程如下。

（1）列写各逻辑方程。

1）驱动方程。

$$\begin{cases} J_0 = K_0 = \mathbf{1} \\ J_1 = K_1 = Q_0^n \end{cases} \tag{5.2.1}$$

2）状态方程。

将驱动方程式（5.2.1）代入 JK 触发器的特性方程 $Q^{n+1} = J\overline{Q}^n + \overline{K}Q^n$，得

$$\begin{cases} Q_0^{n+1} = \overline{Q}_0^n \\ Q_1^{n+1} = Q_0^n \overline{Q}_1^n + \overline{Q}_0^n Q_1^n = Q_0^n \oplus Q_1^n \end{cases} \tag{5.2.2}$$

3）输出方程。

$$Y = Q_1^n Q_0^n \tag{5.2.3}$$

对于同步时序逻辑电路，时钟方程可以省略不写。

（2）列出电路的状态表，画出状态图或时序图。

1）列出状态表。

依次将电路的现态取值代入状态方程式（5.2.2）和输出方程式（5.2.3），求出相应的次态和输出，得到电路的状态表，如表 5.2.1 所示。

2）画状态图。

根据状态表，可画出状态图，如图 5.2.4 所示。穆尔型电路的输出只与状态有关，因此，输出 Y 标在圆圈内的状态名之后，用斜线分隔。

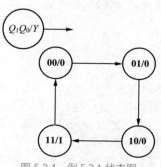

图 5.2.4 例 5.2.1 状态图

表 5.2.1 例 5.2.1 状态表

Q_1^n	Q_0^n	Q_1^{n+1}	Q_0^{n+1}	Y
0	0	0	1	0
0	1	1	0	0
1	0	1	1	0
1	1	0	0	1

3）画时序图。

根据状态表或状态图，可对应 CP 画出 Q_1、Q_0 和输出 Y 的波形，即时序图，如图 5.2.5 所示。

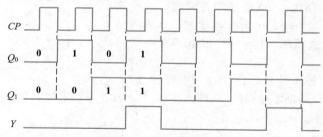

图 5.2.5 例 5.2.1 时序图

（3）确定电路的逻辑功能。

从状态图或时序图可见，电路在时钟脉冲作用下，输出 Q_1Q_0 从 **00** 递增到 **11**，进行加 **1** 计数，完成 2 位二进制递增计数的功能。每经过 4 个时钟脉冲，电路状态循环一次，同时 Y 输出一个进位信号。

例 5.2.2 分析图 5.2.6 所示的同步时序逻辑电路，确定电路的逻辑功能。

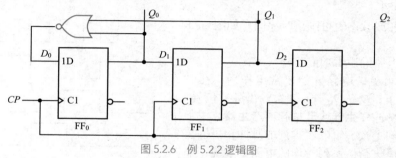

图 5.2.6 例 5.2.2 逻辑图

解 电路为 D 触发器组成的穆尔型同步时序逻辑电路，按照时序逻辑电路分析步骤，分析过程如下。

（1）列写各逻辑方程。

1）驱动方程。

$$\begin{cases} D_0 = \overline{Q_1^n + Q_0^n} \\ D_1 = Q_0^n \\ D_2 = Q_1^n \end{cases}$$

（5.2.4）

2）状态方程。

将每个触发器的驱动方程代入 D 触发器的特性方程 $Q^{n+1} = D$，得到电路状态方程

$$\begin{cases} Q_0^{n+1} = D_0 = \overline{Q_1^n + Q_0^n} \\ Q_1^{n+1} = D_1 = Q_0^n \\ Q_2^{n+1} = D_2 = Q_1^n \end{cases}$$

（5.2.5）

3）输出方程。

触发器的输出 Q_2、Q_1、Q_0 就是电路的输出。

（2）根据状态方程列出状态表，画出状态图或时序图。

1）列出状态表。

依次将电路的现态取值代入状态方程式（5.2.5）求出相应的次态，得到电路的状态表，如表 5.2.2 所示。

2）画状态图。

根据状态表可画出电路的状态图，如图 5.2.7 所示。由图可见，状态 **001**、**010**、**100** 形成闭合回路，按照箭头方向循环变化，这 3 个状态称为**有效状态**，形成的循环称为**有效循环**，或**主循环**。其余 5 个状态不在有效循环内，称为**无效状态**。

表 5.2.2　例 5.2.2 状态表

Q_2^n	Q_1^n	Q_0^n	Q_2^{n+1}	Q_1^{n+1}	Q_0^{n+1}
0	0	0	0	0	1
0	0	1	0	1	0
0	1	0	1	0	0
0	1	1	1	1	0
1	0	0	0	0	1
1	0	1	0	1	0
1	1	0	1	0	0
1	1	1	1	1	0

电路无论处于何种无效状态，经过若干时钟脉冲，最终都能进入主循环，则称该电路具有自启动能力。因此，本例电路具有自启动功能。

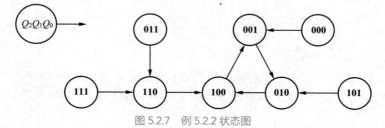

图 5.2.7　例 5.2.2 状态图

3）画时序图。

根据状态图或状态表可画出时序图，如图 5.2.8 所示。

（3）确定电路的逻辑功能。

从时序图可见，电路开始正常工作后，在时钟脉冲的作用下，Q_0、Q_1、Q_2 依次输出脉冲信号。该电路是**顺序脉冲发生器**或**节拍脉冲产生器**，用于产生一组在时间上按一定顺序排列的脉冲，可以控制按照规定顺序进行一系列操作的电路或系统，如作为彩灯的控制电路。

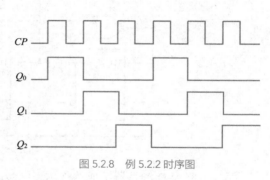

图 5.2.8　例 5.2.2 时序图

5.2.3 异步时序逻辑电路分析举例

例 5.2.3 分析图 5.2.9 所示异步时序逻辑电路。

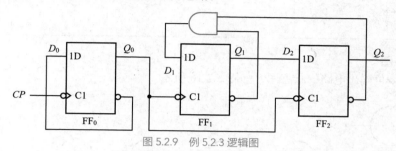

图 5.2.9 例 5.2.3 逻辑图

解 图 5.2.9 所示电路是由 3 个下降沿触发的 D 触发器组成的。按照时序逻辑电路分析步骤，分析过程如下。

（1）列写各逻辑方程。

1）时钟方程。

$$CP_0 = CP \qquad\qquad CP_1 = CP_2 = Q_0$$

由于异步时序逻辑电路的时钟脉冲不统一，因此，时钟方程不能省略。

2）驱动方程。

$$\begin{cases} D_0 = \overline{Q_0^n} \\ D_1 = \overline{Q_2^n}\overline{Q_1^n} \\ D_2 = Q_1^n \end{cases} \tag{5.2.6}$$

3）状态方程。

将驱动方程代入 D 触发器的特性方程 $Q^{n+1} = D$，得状态方程

$$\begin{cases} Q_0^{n+1} = \overline{Q_0^n} & (CP\downarrow) \\ Q_1^{n+1} = \overline{Q_2^n}\overline{Q_1^n} & (Q_0\downarrow) \\ Q_2^{n+1} = Q_1^n & (Q_0\downarrow) \end{cases} \tag{5.2.7}$$

注意：各个触发器只有在满足时钟脉冲条件时，其状态方程才成立；不满足时钟脉冲条件，则触发器处于保持状态。

（2）根据状态方程列出状态表，画出状态图或时序图。

1）列状态表。

在表 5.2.3 中，对于每个 CP，CP_0 都有下降沿。由于 $CP_1 = CP_2 = Q_0$，因此只有当 Q_0 由 1 跳变到 0 时，CP_1 和 CP_2 才有下降沿，Q_1 和 Q_2 根据其状态方程确定次态，否则状态保持不变。表中空缺的地方表示没有有效沿。

表 5.2.3 例 5.2.3 状态表

Q_2^n	Q_1^n	Q_0^n	CP_2	CP_1	CP_0	Q_2^{n+1}	Q_1^{n+1}	Q_0^{n+1}
0	0	0			↓	0	0	1
0	0	1	↓	↓	↓	0	1	0
0	1	0			↓	0	1	1
0	1	1	↓	↓	↓	1	0	0
1	0	0			↓	1	0	1

续表

Q_2^n	Q_1^n	Q_0^n	CP_2	CP_1	CP_0	Q_2^{n+1}	Q_1^{n+1}	Q_0^{n+1}
1	0	1	↓	↓	↓	0	0	0
1	1	0			↓	1	1	1
1	1	1	↓	↓	↓	1	0	0

2）画状态图。

根据状态表可画出电路的状态图，如图 5.2.10 所示。

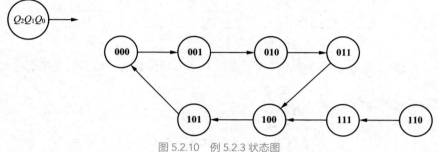

图 5.2.10　例 5.2.3 状态图

3）画时序图。

根据状态表或状态图可画出电路的时序图，如图 5.2.11 所示。

（3）确定电路的逻辑功能。

从以上分析结果可见，电路有 **000**、**001**、**010**、**011**、**100**、**101** 六个有效状态，**110**、**111** 两个无效状态。无论电路启动时是何种状态，都可以在时钟脉冲的作用下进入有效循环。该电路是具有自启动功能的六进制计数器。

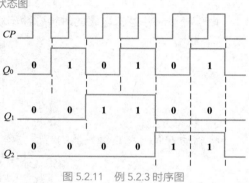

图 5.2.11　例 5.2.3 时序图

5.3　同步时序逻辑电路设计

同步时序逻辑电路设计是同步时序电路分析的逆过程，它要求设计者根据给定的逻辑功能，选择适当的器件，设计出实现这一逻辑功能的时序逻辑电路。设计同步时序逻辑电路的一般步骤如下。

5.3.1　同步时序逻辑电路设计的一般步骤

同步时序逻辑电路的设计过程示意图如图 5.3.1 所示。

图 5.3.1　同步时序逻辑电路的设计过程示意图

（1）进行逻辑抽象，建立原始状态图和原始状态表。

　　1）分析给定实际逻辑问题的设计要求，确定输入变量、输出变量、电路状态的数目和名称，并对各个变量进行赋值，对状态进行编号。

　　2）找出在不同输入条件下所有状态转换之间的关系，建立原始状态图。根据原始状态图，建立原始状态表。

　　（2）状态化简。

　　电路的状态少，所用的触发器也会少，为此要进行状态化简，即合并等价状态。

　　等价状态：如果两个状态在相同的输入下，次态及输出完全相同，则这两个状态称为**等价状态**。两个等价状态可以合并成一个状态。

　　（3）状态编码，并画出编码后的状态图或状态表。

　　1）确定代码位数。

　　将每个状态赋予二进制代码的过程称为**状态编码**或**状态分配**。编码的位数取决于触发器的个数。设电路的状态数为 M，触发器的个数为 n，则应满足

$$2^{n-1} < M \leqslant 2^n \tag{5.3.1}$$

　　2）选择编码方案。

　　从 2^n 个状态中取 M 个状态的方案有很多种，例如，可以采用自然二进制码，也可以采用格雷码或其他编码。至于哪种是最佳方案，目前没有普遍有效的判断方法，只能采用枚举法将所有方案试一遍。实际设计中，大多数工程师依赖经验和一些实践指南。

　　3）画出编码后的状态图和状态表。

　　确定状态编码方案后，可以画出二进制码表示的状态图和状态表。

　　（4）选择触发器的类型，求出电路的输出方程和驱动方程。

　　在实际设计中采用比较多的是 D 触发器和 JK 触发器，特别是 D 触发器，在可编程逻辑器件中应用广泛。触发器确定后，就可以从电路的状态表求出输出方程和驱动方程。

　　（5）画逻辑图，并检查自启动功能。

　　根据得到的输出方程和驱动方程画出逻辑图。为保证电路工作的可靠性，必须检查电路的自启动功能。只有画出电路完整的状态图或状态表，才能检查电路是否可以自启动。如果电路不能自启动，可以采用两种方法解决：一种方法是通过预置功能，将电路的初始状态预置为有效循环中的某个状态；另一种方法是修改逻辑设计。

5.3.2　同步时序逻辑电路设计举例

　　例 5.3.1　试用 JK 触发器设计一个同步时序逻辑电路，要求状态图如图 5.3.2 所示，且电路具有自启动功能。

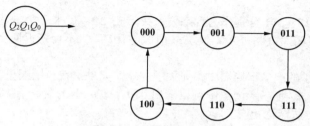

图 5.3.2　例 5.3.1 状态图

　　解　由于设计要求已经用状态图的方式给出，因此，可以直接列出状态表、求驱动方程、画逻辑图并检查自启动功能。

（1）选择触发器的类型，求电路的驱动方程。

依题意，应选择上升沿触发的 JK 触发器。根据状态图列出状态表，如表 5.3.1 所示。其中，状态 **010**、**101** 是无效状态。

根据状态表画出各触发器次态的卡诺图（称为触发器次态卡诺图），如图 5.3.3 所示，化简得电路的状态方程：

$$\begin{cases} Q_2^{n+1} = Q_1^n \\ Q_1^{n+1} = Q_0^n \\ Q_0^{n+1} = \overline{Q_2^n} \end{cases} \quad (5.3.2)$$

表 5.3.1　例 5.3.1 状态表

Q_2^n	Q_1^n	Q_0^n	Q_2^{n+1}	Q_1^{n+1}	Q_0^{n+1}
0	0	0	0	0	1
0	0	1	0	1	1
0	1	0	×	×	×
0	1	1	1	1	1
1	0	0	0	0	0
1	0	1	×	×	×
1	1	0	1	0	0
1	1	1	1	1	0

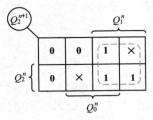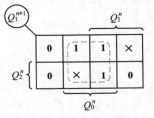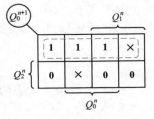

图 5.3.3　例 5.3.1 触发器次态卡诺图

将状态方程式（5.3.2）变换为 JK 触发器特性方程的标准形式 $Q_i^{n+1} = J_i\overline{Q_i^n} + \overline{K_i}Q_i^n$，并与其进行比较，可求出电路的驱动方程。

$$\begin{cases} Q_2^{n+1} = Q_1^n\overline{Q_2^n} + Q_1^n Q_2^n \\ Q_2^{n+1} = J_2\overline{Q_2^n} + \overline{K_2}Q_2^n \end{cases}$$

比较得 $J_2 = Q_1^n$，$K_2 = \overline{Q_1^n}$。

$$\begin{cases} Q_1^{n+1} = Q_0^n\overline{Q_1^n} + Q_0^n Q_1^n \\ Q_1^{n+1} = J_1\overline{Q_1^n} + \overline{K_1}Q_1^n \end{cases}$$

比较得 $J_1 = Q_0^n$，$K_1 = \overline{Q_0^n}$。

$$\begin{cases} Q_0^{n+1} = \overline{Q_2^n}\overline{Q_0^n} + \overline{Q_2^n}Q_0^n \\ Q_0^{n+1} = J_0\overline{Q_0^n} + \overline{K_0}Q_0^n \end{cases}$$

比较得 $J_0 = \overline{Q_2^n}$，$K_0 = Q_2^n$。

（2）检查自启动功能，画出逻辑图。

由于电路设计中将 **010** 和 **101** 作为无效状态，因此在画出电路前应先检查电路的自启动功能。有两种方法进行检测。

1）将无效状态 **010**、**101** 分别作为现态代入式（5.3.2），可求出次态为 **101**、**010**，状态图如图 5.3.4 所示。该图表明，电路进入无效状态 **010** 或 **101** 后，不可能返回主循环，因而电路不能实现自启动。

2）在图 5.3.3 所示的次态卡诺图中，无关项"×"如果是在包围圈里，则作为 **1**，如果是在包围圈外，则作为 **0**。因此在卡诺图中可以看出 **010**（即 m_2）的次态为 **101**，**101**（即 m_5）的次态为 **010**，与第一种方法结论相同。

要使电路具有自启动功能，必须修改逻辑设计。为使改动尽可能少，只对 Q_2^{n+1} 的包围圈进行修改，将 **010**（m_2）对应的"×"作为 **0**，如图 5.3.5 所示，也就是将 **010** 的次态指定为 **001**。同时为了得到含有 $\overline{Q_2^n}$ 的乘积项，单独画 **1** 的包围圈，则 $Q_2^{n+1} = Q_1^n Q_0^n\overline{Q_2^n} + Q_1^n Q_2^n$。将其与 JK 触发器特性方程比较，得驱动方程 $J_2 = Q_1^n Q_0^n$，$K_2 = \overline{Q_1^n}$。

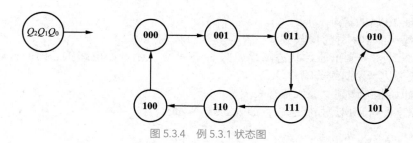

图 5.3.4　例 5.3.1 状态图

经过修改，**010** 的次态为 **001**，**101** 的次态还是 **010**。修改后的状态图如图 5.3.6 所示，该图表明电路可以自启动。

根据求出的 3 个触发器的驱动方程画出逻辑图，如图 5.3.7 所示。

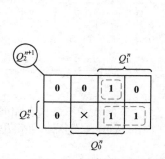

图 5.3.5　例 5.3.1 中 Q_2^{n+1} 修改后的卡诺图

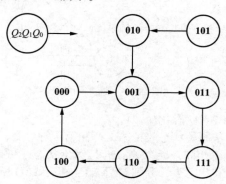

图 5.3.6　修改后的状态图

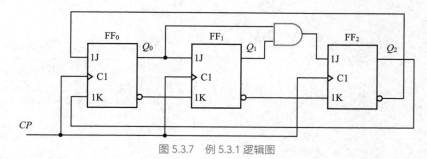

图 5.3.7　例 5.3.1 逻辑图

例 5.3.2　试用 D 触发器设计一个串行输入数据 **101** 的检测电路。电路有一个输入 X 和一个输出 Y。输入、输出序列如下。

输入 X：**0100101011101**
输出 Y：**0000001010001**

解　（1）分析给定的设计要求，建立原始状态图和原始状态表。

根据题意，当 X 输入 **101** 序列时，Y 为 **1**，否则为 **0**。当 X 为 **10101** 时，Y 为 **00101**，即输入序列中间的 **1** 被前面的 **10** 和后面的 **01** 重复使用，也就是电路允许重复检测。

1）确定输入变量、输出变量及电路的状态，并定义这些变量和状态。

题目已给出输入变量 X、输出变量 Y。根据题目逻辑要求，设计米利型电路，检测器必须记忆 3 个输入码，这 3 个输入码需要 3 个状态来表示。设它们分别为 S_1、S_2、S_3，此外，还设定起始状态 S_0。4 个状态的定义如下。

S_0：电路的初始状态。

S_1：X 出现一个 **1** 的状态。

S_2：X 出现 **10** 后的状态。

S_3：X 出现一个 **101** 后的状态。

2）根据设计要求画出原始状态图，如图 5.3.8 所示。米利型电路状态图的输入 X 及输出 Y 标注在方向线旁边，用斜线分隔。

3）根据原始状态图建立原始状态表。

由原始状态图可列出原始状态表，如表 5.3.2 所示。

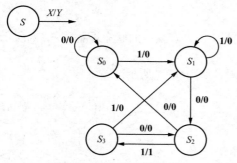

图 5.3.8　例 5.3.2 原始状态图

表 5.3.2　例 5.3.2 原始状态表

现态	次态 / 输出	
	$X = 0$	$X = 1$
S_0	$S_0/0$	$S_1/0$
S_1	$S_2/0$	$S_1/0$
S_2	$S_0/0$	$S_3/1$
S_3	$S_2/0$	$S_1/0$

（2）状态化简。

从原始状态表中第 2 行和第 4 行可见，在 X 为 **0** 或 **1** 时，S_1、S_3 两状态不仅次态相同，而且输出也相同，所以 S_1、S_3 是等价状态，可以合并。将表 5.3.2 中的 S_3 用 S_1 代替，可得出最简状态图和状态表，分别如图 5.3.9 和表 5.3.3 所示。

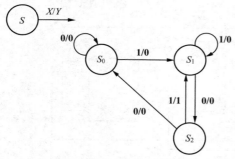

图 5.3.9　例 5.3.2 简化后的状态图

表 5.3.3　例 5.3.2 编码后的状态表

现态	次态 / 输出	
	$X = 0$	$X = 1$
S_0	$S_0/0$	$S_1/0$
S_1	$S_2/0$	$S_1/0$
S_2	$S_0/0$	$S_1/1$

（3）状态编码，画出编码后的状态图或状态表。

电路有 3 个状态（$M = 3$），所以最少需要 2 个触发器（$n = 2$）。设状态编码为 $S_0 = 00$，$S_1 = 01$，$S_2 = 10$，状态编码后的状态图和状态表分别如图 5.3.10 和表 5.3.4 所示。

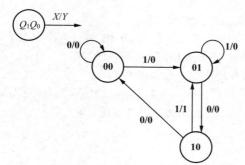

图 5.3.10　例 5.3.2 编码后的状态图

表 5.3.4　例 5.3.2 编码后的状态表

现态	次态 / 输出	
	$X = 0$	$X = 1$
00	00/0	01/0
01	10/0	01/0
10	00/0	01/1

（4）选择触发器的类型，求电路的输出方程和驱动方程。

电路采用 2 个下降沿触发的 D 触发器组成。

1）求状态方程。

为了便于求 Q_1^{n+1}、Q_0^{n+1}、Y 与 Q_1^n、Q_0^n 及 X 的关系，将状态表变换为状态转换真值表，如表 5.3.5 所示。

根据表 5.3.5 画出触发器次态 Q_1^{n+1}、Q_0^{n+1} 的卡诺图，如图 5.3.11 所示。得到简化的状态方程

$$Q_1^{n+1} = \overline{X}Q_0^n, \quad Q_0^{n+1} = X \qquad (5.3.3)$$

表 5.3.5　例 5.3.2 状态转换真值表

X	Q_1^n	Q_0^n	Q_1^{n+1}	Q_0^{n+1}	Y
0	0	0	0	0	0
0	0	1	1	0	0
0	1	0	0	0	0
1	0	0	0	1	0
1	0	1	0	1	0
1	1	0	0	1	1

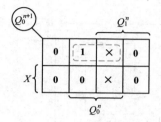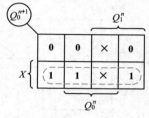

图 5.3.11　例 5.3.2 触发器次态卡诺图

2）求驱动方程。

将状态方程式（5.3.3）与 D 触发器的特性方程 $Q^{n+1} = D$ 进行比较，可求出电路的驱动方程

$$D_1 = \overline{X}Q_0^n, \quad D_0 = X \qquad (5.3.4)$$

3）求输出方程。

由表 5.3.5 可得输出 Y 的卡诺图，如图 5.3.12 所示。得简化的输出方程

$$Y = XQ_1^n \qquad (5.3.5)$$

（5）画逻辑电路图，并检查自启动功能。

根据驱动方程式（5.3.4）和输出方程式（5.3.5），可画出所要求设计的逻辑图，如图 5.3.13 所示。

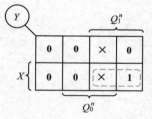

图 5.3.12　Y 的卡诺图

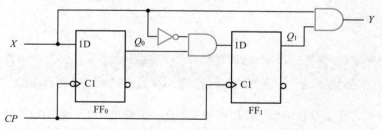

图 5.3.13　例 5.3.2 逻辑图

最后检查电路的自启动功能。在电路进入无效状态 **11** 后，由式（5.3.3）可知，若 $X = 0$，则次态为 **10**；若 $X = 1$，则次态为 **01**。完整的状态图如图 5.3.14 所示。可以看出，电路具有自启动功能。但电路处在无效状态 **11**，当 $X = 1$ 时，$Y = 1$，此时 Y 产生错误输出。为此需要修改输出方程，即将图 5.3.12 所示卡诺图中 Y 的包围圈改为不包含无关项，则 $Y = XQ_1^n\overline{Q_0^n}$，修改后的逻辑图如图 5.3.15 所示。

通常用卡诺图化简包含无关项的输出函数时，为避免后续修改，画包围圈时不包含无关项。

上述串行数据检测电路是可重复检测的，如果设计不可重复检测的电路，则输出与输入的关系如下。

输入 X：**0100101011101**

输出 Y：**0000001000001**

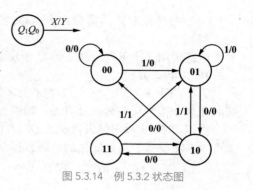

图 5.3.14　例 5.3.2 状态图

同样，电路需要 4 个状态，S_0 为初始状态，S_1 为 X 出现一个 **1** 的状态，S_2 为 X 出现 **10** 后的状态，S_3 为 X 出现一个 **101** 后的状态。画出原始状态图，如图 5.3.16 所示。它与图 5.3.8 所示状态图的区别在于 S_3，也就是收到 **101** 后，如果输入 **0**，不可重复检测电路回到初始状态，而可重复检测电路转到 S_2 状态，即已经收到 **10** 的状态。读者可以根据设计步骤完成电路设计。

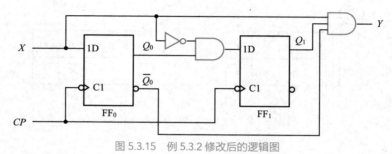

图 5.3.15　例 5.3.2 修改后的逻辑图

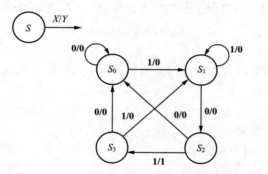

图 5.3.16　**101** 序列不可重复检测的原始状态图

5.4 寄存器和移位寄存器

　　寄存器和移位寄存器是数字系统常用的逻辑器件。能够把一组二进制数或代码暂时存储起来的电路称为**寄存器**。**移位寄存器**不仅能存储多位二进制数据，而且能使存储的数据在移位脉冲的作用下产生向左或向右的移位。一个触发器能存储 1 位二进制数据，n 个触发器组成的寄存器可以存储一组 n 位二进制数据。n 位移位寄存器数据传送方式如图 5.4.1 所示。它有多种数据传送方式：并入—串出、串入—串出、并入—并出等。

5.4.1 寄存器

　　4 位寄存器逻辑图如图 5.4.2 所示，其功能表如表 5.4.1。$D_0D_1D_2D_3$ 是并行数据输入信号，$Q_0Q_1Q_2Q_3$ 是并行数据输出信号。$\overline{CR}$ 是异步清零端。电路有异步清零、保持、并行置数的功能。

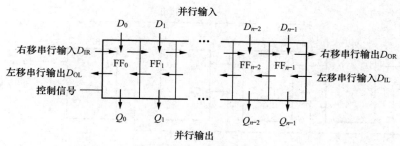

图 5.4.1　n 位移位寄存器数据传送方式示意图

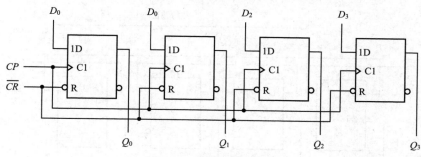

图 5.4.2　4 位寄存器逻辑图

表 5.4.1　4 位寄存器的功能表

输入						输出			
$\overline{CR}$	CP	D_0	D_1	D_2	D_3	Q_0	Q_1	Q_2	Q_3
0	×	×	×	×	×	0	0	0	0
1	0	×	×	×	×	保		持	
1	↑	D_0	D_1	D_2	D_3	D_0	D_1	D_2	D_3

异步清零信号 $\overline{CR} = 0$ 时，直接使 $Q_0Q_1Q_2Q_3 = 0000$。

$\overline{CR} = 1$，CP 未出现上升沿时，电路处于保持状态。

$\overline{CR} = 1$，CP 出现上升沿时，输入信号 $D_0 \sim D_3$ 存入各触发器，即输出信号 $Q_0Q_1Q_2Q_3 = D_0D_1D_2D_3$。

5.4.2　移位寄存器

移位寄存器是具有寄存和移位两种功能的时序逻辑功能部件。按数据移动方式的不同，移位寄存器分为单向移位寄存器和双向移位寄存器。单向移位寄存器能在每个移位脉冲（一般为时钟脉冲）的作用下，使所存数据向左或向右移动一位。既可左移，也可右移的移位寄存器称为双向移位寄存器。

1. 单向移位寄存器

4 位单向移位寄存器逻辑图如图 5.4.3 所示。下面我们用同步时序逻辑电路的分析方法分析图 5.4.3（a）所示右移移位寄存器。串行数据 $D_0D_1D_2D_3 = 1011$（即 $D_0 = 1$，$D_1 = 0$，$D_2 = 1$，$D_3 = 1$）从高位（D_3）至低位（D_0）依次送到 D_{SI}。

根据电路可写出驱动方程

$$D_0 = D_{SI}, \ D_1 = Q_0^n, \ D_2 = Q_1^n, \ D_3 = Q_2^n$$

将上述驱动方程分别代入 D 触发器的特性方程 $Q^{n+1} = D$，得到状态方程

$$Q_0^{n+1} = D_{SI}, \ Q_1^{n+1} = Q_0^n, \ Q_2^{n+1} = Q_1^n, \ Q_3^{n+1} = Q_2^n$$

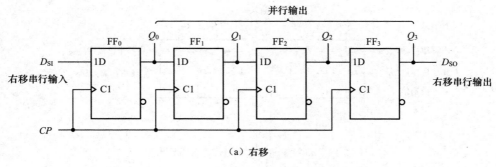

（a）右移

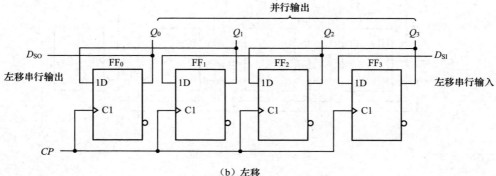

（b）左移

图 5.4.3　4 位单向移位寄存器逻辑图

当 $D_0D_1D_2D_3 = 1011$，则可列出电路的状态表，如表 5.4.2 所示（"×"表示可能是 0 或 1）。

表 5.4.2　图 5.4.3（a）电路的状态表

CP 序号	Q_0	Q_1	Q_2	Q_3
0	×	×	×	×
1	1	×	×	×
2	1	1	×	×
3	0	1	1	×
4	1	0	1	1

由表 5.4.2 可见，输入数据依次由左侧触发器移到右侧触发器。经过 4 个时钟脉冲后，4 个触发器的输出状态 $Q_0Q_1Q_2Q_3$ 与输入数据 $D_0D_1D_2D_3$ 相对应，也就是说，实现了数据由左侧串行输入，从 4 个触发器的输出端并行输出。如果再经过 3 个时钟脉冲，则可以从 $D_{SO}(Q_3)$ 得到串行数据输出。

图 5.4.3（b）所示为左移移位寄存器，用上述方法同样可以分析电路如何实现左移移位。

2. 双向移位寄存器

将左移和右移电路组合在一起，并增加 2 选 1 数据选择器作为控制移位方向的电路，便可以构成基本的 4 位双向移位寄存器，如图 5.4.4 所示。

电路中，S 是移位方向控制信号，D_{SL} 是左移串行输入，Q_0 可以作为左移串行输出。D_{SR} 是右移串行输入，Q_3 可以作为右移串行输出。$Q_0 \sim Q_3$ 是并行输出。

根据电路可写出驱动方程

$$D_0 = \overline{S}D_{SR} + SQ_1^n, \ D_1 = \overline{S}Q_0^n + SQ_2^n, \ D_2 = \overline{S}Q_1^n + SQ_3^n, \ D_3 = \overline{S}Q_2^n + SD_{SL}$$

将上述驱动方程分别代入 D 触发器的特性方程 $Q^{n+1} = D$，得到状态方程

$$Q_0^{n+1} = \overline{S}D_{SR} + SQ_1^n, \ Q_1^{n+1} = \overline{S}Q_0^n + SQ_2^n, \ Q_2^{n+1} = \overline{S}Q_1^n + SQ_3^n, \ Q_3^{n+1} = \overline{S}Q_2^n + SD_{SL}$$

当 $S = 0$ 时，状态方程为 $Q_0^{n+1} = D_{SR}$，$Q_1^{n+1} = Q_0^n$，$Q_2^{n+1} = Q_1^n$，$Q_3^{n+1} = Q_2^n$，电路实现右移功能。

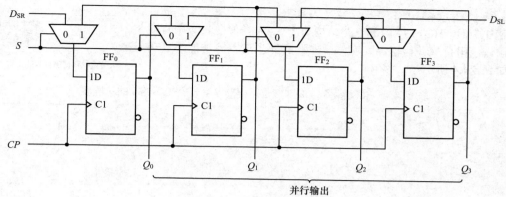

图 5.4.4 4 位双向移位寄存器逻辑图

当 $S=1$ 时，状态方程为 $Q_0^{n+1}=Q_1^n$，$Q_1^{n+1}=Q_2^n$，$Q_2^{n+1}=Q_3^n$，$Q_3^{n+1}=D_{SL}$，电路实现左移功能。4 位双向移位寄存器功能表如表 5.4.3 所示。

表 5.4.3 4 位双向移位寄存器的功能表

输入				输出				功能
CP	S	D_{SL}	D_{SR}	Q_0^{n+1}	Q_1^{n+1}	Q_2^{n+1}	Q_3^{n+1}	
↑	**0**	×	**0**	**0**	Q_0^n	Q_1^n	Q_2^n	右移
↑	**0**	×	**1**	**1**	Q_0^n	Q_1^n	Q_2^n	
↑	**1**	**0**	×	Q_1^n	Q_2^n	Q_3^n	**0**	左移
↑	**1**	**1**	×	Q_1^n	Q_2^n	Q_3^n	**1**	

5.4.3 集成移位寄存器及其应用

为了增加置数、保持等功能，在图 5.4.4 电路基础上，用 4 选 1 数据选择器控制移位方向，构成的多功能 4 位双向移位寄存器如图 5.4.5 所示。$\overline{CR}$ 是异步清零输入，$D_0 \sim D_3$ 是并行数据输入，$Q_0 \sim Q_3$ 是并行输出。D_{SL}、D_{SR} 分别是左移和右移串行输入。S_1、S_0 控制移位寄存器的工作状态。

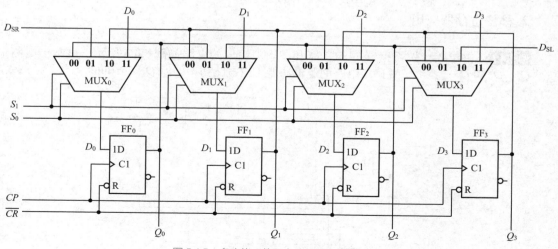

图 5.4.5 多功能 4 位双向移位寄存器逻辑图

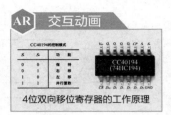

AR 交互动画

4位双向移位寄存器的工作原理

1. 4 位集成移位寄存器 74HC/HCT194

芯片 74HC/HCT194 内部电路结构与图 5.4.5 类似，具有串行或并行输入、串行或并行输出、右移、左移、异步清零等功能。其功能表如表 5.4.4 所示。

表 5.4.4　多功能 4 位双向移位寄存器 74HC/HCT194 的功能表

输入										输出				功能
清零	控制信号		CP	串行输入		并行输入				Q_0^{n+1}	Q_1^{n+1}	Q_2^{n+1}	Q_3^{n+1}	
$\overline{CR}$	S_1	S_0		右移 D_{SR}	左移 D_{SL}	D_0	D_1	D_2	D_3					
0	×	×	×	×	×	×	×	×	×	0	0	0	0	异步清零
1	0	0	×	×	×	×	×	×	×	Q_0^n	Q_1^n	Q_2^n	Q_3^n	保持
1	0	1	↑	0	×	×	×	×	×	0	Q_0^n	Q_1^n	Q_2^n	右移
1	0	1	↑	1	×	×	×	×	×	1	Q_0^n	Q_1^n	Q_2^n	右移
1	1	0	↑	×	0	×	×	×	×	Q_1^n	Q_2^n	Q_3^n	0	左移
1	1	0	↑	×	1	×	×	×	×	Q_1^n	Q_2^n	Q_3^n	1	左移
1	1	1	↑	×	×	D_0^*	D_1^*	D_2^*	D_3^*	D_0	D_1	D_2	D_3	同步并行置数

注：D_n^* 表示 CP 上升沿到来之前瞬间 D_n（$n = 0 \sim 3$）的电平。

由表 5.4.4 可以归纳 74HC/HCT194 的功能如下。

（1）电路具有异步清零功能。只要 $\overline{CR} = 0$，无论其他输入的状态如何，所有触发器都被清零。该清零过程与时钟脉冲状态无关，称为异步清零。

（2）在 $\overline{CR} = 1$ 时，电路根据工作方式控制 S_1S_0 的不同状态，在时钟脉冲作用下实现以下 4 种工作模式。

1）保持：$S_1S_0 = 00$，无论其他输入的状态如何，各触发器保持状态不变。

2）右移：$S_1S_0 = 01$，电路实现右移功能，即当 CP 上升沿到来时，电路所存数据右移一位，而最左边的 Q_0 接收"右移串行数据输入" D_{SR}，$Q_0 = D_{SR}$。

3）左移：$S_1S_0 = 10$，电路实现左移功能，即当 CP 上升沿到来时，电路所存数据左移一位，而最右边的 Q_3 接收"左移串行数据输入" D_{SL}，$Q_3 = D_{SL}$。

4）同步并行置数：$S_1S_0 = 11$，电路处于同步并行置数状态。在 CP 上升沿到来时，置入并行输入数据 $D_3D_2D_1D_0$，使 $Q_3^{n+1}Q_2^{n+1}Q_1^{n+1}Q_0^{n+1} = D_3D_2D_1D_0$。

2. 移位寄存器应用

例 5.4.1　由集成移位寄存器 74HC194 和逻辑门组成的电路如图 5.4.6 所示，试画出电路中 Q_0、Q_1、Q_2 和 Q_3 的波形，并确定电路的逻辑功能（设电路初态 $Q_3Q_2Q_1Q_0 = 0000$）。

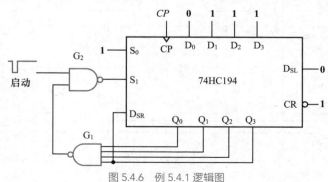

图 5.4.6　例 5.4.1 逻辑图

解 当启动脉冲低电平到来时，G_2 输出为 **1**，$S_1 =$
$S_0 =$ **1**，移位寄存器执行同步并行置数功能，$Q_3Q_2Q_1Q_0 =$
$D_3D_2D_1D_0 =$ **1110**。启动脉冲变为高电平后，由于 $Q_0 = 0$，
经两级**与非**门后，使 $S_1 = 0$，这时有 $S_1S_0 =$ **01**，移位寄存
器执行右移功能，即 $D_{SR} = Q_3 \rightarrow Q_0$，$Q_0 \rightarrow Q_1$，$Q_1 \rightarrow Q_2$，
$Q_2 \rightarrow Q_3$。在右移过程中，由于**与非**门 G_1 的输入总有一个为
0，所以，G_1 的输出恒为 **1**，G_2 的输出保持 **0** 不变，这样，
$S_1S_0 =$ **10**，电路维持右移操作不变。根据上述分析可画出电
路时序图，如图 5.4.7 所示。

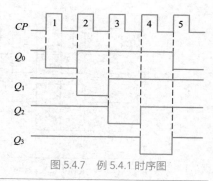

图 5.4.7　例 5.4.1 时序图

5.5 计数器

计数器是数字系统中使用最多的时序逻辑电路，它不仅能用于对时钟脉冲计数，还可以用于
分频、定时、产生序列脉冲等。计数器主要是对时钟脉冲进行计数，每来一个时钟脉冲，计数器
的状态改变一次，产生一个数值编码。

计数器的种类很多，例如，按计数器中触发器是否同步翻转分类，可分为同步计数器和异步
计数器；按计数过程中计数器的数值增、减分类，又分为加法计数器、减法计数器和可逆计数器
（或称为加 / 减计数器）。可逆计数器可在控制信号的作用下，既能做加法，也能做减法。按编码
方式不同，计数器可分为二进制计数器、十进制计数器、十六进制计数器和任意进制计数器等。

计数器的有效状态的总数称为计数器的**模**（Modulo），用 M 表示。模 N 计数器又称为 N 进
制计数器。

5.5.1　异步计数器

1. 异步二进制加法计数器

由 4 个下降沿触发的 D 触发器组成的 4 位异步二进制加法计数器如图 5.5.1 所示。电路的逻
辑方程如下。

时钟方程：$CP_0 = CP$，$CP_1 = Q_0$，$CP_2 = Q_1$，$CP_3 = Q_2$。

驱动方程：$D_0 = \overline{Q_0^n}$，$D_1 = \overline{Q_1^n}$，$D_2 = \overline{Q_2^n}$，$D_3 = \overline{Q_3^n}$。

状态方程：$Q_0^{n+1} = \overline{Q_0^n}$，$Q_1^{n+1} = \overline{Q_1^n}$，$Q_2^{n+1} = \overline{Q_2^n}$，$Q_3^{n+1} = \overline{Q_3^n}$。

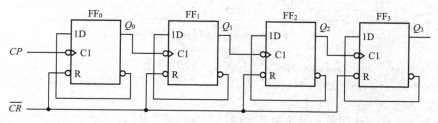

图 5.5.1　4 位异步二进制加法计数器逻辑图

分析电路可知，所有 D 触发器都接成翻转型，触发器的 CP 下降沿到来，则输出翻转，改变
状态。每输入一个 CP，FF_0 翻转一次；低位触发器由 **1** 变 **0** 时，即向高位触发器提供一个时钟
脉冲下降沿，高位触发器翻转。当 Q_0 由 **1** 变 **0** 时，FF_1 翻转，当 Q_1 由 **1** 变 **0** 时，FF_2 翻转，依
次类推。分析其工作过程，不难画出各触发器的输出波形，如图 5.5.2 所示。

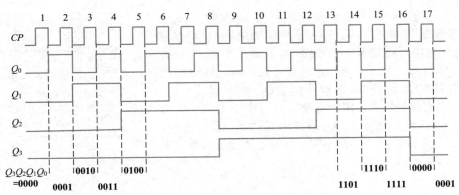

图 5.5.2　4 位异步二进制加法计数器时序图

由图 5.5.2 可见，从初始状态 **0000**（可用 $\overline{CR}$ 的低电平脉冲将 4 个触发器全部置 **0**）开始，每输入一个 CP，计数器的状态编码就按二进制递增 **1**，输入第 16 个 CP 后，计数器又回到 **0000** 状态。显然，该计数器以 16 个 CP 构成一个计数周期，是模 16（$M = 16$）加法计数器。

此外，从图 5.5.2 可见，Q_0 的周期是 CP 的 2 倍；Q_1、Q_2、Q_3 的周期分别是 CP 的 4 倍、8 倍、16 倍。所以，Q_0、Q_1、Q_2、Q_3 分别为对 CP 的 2 分频、4 分频、8 分频和 16 分频输出。因而，计数器也称为**分频器**。

异步二进制计数器的工作原理和结构均较简单，低位触发器的输出接高位触发器的时钟输入端，使触发器逐级翻转，实现计数进位，故也称为纹波计数器（Ripple Counter）。

2. 异步二进制减法计数器

由 4 个上升沿触发的 D 触发器组成的异步二进制减法计数器如图 5.5.3 所示。不难发现，该电路与图 5.5.1 所示电路的区别是有效沿不一样。触发器的 CP 上升沿到来，则输出翻转，改变状态。每输入一个 CP，FF_0 翻转一次；低位触发器由 **0** 变 **1** 时，即向高位触发器提供一个时钟脉冲上升沿，高位触发器翻转。第一个 CP 上升沿后，Q_0 产生一个上升沿，使 Q_1 翻转产生上升沿，Q_1 上升沿使 Q_2 翻转产生上升沿，Q_2 上升沿使 Q_3 翻转产生上升沿。分析其工作过程，不难画出各触发器的输出波形，如图 5.5.4 所示。

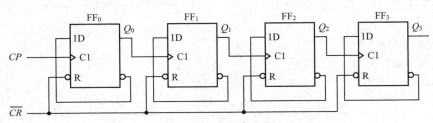

图 5.5.3　4 位异步二进制减法计数器逻辑图

由图 5.5.4 可见，从初始状态 **0000**（可用 $\overline{CR}$ 将触发器全部置 **0**）开始，每输入一个 CP，计数器的状态编码就按二进制递减 **1**，输入第 16 个 CP 后，计数器又回到 **0000** 状态。显然，该计数器是模 16（$M = 16$）减法计数器。

异步计数器电路结构简单，但如果考虑触发器的传输延迟，假设所有触发器的传输延迟均为 t_{pd}，CP 经过 FF_0 延迟 t_{pd}，Q_0 上升沿到 Q_1 翻转延迟 t_{pd}，依次类推，从 CP 到 FF_4 延迟 $4t_{pd}$，因此，异步计数器工作速度不快。要提高速度可以采用同步计数器。

3. 异步十进制加法计数器

由 4 个 JK 触发器组成的异步十进制加法计数器如图 5.5.5 所示。不难发现，该电路是在图 5.5.1 所示的 4 位异步计数器的基础上改进而成的。加入时钟脉冲后，电路作为 4 位异步二进制加法计数器工作，当计数器进入 $Q_3Q_2Q_1Q_0 = 1010$ 状态时产生清零信号（$\overline{CR} = 0$），使所有触发器瞬间清零，电路被强制返回 $Q_3Q_2Q_1Q_0 = 0000$ 状态。这样，利用计数过程中的 $Q_3Q_2Q_1Q_0 = 1010$ 状态产生清零过程，使电路跳过了原 4 位二进制加法计数器 16 个状态中的 $1010 \sim 1111$ 这 6 个状态，留下 $0000 \sim 1001$ 这 10 个状态，变为十进制计数器。分析电路，可画出时序图，如图 5.5.6 所示。

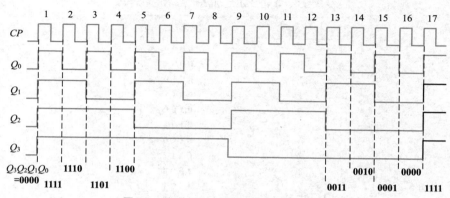

图 5.5.4　4 位异步二进制减法计数器时序图

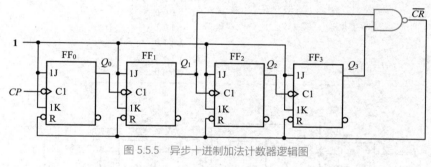

图 5.5.5　异步十进制加法计数器逻辑图

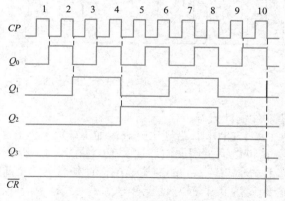

图 5.5.6　异步十进制加法计数器时序图

5.5.2　同步计数器

1. 同步二进制计数器

（1）基本 4 位同步二进制加法计数器。

4 位二进制加法计数器的状态表如表 5.5.1 所示。分析该表可见，每来一个

同步二进制
计数器

CP，Q_0 都要翻转一次，如果采用 T 触发器，则 FF$_0$ 的 $T_0 = 1$；而当 Q_0 的现态为 1 时，Q_1 的次态翻转，则 FF$_1$ 的 $T_1 = Q_0$；Q_2 在 $Q_0 = Q_1 = 1$ 时其次态翻转，则 FF$_2$ 的 $T_2 = Q_1Q_0$；同理，Q_3 在 $Q_0 = Q_1 = Q_2 = 1$ 时其次态翻转，FF$_3$ 的 $T_3 = Q_2Q_1Q_0$。由此画出 T 触发器构成的 4 位同步二进制加法计数器，如图 5.5.7 所示。

表 5.5.1　4 位二进制加法计数器的状态表

计数顺序	$Q_3Q_2Q_1Q_0$
0	0000
1	0001
2	0010
3	0011
4	0100
5	0101
6	0110
7	0111
8	1000
9	1001
10	1010
11	1011
12	1100
13	1101
14	1110
15	1111
16	0000

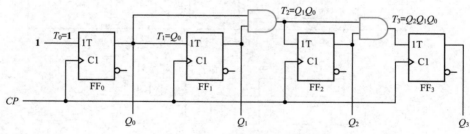

图 5.5.7　4 位同步二进制加法计数器逻辑图

（2）具有使能和清零功能的计数器。

图 5.5.7 所示计数器在每个 CP 上升沿到来时进行加 1 计数。但有时我们希望计数器能够停止计数而处于保持状态，这可以通过增加使能端实现，如图 5.5.8 所示。图 5.5.8 所示电路是在图 5.5.7 所示电路的基础上增加与门 G$_0$ 和 G$_3$ 构成的，使能输入 CE 直接接入 T_0，并且可以看到各个触发器的输入逻辑表达式中都有使能输入，$T_0 = CE$，$T_1 = Q_0CE$，$T_2 = Q_1Q_0CE$，$T_3 = Q_2Q_1Q_0CE$。当 $CE = 0$ 时，所有触发器输入均为 0，触发器处于保持状态。当 $CE = 1$ 时，电路的工作情况与图 5.5.7 所示电路一致。除此之外，电路通过 G$_3$ 增加了进位输出 TC，$TC = Q_3Q_2Q_1Q_0CE$。当所有触发器输出为 1，并且使能输入 CE 为 1 时，$TC = 1$。

在实际应用中，很多情况要求计数器的初值为 0。将所有触发器的清零端连在一起，作为计数器的清零端 $\overline{CR}$，当清零输入 $\overline{CR} = 0$ 时，无论其他输入为何种状态，所有触发器都异步清零。

（3）用 D 触发器构成同步二进制加法计数器。

由于 D 触发器在可编程逻辑器件等大规模集成电路中的广泛应用，这里讨论如何用 D 触发器构成图 5.5.8 所示的电路。在 4.4.3 节中，图 4.4.5 给出了由 D 触发器和**异或**门构成的 T 触发器，将其代入图 5.5.8 所示的电路，就可以得到所需的电路，如图 5.5.9 所示（虚线框里的电路实现了 T 触发器的功能）。为简洁起见。图中没有画清零端。

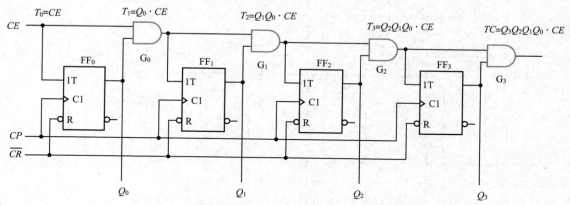

图 5.5.8　具有使能和清零功能的二进制加法计数器逻辑图

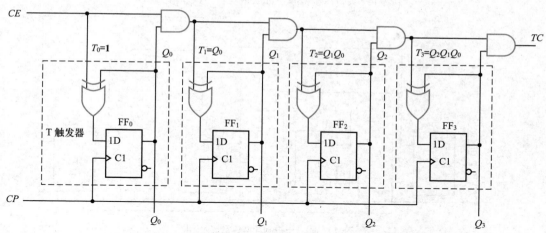

图 5.5.9　用 D 触发器构成的同步二进制加法计数器逻辑图

（4）具有并行置数功能的计数器。

使用计数器时，有时需要将计数器预置为某个初值，然后从这个值开始计数。为了实现这个功能，需要添加数据输入端。因此，在图 5.5.9 电路的每个触发器输入端插入一个 2 选 1 数据选择器，数据选择器的置数输入 $\overline{PE}$ 用于控制置数，如图 5.5.10 所示。当 $\overline{PE} = \mathbf{0}$ 时，数据选择器将 D_3、D_2、D_1、D_0 分别送至各触发器的 D 输入端，在 CP 上升沿到来时，它们被并行置入各触发器。这种在 CP 作用下的并行置数称为同步置数。当 $\overline{PE} = \mathbf{1}$ 时，**异或**门的输出信号被送至各触发器 D 输入端，计数器执行正常计数功能，可在预置初值的基础上递增计数。

2. 同步十进制加法计数器

同步十进制加法计数器如图 5.5.11 所示。下面用同步时序逻辑电路的分析方法了解该电路的工作原理。

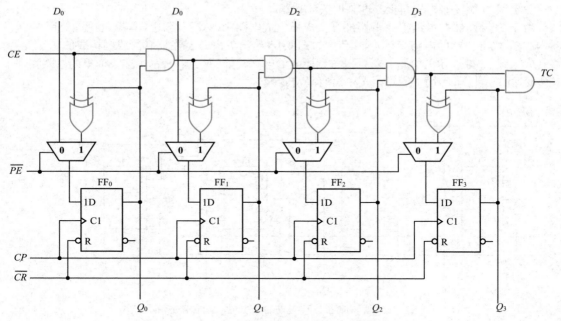

图 5.5.10 具有并行置数功能的二进制加法计数器逻辑图

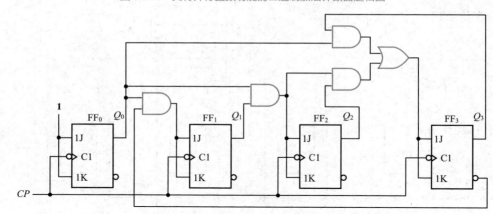

图 5.5.11 同步十进制加法计数器逻辑图

由逻辑图写出驱动方程

$$\begin{cases} J_0 = K_0 = \mathbf{1} \\ J_1 = K_1 = Q_0\overline{Q_3} \\ J_2 = K_2 = Q_1Q_0 \\ J_3 = K_3 = Q_2Q_1Q_0 + Q_3Q_0 \end{cases} \tag{5.5.1}$$

将驱动方程代入 JK 触发器的特性方程 $Q^{n+1} = J\overline{Q^n} + \overline{K}Q^n$，得状态方程

$$\begin{cases} Q_0^{n+1} = \overline{Q_0^n} \\ Q_1^{n+1} = \overline{Q_3^n}Q_0^n \oplus Q_1^n \\ Q_2^{n+1} = Q_1^nQ_0^n \oplus Q_2^n \\ Q_3^{n+1} = (Q_2^nQ_1^nQ_0^n + Q_3^nQ_0^n) \oplus Q_3^n \end{cases} \tag{5.5.2}$$

根据状态方程可列出同步十进制加法计数器状态表，如表 5.5.2 所示。

表 5.5.2　同步十进制加法计数器状态表

CP 序号	Q_3^n	Q_2^n	Q_1^n	Q_0^n	Q_3^{n+1}	Q_2^{n+1}	Q_1^{n+1}	Q_0^{n+1}
0	0	0	0	0	0	0	0	1
1	0	0	0	1	0	0	1	0
2	0	0	1	0	0	0	1	1
3	0	0	1	1	0	1	0	0
4	0	1	0	0	0	1	0	1
5	0	1	0	1	0	1	1	0
6	0	1	1	0	0	1	1	1
7	0	1	1	1	1	0	0	0
8	1	0	0	0	1	0	0	1
9	1	0	0	1	0	0	0	0

依据状态表画出时序图，如图 5.5.12 所示。从状态表和时序图可见，在时钟脉冲 CP 的作用下，电路依次产生 **0000** ～ **1001** 十个编码，具有十进制加法计数器的逻辑功能。

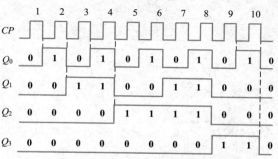

图 5.5.12　同步十进制加法计数器时序图

5.5.3　集成计数器及其应用

中规模集成计数器的种类很多，有 CMOS 工艺的 HC 系列、HCT 系列、LVC 系列等，有 TTL 工艺的 LS 系列、ALS 系列等；有同步计数器和异步计数器两大类，每一类又分为二进制计数器和十进制计数器、单时钟计数器和双时钟计数器、递增计数器和可逆计数器等。这里给出几种具有代表性的计数器的型号和特点，如表 5.5.3 所示。

表 5.5.3　几种中规模集成计数器

触发器翻转方式	型号	计数方式	清零方式	置数方式
同步	74×160	十进制加法	异步	同步
	74×161	4 位二进制加法	异步	同步
	74×162	十进制加法	同步	同步
	74×163	4 位二进制加法	同步	同步
	74×190	十进制可逆	无	异步
	74×191	4 位二进制可逆	无	异步
	74×192	十进制可逆	异步	异步
	74×193	4 位二进制可逆	异步	异步
异步	74LS290	二—五—十进制加法	异步	无
	74LS293	二—八—十六进制加法	异步	无

其中，型号中间的"×"表示可以是 CMOS 工艺的 HC 等；也可以是 TTL 工艺的 LS 等。

74×190 和 74×191 没有直接清零端，可以通过置 **0** 间接清零。

74×192 和 74×193 都有两个时钟脉冲，递增计数时钟脉冲 CP_U 和递减计数时钟脉冲 CP_D。

74LS290（或 74LS90）和 74LS293（或 74LS93）是两种异步计数器。

1. 集成计数器

（1）集成同步计数器 74LVC161。

74LVC161 是一种典型的高性能、低功耗的 CMOS 工艺 4 位同步二进制加法计数器。其逻辑图与图 5.5.10 相似，只是将使能端扩展成了 CEP 和 CET。其图形符号如图 5.5.13 所示，功能表如表 5.5.4 所示。

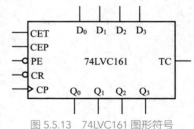

图 5.5.13　74LVC161 图形符号

表 5.5.4　74LVC161 的功能表

输入									输出				
清零	置数	使能		时钟	预置数据输入				Q_3	Q_2	Q_1	Q_0	进位
$\overline{CR}$	$\overline{PE}$	CEP	CET	CP	D_3	D_2	D_1	D_0					TC
0	×	×	×	×	×	×	×	×	**0**	**0**	**0**	**0**	**0**
1	**0**	×	×	↑	D_3^*	D_2^*	D_1^*	D_0^*	D_3	D_2	D_1	D_0	#
1	**1**	**0**	×	×	×	×	×	×	保	持			#
1	**1**	×	**0**	×	×	×	×	×	保	持			#
1	**1**	**1**	**1**	↑	×	×	×	×	计	数			#

注：D_N^* 表示 CP 上升沿到来之前瞬间 D_N（$N = 0 \sim 3$）的电平；# 表示只有当 $Q_3Q_2Q_1Q_0 \cdot CET = 1$ 时，TC 输出 **1**，其余均为 **0**。

由表 5.5.4 可知，74LVC161 主要有以下功能。

1）异步清零功能。只要 $\overline{CR} = 0$，无论其他输入的状态如何，计数器都被清零，即 $Q_3Q_2Q_1Q_0 =$ **0000**，此清零过程为异步清零。如果清零过程是在 CP 控制下进行的，则称为同步清零。

2）同步并行置数功能。当 $\overline{CR} = 1$，$\overline{PE} = 0$ 时，在 CP 上升沿到来时，$D_3 \sim D_0$ 并行输入的数据被置入计数器，即 $Q_3Q_2Q_1Q_0 = D_3D_2D_1D_0$。由于该置数过程与 CP 同步，所以为同步置数。

3）二进制加法计数功能。当 $\overline{CR} = \overline{PE} = 1$，且 $CEP = CET = 1$ 时，计数器在 CP 的作用下，进行二进制加法计数，其进位信号为 TC，且 $TC = CETQ_3Q_2Q_1Q_0$。

4）保持功能。当 $\overline{CR} = \overline{PE} = 1$，且 CEP 和 CET 两个使能输入端中有一个为 **0** 时，不管 CP 和其他输入的状态如何，计数器都保持原来的状态不变。

74LVC161 的典型时序图如图 5.5.14 所示。图中，当清零输入 $\overline{CR} = 0$ 时，各触发器置 0。当 $\overline{CR} = 1$ 时，若 $\overline{PE} = 0$，在下一个 CP 上升沿到来后，各触发器的输出与预置输入相同。在 $\overline{CR} = \overline{PE} = 1$ 的条件下，若 $CEP = CET = 1$，则电路处于计数状态。图 5.5.14 中从预置的 **1100** 开始计数，直到 $CEP \cdot CET = 0$，计数结束。此后电路处于禁止计数的保持状态：$Q_3Q_2Q_1Q_0 = $ **0010**。进位信号 TC 只有在 $Q_3Q_2Q_1Q_0 = $ **1111** 且 $CET = 1$ 时为 1，其余时间均为 **0**。

（2）集成异步计数器 74LS290。

集成异步二—五—十进制计数器 74LS290 的电路结构框图，如图 5.5.15（a）所示。它由两个计数器组成，一个模为 2，另一个模为 5。模 5 计数器电路结构可以参考习题中图题 5.2.8。图 5.5.15（a）中，R_{0A} 和 R_{0B} 为异步清零控制输入，S_{9A} 和 S_{9B} 为异步置 9 控制输入，$Q_0Q_1Q_2Q_3$ 为输出，其图形符号如图 5.5.15（b）所示。74LS290 的功能表如表 5.5.5 所示。

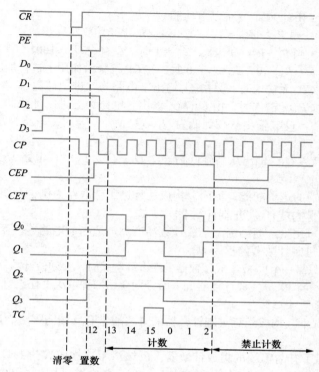

图 5.5.14 74LVC161 的典型时序图

复位清零；置数：1100；计数：1101 → 1110 → 1111 → 0000 → 0001 → 0010；禁止计数

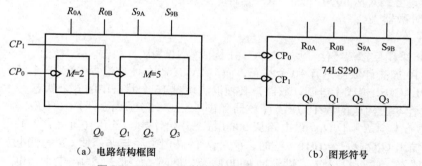

（a）电路结构框图　　　　　　　　　　（b）图形符号

图 5.5.15 74LS290 的电路结构框图及图形符号

表 5.5.5 74LS290 功能表

输入						输出			
R_{0A}	R_{0B}	S_{0A}	S_{0B}	CP_0	CP_1	Q_3	Q_2	Q_1	Q_0
1	1	0	×	×	×	0	0	0	0
1	1	×	0	×	×	0	0	0	0
0	×	1	1	×	×	1	0	0	1
×	0	1	1	×	×	1	0	0	1
$R_{0A} \cdot R_{0B} = 0$		$S_{0A} \cdot S_{0B} = 0$		CP	0	二进制计数			
				0	CP	五进制计数			
				CP	Q_0	8421BCD 码十进制计数			
				Q_3	CP	5421BCD 码十进制计数			

由表 5.5.5 可知，74LS290 主要有以下功能。

1）异步清零功能。当 $R_{0A} \cdot R_{0B} = 1$，$S_{0A} \cdot S_{0B} = 0$ 时，计数器异步清零，即清零与 CP 无关。

2）异步置 9 功能。当 $R_{0A} \cdot R_{0B} = 0$，$S_{0A} \cdot S_{0B} = 1$ 时，$Q_3Q_2Q_1Q_0 = 1001$，计数器置 9 与 CP 无关。

3）计数功能。当 $R_{0A} \cdot R_{0B} = 0$，$S_{0A} \cdot S_{0B} = 0$ 时，在 CP 下降沿作用下进行加法计数，有 4 种模式。

- CP 仅接 CP_0，CP_1 无输入时，只由 Q_0 输出，电路为二进制计数器。
- CP 仅接 CP_1，CP_0 无输入时，由 $Q_3Q_2Q_1$ 输出，电路为五进制计数器。
- $CP_0 = CP$，$CP_1 = Q_0$，输出从高到低为 Q_3、Q_2、Q_1、Q_0 时，电路为 8421BCD 码的异步十进制计数器。
- $CP_1 = CP$，$CP_0 = Q_3$，输出从高到低为 Q_0、Q_3、Q_2、Q_1 时，电路为 5421BCD 码的异步十进制计数器。

介绍完集成计数器的逻辑功能，下面以构成任意进制计数器为例，介绍集成计数器的应用。

2. 用集成计数器构成任意进制计数器

任意进制计数器可用生产商的定型集成计数器产品加适当的电路连接而成。设集成计数器的模为 M，要构成任意进制计数器的模为 N。

如果 $N < M$，则只需一个模 M 集成计数器，在设计电路时，必须使计数器能跳过 $M - N$ 个状态；如果 $N > M$，则需要多个模 M 集成计数器。下面分别介绍两种情况下任意进制计数器的实现方法。

（1）$N < M$ 的情况。

在 $N < M$ 的情况下，构成任意进制计数器的方法通常有反馈清零法和反馈置数法两种。

1）反馈清零法。

反馈清零法适用于有清零端的集成计数器。反馈清零法构成 N 进制计数器的基本思想：利用计数过程中的某一状态产生清零输入（即 $\overline{CR} = 0$），使电路立即返回 0000 状态。清零输入一般由计数器输出 $Q_3Q_2Q_1Q_0$ 中的高电平通过与非门产生。清零后，清零输入随即变为无效状态（即 $\overline{CR} = 1$），电路又从 0000 开始计数。这样，就跳过了原集成计数器的 $M - N$ 个状态，使电路变为 N 进制计数器。

例 5.5.1 采用反馈清零法，用 74LVC161 构成模 10 加法计数器。

用74LVC161
构成十进制计
数器的方法

解 模 10 加法计数器只有 10 个状态，而 74LVC161 在计数过程中有 16 个状态。要用 74LVC161 构成十进制计数器，必须设法跳过 16 个状态中的 6 个状态。

用反馈清零法构成的模 10 加法计数器如图 5.5.16（a）所示。图中，$CEP = CET = 1$，$\overline{PE} = 1$，$\overline{CR} = \overline{Q_3Q_1}$。设电路从 0000 状态开始计数，当第 10 个 CP 上升沿到达时，输出 $Q_3Q_2Q_1Q_0 = 1010$，这时，Q_3、Q_1 的高电平经与非门使 $\overline{CR}$ 为低电平，计数器清零，使 $Q_3Q_2Q_1Q_0$ 立即返回 0000 状态，同时 $\overline{CR}$ 随之变为高电平，电路又从 0000 开始新的计数周期。这样，电路就跳过了 1010 ~ 1111 这 6 个状态，保留了 0000 ~

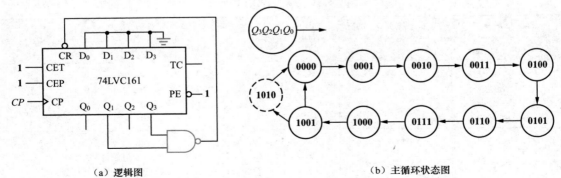

（a）逻辑图　　　　　　　　　　　　　　（b）主循环状态图

图 5.5.16　用反馈清零法将 74LVC161 接成模 10 计数器

1001 这 10 个状态，构成模 10 计数器。图 5.5.16（b）是其主循环状态图。由于电路在进入 **1010** 状态后被立即置成 **0000** 状态，**1010** 状态存在的时间很短，没有持续一个 CP 周期，所以，状态图中 **1010** 状态用虚线圈表示。

也可以采用有同步清零功能的模 M 集成计数器，用反馈清零法构成模 N 计数器，但读者应注意，由于两种电路的清零方式不同，清零信号的产生条件也不相同。如果采用同步清零的 4 位二进制加法计数器构成模 10 计数器，则在 **1001** 状态生成反馈清零信号，即 $\overline{CR} = \overline{Q_3 Q_0}$，同步清零需要等待 CP 有效沿到来，才能使 $Q_3 Q_2 Q_1 Q_0$ 回到 **0000** 状态，所以 **1001** 状态持续一个 CP 周期。

例 5.5.2 用 74LS290 构成七进制计数器。

解 首先将 74LS290 接成 8421BCD 码的十进制计数器，$CP_1 = Q_0$，$CP_0 = CP$。设计要求 $N = 7$，所以取 **0000** 到 **0110** 这 7 个有效状态构成主循环。74LS290 是高电平异步清零的，需要在 **0111** 状态产生清零信号，当 $R_{0A} = R_{0B} = 1$ 时，计数器清零。因此，用与门将 $Q_2 Q_1 Q_0 = $ **111** 产生的高电平反馈到清零端即可，电路如图 5.5.17 所示。

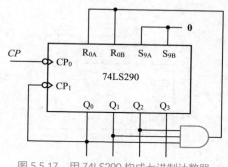

图 5.5.17 用 74LS290 构成七进制计数器

2）反馈置数法。

反馈置数法适用于具有置数功能的集成计数器。为构成任意进制计数器，可在集成计数器的计数过程中，利用它的某一个状态使置数输入 $\overline{PE}$ 为低电平，当 CP 有效沿到来时，数据输入端的状态就会置入计数器，使 $Q_3 Q_2 Q_1 Q_0 = D_3 D_2 D_1 D_0$。预置数据使置数输入 $\overline{PE} = 1$ 后，计数器就从被置入的状态开始重新计数。这样，就会跳过一些状态，构成小于 M 的 N 进制计数器。

例 5.5.3 采用反馈置数法，用 74LVC161 构成模 10 加法计数器。

解 反馈置数法构成十进制计数器的电路形式有多种。74LVC161 具有同步置数功能，可以在它的 16 个状态 **0000 ～ 1111** 中，取 **0000 ～ 1001** 这 10 个状态构成循环；也可以取中间的 10 个状态循环，如 **0100 ～ 1101**；还可以取 **0110 ～ 1111** 这 10 个状态构成循环。这里我们介绍后两种形式。

首先，选取中间 10 个状态 **0100 ～ 1101**，用反馈置数法构成十进制计数器，其逻辑图如图 5.5.18（a）所示。图中，$CEP = CET = 1$，$\overline{PE} = \overline{Q_3 Q_2 Q_0}$，计数器在 **1101** 状态时，高电平经与非门后使 $\overline{PE}$ 为低电平，在 CP 上升沿到达时，数据输入 $D_3 D_2 D_1 D_0 = $ **0100** 被置入 $Q_3 Q_2 Q_1 Q_0$，电路从 **0100** 状态开始加 1 计数；输入第 9 个 CP 后到达 **1101** 状态，此时 $\overline{PE} = 0$；在第 10 个 CP 作用后，$Q_3 Q_2 Q_1 Q_0$ 被置成 **0100** 状态，同时使 $\overline{PE} = 1$，新的计数周期又从 **0100** 开始。计数器在 **0100 ～ 1101** 这 10 个状态间循环，完成十进制计数。主循环状态图如图 5.5.18（b）所示。

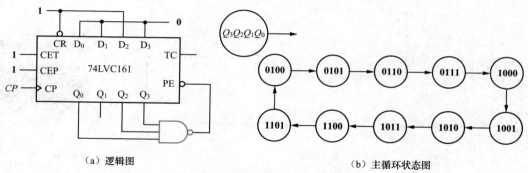

（a）逻辑图　　　　　　　　　　　　　　　　（b）主循环状态图

图 5.5.18 用反馈置数法将 74LVC161 接成模 10 计数器

　　然后，取后面 **0110** ～ **1111** 这 10 个状态，用反馈置数法构成十进制计数器，其逻辑图如图 5.5.19（a）所示。电路将 74LVC161 计数到 **1111** 状态时产生的进位信号（TC）反相，使 $\overline{PE}=$ **0**，在 CP 上升沿到达时，$Q_3Q_2Q_1Q_0=D_3D_2D_1D_0=$ **0110**，同时 $\overline{PE}=$ **1**；电路从 **0110** 状态开始加 **1** 计数，输入第 9 个 CP 后到达 **1111** 状态，此时 $TC=Q_3 \cdot Q_2 \cdot Q_1 \cdot Q_0 \cdot CET=$ **1**，$\overline{PE}=$ **0**；在第 10 个 CP 作用后，$Q_3Q_2Q_1Q_0$ 被置成 **0110** 状态，同时使 $TC=$ **0**，$\overline{PE}=$ **1**。计数器在 **0110** ～ **1111** 这 10 个状态间循环，完成十进制计数。主循环状态图如图 5.5.19（b）所示。

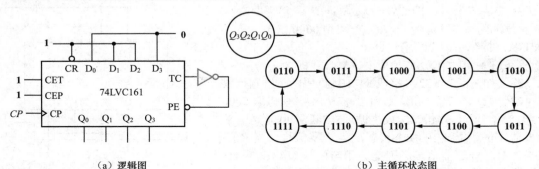

（a）逻辑图　　　　　　　　　　　　　　（b）主循环状态图

图 5.5.19　采用另一种反馈置数法的模 10 计数器

　　具有异步置数功能的模 M 集成计数器也可用反馈置数法构成模 N 计数器，读者可自行分析它与上述同步置数的区别。

（2）$N > M$ 的情况。

　　在 $N > M$ 的情况下，构成 N 进制计数器必须用两个以上模 M 集成计数器进行级联。级联的方式有同步级联和异步级联两种。下面以 4 位二进制计数器 74LVC161 构成 8 位二进制计数器为例进行说明。

　　1）同步级联。

　　采用同步级联方式构成的电路如图 5.5.20（a）所示。两芯片的 CP 相连成同步工作方式，并

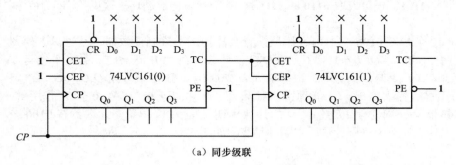

（a）同步级联

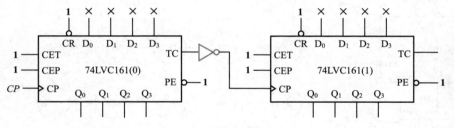

（b）异步级联

图 5.5.20　两片 74LVC161 的级联方式

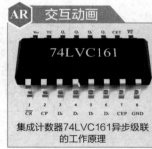

集成计数器74LVC161异步级联的工作原理

将低位片的进位信号 TC 与高位片的使能端 CET 和 CEP 相连。在 CP 作用下低位片计数，当低位片计数到 **1111** 时，低位片的 $TC = 1$，使高位片 $CET = CEP = 1$，在下一个 CP 上升沿到来时，高位片加 **1**。电路的模数为 $N = 16 \times 16 = 256$。

2）异步级联。

异步级联方式构成的电路如图 5.5.20（b）所示。两芯片不再共用时钟，而是将低位片的进位信号 TC 经反相后作为高位片的 CP 输入。当低位片的 $Q_3Q_2Q_1Q_0$ 由 **1111** 变成 **0000** 时，其 TC 由 **1** 变成 **0**，经过非门后高位片的 CP 由 **0** 变成 **1** 形成有效的上升沿，高位片才能进行加 **1** 计数。电路的模数为 $N = 16 \times 16 = 256$。

级联后的电路可以采用整体反馈清零法或反馈置数法构成模小于 256 的计数器，其原理与单片的构成方法类似。

例 5.5.4　采用整体反馈置数法，用 74LVC161 构成模 25 计数器。

解　先用同步级联方式将两个芯片连接成模 256 计数器，74LVC161(0) 是低位片，74LVC161(1) 是高位片。模 25 计数器的计数范围选择 **0000 0000 ～ 0001 1000**。首先让 $\overline{R}_D = 0$，将计数器清零，然后使 $\overline{R}_D = 1$，在 CP 上升沿的作用下，从 **0000 0000** 开始计数，当计数到 **0001 1000** 时，借助与非门产生置数信号（$\overline{LD} = 0$），使计数器同步置数，即计数器返回 **0000 0000** 状态。计数器的有效状态为 25 个，是模 25 计数器，逻辑电路如图 5.5.21 所示。

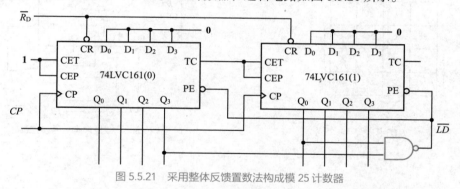

图 5.5.21　采用整体反馈置数法构成模 25 计数器

*5.6 序列信号发生器

在数字系统中有时需要一组或多组特定的串行二进制信号，这种串行二进制信号通常称为序列信号。产生序列信号的电路称为序列信号发生器。序列信号发生器的构成方法有多种，常见的有计数型序列信号发生器和移存型序列信号发生器。

5.6.1　计数型序列信号发生器

计数型序列信号发生器可由计数器和组合逻辑电路组成，计数器可以用触发器或中规模集成计数器构成。计数器的模就是序列信号的长度。

例 5.6.1　设计一个计数型序列信号发生器，要求产生序列信号 **011001**。

解　由于给定序列长度为 6，选择 74LVC161 构成模 6 计数器，取 **0000 ～ 0101** 作为计数状态，输出 L 为给定序列，可以列出状态表，如表 5.6.1 所示。

根据状态表画卡诺图，如图 5.6.1 所示。卡诺图化简，得

$$L = \overline{Q_1}Q_0 + Q_1\overline{Q_0} = Q_1 \oplus Q_0$$

由 74LVC161 和**与非**门构成模 6 计数器，再结合**异或**门实现序列信号发生器的输出，电路如图 5.6.2 所示。

表 5.6.1　例 5.6.1 的状态表

CP 序号	Q_3	Q_2	Q_1	Q_0	L
0	0	0	0	0	0
1	0	0	0	1	1
2	0	0	1	0	1
3	0	0	1	1	0
4	0	1	0	0	0
5	0	1	0	1	1

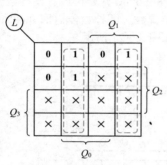

图 5.6.1　L 的卡诺图

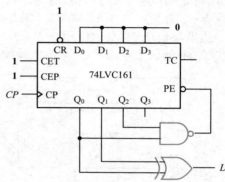

图 5.6.2　计数型序列信号发生器

5.6.2　移存型序列信号发生器

移存型序列信号发生器由移位寄存器和必要的逻辑门组成。如果序列信号的位数为 m，移位寄存器的位数为 n，则 $2^n \geqslant m$。

例 5.6.2　设计一个移存型序列信号发生器，要求产生序列信号 **011001**。

解　给定序列长度为 $m = 6$，则至少需要 3 位移位寄存器加上反馈电路构成序列信号发生器。将序列信号一次取 3 位，然后右移 1 位再取 3 位，依次类推，右边不足 3 位时与左边拼接起来循环选取，按照右移规律 **011—110—100—001—010—101** 形成 6 个状态的循环，输出 $L = Q_2^n$，由此列出状态表，如表 5.6.2 所示。

选用 3 个 D 触发器构成右移寄存器，$Q_2^{n+1} = D_2 = Q_1^n$，$Q_1^{n+1} = D_1 = Q_0^n$，$Q_0^{n+1} = D_0$。只要设计驱动信号 D_0 即可。根据表 5.6.2 得到 Q_0^{n+1} 的卡诺图，如图 5.6.3 所示，可得

$$Q_0^{n+1} = D_0 = Q_2^n\overline{Q_1^n} + \overline{Q_2^n}\,\overline{Q_0^n}$$

最后检查电路自启动功能，求出 **000**、**111** 两个状态的次态分别为 **001** 和 **110**。完整状态图如图 5.6.4 所示。移位寄存器构成的序列信号发生器如图 5.6.5 所示。

表 5.6.2　例 5.6.2 的状态表

计数顺序	现态			次态			输出
	Q_2^n	Q_1^n	Q_0^n	Q_2^{n+1}	Q_1^{n+1}	Q_0^{n+1}	$L(Q_2^n)$
0	0	1	1	1	1	0	0
1	1	1	0	1	0	0	1
2	1	0	0	0	0	1	1
3	0	0	1	0	1	0	0
4	0	1	0	1	0	1	0
5	1	0	1	0	1	1	1

　　如果产生序列信号的循环中有重复状态，例如，产生序列信号 **101011** 的 6 个状态 **101-010-101-011-111-110** 中有 2 个状态重复（**101**），则需要将移位寄存器的位数增加到 4 位，具体设计过程参见习题 5.6.2。

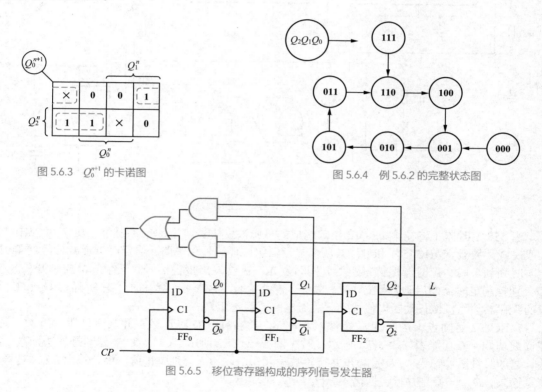

图 5.6.3　Q_0^{n+1} 的卡诺图

图 5.6.4　例 5.6.2 的完整状态图

图 5.6.5　移位寄存器构成的序列信号发生器

5.7　应用举例：篮球竞赛 24s 定时电路

　　定时电路是数字系统中的基本单元电路，它主要由计数器和振荡器组成。篮球比赛规则中，进攻球队控球时必须在 24s 内投篮，24s 定时电路便是这里的一种具体应用，其电路如图 5.7.1 所示。它由秒脉冲发生器、计数器、译码显示电路、报警电路和辅助时序控制电路（简称控制电路）5 部分组成。

篮球竞赛24s定时电路的仿真

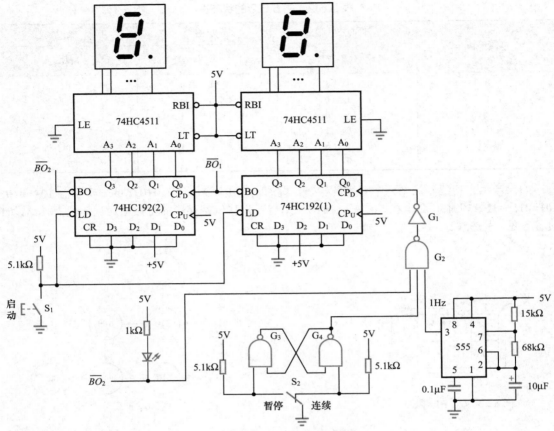

图 5.7.1　篮球竞赛 24s 定时电路

由 555 定时器（将在第 11 章介绍）构成的秒脉冲发生器产生 1Hz 的脉冲。由 2 片 74HC192 构成递减计数器。74HC4511 和七段共阴极显示器组成译码显示电路。当定时器递减计数到零（即定时时间到）时，定时器保持零不变，同时发光二极管发出报警信号。两个外部控制开关 S_1 和 S_2 分别控制定时器的启动 / 复位计时、暂停 / 连续计时。暂停 / 连续计时开关 S_2 通过 G_3 和 G_4 构成的锁存器消除机械抖动，以使拨动开关时电路能稳定工作。

74HC192 是同步十进制加 / 减计数器，它采用 8421BCD 码计数，并具有清零、置数、加 / 减计数功能，其功能表如表 5.7.1 所示，时序图如图 5.7.2 所示。CP_U、CP_D 分别是加法计数、减法计数的时钟脉冲输入。$\overline{LD}$ 是异步并行置数输入，$\overline{CO}$、$\overline{BO}$ 分别是进位、借位输出，CR 是异步清零输入，$D_3 \sim D_0$ 是并行数据输入，$Q_3 \sim Q_0$ 是输出。

表 5.7.1　74HC192 的功能表

CP_U	CP_D	$\overline{LD}$	CR	操作
×	×	0	0	置数
↑	1	1	0	加法计数
1	↑	1	0	减法计数
×	×	×	1	清零

定时器工作过程如下。

（1）当启动开关 S_1 闭合时，$\overline{LD} = 0$，计数器置数 24，译码显示电路显示 "24" 字样。当 S_1

断开时，S_2 处于"连续"端，G_4 输出高电平，计数器开始递减计数。当计数器低位片的 $\overline{BO_1}$ 发出借位脉冲时，高位计数器做减法计数。

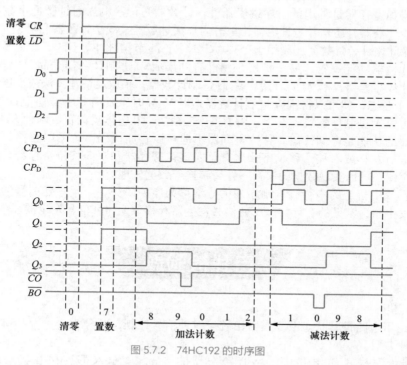

图 5.7.2　74HC192 的时序图

（2）在计数过程中如果将 S_2 拨到"暂停"端，则 G_4 输出低电平，关闭 G_2，封锁 CP，定时器停止计数。

（3）当高、低位计数器处于全零时，$\overline{BO_2} = \mathbf{0}$，关闭 G_2，封锁 CP，定时器停止计数，同时发光二极管发光报警。

小结

- 时序逻辑电路由组合逻辑电路及存储电路两部分组成。其中，存储电路是必不可少的，它主要由触发器组成。所以，时序逻辑电路在任一时刻的输出不仅和当时的输入有关，还与电路原来的状态有关。电路的状态由触发器记忆。
- 描述时序逻辑电路逻辑功能的方法主要有逻辑图、逻辑方程（含驱动方程、状态方程和输出方程）、状态表、状态图和时序图。它们以不同的方式表达时序逻辑电路的逻辑功能，是分析和设计时序逻辑电路的主要依据和手段。
- 时序逻辑电路可分为同步和异步两大类，同步时序逻辑电路是目前广泛应用的时序逻辑电路，也是本章讨论的重点。同步时序逻辑电路的分析，首先按照给定电路列出各逻辑方程、然后列出状态表、画出状态图和时序图，最后确定电路的逻辑功能。异步时序逻辑电路的分析方法与同步时序逻辑电路基本相同，但异步时序逻辑电路的状态方程只有在满足时钟信号条件时才成立，因此，需要考虑时钟信号。
- 时序逻辑电路的设计是根据要求实现逻辑功能：首先画出原始状态图或原始状态表；然后进行状态化简（状态合并）和状态编码（状态分配），再求出所选触发器的驱动方程和输出方程；最后画出逻辑图。为保证电路工作的可靠性，还要检查电路能否自启动。正确画出原始状态图或原始状态表是时序逻辑电路设计的关键步骤，也是成功完成设计的基础。

- 计数器和寄存器是常用的时序逻辑器件。计数器是记录输入时钟脉冲个数的电路，不论是同步计数器，还是异步计数器，都分为加法计数器、减法计数器和可逆（加 / 减）计数器。除此之外，计数器还能用于分频、定时、产生节拍脉冲等。
- 集成计数器功能完善，易于扩展，用已有的集成 M 进制计数器产品可以构成 N（任意）进制计数器。当 $N < M$ 时，用一片 M 进制计数器，采取反馈清零法或反馈置数法，跳过 $M-N$ 个状态，就可以得到 N 进制计数器；当 $N>M$ 时，要用多片 M 进制计数器组合起来，才能构成 N 进制计数器。本章介绍了整体反馈清零和整体反馈置数两种方法。
- 寄存器的功能是存储代码。移位寄存器不但可以存储代码，还可以在移位脉冲作用下对数据进行左移或右移。移位寄存器有单向移位寄存器和双向移位寄存器。除此之外，移位寄存器还可以实现数据的串行—并行转换等数据处理。
- 数字系统中特定的串行二进制序列信号常称为序列信号。产生序列信号的电路称为序列信号发生器，常见的有计数型序列信号发生器和移存型序列信号发生器。

自我检验题

5.1 填空题

1. 时序逻辑电路按其状态改变是否由统一时钟信号控制，可分为_____和_____两种类型。

2. 在同步时序逻辑电路中，所有触发器的_____输入都连接在同一个_____信号源。在异步时序逻辑电路中，不是所有触发器的_____输入都连接在同一个_____信号源。

3. 描述时序逻辑电路逻辑功能的方程有_____方程、_____方程和_____方程。

4. 若最简状态图中的状态数为 12，则至少需要_____位状态编码，最少需用_____个触发器。

5. 米利型时序逻辑电路的输出是_____和_____的函数，穆尔型时序逻辑电路的输出是_____的函数。

6. 能够寄存一组二进制数据的电路称为_____。将寄存器中存储的数据在移位脉冲的作用下向左或向右移位的电路称为_____。

5.2 选择题

1. 下列电路中_____不是时序逻辑电路。
A. 触发器　　　　　　　B. 计数器　　　　　　　C. 移位寄存器　　　　D. 数据选择器

2. 如果将 D 触发器的输入 D 与输出 $\overline{Q}$ 连接，则输出 Q 的脉冲频率是 CP 的_____。
A. 两倍　　　　　　　　B. 四倍　　　　　　　　C. 二分频　　　　　　D. 四分频

3. 由 4 个触发器组成的计数器中，有效状态数最多的是_____计数器。
A. 环形　　　　　　　　B. 扭环形　　　　　　　C. 二进制　　　　　　D. 十进制

4. 如状态 S_A 和状态 S_B 是等价状态，它们必须_____。
A. 有相同的次态　　　　　　　　　　　　　B. 有相同的输出
C. 有相同的次态，但输出不同　　　　　　　D. 有相同的次态，并有相同的输出

5. 为了把串行输入的数据变成并行输出的数据，可以使用_____。
A. 寄存器　　　　　　　B. 计数器　　　　　　　C. 移位寄存器　　　　D. 译码器

6. 某串行输入串行输出有 256 位右移寄存器，已知 *CP* 频率为 2MHz，数据从输入端到达输出端延迟_____。

A. 256μs　　　　　　B. 512μs　　　　　　C. 1024μs　　　　　　D. 128μs

📝 习题

5.1　概述题

时序逻辑电路如图题 5.1.1 所示。

（1）试问该电路是穆尔型，还是米利型？

（2）写出电路的驱动方程、输出方程和状态方程。

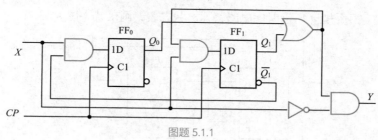

图题 5.1.1

5.2　时序逻辑电路的分析

5.2.1　同步时序逻辑电路及 *CP* 波形如图题 5.2.1 所示，列出状态表，画出状态图和时序图（电路的初始状态为 **00**）。

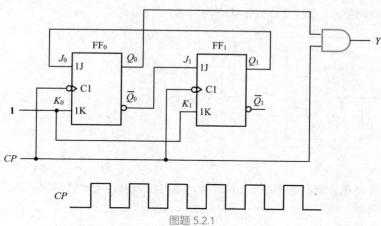

图题 5.2.1

5.2.2　分析图题 5.2.2 所示的同步时序逻辑电路，列出状态表，画出状态图。

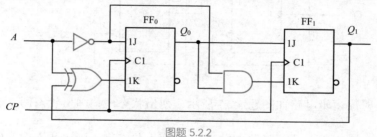

图题 5.2.2

5.2.3 分析图题 5.2.3 所示的同步时序逻辑电路，列出状态表，画出状态图。

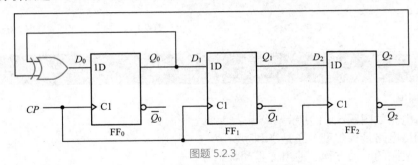

图题 5.2.3

5.2.4 试分析图题 5.2.4 所示时序电路，列出状态表，画出状态图。

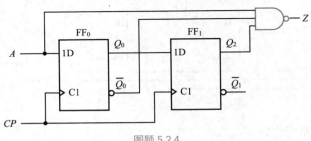

图题 5.2.4

5.2.5 时序逻辑电路及输入波形如图题 5.2.5 所示。分析电路，列出其状态表，画出波形图，并说明电路的逻辑功能。（设触发器初始状态均为 0）

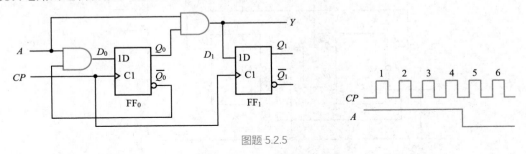

图题 5.2.5

5.2.6 异步时序逻辑电路如图题 5.2.6 所示，列出状态表，画出状态图。

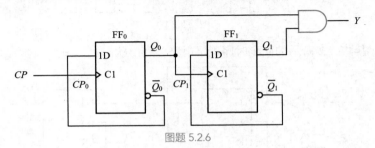

图题 5.2.6

5.2.7 异步时序逻辑电路如图题 5.2.7 所示，列出状态表，画出状态图，确定电路的逻辑功能。

5.2.8 异步时序逻辑电路如图题 5.2.8 所示，列出状态表，画出状态图，确定电路的逻辑功能。

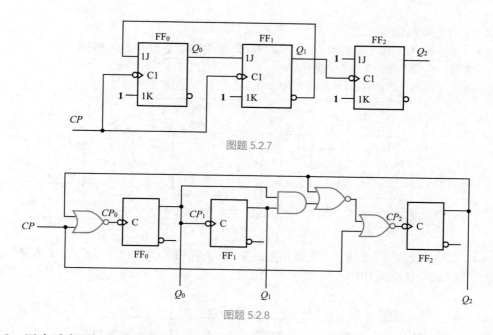

图题 5.2.7

图题 5.2.8

5.3 同步时序逻辑电路的设计

5.3.1 某同步时序逻辑电路的状态表如表题 5.3.1 所示，试写出用 D 触发器设计该电路时的最简驱动方程。

5.3.2 试用上升沿触发的 D 触发器设计一个时序逻辑电路，其状态图如图题 5.3.2 所示。

表题 5.3.1

Q_2^n	Q_1^n	Q_0^n	Q_2^{n+1}	Q_1^{n+1}	Q_0^{n+1}
0	0	0	×	×	×
0	0	1	0	1	1
0	1	0	1	1	0
0	1	1	0	1	0
1	0	0	1	0	1
1	0	1	0	0	1
1	1	0	1	0	0
1	1	1	×	×	×

图题 5.3.2

5.3.3 试用 JK 触发器设计一个同步电路，其状态图如图题 5.3.3 所示。

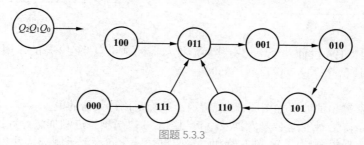

图题 5.3.3

5.3.4 试用下降沿触发的 JK 触发器设计一个单时钟控制的同步二进制可逆计数器，当控制信号 C 为 **0** 时进行加法计数，当控制信号 C 为 **1** 时进行减法计数。进位借位输出为 Z，当加法计数到 **11** 时，Z 为 **1**，当减法计数到 **00** 时，Z 为 **1**。

5.4 寄存器和移位寄存器

5.4.1 移位寄存器如图题 5.4.1 所示。设电路的初始状态 $Q_0Q_1Q_2Q_3 = 0000$。

（1）求第一个脉冲到来后的 $Q_0Q_1Q_2Q_3$。

（2）画出电路在 CP 的作用下各输出的波形。

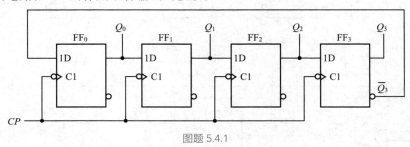

图题 5.4.1

5.4.2 电路如图题 5.4.2 所示，试画出电路在 CP 的作用下输出 $Q_0Q_1Q_2Q_3$ 及 Z 的波形。设电路的初始状态 $Q_0Q_1Q_2Q_3 = 1010$。

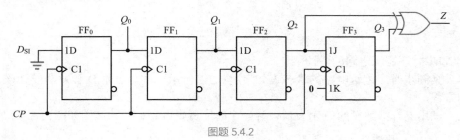

图题 5.4.2

5.4.3 电路如图题 5.4.3 所示，试分析电路并画出电路在 CP 作用下各输出的波形。

5.4.4 电路如图题 5.4.4 所示，试分析电路并画出完整的状态图。

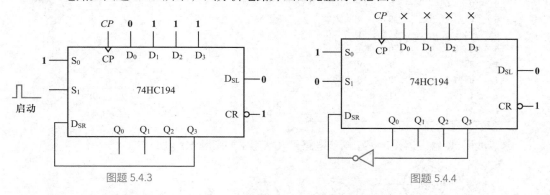

图题 5.4.3   图题 5.4.4

5.4.5 用 74HC194 设计一个 7 位右移环形计数器，画出电路在 CP 的作用下各输出的波形。设电路的初始状态 $Q_0Q_1Q_2Q_3Q_4Q_5Q_6 = 1000000$。

5.5 计数器

5.5.1 计数器输出的波形如图题 5.5.1 所示，试确定该计数器的模。

5.5.2 试用下降沿触发的 D 触发器及逻辑门组成 3 位同步二进制加法计数器，画出逻辑图。

5.5.3 试用上升沿敏感的 JK 触发器和逻辑门设计一个同步三进制减法计数器。

5.5.4 试分析图题 5.5.4 所示电路是几进制计数器，并画出它的状态图。

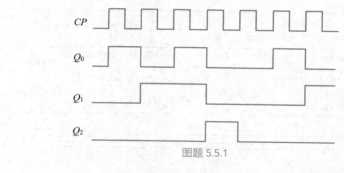

图题 5.5.1

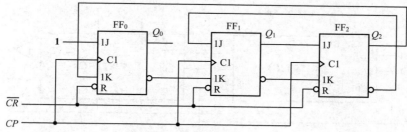

图题 5.5.4

5.5.5　分析图题 5.5.5 所示电路，画出它的状态图，并说明它是几进制计数器。

5.5.6　分析图题 5.5.6 所示电路，画出它的状态图，并说明它是几进制计数器（74HCT163 是具有同步清零功能的 4 位同步二进制加法计数器，其他功能与 74 HCT161 相同）。

5.5.7　分析图题 5.5.7 所示电路，画出它的状态图，并说明它是几进制计数器。

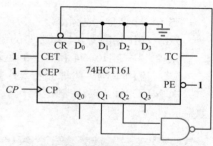

图题 5.5.5

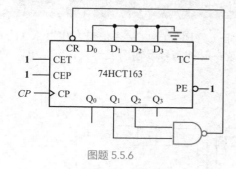

图题 5.5.6

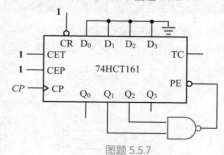

图题 5.5.7

5.5.8　分析图题 5.5.8 所示电路，画出它的状态图，并说明它是几进制计数器。

5.5.9　用 74HCT161 设计一个计数器，其计数状态为自然二进制数 **0110 ~ 1100**。

5.5.10　分析图题 5.5.10 所示电路，说明它是几进制计数器。

5.5.11　分析图题 5.5.11 所示电路，说明它是几进制计数器。

5.5.12　试用两片 74HCT161 采用反馈清零法设计一个七十六进制计数器。

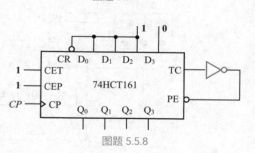

图题 5.5.8

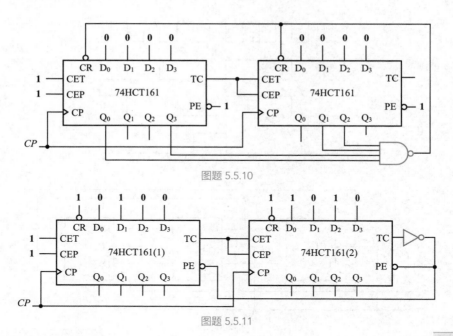

图题 5.5.10

图题 5.5.11

*5.6　序列信号发生器

5.6.1　用 74LVC161 和必要的逻辑门设计一个 **101011** 序列信号发生器。

5.6.2　用 74HC194 和必要的逻辑门设计一个 **101011** 序列信号发生器。

5.7　应用举例：篮球竞赛 24s 定时电路

用 74HC161 和必要的逻辑门设计数字钟小时部分的 8421BCD 码十二进制计数器。

第5章部分
习题答案

实践训练

S5.1　在 Multisim 中，使用计数器 74HC161 和与非门 74HC00，并接入信号发生器 XFG1 和逻辑分析仪 XLA1，搭建图 S5.1 所示电路，运行仿真，观察时钟信号及输出波形，并确定电路功能。

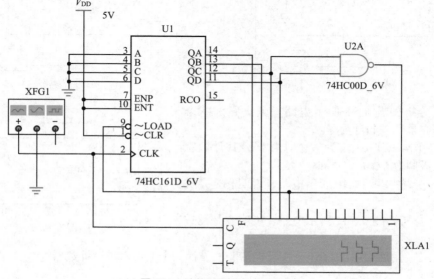

图 S5.1　计数器逻辑图（仿真图）

S5.2 在 Multisim 中，使用可逆计数器 74HC192，并接入数字信号源和数字显示器，搭建图 S5.2 所示电路（数字显示器在 Master Database/Indicators/HEX_DISPLAY 库中，并包含显示译码器）。运行仿真并改变开关的状态（单击开关），观察数码管的显示情况，并确定电路功能。

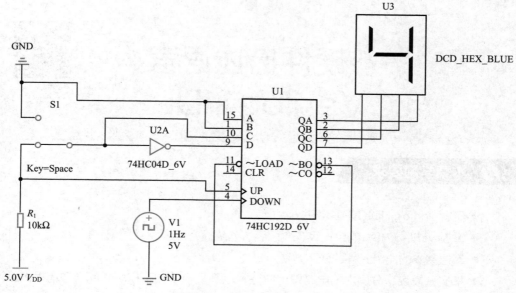

图 S5.2　计数器逻辑图（仿真图）

S5.3 在 Multisim 中，使用移位寄存器 74HC194，并接入数字时钟和逻辑分析仪 XLA1，搭建图 S5.3 所示电路，运行仿真，观察时钟信号及输出波形，并确定电路功能。

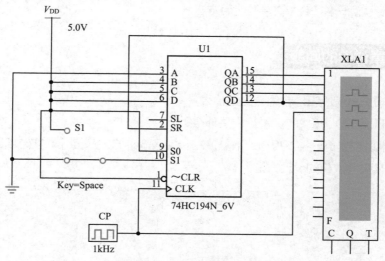

图 S5.3　移位寄存器逻辑图（仿真图）

第 6 章

* 硬件描述语言 Verilog HDL

本章知识导图

本章学习要求

- 了解 Verilog HDL 的基本知识。
- 掌握 Verilog HDL 的结构级（含门级）的建模方法。
- 掌握基本的门级元件的使用方法。
- 掌握分模块、分层次的电路设计方法，以及父模块和子模块之间端口信号的关联方式。
- 掌握数据流建模方法，以及运算符及其优先级。
- 掌握行为级建模方法，以及各种过程赋值语句的使用方法。
- 至少了解一种 EDA 软件的使用方法。

本章讨论的问题

- 逻辑仿真与逻辑综合的含义是什么？
- Verilog HDL 模块的基本结构是什么？
- 如何用结构级（含门级）、数据流和行为级 3 种方式来描述数字电路？
- 什么是层次化的设计方法？

6.1 概述

硬件描述语言（Hardware Description Language，HDL）是设计硬件时使用的语言，它能以文本的形式描述数字系统硬件电路的结构和功能（行为），比用逻辑图设计方便多了。HDL 可以用来编写设计说明文档，这种文档易于存储和修改，适用于设计人员之间的技术交流，还能被计算机识别和处理。计算机对 HDL 的处理包括（逻辑仿真和逻辑综合）两方面。

逻辑仿真，是指用计算机仿真软件对数字电路的结构和功能进行预测，仿真器对 HDL 描述进行解释，以文本形式或时序图形式给出电路的输出。在实现电路之前，设计人员根据仿真结果可以初步判断电路的逻辑功能是否正确。在仿真期间，如果发现设计中存在错误，可以对 HDL 描述进行修改，直至满足设计要求。

逻辑综合，是指从 HDL 描述的数字电路模型中导出电路元件表及元件之间的连接关系（网表）的过程。在 HDL 中，有一部分语句描述的电路通过逻辑综合可以得到具体的硬件电路，我们将这样的语句称为可综合的语句。另一部分语句则专门用于仿真分析，不能进行逻辑综合。本书以可综合的 HDL 语句为重点。

目前，广泛流行的硬件描述语言有 V[1]HDL 和 Verilog HDL（简称 Verilog）两种。这两种语言的功能都很强大，在一般的应用设计中，设计人员使用任何一种都能完成任务，但 Verilog 语法源自通用的 C 语言，较 VHDL 易学易用。所以本书以 Verilog 为例，介绍数字系统计算机辅助设计的一般概念。

6.2 Verilog HDL 入门

6.2.1 Verilog HDL 的基本结构

模块（**Module**）是 Verilog 描述电路的基本单元，它可以表示一个简单的逻辑门，也可以表示功能复杂的数字电路。通常数字电路的功能可以使用一个或多个 Verilog 模块进行描述（也称为建模），不同的模块之间通过端口连接。

模块定义总是以关键词[2]**module** 开始，并以关键词 **endmodule** 结束。模块的组成如图 6.2.1 所示。这是 IEEE 1364—1995《IEEE 标准 Verilog 硬件描述语言》（简称 Verilog—1995）规定的标准格式，在 Verilog—2001 以后的标准格式中，端口类型说明、数据类型定义及端口名合并写在模块名后面的圆括号中，类似于 C 语言中函数的定义，后面会通过具体例子做进一步说明。

module 后面紧跟着"模块名"，模块名是模块唯一的标识符；在模块名后面的圆括号中列出该模块的输入、输出端口名，各个端口名之间以逗号分隔，在 Verilog 中，通常以 **input**（输入）、**output**（输出）、**inout**（双向）来说明信号流经端口的方向。"参数定义"是将数值常量用符号常量代替，以增强程序的可读性和可维护性，它是一个可选语句。"数据类型定义"用来指定模块内所用的数据对象为连线（**wire**）型，还是寄存器（**reg**）型。

接下来是对该模块逻辑功能的描述部分。通常可以使用 3 种不同的风格来描述电路：一是例化（instantiate）低层次子模块，即调用（引用）其他已定义过的低层次模块对整个电路的功能进行描述，或者直接引用 Verilog 内部预先定义的逻辑门来描述电路的结构，通常将这种方法称为**结构级描述方式**（仅使用逻辑门描述电路功能的方式也称为**门级描述方式**）；二是使用连续赋

---

1 字母 V 是 Very High Speed Integrated Circuit 的缩写。

2 关键词是 Verilog 本身规定的特殊字符串，用于表示特定的含义。为清晰起见，本书将关键词以黑体字印刷。

值语句（**assign**）对电路的逻辑功能进行描述，通常称为**数据流描述方式**，该方式对组合逻辑电路建模非常方便；三是使用过程块结构（包括 **initial** 和 **always**）和比较抽象的高级程序语句对电路的逻辑功能进行描述，通常称为**行为（功能）级描述方式**。

```
module  模块名（端口名 1，端口名 2，端口名 3，…）；
        端口类型说明（input，outout，inout）；          ⎫
        参数定义（可选）；                              ⎬ 说明部分
        数据类型定义（wire，reg 等）；                  ⎭

        例化低层次子模块和基本门级元件；                  ⎫
        连续赋值语句（assign）；                         ⎬ 逻辑功能描述部分，其顺序是任意的
        过程块结构（initial 和 always）                 ⎭
                行为描述语句；
        任务和函数；
endmodule
```

图 6.2.1　Verilog 模块的组成

设计人员可以选用这几种方式中的任意一种或混合使用几种方式描述电路的逻辑功能，也就是说，一个模块可以包含连续赋值语句、**always** 块、**initial** 块和结构级描述方式，并且这些描述方式在程序中排列的先后顺序是任意的。其中，行为级描述方式侧重于描述模块的逻辑功能（行为），不涉及实现该模块功能的详细硬件电路结构，是我们学习的重点。

6.2.2　简单 Verilog HDL 实例

以 3.4.5 节学过的全加器为例，讨论 Verilog 的不同描述方式。1 位全加器的逻辑表达式如下：

$$\begin{cases} S_{\text{sum}} = A_i \oplus B_i \oplus C_{\text{in}} \\ C_{\text{out}} = A_i B_i + A_i \overline{B_i} C_{\text{in}} + \overline{A_i} B_i C_{\text{in}} \end{cases}$$

其逻辑图如图 6.2.2 所示。

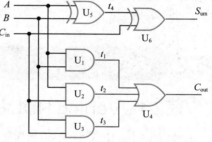

图 6.2.2　1 位全加器逻辑图

例 6.2.1 采用门级描述方式对图 6.2.2 所示的 1 位全加器建模。

解 1 位全加器的门级描述如图 6.2.3 所示。根据逻辑图，模块中声明了 3 个输入和 2 个输出信号，还声明了 **wire** 类型信号 t_1、t_2、t_3 和 t_4 作为中间节点，接着用基本逻辑门元件（**and**、**or**、**xor**）描述了电路的功能，在代码中可以使用 3 输入**异或门**。

```
// 文件名：Adder_structural.v
module Adder_structural (A,B,Cin,Sum,Cout);  //Verilog-1995 语法
  input      A, B, Cin;              // 输入信号声明
  output     Sum, Cout;             // 输出信号声明
  wire t1,   t2,  t3,   t4;          // 内部节点声明
// 下面描述电路的逻辑功能
  and U1(t1, A, B);                 // 调用名 U1 可以省略
  and U2(t2, A, Cin);               // "and" 为 Verilog 内置与门，表示与运算
  and U3(t3, B, Cin);
  or U4(Cout, t1, t2, t3);          // "or" 为 Verilog 内置或门，表示或运算
  xor U5(t4, A, B);                 // "xor" 为 Verilog 内置异或门，表示异或运算
  xor U6(Sum, t4, Cin);             // 后面两句可以写成 xor U5(Sum,A,B,Cin);
endmodule
```

图 6.2.3　1 位全加器的门级描述

例 6.2.2 采用数据流描述方式对 1 位全加器建模。

解 根据逻辑表达式，得到全加器的数据流描述，如图 6.2.4 所示。

```
// 文件名: Adder_dataflow.v
module Adder_dataflow(                    //Verilog-2001 语法
  input     A, B, Cin;
  output    Sum, Cout
);
  // 电路功能描述
  assign Sum=A^B^Cin;                     // 表达式中的 "^" 为异或运算符
  assign Cout=(A & B)|(A & Cin)|(B & Cin); //&( 与)、|( 或) 运算符
endmodule
```

图 6.2.4　1 位全加器的数据流描述

仔细观察例 6.2.1 和例 6.2.2，可以得出如下结论。

（1）写在双斜线（//）右边的文字为注释，到行尾结束，它增强了程序的可读性和可维护性。另外，可以用 /*……*/ 形式书写多行注释。

（2）每个模块以 **module** 开始，每一条语句以分号结尾，但 **endmodule** 后面没有分号。

（3）模块的说明部分是不同的。在例 6.2.1 中，模块的输入、输出端口及数据类型采用 Verilog—1995 规定的语法；而例 6.2.2 则将输入、输出端口及数据类型一起写在模块名后面的括号中，这是 Verilog-2001 以后的语法，使代码变得更加紧凑。

（4）逻辑功能的描述方式是不同的。例 6.2.1 直接调用 Verilog 内部预先定义的基本门级元件（**not**、**and**、**xor**）对图 6.2.2 中的逻辑门及它们之间的连线进行描述。例 6.2.2 的描述方法是将电路的输出逻辑表达式写在关键词 **assign** 右边（称为连续赋值语句）。

上面两个模块虽然采用了不同的描述方式，但都能反映电路的逻辑功能，故将上述模块称为设计块。将上述任一模块送到逻辑综合软件[1]中进行综合，都能得到图 6.2.5 所示的逻辑图，它与图 6.2.2 所示的门级电路具有相同的功能。

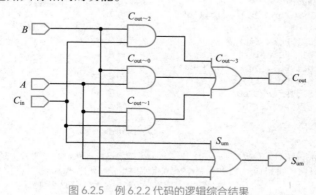

图 6.2.5　例 6.2.2 代码的逻辑综合结果

6.2.3 逻辑功能的仿真与测试

设计块完成后，接下来就要测试设计块描述的功能是否正确。为此必须输入测试信号，以便检测输出的结果是否正确，这一过程常称为搭建测试平台（Test Bench）。

逻辑功能的
仿真

1　这里给出的是 Intel FPGA 开发的软件 Quartus Prime 18.1 进行逻辑综合的结果。

仿真软件不同，搭建测试平台的方法也不同。下面以 ModelSim[1] 为例进行说明。

在对一个设计块进行仿真时，需要准备一个测试模块。该模块大致由以下三部分组成：第一部分实例引用被测试的模块（即设计块）；第二部分给输入变量赋不同的组合值，即激励信号；第三部分指定测试结果的显示格式，并指定输出文件名。测试模块的主要任务是给设计块提供激励信号，所以也称为**激励块**[2]。

激励块通常是顶层模块，同样用 Verilog 来描述。它是以 **module** 开始并以 **endmodule** 结尾的，包括模块名、数据类型的声明、低层次模块的例化和行为语句块（**initial** 或 **always**），但是不需要声明端口。

在激励块中，通常会使用编译指令 `**`timescale**` 来设置时间单位。编译指令（Compiler Directives）为仿真器提供有关如何解释 Verilog 模块的附加信息。编译指令放在模块定义之前，并以反撇号[3]（`` ` ``）开头。`**`timescale**` 语句的格式如下：

`` `timescale time_unit/time_precision ``

其中，time_unit 为仿真时间单位，time_precision 为仿真时间的精度（即最小分辨度）。注意，时间单位通常大于或等于时间精度。

图 6.2.6 所示为 1 位全加器的激励块（文件名为 test_Adder.v），通过它来检查 1 位全加器的功能是否正确。第 1 条语句用 `**`timescale**` 将激励块中所有传输延迟的单位设置成 1ns，后面的 #5 代表延迟 5ns。

```
// 文件名: test_Adder.v
`timescale 1ns/1ns                   // 时间单位为 1ns, 精度为 1ns
module test_Adder;                   // 激励块没有端口列表
    reg Pa,Pb, Pcin;                 // 声明输入信号
    wire Psum,Pcout;                 // 声明输出信号

    // 实例引用设计块
    Adder_dataflow UUT ( Psum, Pcout, Pa, Pb, Pcin );

    initial  begin                   // 激励信号
        Pa=1'b0; Pb=1'b0; Pcin=1'b0; // 语句 1
      #5 Pcin=1'b1;                  // 语句 2: Pa、Pb 不变, 只改变 Pcin 的值
      #5 Pb=1'b1; Pcin=1'b0;         // 语句 3
      #5 Pb=1'b1; Pcin=1'b1;         // 语句 4
      #5 Pa=1'b1; Pb=1'b0; Pcin=1'b0;// 语句 5
      #5 Pb=1'b0; Pcin=1'b1;         // 语句 6
      #5 Pb=1'b1; Pcin=1'b0;         // 语句 7
      #5 Pb=1'b1; Pcin=1'b1;         // 语句 8
      #5 $stop;                      // 语句 9
    end                              // 语句 10

    initial  begin                   // 监视系统任务, 将结果输出到屏幕上
        $monitor ($time, "::Pa,Pb,Pcin=%b%b%b",Pa,Pb,Pcin,
                        ":::Pcout, Psum=%b%b", Pcout,Psum );
    end
endmodule
```

图 6.2.6　1 位全加器的激励块

接着，声明激励块的名称为 test_Adder。在激励块中，可以重新定义一套端口名，也可以采

1　这里使用与 Quartus Prime 18.1 配套的 ModelSim - Intel FPGA Starter Edition 10.5b。
2　有关激励块的知识见 "中国大学 MOOC" 在线学习平台。
3　用键盘左上角与浪纹线（~）共用的按键输入。

用设计块中的端口名，但输入信号的数据类型要求为 **reg**，以便保持激励值不变，直至执行下一条激励语句。输出信号的数据类型要求为 **wire**，以便随时跟踪激励信号的变化。

接下来，通过模块名 Adder_dataflow 来对设计块进行例化（调用），按照端口排列顺序一一对应地将激励块中的端口与设计块中的端口相连，在本例中，Pa、Pb、Pcin、Psum、Pcout 分别连接设计块 Adder_dataflow 中的端口 A、B、C_{in}、S_{um}、C_{out}。

initial 语句下面的过程赋值语句给出了激励信号的输入值。仿真时，刚进入 **initial** 的时刻为 **0**，此时执行语句 1，将 Pa、Pb 和 Pcin 的值初始化为 0，5ns 后，执行语句 2，将 Pcin 的值设置为 1，Pa、Pb 的值保持 0 不变；再隔 5 ns，执行语句 3，将 Pcin 的值设置为 0，将 Pb 的值设置为 1，Pa 的值保持 0 不变……语句 10 执行后，该 **initial** 语句永远被挂起。

最后的 **initial** 语句描述了要监视的输出信号，它和前面的 **initial** 语句是并行执行的。代码中的 **$time** 为 Verilog 的系统函数，**$time** 将返回当前的仿真时间；而 **$monitor** 和 **$stop** 为 Verilog 的系统任务，**$monitor** 将信息以指定的格式输出到屏幕上，双引号括起来的是要显示的内容，**%b** 代表它后面的信号用二进制格式显示；**$stop** 为停止仿真，但不退出仿真环境。

进行仿真时，打开任意一个文本编辑器（或者使用 ModelSim 自带的编辑器），输入设计块和激励块源文件，并存放在一个新建的子目录中；然后，在 ModelSim 中创建一个新的工程设计项目，添加已经存在的源文件（Adder_dataflow.v 和 test_Adder.v）并编译；最后进行逻辑功能仿真，得到图 6.2.7 所示的波形。

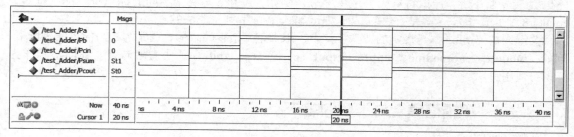

图 6.2.7　1 位全加器的仿真波形

由仿真波形可知，在 0 ～ 20ns 期间，由于 Pa = 0，Pb 和 Pcin 相加的结果正确；在 20 ～ 40ns 期间，Pa = 1，此时 1 + Pb + Pcin 的计算结果也是正确的。所以，该设计块描述的逻辑功能正确。

另外，由于激励块中有 **$monitor** 语句，在 ModelSim 文本信息 / 命令行（Transcript）窗口还会出现图 6.2.8 所示的仿真结果。

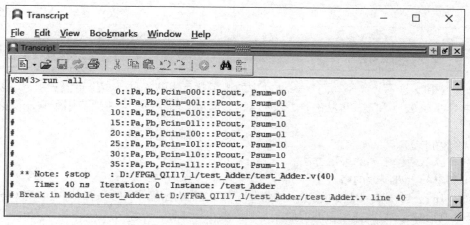

图 6.2.8　以文本方式显示全加器的仿真结果

对一个实际的逻辑门来说，信号从输入端传到输出端存在传输延时，在使用 Verilog 建模时，有时需要说明逻辑门的传输延时，有关内容可以阅读专门书籍。

6.3　Verilog HDL 基本语法

为了对数字电路进行描述，Verilog 规定了一套完整的语法，本节介绍 Verilog 的基本语法。

6.3.1　词法规定

1. 间隔符

Verilog 的间隔符包括空格符（\b）、制表符（\t）、换行符（\n）及换页符。如果间隔符并非出现在字符串中，则该间隔符被忽略。所以编写程序时，既可以跨越多行书写，也可以在一行内书写。

2. 标识符和关键词

给对象（如模块名、电路的输入与输出端口、变量等）取名所用的字符串称为**标识符**，标识符通常由英文字母、数字、$ 和下画线组成，并且规定标识符必须以英文字母或下画线开始，不能以数字或 $ 开始。标识符有大、小写之分，例如，A 和 a 是两个不同的标识符。标识符 clk、counter8、_net、bus_A 等是合法的，而 2cp、$latch、a*b 则是非法的。

关键词是 Verilog 本身规定的特殊字符串，用来定义语言的结构，通常为小写的英文字母串。例如，**module**、**endmodule**、**input**、**output**、**wire**、**reg**、**and** 等都是关键词。关键词不能作为标识符使用。

6.3.2　逻辑值集合与常量的表示

1. 逻辑值集合

为了表示逻辑信号的状态，Verilog 规定了 4 种基本的逻辑值，如表 6.3.1 所示。

表 6.3.1　4 种逻辑状态的表示

逻辑值	含义
0	逻辑 0、逻辑假
1	逻辑 1、逻辑真
x 或 X	不确定的值（未知状态）
z 或 Z	高阻态、三态或悬空

注意，**x** 和 **z** 是不分大小写的。Verilog 中的逻辑状态由这 4 种基本逻辑值表示。在实际的数字电路中只存在 **0**、**1** 和 **z** 三种状态，并没有 **x**，这里定义的 4 种状态主要应用于软件模拟（仿真）环境。

2. 整数的表示

整数有以下两种不同的表示方法。

（1）简单的十进制数的格式。

例如，16、−15 都是十进制数表示的常量，用这种方法表示的常量被认为是**有符号的常量**，正号（+）或负号（−）放在数值的前面，其中 + 号可以省略。

负数可以用 2 的补码形式表示。例如，在 Verilog 中，直接输入 "16" 和 "−15"，会将它们作为 32 位有符号整数进行处理。

（2）带基数格式的表示法。

带基数格式的整数表示语法如下[1]：

$$\text{<+/->} < size >' < signed > \quad radix \quad integer\_number$$

其中，<+/-> 表示常量是正整数还是负整数，表示正整数时，正号可以省略；<size> 用十进制数表示，它表示整数对应的二进制数位宽，符号 "'" 为基数格式的固有字符，该字符不能省略，否则非法；<signed> 用 s 或 S 表示有符号的数；radix 常用符号为 b（二进制）、d（十进制）、h（十六进制）和 o（八进制），它指明数值 integer_number 所用的基数格式，在数值表示中，最左边是最高有效位，最右边为最低有效位，数值中的 x、z 及十六进制中的 a ～ f 不区分大小写。

下面是一些整数表示的例子：

```
3'b101              // 3 位二进制数 101，基数格式符 "'" 用键盘上与双引号共用的那个键输入
12'habc             // 位宽为 12 位，用十六进制数表示为 abc
4'b1x0x             // 4 位二进制数 1x0x
12'h13x             // 位宽为 12 位，用十六进制数表示，其中最低 4 位为未知数 x
4'shf               //4 位有符号数 1111（2 的补码），与 -4'h1 表示的数相同（即 -1）

（3+2）'b11010       // 非法表示，位宽不能为表达式
4'd-8               // 非法表示，数值不能为负，应写成：-4'd8
4af                 // 非法表示，十六进制数格式需要 'h
```

在整数的表示中，应注意以下几点。

（1）为了增强数值的可读性，可以在数字中增加下画线，但下画线不能作为数字的首字符。例如，8'b1001_0011 表示位宽为 8 位的二进制数 10010011。

（2）在二进制表示中，x、z 只代表相应位的逻辑状态；在八进制表示中，x 或 z 代表 3 个二进制位都处于 x 或 z 状态；在十六进制表示中，x 或 z 代表 4 个二进制位都处于 x 或 z 状态。

（3）当没有说明位宽 <size> 时，整数的位宽为机器的字长（至少为 32 位）。当位宽比数值的实际二进制位少时，高位部分被舍去；当位宽比数值的实际二进制位多，对无符号数则在数的左边填 0 补齐，对有符号数则在数的左边填符号位补齐；若最左边一位为 x 或 z，则左侧多余的空位分别用 x 或 z 填充。下面是几个例子：

```
23456                       // 是一个十进制数，位宽为机器的字长（至少为 32 位）
16'b0011_0101_0001_1111     // 是一个二进制数，用下画线分隔
'hc3                        // 整数的位宽为 32 位，用十六进制表示为 c3，无符号
```

3. 实数的表示

实数也有两种表示方法。

（1）使用简单的十进制数，例如，0.1、2.0、6.67 等都是十进制表示的实数型常量。注意，小数点两边必须都有数字，否则为非法表示。例如，.3、5. 等均为非法表示。

（2）使用科学记数法，例如 23_5.1e2、3.6E2、5E-4 等都是使用科学记数法表示的实数型常量，它们以十进制表示分别为 23510.0、360.0 和 0.0005。注意，这里 e 与 E 等效。

Verilog 规定实数可以通过四舍五入的方式转换为整数。例如，

42.45 被转换为整数 42，92.5、92.699 被转换为整数 93，-15.62 被转换为整数 -16。

4. 字符串常量

字符串是用双引号括起来的字符序列，它必须位于一行中，不能分成多行书写。例如：

```
''this is a string''
''hello world!''
```

---

1 尖括号 <> 中的参数是可选的，下同。

如果字符串被用作表达式或赋值语句中的操作数，则每个字符串（包含空格）被看作 8 位的 ASCII 序列，即一个字符对应 8 位 ASCII，对应一个无符号整数。例如，为了存储字符串 "hello world!"，需要定义一个 8×12 位的变量。

另外，在字符串中，可以用"\"来说明一些特殊的字符（又称转义字符），表 6.3.2 列出了转义字符及其含义。

表 6.3.2　转义字符及其含义

转义字符	含义
\n	表示换行符
\t	表示制表符（Tab 键）
\\	表示反斜杠字符（\）本身
\"	表示双引号字符（"）
\ddd	3 位八进制表示的 ASCII

5. 参数

参数（Parameter）由一个标识符和一个常量组成，经常用于指定传输延迟、变量的位宽等。参数声明语句的格式如下：

　　　　　parameter <signed> <［msb:lsb］> 参数名 1= 常量表达式 1，参数名 2= 常量表达式 2，…；

其中，signed 表示有符号数，［msb:lsb］用于指定参数值范围，它们都是可选的。下面举例说明：

parameter BIT=1, BYTE=8, PI=3.14;
// BIT 和 BYTE 的位宽范围是［31:0］，而 PI 是实数
parameter DELAY=（BYTE+BIT）/2;
parameter TQ_FILE= ''/home/test/add.tq'';
parameter **signed**［3:0］MEM_DR=-5, CPU_SPI=6;
// MEM_DR 和 CPU_SPI 是有符号的 4 位数

用 **parameter** 声明的符号常量通常出现在模块内部，常用于指定传输延迟、变量的位宽和状态机的状态等。

注意，参数是局部的，仅在声明该参数的模块内部起作用。使用参数声明语句只能对参数赋一次值。在编译时可以改变参数值。可使用 defparam（即重新定义参数）语句来改变参数值，也可以在例化带参数的子模块时指定新的参数值。

6.3.3　数据类型

Verilog 中的每个信号都必须与一个数据类型相关联。Verilog 有两大类数据类型：一类是线网数据类型，另一类是变量数据类型[1]。有些数据类型是可综合的，而有一些数据类型只能用于对抽象行为的建模。

1. 线网数据类型

线网数据类型（Net Data Type）表示硬件电路中元件之间实际存在的物理连线，其值可以取 **0**、**1**、**x** 和 **z**。表 6.3.3 列出了不同的线网数据类型及其说明。

1　在 IEEE 1364—1995 标准中，该类被称为寄存器数据类型（Register Data Type）。

表 6.3.3 线网数据类型及其说明

线网数据类型	说明
wire, tri	元件之间的连线。**wire** 为一般连线；**tri** 用于描述由多个信号源驱动的线网，并没有其他特殊意义。两者的功能完全相同
wor, trior	线**或**，当多个信号同时送给（驱动）一个线网时，将它们的值相**或**
wand, triand	线**与**，当多个信号同时送给（驱动）一个线网时，将它们的值相**与**
supply0	用于对地（GND）建模，低电平 **0**
supply1	用于对电源正端的建模，高电平 **1**
tri1	三态时上拉到逻辑 **1**，用于开关级建模
tri0	三态时下拉到逻辑 **0**，用于开关级建模
trireg	具有电荷保持特性的线网数据类型，用于开关级建模

在 Verilog 中，最常见的可综合的线网数据类型是 **wire**（连线）。**wire** 的声明格式如下：

wire <signed> <[msb:lsb]> net_name1,net_name2,…,net_nameN;

关键词 **signed** 是可选的，用 **signed** 声明的线网是有符号数（以 2 的补码形式保存）的线网；没有 **signed** 时表示无符号数的线网。位宽［msb:lsb］也是可选的，不指定位宽时，默认线网位宽为 1 位；如果指明了位宽，即用［msb:lsb］说明其范围，通常称为**向量**（Vectors）型线网。

在 Verilog 模块中，如果没有声明输入、输出端口的数据类型，则默认其为位宽为 1 位的 **wire** 型。当一个端口被声明为 **wire** 后，该端口的值由驱动元件的值决定。如果没有驱动元件连接到线网，则线网的默认值为 **z**（**trireg** 型除外，其默认值为 **x**）。例如，图 6.3.1 中线网 L 跟与门 G_1 的输出相连，线网 L 的值由与门的驱动信号 A 和 B 所决定，即 $L = A \& B$。驱动信号 A、B 的值发生变化，线网 L 的值会立即跟着变化。

下面是一些例子：

```
wire a,b,L;                    //声明 3 个 1 位的线网（连线）
wire signed [7:0]usb_data;     //声明 1 个 8 位的线网，其数值为 2 的补码形式
```

当一个线网同时被多个信号驱动时，不同类型的线网其行为是不同的。在写可综合的 Verilog 代码时，建议不要对同一个信号进行多次赋值（简称多重驱动），以避免出现多个不同的源同时驱动一个信号的情况。例如，在图 6.3.2 中，A、B、C 三个内部信号同时送到一个输出端，或者说，输出 L 同时被 3 个内部信号所驱动，此时 L 的逻辑值可能无法确定。

实际上，在 Verilog 中，逻辑值是有强度级别的。当一个信号被多个不同的源驱动时，它将取强度最高的那个驱动器的值。如果两个驱动器的值具有相同的强度级别，则信号的逻辑值将是未知的。

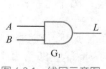

图 6.3.1　线网示意图

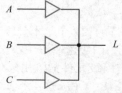

图 6.3.2　多重驱动示意图

2. 变量数据类型

变量数据类型（Variable Data Type）用于对一个抽象的数据存储单元进行建模，其值可以取

0、1、x 和 z。变量只能在 **initial** 块或 **always** 块内部被赋值，在下一条赋值语句再次给该变量赋值之前，变量的值保持不变。**reg**、**integer** 和 **time** 型变量在被赋值前默认值是 **x**，而 **real** 型变量的默认值是 **0**。

Verilog 中有 5 种不同的变量数据类型，如表 6.3.4 所示。

表 6.3.4　变量数据类型及其说明

变量数据类型	说明
reg	用于对存储单元建模。其值可以取 **0**、**1**、**x** 和 **z**。默认值为 **x**
integer	32 位有符号整数变量，用补码表示，其十进制值为 $-2\,147\,483\,648 \sim +2\,147\,483\,647$。默认值为 **x**
real	64 位有符号实数变量，表示介于 $-2.2 \times 10^{-308} \sim +2.2 \times 10^{308}$ 的实数。默认值为 **0**
time	64 位无符号变量，取值范围为 $0 \sim 9.2 \times 10^{18}$。默认值为 **x**

在 Verilog 中，最常见的可综合的线网数据类型是 **reg**。**reg** 的声明格式如下：

$$\textbf{reg}\quad \textbf{<signed>}<[\text{msb:lsb}]>\quad \text{reg\_name1,reg\_name2,}\cdots\text{,reg\_nameN;}$$

reg 型变量的值通常被解释为无符号数，但可以用 **signed** 声明它是有符号变量，此时 **reg** 保存的就是有符号数（以 2 的补码形式保存）。位宽 [msb:lsb] 也是可选的，如果没有指定位宽，则默认变量位宽为 1 位。如果指明了位宽，通常称之为**向量**型变量。

下面是一些例子：

```
reg clock,A;                    // 声明两个无符号寄存器型变量 clock、A
reg [3:0] Cnt;                  // 声明无符号的 4 位寄存器型变量 Cnt[3]、Cnt[2]、Cnt[1]、Cnt[0]
reg signed [4:1] Adata;        // 声明有符号的 4 位寄存器型变量 Adata
...
Adata = -2;                     //Adata 的值为 1110（即 -2 的补码）
```

wire 和 **reg** 的区别：一是硬件模型有区别，**wire** 可以理解为电路中元件之间的连线，而 **reg** 并不与触发器或锁存器等存储元件对应，只表示一个抽象的数据存储单元；二是仿真过程有区别，用软件仿真时 **reg** 是占用仿真环境中的物理内存的，**reg** 在被赋值之后，便一直保存在内存中，直到再次对其进行赋值，而 **wire** 是不占用仿真环境中的物理内存的，其值由当前所有驱动信号（**wire** 或 **reg**）来决定。

6.4　Verilog HDL 结构级建模

结构级建模就是根据逻辑电路的结构（逻辑图），例化 Verilog 中内置的基本门级元件、用户定义的元件或其他子模块，来描述逻辑图中的元件及元件之间的连接关系。下面讨论例化门级元件的建模方法。

Verilog 中内置了 12 个基本门级元件（Primitive，又称原语），例化这些基本门级元件对逻辑图进行描述也称为**门级建模**。

Verilog 规定门级元件的输出端口、输入端口必须为线网数据类型。在进行逻辑仿真时，输入端口可能取 **0**、**1**、**x** 和 **z** 这 4 个值之一，仿真软件会根据程序的描述立即给每个门的输出赋值。在模拟仿真过程中，当输入或输出不确定时（如它没有被赋值为 **0** 或 **1**），就赋给它一个不确定值 **x**；高阻态 **z** 用于三态门的输出，或者是一个没有任何连接的端口。下面分别介绍这些基本门级元件的名称、功能及其用法。

6.4.1　多输入门

Verilog 内置的具有多个输入端的逻辑门有 6 种，其名称为 **and**、**nand**、**or**、**nor**、**xor** 和 **xnor**。它们的共同特点是只允许有一个输出端，但可以有多个输入端。这 6 种逻辑门的原语名称、图形符号（以 2 输入端为例）和逻辑表达式（由操作数及运算符组成）如表 6.4.1 所示。

表 6.4.1　多输入门

原语名称	图形符号	逻辑表达式
and（与门）		$L = A \& B$
nand（与非门）		$L = \sim (A \& B)$
or（或门）		$L = A \mid B$
nor（或非门）		$L = \sim (A \mid B)$
xor（异或门）		$L = A \wedge B$
xnor（同或门）		$L = A \sim \wedge B$

多输入门的一般例化格式如下：

$$\text{Gate\_ name } \langle instance \rangle (\text{OutputA,Input1,Input2,}\cdots\text{,InputN)};$$

其中，Gate_name 为上述的 6 种原语名称之一，instance 为例化名（不需要声明，直接使用），可以省略。圆括号内列出了输入、输出端口，括号中左边的第一个端口必须为输出端口，其他端口均为输入端口。举例如下：

```
and   U1（out,in1,in2）;         // 例化 2 输入与门，U1 可以省略
xnor  U2（out,in1,in2,in3,in4）; // 例化 4 输入同或门，U2 可以省略
```

6.4.2　多输出门

buf（缓冲器）、**not**（反相器，非门）是 Verilog 内置的具有多个输出端的逻辑门，如图 6.4.1 所示。它们的共同特点是允许有多个输出，但只有一个输入。

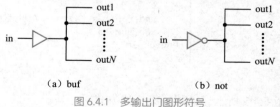

（a）buf　　　　　　　　　　　（b）not

图 6.4.1　多输出门图形符号

多输出门的一般例化格式如下：

```
buf   B1（out1,out2,…,in）;
not   N1（out1,out2,…,in）;
```

其中，例化名 B1、N1 可以省略。圆括号中最右边的端口为输入端口，其他端口为输出端口。

6.4.3 三态门

bufif1[1]、**bufif0**、**notif1** 和 **notif0** 是 Verilog 内置的三态门，如表 6.4.2 所示，其图形符号如图 6.4.2 所示。

表 6.4.2 三态门

原语名称	功能说明
bufif1	控制信号为高电平时，输出与输入相同；否则输出为 **z**
bufif0	控制信号为低电平时，输出与输入相同；否则输出为 **z**
notif1	控制信号为高电平时，输出与输入相反；否则输出为 **z**
notif0	控制信号为低电平时，输出与输入相反；否则输出为 **z**

三态门的一般例化格式如下：

bufif1 B1(out,in,ctrl);
bufif0 B0(out,in,ctrl);
notif1 N1(out,in,ctrl);
notif0 N0(out,in,ctrl);

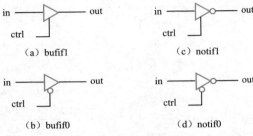

图 6.4.2 三态门图形符号

其中，例化名 B1、B0、N1、N0 可以省略。三态门有一个输出、一个数据输入和一个控制输入。三态门的输出可能为高阻态 **z**。

三态门的输出可以连在一起构成输出总线。对于这种连接，使用关键词 **tri**（三态）表示输出有多个驱动。

6.4.4 门级建模举例

例 6.4.1 半加器如图 6.4.3 所示，试用门级描述方式对它建模。

解 首先对电路的输入端口和输出端口进行声明，然后直接调用门级元件（省略实例名），得到图 6.4.4 所示的代码。

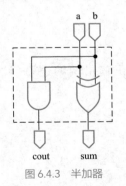

图 6.4.3 半加器

```
// 文件名:Half_Adder.v
module Half_Adder(//Verilog-2001 语法
    input a, b,
    output sum, cout
);
    and(cout, a, b);       // 电路功能描述
    xor(sum, a, b);
endmodule
```

图 6.4.4 半加器的门级描述

例 6.4.2 全加器如图 6.4.5 所示，试用门级描述方式对它建模。

解 全加器的门级描述代码如图 6.4.6 所示。

---

1 该关键词可分两部分理解，buf 是 buffer 的缩写，表示该元件完成缓冲器的功能；后面的 if1 表示完成该功能所需要的条件，即控制信号为逻辑 **1**。

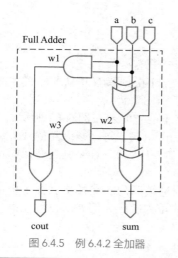

图 6.4.5　例 6.4.2 全加器

```
// 文件名: Full_Adder.v
module Full_Adder(
    input a, b, c,
    output cout, sum
);
 wire w1, w2, w3; // 电路内部节点
 and(w1, a, b);
 xor(w2, a, b);
 and(w3, w2, c);
 xor(sum, w2, c);
 or(cout, w1, w3);
endmodule
```

图 6.4.6　例 6.4.2 全加器的门级描述

6.4.5　分层次的电路设计方法

1. 设计方法

分层次的电路设计方法

在电路设计中，可以将一个比较复杂的数字电路划分成多个子模块，分别对每个子模块建模，然后将这些子模块组合成一个总模块，完成所需的功能。这就是分模块、分层次的电路设计方法。在 Verilog 中，也称为结构化设计方法。

分层次的电路设计通常有自顶向下（top-down）和自底向上（bottom-up）两种方法。自顶向下设计先定义顶层模块，再定义顶层模块中用到的子模块。而在自底向上设计中，底层的各个子模块首先被确定下来，然后这些子模块被组合起来构成顶层模块。

当一个子模块被其他模块例化时，就形成了层次化结构。这种层次表明了例化模块与被例化模块之间的关系，例化模块称为**父模块**，被例化的模块称为子模块，即包含子模块的模块是父模块。下面举例说明。

例 6.4.3　用两个半加器和一个**或**门可以构成全加器，如图 6.4.7 所示。试对它进行建模。

　　解　采用自底向上的设计方法。直接调用例 6.4.1 中的半加器作为子模块，再调用一个**或**门，就可以对 1 位全加器进行建模。其代码如图 6.4.8 所示。

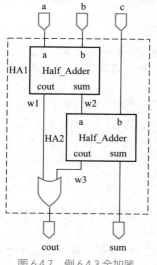

图 6.4.7　例 6.4.3 全加器

```
module Full_Adder1(
    input a, b, c,
    output cout, sum
);
    wire w1, w2, w3;
// 按位置顺序对应连接端口,
// 例化两个半加器: HA1,HA2
    Half_Adder HA1(a, b, w1, w2);
    Half_Adder HA2(w2, c, w3, sum);
    or #2(cout, w1, w3);
endmodule
```

图 6.4.8　例 6.4.3 全加器的门级描述

2. 模块例化语句

模块例化语句的格式如下：

$$module\_name \quad instance\_name(port\_associations);$$

其中，module_name 为子模块名；instance_name 为例化名；port_associations 为父模块与子模块之间端口信号的关联方式，通常有位置关联法和名称关联法。

父模块例化子模块时，通过模块名完成例化过程，且例化名不能省略。在例 6.4.3 所示的 1 位全加器中，顶层模块 Full_Adder1 内部有 2 条例化（也称为调用）语句，每一条语句的开头都是被例化子模块的名字 Half_Adder，后面紧跟着的是实例名（HA1、HA2），且实例名在父模块中必须是唯一的。

父模块与子模块的端口信号是按照位置（端口排列次序）对应关联的。父模块例化子模块时可以使用一套新端口，也可以使用旧端口，但必须注意端口的排列次序。例如，在例化语句 Half_Adder HA1（a, b, w1, w2）中，端口信号的对应关系如下：

父模块端口		子模块端口
a	←→	a
b	←→	b
w1	←→	cout
w2	←→	sum

对于端口较少的 Verilog 模块，使用这种方法比较方便。当端口较多时，建议采用名称关联法。

以图 6.4.8 中第 2 个半加器子模块的例化为例，图 6.4.9 所示为端口名称关联法。带有圆点的名称（如 .a、.b、.cout 等）是定义子模块时使用的端口名称，写在圆括号内的名称（如 w2、c、sum 等）是父模块中使用的新名称。用这种方法例化子模块时，直接通过名称建立模块端口的连接关系，不需要考虑端口的排列次序。

另外，端口关联时允许某些端口不连接，方法：让不需要连接的端口位置为空白，但端口的逗号分隔符不能省略。在进行逻辑综合时，未连接输入端口的值被设置为高阻态（z），未连接的输出端口不被使用。

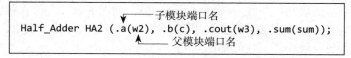

图 6.4.9　模块端口的名称关联法

关于模块例化的注意事项如下。

（1）模块只能以例化的方式嵌套在其他模块内，嵌套的层次是没有限制的，但不能在一个模块内部使用关键词 **module** 和 **endmodule** 去定义另一个模块，也不能以循环方式嵌套模块，即不能在 **always** 块内部例化子模块。

（2）例化的子模块可以是一个设计好的 Verilog 文件（即一个设计模块），也可以是 FPGA 元件库中的一个元件或嵌入式元件功能块，或者是用别的 HDL（如 VHDL、AHDL 等）设计的元件，还可以是 IP（Intellectual Property，知识产权）核模块。

（3）在一条例化子模块的语句中，不能一部分端口用位置关联法，另一部分端口用名称关联法，即不能混合使用这两种方式建立端口之间的连接。

（4）关于端口连接时对数据类型的一些规定。

在父模块与子模块中，端口的数据类型必须遵守图 6.4.10 所示的规定。图中，外面较大的方框代表父模块，里面较小的方框代表子模块。

在子模块中，输入端口的数据类型只能是 **wire** 型，外部父模块的端口则可以是 **reg** 型或 **wire** 型。

图 6.4.10 父模块与子模块中端口数据类型的规定

在子模块中，输出端口可以是 **reg** 型或 **wire** 型，而外部父模块的端口只能是 **wire** 型，不能是 **reg** 型。

不管是在子模块还是父模块中，双向端口都必须是 **wire** 型。另外，在 Verilog 中允许父模块、子模块的端口位宽不同，但仿真器会给出警告信息，提醒用户确认是否正确。

例 6.4.4 根据图 3.4.31，描述 4 位串行进位全加器的逻辑功能。

解 4 位串行进位全加器是由 4 个 1 位全加器子模块构成的。这里，直接例化例 6.4.3（或例 6.4.2）中的子模块进行描述。其结构化描述代码如图 6.4.11 所示。

```
//************ 4 位全加器（参考图 3.4.31）************
module _4bit_adder (input [3:0] A, B, input C0,
                    output [3:0] S,   output C4
);
   wire C1, C2, C3;  // 声明模块内部的连线
   Full_Adder1 FA0 (A[0], B[0], C0, C1, S[0]);       // 例化子模块
   Full_Adder1 FA1 (A[1], B[1], C1, C2, S[1]);       // 按照位置顺序对应连接端口
   Full_Adder1 FA2 (A[2], B[2], C2, C3, S[2]);
   Full_Adder1 FA3 (A[3], B[3], C3, C4, S[3]);
endmodule
```

图 6.4.11 4 位串行进位全加器的结构化描述

由于子模块 Full_Adder1 是由两个半加器和一个**或**门构成的，因此可以用图 6.4.12 来表示该例的层次化结构。

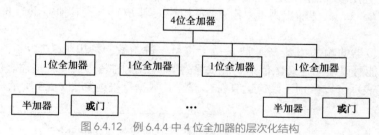

图 6.4.12 例 6.4.4 中 4 位全加器的层次化结构

6.5 Verilog HDL 数据流建模

6.5.1 数据流建模语法

在 Verilog 中，数据流建模使用连续赋值语句。连续赋值取代了门级描述中的逻辑门，并以

更高的抽象级别描述电路。赋值语句以关键词 **assign** 开头，后面跟着由操作数和运算符等组成的逻辑表达式。一般格式如下：

assign net_name = 逻辑表达式；

assign 表示连续赋值，赋值语句的等号左侧是目标信号，它必须是线网数据类型，并且必须在赋值之前进行声明；右侧是逻辑表达式，表达式中的操作数可以包含寄存器（标量或向量）、线网、常量或函数调用。

连续赋值语句始终处于活动状态。只要右侧任何一个操作数发生变化，逻辑表达式的值就会立即被计算出来，并被赋给左侧的线网。例如：

```
assign F1=A;              // 信号 A 有任何变化，F1 的值都会更新
assign F2=1'b0;           // 将 0 赋给 F2
assign F3=8'hAA;          // F3 是一个 8 位线网，被赋的值为 10101010
```

数据流建模提供了使用逻辑表达式描述电路的一种方式。它不必考虑电路的组成及元件之间的连接，是描述组合逻辑电路常用的一种方法。

例 6.5.1 试用数据流描述方式对 2 线—4 线译码器建模。

解 根据 2 线—4 线译码器的逻辑表达式，使用 4 条连续赋值语句进行描述，每个输出对应一条语句。其数据流描述如图 6.5.1 所示。

```
module Decoder_2to4_df(
    input A0, A1, E,
    output [3:0] Y
);
    assign Y[0] = ~(~A1 & ~A0 & ~E);
    assign Y[1] = ~(~A1 & A0 & ~E);
    assign Y[2] = ~(A1 & ~A0 & ~E);
    assign Y[3] = ~(A1 &A0 & ~E);
endmodule
```

图 6.5.1　2 线—4 线译码器的数据流描述

例 6.5.2 数值比较器如图 6.5.2 所示，其逻辑功能：若 $A < B$，则 $LT = 1$，其他输出为 **0**；若 $A > B$，则 $GT = 1$，其他输出为 **0**；若 A、B 相等，则 $EQ = 1$，其他输出为 **0**。试用数据流描述方式来建模。

解 数值比较器的输入（A、B）是 n 位无符号二进制数，输出（GT、EQ、LT）均为 1 位。数值比较器的功能可以使用连续赋值语句和关系运算符组成的表达式进行描述。注意，相等要用双等号 "$==$" 来表示，以区别于赋值运算符 "$=$"。其数据流描述如图 6.5.3 所示。

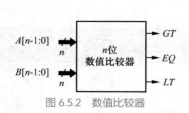

图 6.5.2　数值比较器

```
module Comparator #(parameter n)
    (input [n-1:0] A, B,
    output GT, EQ, LT
);
    assign GT =(A > B);
    assign EQ =(A == B);
    assign LT =(A < B);
endmodule
```

图 6.5.3　数值比较器的数据流描述

这里，数值比较器带有一个参数 n，在例化该模块时，可以更改参数的值。例如：

```
Comparator #（16）comp16（A1, B1, GT1, EQ1, LT1）;      // 例化 16 位的数值比较器（参数 n=16）
Comparator #（32）comp32（A2, B2, GT2, EQ2, LT2）;      // 例化 32 位的数值比较器（参数 n=32）
Comparator comp4（A, B, GT, EQ, LT）;                  // 错误
```

最后一行出错的原因是在子模块中定义参数时没有给 n 赋初值，所以在例化时，必须明确地给出参数 n 的值。

6.5.2 带有参数的组合逻辑电路建模

编写 Verilog 模块时，允许通过关键词 **parameter** 将常量定义成参数。在编译期间，允许将一组不同的参数值传递给每个子模块，而不管预定义的参数值。更改参数值的方法有两种：通过 **defparam** 语句改变参数值或直接在例化子模块时给参数赋值。下面举例说明。

例 6.5.3 试用 **parameter** 语句对 4 位加法器的行为进行描述，然后在一个顶层模块中例化该模块，描述一个 8 位加法器和一个 16 位加法器。

解 带参数的 4 位加法器子模块如图 6.5.4 所示。其逻辑功能用一条连续赋值语句进行描述，加号 "+" 表示二进制加法，由于被加数和加数都是 4 位的，而低位来的进位为 1 位，所以运算的结果可能为 5 位，用 {Co,S} 表示运算结果。

顶层模块的代码如图 6.5.5 所示。由于子模块 adder 中参数 n 的默认值为 4，所以顶层模块 adder_top1 在例化子模块 adder 时，要将参数 n 的值分别更改成 8 和 16。可以在顶层模块中使用 **defparam** 语句

$$\text{defparam U1.}n = 8;$$

将 adder 实例 U1 中 n 的值设置为 8。类似地，语句

$$\text{defparam U2.}n = 16;$$

将实例 U2 中 n 的值设置为 16。

```
// 带参数的 4 位加法器
module adder #(parameter n=4 )
 (
  input [n-1:0] A,B,
  input Ci,
  output [n-1:0] S,
  output Co
);
  assign {Co,S} = A + B + Ci;

endmodule
```

图 6.5.4　4 位加法器

```
module adder_top1 (
  input [7:0] A1,B1,
  input [15:0] A2,B2,
  input Cin1,Cin2,
  output [7:0] Sum1,
  output [15:0] Sum2,
  output Cout1,Cout2
);
  adder U1(A1,B1, Cin1, Sum1, Cout1);
  defparam U1.n = 8;
  adder U2(A2,B2, Cin2, Sum2, Cout2);
  defparam U2.n = 16;
endmodule
```

图 6.5.5　更改参数值的一个例子

另一种更改参数值的方式是在顶层模块中直接使用运算符 #，方法是在子模块名后面的括号中写上新的参数值 [这里是 #（8）和 #（16）]，如图 6.5.6 所示。

图 6.5.7 所示为图 6.5.6 中代码的另一种版本。这里仍然使用运算符 #，但通过 #（.n（8））和 #（.n（16））写出了原参数名 n，同时，还明确地给出了子模块的端口名称。图 6.5.7 中的代码较长，但表述较为清楚，是一种值得推荐的编写代码的风格。

```
module adder_top2 (
  input [7:0] A1,B1,
  input [15:0] A2,B2,
  input Cin1,Cin2,
  output [7:0] Sum1,
  output [15:0] Sum2,
  output Cout1,Cout2
);
  // 按位置顺序关联端口
  adder #(8) U1 (A1,B1, Cin1,
      Sum1, Cout1);

  adder #(16) U2 (A2,B2, Cin2,
      Sum2, Cout2);

endmodule
```

图 6.5.6 采用运算符 # 更改参数值

```
module adder_top3 (
  input [7:0] A1,B1, input [15:0] A2,B2,
  input Cin1,Cin2,  output [7:0] Sum1,
  output[15:0] Sum2, output Cout1,Cout2
  );
  adder #(.n(8)) U1 (
        .A(A1),
        .B(B1),
        .Ci(Ci1),
        .S( Sum1),
        .Co( Cout1)
  );
  adder #(.n(16)) U2 (
        .A(A2),
        .B(B2),
        .Ci(Cin2),
        .S(Sum2),
        .Co(Cout2)
  );
endmodule
```

图 6.5.7 按名称关联端口及参数

例 **6.5.4** 2 选 1 数据选择器如图 6.5.8 所示，试用数据流描述方式进行建模。

解 数据选择器的输入（A、B）和输出 Z 均为 n 位向量，输入 sel 是标量。可以使用条件运算符进行描述。其数据流描述如图 6.5.9 所示。

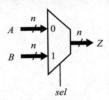

图 6.5.8 2 选 1 数据选择器

```
module Mux2 #(parameter n = 1)
  (input [n-1:0] A, B, input sel,
      output [n-1:0] Z);
    assign Z =(sel == 0)? A : B;
endmodule
```

图 6.5.9 2 选 1 数据选择器的数据流描述

例 **6.5.5** 4 选 1 数据选择器如图 6.5.10 所示，试用数据流描述方式进行建模。

解 这里仍然使用条件运算符进行描述。在使用时，条件运算符是可以嵌套的。其数据流描述如图 6.5.11 所示。

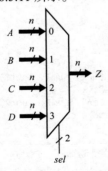

图 6.5.10 4 选 1 数据选择器

```
module Mux4 #(parameter n = 1)
  (input [n-1:0] A, B, C, D,
    input [1:0] sel,
    output [n-1:0] Z);
  assign Z =(sel == 'b00)? A :
            (sel == 'b01)? B :
            (sel == 'b10)? C : D;
endmodule
```

图 6.5.11 4 选 1 数据选择器的数据流描述

6.5.3 Verilog HDL 运算符

数据流描述会用到运算符，运算符也称为操作符。下面介绍 Verilog 中定义的运算符，如表 6.5.1 所示。这些运算符可对 1 个、2 个或更多操作数进行运算。

表 6.5.1　Verilog HDL 运算符

运算符类型	运算符及功能	操作数个数
算术运算符	+（正号和二元加），-（负号和二元减）， *（乘），/（除），%（取余数），**（指数）	1 或 2 2
关系运算符	<（小于），>（大于），<=（小于或等于），>=（大于或等于）	2
相等运算符	==（逻辑相等），!=（逻辑不等） ===（条件全等），!==（条件不全等）	2 2
逻辑运算符	!（逻辑非）， &&（逻辑与），‖（逻辑或）	1 2
按位运算符	~（按位非）， &（按位与），|（按位或）， ^（按位异或），^~ / ~^（按位异或非 / 按位同或）	1 2 2
缩位运算符	&（缩位与），~&（缩位与非）， |（缩位或），~|（缩位或非）， ^（缩位异或），^~ / ~^（缩位异或非 / 缩位同或）	1 1 1
移位运算符	<<（逻辑左移），>>（逻辑右移） <<<（算术左移），>>>（算术右移）	2 2
条件运算符	?：（条件运算符）	3
拼接和复制运算符	{}（位拼接符），{{}}（复制运算符）	大于或等于 2

Verilog 中大多数运算符的语义和句法与 C 语言中的类似，但也新增加了一些运算符。另外需要注意，Verilog 中没有自加运算符（++）和自减运算符（--）。下面对运算符进行说明。

1. 算术运算符

算术运算符又称为二进制运算符。二元的 "+" "-" 表示两个操作数相加、相减；一个数的左边带有 "+" 或 "-"，则表示正数或负数，并且一元的 "+" 和 "-" 具有最高的优先级别。

在进行算术运算时，如果某个操作数的某一位为 x（不确定值）或 z（高阻态），则运算结果为 x。例如，'b101x+'b0111，结果为 'b1bxxxx。

两个整数进行除法运算时，结果为整数，小数部分被截去。例如，6/4 结果为 1。

两个整数取余数（%）运算得到的结果为两数相除后的余数，余数的符号与第一个操作数的符号相同。例如，-7%2 结果为 -1，7%-2 结果为 +1，8%4 结果为 0。

在进行算术运算和赋值时，需要注意哪些操作数为无符号数，哪些操作数为有符号数。一般来说，无符号数保存在线网、**reg** 型变量或没有 **s** 标记的基数格式表示的整数中；有符号数保存在 **integer** 型变量、有符号的 **reg** 型变量、有符号的线网、十进制整数或有 **s** 标记的基数格式表示的整数中。

在 Verilog 内部，负数是用其二进制补码来表示的。建议读者使用整数或实数来表示负数，而避免使用基数格式来表示负数。这是因为它们将被转换为无符号的 2 的补码形式，可能产生意想不到的结果。举例如下：

```
// 建议使用整型数和实型数
-10 / 5     ;        // 等于 -2

// 不要使用基数格式来表示负数
-'d10 / 5;           // 结果为 (10 的二进制补码 ) ÷ 5 =(2^32-10)/5
                     // 假定机器字长为 32 位，计算得到的结果与预期不符，容易出错
```

2. 关系运算符

关系运算符包括"<"（小于）、">"（大于）、"<="（小于或等于）和">="（大于或等于）4 种。关系运算的结果为真（值为 **1**）或假（值为 **0**）；如果操作数中有一位为 **x** 或 **z**，则结果为 **x**。

两个有符号的数进行比较时，若操作数的位宽不同，则用符号位将位宽较小操作数的位数补齐。例如：

```
4'sb1011 <= 8'sh1A  // 等价于 8'sb1111_1011 <=8'sh1A，结果为真
```

如果表达式中有一个操作数为无符号数，则该表达式的其余操作数均被当作无符号数处理。例如：

```
(4'sd9*4'd2) < 4    // 结果为假（18 < 4）
(4'sd9*2) < 4       // 结果为真，两个操作数（4'sd9、2）均为有符号数，即 -18 < 4
```

3. 相等运算符

相等运算符（Equality Operators）包括逻辑等式运算符和 case 等式运算符 2 种。

"=="（logical equality，逻辑相等）和"!="（logical inequality，逻辑不等）又称为逻辑等式运算符，其运算结果可能是逻辑值 **0**、**1** 或 **x**（不确定值）。当参与比较的两个操作数不相等时，则不等关系成立。而"=="逐位比较两个操作数对应位的值是否相等，如果相应位的值都相等，则相等关系成立，返回逻辑值 **1**，否则返回逻辑值 **0**。若任何一个操作数中的某一位为不确定值 **x** 或高阻态 **z**，则结果为 **x**。

"==="（case equality，条件全等）和"!=="（case inequality，条件不全等）常用于 **case** 表达式的判别，所以又称为 case 等式运算符，其运算结果是逻辑值 **0** 或 **1**。

两个操作数的对应位不完全一致，则不全等关系成立。而"==="允许操作数的某些位为 **x** 或 **z**，只要参与比较的两个操作数对应位的值完全相同，则全等关系成立，返回逻辑值 **1**，否则返回逻辑值 **0**。

下面是相等运算的一些例子。假设 A=4'b**1010**，B=4'b**1101**，M=4'b**1xxz**，N=4'b**1xxz**，Z=4'b**1xxx**，则有如下运算结果。

$A==B$	$A!=B$	$A==M$	$A===M$	$M===N$	$M===Z$	$M!==Z$
0	**1**	x	**0**	**1**	**0**	**1**

4. 逻辑运算符

逻辑运算符共有"!"（逻辑非）、"&&"（逻辑与）、"||"（逻辑或）3 种。"!"为一元运算符，而"&&"和"||"为二元运算符。其运算规则如下：

（1）逻辑运算的结果为 1 位：**1** 代表逻辑真，**0** 代表逻辑假，**x** 表示不确定。

（2）如果操作数是 1 位数，则 **1** 表示逻辑真，**0** 表示逻辑假。如果操作数由多位组成，则将操作数作为一个整体看待，将非零的数作为逻辑真处理，将每位均为 **0** 的数作为逻辑假处理。注意，如果操作数中有一位为 **x** 或 **z**，则运算结果为 **x**，而仿真器一般将其作为逻辑假处理。

（3）操作数可以是寄存器型变量，也可以是表达式。

下面是逻辑运算的一些例子。假设 A=4'b**1010**（逻辑 **1**），B=4'b**1101**（逻辑 **1**），C=4'b**0000**，D=2'b**1x**，则有如下运算结果。

$!A$	$A \&\& B$	$A \| B$	$A \&\& C$	$A \| C$	$A \&\& D$	$!D$
0	**1**	**1**	**0**	**1**	x	x

5. 按位运算符

按位运算符（Bitwise Operators）包括"~"（按位非，按位取反）、"&"（按位与）、"|"（按

位**或**）、"^"（按位**异或**）、"^ ～" / "～ ^"（按位**异或非** / 按位**同或**）5 种。"～"只有一个操作数，它对操作数的每一位执行取反操作，其他按位运算符为二元运算符。

二元按位运算符对两个操作数中的每一对应位进行按位操作，原来的操作数有几位，运算的结果仍为几位。如果两个操作数的位宽不相等，则仿真软件会自动将短操作数的左端高位部分以 0 补足（注意，如果短操作数的最高位是 x，则扩展得到的高位也是 x）。按位运算符的运算规则如表 6.5.2 ～表 6.5.6 所示。

表 6.5.2　按位与运算符的运算规则

& （与）		操作数 1			
		0	1	x	z
操作数 2	0	0	0	0	0
	1	0	1	x	x
	x	0	x	x	x
	z	0	x	x	x

表 6.5.3　按位或运算符的运算规则

| （或）		操作数 1			
		0	1	x	z
操作数 2	0	0	1	x	x
	1	1	1	1	1
	x	x	1	x	x
	z	x	1	x	x

表 6.5.4　按位异或运算符的运算规则

^ （异或）		操作数 1			
		0	1	x	z
操作数 2	0	0	1	x	x
	1	1	0	x	x
	x	x	x	x	x
	z	x	x	x	x

表 6.5.5　按位同或运算符的运算规则

～ ^ （同或）		操作数 1			
		0	1	x	z
操作数 2	0	1	0	x	x
	1	0	1	x	x
	x	x	x	x	x
	z	x	x	x	x

表 6.5.6　按位非运算符的运算规则

～ （非）	操作数			
	0	1	x	z
结果	1	0	x	x

下面是按位运算的一些例子。假设 A=4'b**1010**，B=4'b**1101**，C=4'b**10x1**，则有如下运算结果。

$A \& B$	$A \| B$	$A \wedge B$	$A \wedge \sim B$	$A \& C$	$\sim A$	$\sim C$
4'1000	4'1111	4'0111	4'1000	4'10x0	4'b0101	4'b01x0

注意，按位运算符 "～" "&" "|" 与逻辑运算符 "!" "&&" "||" 是完全不同的。逻辑运算符执行逻辑操作，运算结果是 1 位逻辑值 0、1 或 x；按位运算符产生一个跟长操作数位宽相等的值，该值的每一位都是两个操作数按位运算的结果。举例如下：

```
// X = 4'b1010，Y = 4'b0000
X | Y        // 按位运算，结果为 4'b1010
X || Y       // 逻辑运算，等价于 1 || 0，结果为 1
```

6. 缩位运算符

缩位运算符也称为缩减运算符（Reduction Operator），包括 "&"（缩位与）、"～ &"（缩位与非）、"|"（缩位或）、"～ |"（缩位或非）、"^"（缩位**异或**）、"^ ～" / "～ ^"（缩位**异或非** / 缩位**同或**）6 种。

缩位运算仅对一个操作数进行运算，并产生 1 位逻辑值。运算时，按照从右到左的顺序依次对所有位进行运算。假设 A 是 1 个 4 位 **reg** 型变量，它的 4 位从左到右分别是 $A[3]$、$A[2]$、$A[1]$、$A[0]$，则对 A 进行缩位运算时，先对 $A[1]$ 和 $A[0]$ 进行运算，得到 1 位的结果，再将这个结果与 $A[2]$ 进行运算，其结果再接着与 $A[3]$ 进行运算，最终得到的结果为 1 位，因此这类运算被形象地称为缩位运算。

"~ &" 的运算结果是各位进行缩位**与**运算后的结果取反。类似地，"~ |" 是缩位**或**运算的结果取反，"~ ^" 是缩位**异或**运算的结果取反。如果操作数的某一位为 **x**，则缩位运算的结果为 **x**。

下面是缩位运算的一些例子。假设 $A=$ 4'b**1010**，则有如下运算结果。

&A	|A	~ &A	~ |A	^A	~ ^A
1'b0	1'b1	1'b1	1'b0	1'b0	1'b1

7. 移位运算符

移位运算符包括 "<<"（逻辑左移）、">>"（逻辑右移）、"<<<"（算术左移）和 ">>>"（算术右移）4 种。移位运算符的功能是将移位运算符左侧的向量操作数向左或向右移动，移动的位数由右侧的操作数指定。若右侧操作数的值为 **x** 或 **z**，则移位运算的结果必定为 **x**。

对于逻辑移位运算符来说，向量被移位之后，所产生的空位总是使用 **0** 填充，而不是循环（首尾相连）移位。

对算术移位运算符来说，向左移位时，所产生的空位总是使用 **0** 填充，向右移动时，若移位运算符左侧的操作数为无符号数，则产生的空位填 **0**，若该操作数是有符号数，则产生的空位总是符号位（即有符号数的最高位）。举例如下：

```
// X = 4'b1100
Y = X >>1;              // 右移 1 位，最高位填 0，结果为 Y = 4'b0110
Y = X << 2;             // 左移 2 位，最右边 2 位填 0，结果为 Y = 4'b0000

integer a, b, c;        // 有正、负号的数据类型
a = 0;
b = -10;                // 二进制表示为 1111 1111 1111 1111 1111 1111 1111 0110
c = a +(b>>>3);         // 结果为 c=-2。b 算术右移 3 位后，
                        //b=1111 1111 1111 1111 1111 1111 1111 1110
```

8. 条件运算符

条件运算符（?:）作用于 3 个操作数。其使用格式如下：

$$condition\_expr ? true\_expr : false\_expr;$$

执行过程：计算 condition_expr（条件表达式）的值，如果为真（即值为 **1**），则选择 true_expr（真表达式）计算；如果为假（即值为 **0**），则选择 false_expr（假表达式）计算；如果为 **x** 或 **z**，则两个表达式都进行计算，然后对两个结果进行逐位比较，相等则结果中该位的值为操作数中该位的值，不相等则结果中该位的值取 **x**。

条件运算符可以嵌套使用，即每个真表达式和假表达式本身也可以是条件表达式。

9. 拼接和复制运算符

拼接运算符（Concatenation Operator）是 Verilog 中一种比较特殊的运算符，其作用是把两个或多个信号中的某些位拼接在一起进行运算。其使用格式如下：

{ 信号 1 的某几位，信号 2 的某几位，…，信号 n 的某几位 }

即把几个信号的某些位详细地列出来，中间用逗号隔开，最后用大括号括起来表示一个完整信号。

注意，拼接运算符的每个操作数必须是有确定位宽的数。由于常数的位数是未知的，因此拼接操作中不允许出现未指定位宽的常数。举例如下：

```
reg A;
reg [1:0] B, C;
A=1'b1; B=2'b00; C=2'b10;
Y={B, C};                      // 结果 Y = 4'b0010
Y={A, B[0], C[1], 1'b1};       // 结果 Y = 4'b1011。注意，常数的位宽不能缺省
Z={A, B, 5};                   // 非法，因为常数 5 的位宽不确定
```

如果需要多次拼接同一个操作数，则可以使用复制运算符（Replication Operator）。其使用格式为 {n{A}}，这里 A 是被拼接的操作数，n 是重复的次数，它表示将 A 拼接 n 次。n 用常数来表示，该常数指定了其后大括号内变量的重复次数。举例如下：

```
reg A;
reg [1:0] B, C;
A=1'b1; B=2'b00; C=2'b10;
Y={4{A}};                      // 结果 Y = 4'b1111
Y={2{A}, 2{B}, C};             // 结果 Y = 8'b1100_0010
```

重复的次数也可以被参数化，例如：

```
parameter LENGTH = 8;
Y={LENGTH{1'b0}};              // 结果 Y = 8'b0000_0000
```

6.5.4 运算符的优先级别

下面讨论运算符的优先级别。如果不使用圆括号将表达式的各个部分分开，则 Verilog 将根据运算符的优先级别对表达式进行计算。表 6.5.7 所示为按照优先级别从高至低的顺序列出的运算符。

表 6.5.7 运算符的优先级别

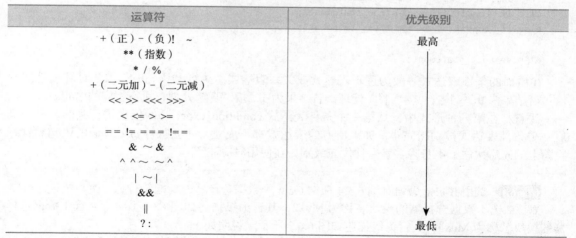

运算符	优先级别
+（正）-（负）! ~	最高
**（指数）	
* / %	
+（二元加）-（二元减）	
<< >> <<< >>>	
< <= > >=	
== != === !==	
& ~&	
^ ^~ ~^	
	~|	
&&	
?:	最低

在表达式中，除条件运算符从右向左关联外，其余所有的运算符均为从左向右关联。举例如下：

```
A + B - C          // 等价于 (A + B)- C
A ? B : C ? D : E  // 等价于 A ? B :(C ? D : E)
```

表达式加上圆括号，可以改变运算的优先顺序。建议读者使用圆括号将表达式各部分分开。例如，(A ? B : C)? D : E。

6.6 Verilog HDL 行为级建模

使用 Verilog 提供的逻辑门元件和数据流描述方式对单元电路进行建模是比较方便的，但电路较复杂时，这种方式的效率不高。本节将介绍行为级描述，即对一个电路输入、输出的行为（即逻辑功能）进行描述。对于不太熟悉或不太喜欢逻辑图的人来说，这种描述风格的 Verilog 代码是最佳选择。

6.6.1 行为级建模基础

在 Verilog 中，行为级建模通常会用到条件语句、多路分支语句和循环语句等，这些语句只能放在 **initial** 块或 **always** 块的内部，通常称为过程性赋值语句。下面结合组合逻辑电路的建模，介绍这些语句的用法。

1. 条件语句

条件语句根据条件表达式的真假确定下一步要进行的运算。Verilog 中有 3 种形式的条件语句。
（1）第一种形式格式如下：

if（condition_expr）true_statement;

（2）第二种形式格式如下：

if（condition_expr）true_statement;
else fale_ statement;

（3）第三种形式格式如下：

if（condition_expr1）true_statement1;
else if（condition_expr2）true_statement2;
else if（condition_expr3）true_statement3;
…
else default_statement;

if 后面的条件表达式一般为逻辑表达式或关系表达式。执行 **if** 语句时，首先计算表达式的值：若结果为 **0**、**x** 或 **z**，按"假"处理；若结果为 **1**，按"真"处理，执行相应的语句。

注意，在第三种形式中，从第一个条件表达式 condition_expr1 开始依次进行判断，直到最后一个条件表达式被判断完毕，如果所有的表达式都不成立，才会执行 **else** 后面的语句。这种判断上的先后次序，本身隐含着一种优先级别，在使用时应注意。

例 6.6.1 试用 **if-else** 语句对例 6.5.4 和例 6.5.5 中数据选择器的功能（行为）进行描述。

解 2 选 1 数据选择器的模块名称为 Mux2，其行为级描述如图 6.6.1 所示。4 选 1 数据选择器的模块名称为 Mux4，其行为级描述如图 6.6.2 所示。说明如下。

（1）用 **always** 块描述硬件电路的逻辑功能时，符号 @ 之后的圆括号中是"敏感信号列表"。多个敏感信号之间用逗号进行分隔，在 Verilog-1995 中，也可以用关键词 **or** 代替逗号。例如，@（A, B, sel）可以写成 @（A **or** B **or** sel）。

（2）对组合逻辑电路来说，所有的输入信号都是敏感信号，应该被写在圆括号内。为了简单，可以像图 6.6.2 中那样写成 @（*）或 @*，它表示在 **always** 块内读取的所有输入信号自动敏感。

（3）过程赋值语句只能给寄存器型变量赋值，因此输出 Y 的数据类型被定义成 **reg**。

（4）**begin** 和 **end** 用来将多条过程赋值语句包围起来，组成一个语句块，块内的语句按照排列的先后顺序依次执行，因而，由 **begin…end** 界定的多条语句被称为顺序语句块（简称顺序块或串行块）。"块名"是给顺序块取的名字，可以使用任何合法的标识符。取了名字的块被称为**有名块**。

（5）当 **begin** 和 **end** 之间只有一条语句，且没有定义局部变量时，可以省略关键词 **begin** 和 **end**。

```
module Mux2 #(parameter n = 1)
   (input [n-1:0] A, B,
    input sel,
    output reg [n-1:0] Y
   );
   // 输出 Y 必须是 reg 型
   always @(A, B, sel)
   begin:mymux
    if(sel == 0)Y = A;
    else Y = B;
   end
endmodule
```

图 6.6.1 2 选 1 数据选择器的行为级描述

```
module Mux4 #(parameter n = 1)
  (  input [n-1:0] A, B, C, D,
     input [1:0] sel,
     output reg [n-1:0] Y);
 // @(*) 等同于 @(A, B, C, D, sel)
   always @(*)begin
    if(sel == 'b00)Y = A;
    else if(sel == 'b01)Y = B;
    else if(sel == 'b10)Y = C;
    else Y = D;
  end
endmodule
```

图 6.6.2 4 选 1 数据选择器的行为级描述

例 6.6.2 试用 **if-else** 语句对 4 线—2 线优先编码器的行为进行描述。

解 4 线—2 线优先编码器的模块名称为 Priority_Encoder4x2，输入 *In* 为 4 位向量，输出 *Y* 为 2 位向量，输出 *V* 指示输出的编码是否为有效编码。其行为级描述如图 6.6.3 所示。

```
module Priority_Encoder4x2(
    input [3:0] In,
    output reg V,
    output reg [1:0] Y
);
  always @(In)begin
   if(In[3])          {V, Y} = 3'b111;
   else if(In[2])     {V, Y} = 3'b110;
   else if(In[1])     {V, Y} = 3'b101;
   else if(In[0])     {V, Y} = 3'b100;
   else               {V, Y} = 3'b000;
  end
endmodule
```

图 6.6.3 4 线 -2 线优先编码器的行为级描述

2. 多路分支语句

case 语句是一种多路分支语句，一般格式如下：

```
case（case_expr）
   item_expr1: statement1;
   item_expr2: statement2;
   …
   default: default_statement; //default 语句可以省略
endcase
```

执行时，首先计算 case_expr 的值，然后依次与各分支项中表达式的值进行比较：如果 case_expr 的值与 item_expr1 的值相等，就执行语句 statement1；如果 case_expr 的值与 item_expr2 的值相等，就执行语句 statement2……如果 case_expr 的值与所有列出来的分支项的值都不相等，就执行语句 default_statement。

注意事项如下。

（1）每个分支项中的语句可以是单条语句，也可以是多条语句。如果是多条语句，必须在多条语句的最前面写上关键词 **begin**，在这些语句的最后写上关键词 **end**，这样多条语句就成了一个整体，组成顺序语句块。

（2）每个分支项表达式的值必须各不相同，一旦判断到 case_expr 的值与某分支项的值相同并执行了相应语句，**case** 语句的执行便结束了。

（3）如果某几个连续排列的分支执行同一条语句，则这几个分支项表达式之间可以用逗号分隔，将语句写在这几个分支项表达式的最后一个之中。

例 6.6.3 对图 6.6.4 所示的算术逻辑运算单元的行为进行描述。

解 算术逻辑运算单元是计算机中微处理器的核心功能部件之一，除了能完成加、减算术运算外，还能完成与、或等逻辑运算。这里，使用 **case** 语句对其功能进行描述，如图 6.6.5 所示。

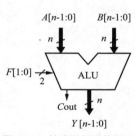

图 6.6.4 算术逻辑运算单元

```
module ALU #(parameter n = 16)
(input [n-1:0] A, B, input [1:0] F,
 output reg [n-1:0] Y, output reg Cout
);
    always @(*)begin // @(*)is @(A, B, F)
        case(F)
        2'b00:   {Cout,Y} = A+B;
        2'b01:   {Cout,Y} = A-B;
        2'b10:   {Cout,Y} = A&B;
        default: {Cout,Y} = A|B;
        endcase
    end
endmodule
```

图 6.6.5 算术逻辑运算单元的行为级描述

case 语句还有两种变体，即 **casez** 语句和 **casex** 语句。在 **casez** 语句中，z 被视为无关值，如果比较的双方（case_expr 的值与 item_expr 的值）有一方的某一位的值是 z，就不考虑该位的比较，即认为这一位的比较结果永远为"真"，因此只需关注其他位的比较结果。在 **casex** 语句中，z 和 x 都被视为无关值，对比较双方（case_expr 的值与 item_expr 的值）出现 z 或 x 的相应位均不予考虑。注意，无关值可以用"？"表示。除了用关键词 **casez** 或 **casex** 来代替 **case**，**casez** 语句和 **casex** 语句的用法与 **case** 语句的用法相同。

例 6.6.4 试用 **casez** 语句对 4 线—2 线优先编码器的行为进行描述。

解 假设该 4 线—2 线优先编码器的功能和端口跟例 6.6.2 相同，其行为级描述如图 6.6.6 所示。

```
module Priority_Encoder4x2
        (input [3:0] In, output reg V, output reg [1:0] Y);
    always @(In)begin
        casez(In)   // 使用 casez，根据输入值，实现优先编码器的功能
        4'b1???: {V, Y} = 2'b111;  // 用? 代替 z，表示无关值
        4'b01??: {V, Y} = 2'b110;
        4'b001?: {V, Y} = 2'b101;
        4'b0001: {V, Y} = 2'b100;
        default: {V, Y} = 2'b000;
        endcase
    end
endmodule
```

图 6.6.6 4 线—2 线优先编码器的行为级描述

3. 循环语句

Verilog 提供了以下 4 种类型的循环语句：**forever** 循环语句、**repeat** 循环语句、**while** 循环语句和 **for** 循环语句。所有循环语句都只能在 **initial** 块或 **always** 块内部使用。

（1）**forever** 循环语句。

forever 循环语句是一种无限循环语句，其格式如下：

forever 语句块

该语句不停地循环执行后面的语句块。一般在语句块内部要使用某种形式的时序控制结构，否则，Verilog 仿真器会无限循环下去，后面的语句将永远不会被执行。

（2）**repeat** 循环语句。

repeat 循环语句是一种预先指定循环次数的循环语句。其格式如下：

repeat(循环次数表达式) 语句块

其中，循环次数表达式用于指定循环次数，它可以是一个整数、一个变量或一个数值表达式。如果是变量或数值表达式，其取值只在程序第一次进入循环时得到计算，即事先确定循环次数。如果循环次数表达式的值为 **x** 或 **z**，则循环次数按 0 处理。

（3）**while** 循环语句。

while 循环语句是一种有条件的循环语句，其格式如下：

while(条件表达式) 语句块

该语句只有在指定的条件表达式为"真"时，才重复执行后面的语句块，否则就不执行语句块。如果条件表达式在开始时为"假"，则语句块永远不会被执行。如果条件表达式的值为 **x** 或 **z**，则按 0（假）处理。

（4）**for** 循环语句。

for 循环语句是一种条件循环语句，只在指定的条件表达式成立时才进行循环。其格式如下：

for(表达式 1; 条件表达式 2; 表达式 3) 语句块

其中，表达式 1 用来对循环计数变量赋初值，只在第一次循环开始前计算一次；条件表达式 2 是循环执行时必须满足的条件，在循环开始后，先判断这个条件表达式的值，若为"真"，则执行后面的语句块；接着计算表达式 3，修改循环计数变量的值，即增加或减少循环次数；然后再次对条件表达式 2 进行计算和判断，若条件表达式 2 的值仍为"真"，则继续执行上述循环过程，若条件表达式 2 的值为"假"，则结束循环，退出 **for** 循环语句的执行。

注意事项如下。

（1）循环计数变量必须为 **integer** 型变量。

（2）语句块中的语句可以是过程赋值语句、条件语句和多路分支语句，也可以是另一条循环语句，即循环语句可以嵌套。

例 6.6.5 用 Verilog 描述一个具有使能端的 3 线—8 线译码器的行为，要求输出低电平有效。

解 3 线—8 线译码器的行为级描述如图 6.6.7 所示。译码器的功能参考表 3.4.5，但只有一个高电平有效的使能信号。当使能信号 $En = 1$ 时，针对循环计数变量（$k = 0, 1, \cdots, 7$）的变化，重复执行 **if-else** 语句 8 次。每一次迭代实现一个不同的子电路，例如，$A = 0$ 时设置 $Y[0] = 0$，$A = 1$ 时设置 $Y[1] = 0$，……，依次类推。

```
module decoder3to8_bh(
    input [2:0] A,                    // 输入端口
    input  En,                        // 输入端口
    output reg [7:0] Y                // 输出端口及数据类型
);
    integer k;                        // 声明一个整型变量 k
always @(A, En)  begin
    Y =8'b1111_1111;                  // 设置输出默认值
    for(k = 0; k <= 7; k = k+1)
      if((En==1)&&(A== k))
        Y[k] = 0;                     // 当 En=1，根据 A 译码
      else
        Y[k] = 1;                     // 处理使能或无效输入
    end
endmodule
```

图 6.6.7　3 线—8 线译码器的行为级描述

4. 关于 always 块的说明

在 Verilog 中，行为级建模的标识是 **initial** 块或 **always** 块。一个模块可以包含多个 **initial** 块或 **always** 块，仿真时这些语句同时并行执行，即与它们在模块内部排列的顺序无关，都从 0 时刻开始仿真。**initial** 块在仿真时使用，不能用它描述硬件电路的功能，这里暂且不介绍其用法。

always 块本身是一个无限循环语句，即不停地循环执行其内部的过程赋值语句，直到仿真过程结束。**always** 块主要用来描述硬件电路的功能（行为），也可以在测试模块中用来产生输入信号。但用它描述硬件电路的逻辑功能时，通常在 **always** 后面紧跟着循环的控制条件。**always** 块的一般格式如下：

always @（敏感信号列表）
　begin：块名
　　块内局部变量的定义；
　　一条或多条过程赋值语句；
　end

关于 always
块的说明

这里，符号 @ 用来表示一个敏感信号列表[1]，信号在 @ 后面的圆括号中列出。当列出的某一信号发生变化或某一特定的条件变为"真"时，触发 **always** 后面由 **begin** 和 **end** 包围起来的过程赋值语句的执行。在 **begin** 和 **end** 包围的最后一条语句执行后，**always** 块进入等待状态，不执行任何操作，直到敏感信号列表中的信号再次发生变化。

注意，如果 **always** 后面没有敏感信号列表，则认为循环条件总为"真"，后面的过程赋值语句一直循环执行，通常在编写仿真代码时会用到。

输入敏感信号通常有电平敏感信号和边沿触发信号两种类型。在组合逻辑电路和锁存器中，输入信号电平的变化通常会导致输出信号变化，在 Verilog 中，将这种输入信号的电平变化称为**电平敏感信号**（也可以称为**电平敏感事件**）。例如，例 6.6.5 中的语句

　always @（A,En）

说明输入信号 A 或 En 发生变化，程序将会执行一次后面的过程赋值语句。

1　"敏感信号列表"是 sensitivity list 的中文翻译，这是 Verilog-2001 中的说法。在 Verilog—1995 中它被称为"事件控制表达式"。

在同步时序逻辑电路中，触发器状态的变化仅仅发生在时钟脉冲的上升沿或下降沿，Verilog 中用关键词 **posedge**（上升沿）和 **negedge**（下降沿）进行说明，这就是**边沿触发信号**。例如，语句

always @(posedge CP or negedge CLRn)

或

always @(posedge CP，negedge CLRn) //Verilog-2001、Verilog-2005 语法

说明在时钟信号 *CP* 的上升沿到来或清零信号 *CLRn* 跳变为低电平时，后面的过程赋值语句就会被执行。

always 块内部有两种类型的过程赋值语句：阻塞型赋值语句（Blocking Assignment Statement）和非阻塞型赋值语句（Non-Blocking Assignment Statement）。它们所使用的赋值符分别为 "=" 和 "<="。通常，称 "=" 为阻塞赋值符，称 "<=" 为非阻塞赋值符。在顺序语句块中，阻塞赋值语句按照它们在块中排列的顺序依次执行，即前一条语句没有完成赋值之前，后面的语句不可能被执行，换句话说，后面语句的执行被前面语句阻塞了。例如，下面语句的执行过程是，首先执行第一条语句，将 *A* 的值赋给 *B*，接着执行第二条语句，将 *B* 的值（即 *A*）增加 1，并赋给 *C*，执行完后，*C* 的值等于 $A+1$。

```
begin
    B = A;
    C = B+1;
end
```

使用 "< =" 的非阻塞赋值语句的执行过程是，首先计算语句块中右边表达式的值，但并不给左边赋值，直到所有表达式都计算完，再对左边寄存器型变量进行赋值操作。例如，下面语句的执行过程是，首先计算右边表达式的值并存储在一个暂存器中，即 *A* 的值被保存在一个临时寄存器中，而 *B*+1 的值被保存在另一个临时寄存器中，在 **begin** 和 **end** 之间所有语句右边的表达式的值都被计算并存储后，对左边寄存器型变量的赋值操作才会进行。这样，*C* 得到的值等于 *B* 的原始值（不是现在的 *A*）增加 1。

```
begin
    B < = A;
    C < = B+1;
end
```

综上所述，阻塞型赋值语句和非阻塞型赋值语句的主要区别是完成赋值操作的时间不同。阻塞型赋值语句的赋值操作是立即执行的，即执行后一句时，前一句的赋值已经完成；而非阻塞型赋值语句的赋值操作到结束顺序语句块时才完成赋值操作，即赋值操作完成后，语句块的执行就结束了，所以顺序语句块内部的多条非阻塞型赋值语句是并行执行的。注意，在可综合的电路设计中，一个语句块的内部不允许同时出现阻塞型赋值语句和非阻塞型赋值语句。在时序逻辑电路设计中，建议采用非阻塞型赋值语句。

6.6.2 触发器与移位寄存器的行为级建模

上面介绍了组合逻辑电路的行为级建模，本节通过两个例子说明触发器与移位寄存器的行为级建模。

例 6.6.6 试用行为级描述方式分别对异步清零和同步清零的 D 触发器进行建模。

解 两种功能不同的 D 触发器的行为级描述分别如图 6.6.8 和图 6.6.9 所示。

图 6.6.8 描述的是具有异步清零功能的 D 触发器。在 **always** 块中 @ 之后的边沿触发信号有两个，其中一个必须是时钟信号，另一个为异步触发信号，信号之间用逗号（或关键词 **or**）进行分隔。这里表示在输入信号 *CLRn* 变为低电平（**negedge** CLRn）或者 *CP* 的上升沿（**posedge**

CP）到来时，后面的 **if-else** 语句就会被执行一次。**negedge** CLRn 是一个异步信号，它与 **if**（!CLRn）语句相匹配。当 CLRn 为逻辑 0 时，Q 等于 0；当 CLRn 不为逻辑 0 时，由 **posedge** CP 保证输入 D 传给输出 Q 发生在 CP 的上升沿，在其他时刻 D 的变化并不影响输出 Q。注意，如果置 0 事件和时钟事件同时发生，则置 0 事件有较高的优先级别。

图 6.6.9 描述的是具有同步置零功能的 D 触发器。**always** 块中 @ 之后只有一个时钟事件（**posedge** CP），它表示只有在 CP 的上升沿到来时，后面的 **if-else** 语句才会被执行。此时，如果 CLRn 为逻辑 0，则 Q 等于 0；否则将输入 D 送到输出 Q。

```
module async_rst_DFF(
    input D, CP, CLRn,
    output reg Q, Qbar
    );
  always @(posedge CP,negedge CLRn)
    if(!CLRn)
      begin Q < =1'b0; Qbar < =1'b1; end
    else
      begin Q < = D; Qbar < = ~ D; end
endmodule
```

图 6.6.8 异步清零的 D 触发器的行为级描述

```
module sync_rst_DFF(
    input D, CP, CLRn,
    output reg Q, Qbar);
  always @(posedge CP)
    if(!CLRn)
      {Q, Qbar} < = 2'b01;
    Else
      {Q, Qbar} < = {D, ~ D};
endmodule
```

图 6.6.9 同步清零的 D 触发器的行为级描述

例 6.6.7 根据表 5.4.4，对一个 4 位双向移位寄存器的行为进行描述。

解 该模块能完成 5 种逻辑功能：异步清零、同步并行置数、左移、右移和保持。其功能与图 5.4.5 所示 4 位双向移位寄存器类似，行为级描述如图 6.6.10 所示。

```
module shifter74x194 (
    input S1,S0,              // 选择输入
    input Dsl,Dsr,            // 串行数据输入
    input CP,CR,
    input[0:3]D,             // 并行数据输入
    output reg[0:3]Q
);
always @(posedge CP, negedge CR)
    if(!CR) Q<=4'b0000;      // 异步清零
    else
      case({S1,S0})
        2'b00:Q<=Q;          // 保持原状态
        2'b01:Q<={Dsr,Q[0:2]};  // 右移
        2'b10:Q<={Q[3:1],Dsl};  // 左移
        2'b11:Q<=D;          // 并行置数
      endcase
endmodule
```

图 6.6.10 移位寄存器的行为级描述

在 **always** 块中，使用 **if-else** 语句和 **case** 语句进行描述。当 CLRn 跳变到低电平时，输出 Q 被异步清 0；当 CLRn = 1 时，在 CP 上升沿到来时，根据 **case** 语句中两个选择信号 {S1,S0} 选择 4 种不同的功能。例如，语句

$$Q<=\{Q[3:1],Dsl\};$$

说明了左移[1] 操作，即在 CP 上升沿到来时，将左移输入 D_{sl} 的数据直接传给最右边的输出 $Q[3]$，

[1] 这里寄存器端口从左到右的排列顺序为 $Q[0] \sim Q[3]$，"左移" 功能是根据表 5.4.3 进行描述的，与计算机组成原理中的规定正好相反。

而 CP 上升沿到来之前触发器输出端的数据（现态）左移 1 位，$Q[1:3]$ 传给 $Q[0:2]$（即 $Q[3] \to Q[2]$，$Q[2] \to Q[1]$，$Q[1] \to Q[0]$），于是，完成将数据左移 1 位的操作。

6.6.3 计数器的行为级建模

下面通过两个例子介绍计数器的行为级建模。

例 6.6.8 试说明图 6.6.11 所示程序所完成的逻辑功能。

```
module Updowncount #(parameter n = 4)
    ( input Load,Up_down,En,CP,
      input [n-1:0] D,
      output reg [n-1:0] Q
    );
      integer direction;
    always @(posedge CP)
    begin
      if(Up_down)        direction <= 1;
      else               direction <= -1;

      if(Load)           Q <= D; //同步置数
      else if(En)        Q <= Q + direction;
      else               Q <= Q;   //输出保持不变
    end
endmodule
```

图 6.6.11 可逆计数器的行为级描述

解 这是一个具有同步置数功能的 n 位二进制可逆计数器，并且还有保持计数值不变的功能。具体分析如下。

根据端口列表，可以画出模块的功能框图，如图 6.6.12 所示。参数 n 用来设置输入 D 和输出 Q 的位宽，另外，还声明了一个整型变量 *direction*，用于改变计数方向（加法计数或减法计数）。

always 块用于描述计数器所完成的逻辑功能。在 **begin** 和 **end** 之间的顺序语句块中，用两条 if 语句描述电路在 CP 上升沿作用下的功能。第一条 **if** 语句，完成对整型变量 *direction* 赋值。第二条 **if** 语句，完成同步置数、加 1 计数或减 1 计数，以及保持计数值不变的功能。注意，**if-else** 语句隐含优先级别。

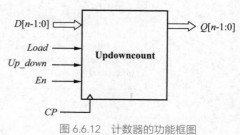

图 6.6.12 计数器的功能框图

例 6.6.9 试说明图 6.6.13 所示程序完成的逻辑功能。

解 该程序由子模块和顶层模块组成。

子模块中定义了两个参数，一个是计数器的位宽 n，其默认值为 4；另一个是计数器的模 MOD，其默认值为 16。经过分析可知，子模块是具有异步清零功能的变模计数器，通过修改位宽 n 和模 MOD 实现模数可变的加 1 计数，当计数到最大值时，能够产生进位输出信号（$Carry\_out = 1$），同时，还具有暂停计数（当 $En = 0$ 时）的功能。

在顶层模块 BCDM60 中，子模块 VarModCnt 两次被引用，实现 BCD 码六十进制计数器。第 1 次引用 VarModCnt 时，引用名为 M10，采用了直接修改参数的引用方式，即在 # 后面的圆括号内直接修改参数值（这里 $n = 4$，$MOD = 10$），参数之间用逗号分隔，实现了个位十进制计数器。第 2 次引用 VarModCnt 时，引用名为 M6，采用了参数重定义的引用方式，即先写出引用子模块的语句，再用 2 条 ***defparam*** 语句对子模块 M6 中的参数 n 和 MOD 分别进行修改，实现十位六进制计数器的功能。可见，后面这种修改参数的方式比较直观。

注意，在子模块 M6 中，个位计数器的进位输出 Co1 放在了使能输入的位置，作为十位计数器的使能信号。这样，个位计数器计到 9 时，才会让十位计数器的使能输入有效。所以，两次引用变模计数器子模块，实现的功能是 BCD 码六十进制计数器。当 CP 为 1Hz 时，该计数器可以作为数字钟的分计时电路或秒计时电路。

BCD码六十进制计数器

```verilog
/***** 子模块 VarModCnt *****/
module VarModCnt(CP,CLR,En,Q,Carry_out); //Verilog-1995
    parameter n = 4, MOD=16; // 位宽、模数
    input CP,CLR,En;
    output reg [n-1:0] Q;
    output Carry_out;
    always @(posedge CP or negedge CLR)
    begin
        if(!CLR)    Q <= 'd0;
        else if(!En)Q <= Q;
        else begin
            if(Q==MOD-1)Q <= 'd0; else Q <= Q + 1;
        end
    end
    assign Carry_out =(Q==MOD-1);
endmodule
/***** 顶层模块   BCDM60 *****/
module BCDM60(CP,CLR,En,Qa,Qb,Cout);
    input CP,CLR,En;
    output [3:0]Qa; // 个位计数器输出
    output [2:0]Qb; // 十位计数器输出
    // 十进制计数器: 直接修改参数的引用方式
    VarModCnt #(4,10)M10(CP,CLR,En,Qa,Co1);
    // 六进制计数器: 参数重定义的引用方式
    VarModCnt M6(CP,CLR,Co1,Qb,Cout);
        defparam M6.n=3;
        defparam M6.MOD=6;
endmodule
```

图 6.6.13　BCD 码六十进制计数器

6.6.4　状态图的行为级建模

有限状态机是一类很重要的时序逻辑电路，是许多数字电路的核心部件。有限状态机主要由三部分组成：一是次态组合逻辑电路；二是由状态触发器构成的现态时序逻辑电路；三是输出组合逻辑电路。根据电路的输出信号是否与电路的输入有关，有限状态机可以分为两种类型：一类是米利状态机，其输出信号不仅与电路当前的状态有关，还与电路的输入有关；另一类是穆尔状态机，其输出仅与电路的当前状态有关，与电路的输入无关。

Verilog 中有许多描述有限状态机的方法，最常用的是利用 **always** 语句和 **case** 语句。下面通过一个例题来说明有限状态机的设计方法。

例 6.6.10 试用 Verilog 描述图 6.6.14 所示状态图的功能。

解 该状态图的 Verilog 行为级描述如图 6.6.15 所示。该电路有 4 个状态，可以用两个 D 触发器来实现。在 Verilog 代码中，通常用 2 位的向量标识符 *current_state*、*next_state* 分别表示触发器的现态和次态。因为在 *CP* 到来时，D 触发器会将 *next_state* 的值传送给 *current_state*，因此，*next_state* 实际上代表触发器的输入，*current_state* 实际上代表触发器的输出。

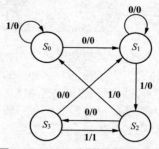

图 6.6.14 **0101** 序列检测器状态图

触发器的状态可以用 2 位二进制码的组合来表示，通常用 parameter 语句将电路的状态值定义成参数，即 S0 = 2'b**00**、S1 = 2'b**01**、S2 = 2'b**10**、S3 = 2'b**11**。注意，使用 S3 = 3 这种形式定义状态也是可行的，但存储 3 这个整数至少要使用 32 位的存储器，而存储 2'b**11** 只需要 2 位存储器。

```
module  Detector(
    input Data, CP, CLRn,                          // 输入端口
    output reg Out                                 // 输出端口及变量的数据类型声明
);
    reg [ 1 : 0 ] current_state, next_state;       // 记忆现态、次态的变量
    parameter S0=2'b00,S1=2'b01,S2=2'b10,S3=2'b11; // 状态定义

    always @(posedge CP)begin                      // 触发器状态转换
        if( ~ CLRn)
                current_state <= S0;               // 同步清零, 电路进入初态 S0
        else
                current_state <= next_state;       // 更新触发器状态
    end

    always @(current_state, Data)begin             // 输出逻辑和次态逻辑
        case(current_state)
            S0: begin Out=0; next_state=(Data==1)?S0:S1; end
            S1: begin Out=0; next_state=(Data==1)?S2:S1; end
            S2: begin Out=0; next_state=(Data==1)?S0:S3; end
            S3: if(Data==1)begin Out = 1; next_state = S2; end
                else      begin Out = 0; next_state = S1; end
        endcase
    end
endmodule
```

图 6.6.15 **0101** 序列检测器的行为级描述

电路的功能描述使用了两个并行执行的 **always** 块，它们通过公用信号相互通信。第一个时序型 **always** 块使用边沿触发事件描述状态机的触发器部分，第二个组合型 **always** 块使用电平敏感事件描述组合逻辑部分。

第一个 **always** 块将电路异步复位到初始状态 S0，并同步完成状态转换操作。语句

$$current\_state <= next\_state;$$

仅在 *CP* 的上升沿被执行，这意味着 *next_state* 的值仅在 *CP* 上升沿到来时传送给 *current_state*。第二个 **always** 块描述次态的转换和输出，把 *current_state*（现态）和 *Data*（输入）作为敏感信号，只要其中的任何一个信号发生变化，就会执行顺序语句块内部的 **case** 语句，跟在 **case** 语句后面的各分支项说明了图 6.6.14 中状态的转换及输出。

注意，在米利状态机中，当电路处于任何给定的状态时，如果输入 *Data* 发生变化，则输出 *Out* 跟着变化，所以输出要写在组合逻辑的 **always** 块内。

197

6.7 应用举例：数字钟电路设计

计数器最常见的应用之一是数字钟——用来显示时、分、秒的钟表。为了保证数字钟计时的准确性，通常采用石英晶体振荡器作为时钟信号源，石英晶体振荡器的频率通常较高，例如，石英手表内部晶体振荡器的频率一般为 32 768Hz，所以，在数字钟电路经常会用到分频器。下面先介绍分频器的设计。

数字钟电路应用

例 6.7.1 试用 Verilog 设计一个分频电路，将 50MHz 信号分频，产生 1Hz 的秒脉冲，要求输出占空比为 50%。

解 设计一个模数为 25×10^6 的二进制递增计数器，其计数范围是 $0 \sim 24\ 999\ 999$，每当计数器计到最大值时，输出翻转一次，则分频后的频率 = 50MHz/2*(24 999 999 + 1) = 1Hz，且占空比为 50%。其行为级描述如图 6.7.1 所示。

```
// 文件名：Divider50MHz.v
module Divider50MHz #(parameter N = 25,          // 位宽：根据计数器的模确定
    parameter CLK_Freq=50000000,                 //50MHz 输入参数
    parameter OUT_Freq=1)                        //1Hz 输出参数
    (input         CLRn,CLK_50M,                 // 输入端口
    output reg CLK_1HzOut);                      // 输出端口
    reg[N-1:0] Count_DIV;                        // 内部节点，保存分频计数器的值
  always@(posedge CLK_50M, negedge CLRn)
  begin
     if(!CLRn)begin CLK_1HzOut < =0;Count_DIV < =0; end
       else begin
            if(Count_DIV < (CLK_Freq/(2*OUT_Freq)-1))
                Count_DIV < = Count_DIV+1' b1;    // 分频计数器加 1 计数
            else begin
                Count_DIV < = 0;                  // 分频器的输出被清零
                CLK_1HzOut < = ~ CLK_1HzOut;      // 输出信号取反
            end
      end
  end
endmodule
```

图 6.7.1　分频电路的行为级描述

例 6.7.2 采用分层次、分模块的方法，用 Verilog 设计一个具有时、分、秒计时功能的数字钟电路，按 24 小时制计时。要求：

（1）准确计时，以数字形式显示时、分、秒；

（2）具有小时、分钟校正功能，校正输入脉冲频率为 1Hz；

（3）用 DE2-115 开发板[1]实现设计，用板上的 50MHz 晶体振荡器 CLOCK_50 作为时钟信号源，用共阳极数码管显示时间，用开关或按键输入控制信号。

解（1）设计分析。

数字钟框图如图 6.7.2 所示。它由分频器、二十四进制计数器、六十进制计数器、七段译码器和 2 选 1 数据选择器等模块构成。图中，两个数据选择器分别用于选择分计数器和时计数器的使能信号。对时间进行校正时，在 *Adj_Hour*、*Adj_Min* 的作用下，使能信号接高电平，此时每来一个 *CP*，计数器加 **1** 计数，从而实现对小时和分钟的校正。正常计时时，使能信号来自低位计

1　一种 FPGA 实验平台，是 Intel FPGA 合作伙伴友晶科技公司生产的，广泛用于实验教学。

数器的输出，即秒计数器计到 59s 时，产生输出信号（$SCo = 1$）使分计数器加 **1**，分、秒计数器同时计到最大值（59 min 59 s）时，产生输出信号（$MCo = 1$）使小时计数器加 1。

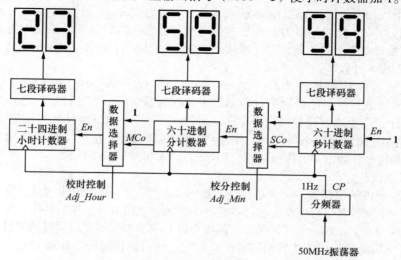

图 6.7.2　数字钟框图

（2）逻辑设计。

这里采用自底向上的设计方法，首先设计数字钟的各个子模块，再调用这些子模块组合成顶层的数字钟电路。分频器可以直接例化例 6.7.1 中的模块。

1）共阳极七段显示译码器设计。

单个共阳极七段显示译码器的行为级描述如图 6.7.3 所示。在代码中，4 位向量 *iDIG* 表示输入的二进制数值，7 位向量 *oSEG* 表示译码器的输出。在 7 位向量中，位于左边的最高位 *oSEG* [6] 驱动 g 段，位于右边的最低位 *oSEG* [0] 驱动 a 段。**case** 语句实现译码器的功能，在每一个分支项中，给向量 *oSEG* 赋一个 7 位值。

```verilog
//********** 文件名: SEG7_LUT.v *************
module SEG7_LUT(input [3:0] iDIG, output reg[6:0] oSEG);
always @(iDIG)
begin                              // 用 case 语句实现真值表
  case(iDIG)             //gfedcba
    4'h1: oSEG = 7'b111_1001;   // ---a---
    4'h2: oSEG = 7'b010_0100;   // |       |
    4'h3: oSEG = 7'b011_0000;   // f       b
    4'h4: oSEG = 7'b001_1001;   // |       |
    4'h5: oSEG = 7'b001_0010;   //   ---g---
    4'h6: oSEG = 7'b000_0010;   // |       |
    4'h7: oSEG = 7'b111_1000;   // e       c
    4'h8: oSEG = 7'b000_0000;   // |       |
    4'h9: oSEG = 7'b001_1000;   // ---d---
    4'ha: oSEG = 7'b000_1000;
    4'hb: oSEG = 7'b000_0011;   // 增加下画线以改善可读性
    4'hc: oSEG = 7'b100_0110;
    4'hd: oSEG = 7'b010_0001;
    4'he: oSEG = 7'b000_0110;
    4'hf: oSEG = 7'b000_1110;
    4'h0: oSEG = 7'b100_0000;
  endcase
end
endmodule
```

图 6.7.3　共阳极七段显示译码器的行为级描述

2）模 24（h）计数器设计。

小时计数器的计数规律为 00—01—……09—10—11—……22—23—00……即在设计时要求小时计数器的个位和十位均按 8421BCD 码规律计数。可以先设计一个计数范围为 0～9 的 BCD 码计数器，再设计一个计数范围为 0～2 的三进制计数器，然后在顶层模块中例化这两个子模块，组成模 24 的计数器。这里使用单个模块来实现，如图 6.7.4 所示，以便于读者学习。

3）模 10 和模 6 计数器设计。

分和秒计数器的计数规律为 00—01—……09—10—11—……58—59—00……可见个位计数器进行 0～9 计数，是一个十进制计数器，十位进行 0～5 计数，是一个六进制计数器。这里先设计一个十进制计数器模块（counter10.v）和一个六进制计数器模块（counter6.v），后面在顶层模块中例化这两个子模块，组成六十进制计数器（也可以直接使用图 6.6.13 中的程序）。模 10 和模 6 计数器的行为级描述分别如图 6.7.5 和图 6.7.6 所示。

4）顶层模块设计。

将上述各个子模块组合成一个顶层模块，如图 6.7.7 所示。需要说明的是，以上的每个子模块可以单独用一个文件名进行保存，也可以将各个子模块代码放在顶层模块中，统一用顶层模块的文件名（本例为 top_clock.v）进行保存。所有文件必须位于当前工程项目的子目录中。然后根据 DE2-115 开发板的使用说明进行引脚分配，对整个项目进行编译，并对 FPGA 进行配置，实现数字钟的功能。

```verilog
//******** 文件名：counter24.v(BCD 码计数：0~23)*************
module counter24(
    input CP, CLRn, EN,
    output reg [3:0] CntH, CntL              // 小时的十位和个位输出（BCD 码）
);
    always @(posedge CP, negedge CLRn)begin
        if(~CLRn)
            {CntH,CntL} <= 0;                // 异步清零
        else if(~EN)
            {CntH,CntL} <= {CntH,CntL};      // 保持计数值不变
        else if((CntH>2)||(CntL>9)||((CntH==2)&&(CntL>=3)))
            {CntH,CntL} <= 0;                // 对小时计数器出错的处理
        else if((CntH==2)&&(CntL<3))         // 进行 20～23 计数
            begin CntH<=CntH;    CntL<=CntL+1; end
        else if(CntL==9)                     // 小时十位的计数
            begin  CntH<=CntH+1;  CntL<= 0; end
        else                                 // 小时个位的计数
            begin  CntH<=CntH;  CntL<=CntL+1; end
    end
endmodule
```

图 6.7.4　模 24（h）计数器的行为级描述

```verilog
//***** 文件名：counter10.v(BCD: 0~9)*****
module counter10(input CP, CLRn, EN,  output reg [3:0] Q);
    always @(posedge CP, negedge CLRn)
    begin
        if(~CLRn)Q <= 4'b0000;               // 异步清零
        else if(~EN)Q <= Q;                  // 保持计数值不变
        else if(Q == 4'b1001)Q <= 4'b0000;
        else     Q <= Q + 1'b1;              // 计数器加 1 计数
    end
endmodule
```

图 6.7.5　模 10 计数器的行为级描述

```verilog
//***** 文件名: counter6.v(BCD: 0~5)******
module counter6(input CP, CLRn, EN,  output reg [3:0]Q;);
    always @(posedge CP or negedge CLRn)
    begin
        if(~CLRn)Q <= 4'b0000;                  // 异步清零
        else if(~EN) Q <= Q;                    // 保持计数值不变
        else if(Q == 4'b0101) Q <= 4'b0000;
        else      Q <= Q + 1' b1;               // 计数器加 1 计数
    end
endmodule
```

图 6.7.6　模 6 计数器的行为级描述

```verilog
//************** 文件名: top_clock.v ****************
module top_clock(
    input  CLK_50,                              //50MHz 时钟
    input  CLRn, EN,                            // 清零、使能
    input  Adj_Min, Adj_Hour,                   // 调整分钟、小时
    output[6:0]HEX0,HEX1,HEX2,HEX3,HEX4,HEX5
);
    wire [7:0]Hour, Minute, Second;             // 中间信号
    supply1 Vdd;
    wire MinL_EN, MinH_EN, Hour_EN;             // 中间信号
    wire CP_1Hz;
    //===================== 分频 ========================
    Divider50MHz U0(.CLK_50M(CLK_50),           // 例化子模块 Divider50MHz
            .nCLR(CLRn),                        //SW[0]
            .CLK_1HzOut(CP_1Hz));               //1Hz
    defparam U0.N =25,                          // 修改参数
            U0.CLK_Freq = 50000000,
            U0.OUT_Freq = 1;

    //============ Hour:Minute:Second counter =============
    //****** 六十进制秒计数器: 调用模 10 和模 6 子模块 ******
    counter10 S0(CP_1Hz, CLRn, EN, Second [3:0]);
    counter6 S1(CP_1Hz,CLRn,(Second [3:0]==4'h9)& EN,Second[7:4]);  // 秒: 个位
                                                                     // 秒: 十位

    //****** 六十进制分计数器: 调用模 10 和模 6 子模块 ******
    counter10 M0(CP_1Hz, CLRn, MinL_EN, Minute [3:0]);              // 分: 个位
    counter6  M1(CP_1Hz, CLRn, MinH_EN, Minute [7:4]);             // 分: 十位
    // 产生分钟使能: Adj_Min=1, 校正分钟; Adj_Min=0, 分钟正常计时
    assign MinL_EN = Adj_Min ? Vdd :(Second==8'h59);
    assign MinH_EN =(Adj_Min &&(Minute [3:0]==4'h9))
                    ||(Minute [3:0]==4'h9)&&(Second==8'h59);

    //****** 二十四进制小时计数器: 调用模 24 子模块 ******
    counter24 H0(CP_1Hz,CLRn,Hour_EN, Hour [7:4],Hour [3:0]);      // 小时计数器
    // 产生小时使能: Adj_Hour=1, 校正小时; Adj_Hour=0, 小时正常计时
    assign Hour_EN=Adj_Hour ? Vdd:((Minute==8'h59)&&(Second==8'h59));

    //==================== 数码显示 ===================
    SEG7_LUT u0(HEX0, Second [3:0]);                               // 例化子模块 SEG7_LUT
    SEG7_LUT u1(HEX1, Second [7:4]);
    SEG7_LUT u2(HEX2, Minute [3:0]);
    SEG7_LUT u3(HEX3, Minute [7:4]);
    SEG7_LUT u4(HEX4, Hour [3:0]);
    SEG7_LUT u5(HEX5, Hour [7:4]);
endmodule
```

图 6.7.7　数字钟的顶层模块

小结

- HDL 是一种以文本形式来描述数字系统硬件电路的结构和行为的语言，用它可以表示逻辑图、逻辑表达式，还可以表示更复杂的数字系统所完成的逻辑功能。
- 结构级建模、数据流建模和行为级建模是用 HDL 描述数字电路时的 3 种不同描述风格。对组合逻辑电路可以使用任何一种建模方式，对时序逻辑电路或复杂的数字电路通常使用行为级建模更方便。
- 一个电路的结构级建模就是例化 Verilog 中内置的基本门级元件、用户定义的元件或子模块，描述逻辑图中的元件以及元件之间的连接关系。数据流建模是根据逻辑表达式对电路的功能进行描述，它比结构级建模更简洁。而行为级建模是使用过程化的 **always** 块或 **initial** 块，根据电路的功能或算法进行描述，其抽象级别较其他两种方式更高。
- 对一个电路建模后，就可以进行逻辑仿真和逻辑综合。逻辑仿真是指用计算机仿真软件对数字电路的结构和行为（功能）进行预测。逻辑综合是指从 HDL 描述的数字电路模型中导出电路元件列表及元件之间的连接关系的过程。注意，在 HDL 中，只有一部分语句描述的电路通过逻辑综合可以得到具体的硬件电路，我们将这样的语句称为可综合的语句。另一部分语句则专门用于仿真分析，不能进行逻辑综合。
- 比较复杂的数字电路通常采用分模块、分层次的设计方法。分层次的电路设计通常有自顶向下（top-down）和自底向上（bottom-up）两种设计方法。
- 不同层次的模块被例化时，要注意模块端口连接规则和连接方法。对端口数较少的模块，端口连接时可以使用位置关联法，而对比较复杂的设计，端口连接时采用名称关联法较好。

自我检验题

6.1 选择题

1. 在 Verilog 中，下列标识符不正确的是_____。

A. system1   B. 2reg

C. FourBit_Adder   D. _2to1mux

2. 在 Verilog 中，下列实数表示不正确的是_____。

A. 10.2   B. 1.2e-3   C. 23_67.123_456   D. .12

3. 假设 A=4'b0110，!A 的二进制值是_____。

A. 1   B. 0   C. 4'b1001   D. 4'b0110

4. 假设 A=4'b0011，B=4'b1001，A && B 的二进制值是_____。

A. 1   B. 0   C. 0001   D. 11110

5. 假设 A=4'b1010，B=4'b1xxz，A & B 的二进制值是_____。

A. 1xxx   B. 10xx   C. xxxx   D. 10x0

6. 假设 A=2'b10，{4{A}} 的二进制值是_____。

A. 1010_1010   B. 1010   C. 10   D. 0101_0101

7. Verilog 支持不能综合的建模技术的原因是_____。

A. 没有足够的资金开发综合工具，因为资金都用在 VHDL 项目中了

B. 在 Verilog 被创建的时候，综合被认为太难实现

C. 允许 Verilog 作为通用的编程语言使用

答案

D. Verilog 需要支持现代数字系统设计流程中的所有步骤，其中一些是不可综合的，如测试向量生成和时序验证

8. **wire** 和 **reg** 的区别是_____。

A. 它们是一样的

B. **wire** 是一根简单的连线，而 reg 将保存其最后被赋的值

C. **wire** 用于标量，而 **reg** 用于向量

D. 只有 **wire** 是可综合的

9._____支持在模块名之后一次性地列出端口名称、类型和方向。

A. Verilog-1995　　　　　　　　　　　　B. Verilog-2001/Verilog-2005

C. 所有 Verilog 版本　　　　　　　　　　D. 没有一个 Verilog 版本

6.2 判断题（正确的画"√"，错误的画"×"）

1. 标识符通常由英文字母、数字、$ 和下画线组成，并且规定标识符必须以英文字母或下画线开始，不能以数字或 $ 开始。　　　　　　　　　　　　　　　　（　　）

2. 在 Verilog 中，标识符不区分大小写。　　　　　　　　　　　　　　　　（　　）

3. **reg** 型变量表示一个抽象的数据存储单元，只能在 **initial** 块或 **always** 块内部被赋值。（　　）

4. 字符串是用双引号括起来的字符序列，它必须位于一行中，不能分成多行书写。（　　）

5. 数据流建模由关键词 **assign** 开始，后面跟着由操作数和运算符等组成的逻辑表达式。

（　　）

6. 缩位运算仅对一个操作数进行运算，并产生 1 位的逻辑值。　　　　　　　（　　）

7. 全等运算符（===）允许操作数的某些位为 **x** 或 **z**，只要参与比较的两个操作数对应位的值完全相同，则全等关系成立，返回逻辑值 **1**，否则返回逻辑值 **0**。　（　　）

8. 在对一个组合逻辑电路建模时，在敏感信号列表中可以使用 @（*）或 @* 来代替所有的输入信号。　　　　　　　　　　　　　　　　　　　　　　　　　　　（　　）

📝 习题

6.1 概述题

什么是逻辑仿真？什么是逻辑综合？

6.2 **Verilog HDL 入门**

6.2.1　Verilog 的模块是由哪几部分构成的？

6.2.2　Verilog 程序开始和结束的关键词是什么？每一行如何结束？

6.2.3　用 Verilog 对电路的逻辑功能建模，有哪几种不同的描述风格？

6.3 **Verilog HDL 基本语法**

6.3.1　Verilog 规定的 4 种基本逻辑值是什么？

6.3.2　在 Verilog 中，下列标识符是否正确？

（1）Count　　　　　（2）2_1MUX　　　　　（3）INITIAL　　　　　（4）Real?

6.3.3　数据类型 **wire** 与 **reg** 有何不同？

6.3.4　在 Verilog 程序中，如果没有说明输入、输出端口的数据类型，那么它们的数据类型是什么？

6.4 **Verilog HDL 结构级建模**

6.4.1　根据下面的 HDL 描述，画出数字电路逻辑图，说明它所完成的功能。

```
module circuit(A,B,L);
  input A,B;
  output L;
```

```
    wire a1,a2,Anot,Bnot;
    and G1(a1,A,B);
    and G2(a2,Anot,Bnot);
    not(Anot,A);
    not(Bnot,B);
    or(L,a1,a2);
endmodule
```

6.4.2　以下 Verilog 模块描述了图题 6.4.2 所示的电路，但程序中每一行有一个语法错误，请改正。（基本门级元件的实例名可以省略）

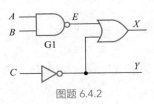

图题 6.4.2

```
module Ex1(A,B,C,X,Y)
    input A,B,C
    output X,Y
    reg E;
    and G1(A,B,E);
    NOT(Y,C);
    OR(X,E,Y);
endmodule;
```

6.4.3　下面是用分层次方法设计的 4 位串行进位全加器程序。设计者首先完成了 1 位全加器（模块名为 _1bitAdder）的建模和仿真，结果是正确的；然后在顶层例化 4 个 1 位全加器模块组成 4 位全加器（模块名为 _4bitAdder），结果编译未能通过。试分析以下程序中存在的错误，并改正。提示：画横线行的程序有错。

```
module _4bitAdder(
    input [3:0] A, B,  input Cin,
    output [3:0] Sum,  output Cout
);
    reg Cout;          _____
    reg [4:0] temp;    _____
    always @(A, B, Cin)_____
        temp[0] = Cin;          _____
        _1bitAdder u0(A[0], B[0], temp[0], Sum[0], temp[1]);
        _1bitAdder u1(A[1], B[1], temp[1], Sum[1], temp[2]);
        _1bitAdder u2(A[2], B[2], temp[2], Sum[2], temp[3]);
        _1bitAdder u3(A[3], B[3], temp[3], Sum[3], temp[4]);
        Cout = temp[4];          _____
endmodule

// 下面的模块是正确的
module _1bitAdder(input A,B,Cin, output Sum,Cout);
    assign Sum = A ^ B ^ Cin;
    assign Cout =(A & B)|(B & Cin)|(A & Cin);
endmodule
```

6.4.4　图题 6.4.4（a）所示为 2 位数值比较器，它由图题 6.4.4（b）所示的两个 1 位数值比较器和一些逻辑门构成，试使用自底向上的分层次设计方法设计该数值比较器。要求如下。

（1）根据图题 6.4.4（b）对 1 位数值比较器的行为进行描述，并对该模块进行逻辑功能仿真，给出仿真波形。

（2）例化 1 位数值比较器子模块和基本门级元件，完成 2 位数值比较器的建模。

（3）对整个电路进行逻辑功能仿真，并给出仿真波形。

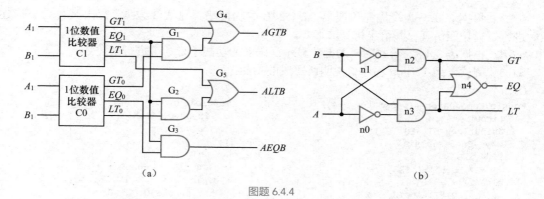

图题 6.4.4

6.5 Verilog HDL 数据流建模

6.5.1 使用 Verilog 连续赋值语句，描述下列逻辑函数表示的电路。

$L_1 = (B + C)(\overline{A} + D)\overline{B}$

$L_2 = (\overline{B}C + ABC + B\overline{C})(A + \overline{D})$

$L_3 = C(AD + \overline{B}) + \overline{A}B$

6.5.2 相等运算符（＝＝）与全等运算符（＝＝＝）有何区别？

6.5.3 填空题。

（1）**reg**[3:0]m;

m=4'b**1010**; //{2{m}} 的二进制值是＿＿＿＿＿＿＿＿；

（2）假设 m=4'b**0101**，按要求填写下列运算的结果：

&m = ＿＿＿＿＿＿＿＿, |m = ＿＿＿＿＿＿＿＿,

^m = ＿＿＿＿＿＿＿＿, ～ ^m = ＿＿＿＿＿＿＿＿。

6.5.4 假设 A=4'b**1010**，B=4'b**1101**，执行下列运算后，X、Y 和 Z 是多少？

```
module Reduce(
    input [3:0] A,B,              // A,B 是输入向量
    output X,Y,Z                  // X,Y,Z 是 1 位输出
);
    assign X = |A;                // 缩位或运算
    assign Y = &B;                // 缩位与运算
    assign Z = X &(^B);
endmodule
```

6.5.5 假设 A=8'b**1010_1111**，B=8'b**1101_0000**，执行下列拼接运算后，X、Y 和 Z 是多少？

```
module Concatenate (
    input [7:0] A, B,             //A, B 是输入向量
    output [7:0] X, Y, Z          //X, Y, Z 是输出向量
);
    assign X = {3'b000, A[7:3]};
    assign Y = {A[2:0], A[7:3]};
    assign Z = {A[5:4], B[6:3], A[1:0]};
endmodule
```

6.6 Verilog HDL 行为级建模

6.6.1 每个在 **always** 块内部被赋值的信号都必须定义成什么数据类型？

6.6.2 在 Verilog 中，阻塞型赋值和非阻塞型赋值有何区别？

6.6.3　根据 8 线—3 线优先编码器 CD4532B 的功能表（见表 3.4.3），写出其行为级描述，然后进行逻辑功能仿真，并给出仿真波形。

6.6.4　根据表 3.4.8，对共阴极的七段显示译码器的功能（行为）进行描述。

6.6.5　阅读下列 Verilog 程序，说明所完成的功能。

（1）

```
module Comparator #(parameter n=4)
    (input [n-1:0] A, B,
    output reg GT, EQ, LT);
  always @(A, B)begin
    if(A > B)
      {GT,EQ,LT}='b100;
    else if(A == B)
      {GT,EQ,LT}='b010;
    else
      {GT,EQ,LT}='b001;
  end
endmodule
```

（2）

```
module D_latch(
    input D, Enable,
    output reg Q
);

    always @(D, Enable)
    begin
      if(Enable)Q <= D;
    end

endmodule
```

6.6.6　某异步计数器如图题 6.6.6 所示，试用 Verilog 的结构级描述方式对该电路建模。提示：D 触发器可以例化图 6.6.8 中的子模块。

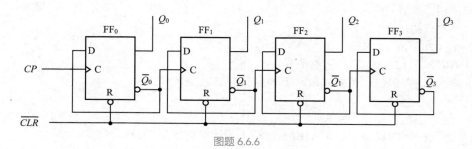

图题 6.6.6

6.6.7　试用行为级描述方式对 JK 触发器进行建模。

6.6.8　图题 6.6.8 是 3 位异步二进制可逆计数器的逻辑图。当控制信号 $Up\_Down = 0$ 时，递增计数；$Up\_Down = 1$ 时，递减计数。试用 Verilog 的结构级方式对其建模。

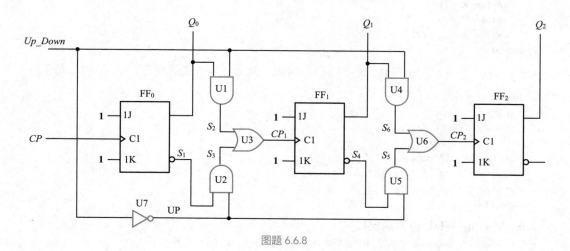

图题 6.6.8

6.6.9　三相六拍步进电机控制电路的状态图如图题6.6.9所示，图中，*M*为控制信号，当 *M* = **0** 时，电路按顺时针方向进行状态转换；当 *M* = **1** 时，则按逆时针方向进行状态转换。试用 Verilog 描述该电路，并对该模块进行逻辑功能仿真，给出仿真波形。

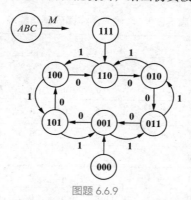

图题 6.6.9

6.6.10　阅读以下 Verilog 程序，完成任务。

（1）根据图题 6.6.10 所示信号波形关系，在程序中 3 个位置的横线上将内容补充完整。

```
module test(clk, rst, ctrl, Din, Dout);
input clk, rst, ctrl;
input [3:0] Din;
output Dout;
reg [1:0] iCnt;
_____

always @(posedge clk or _____)        // the first always block
  if(!rst)   iCnt <= 2'b00;
  else if(!ctrl)iCnt <= iCnt +1'b1;
  else          iCnt <= iCnt - 1'b1;

always @(iCnt or Din)                       // the second always block
        Dout = Din[iCnt];
_____
```

（2）第一个 **always** 语句块的功能是什么？第二个 **always** 语句块的功能是什么？（限100字内）

（3）根据输入波形，画出输出信号 *Dout* 的波形（注：水平虚线是高、低电平基准线）。

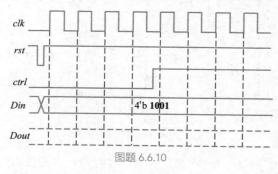

图题 6.6.10

第6章部分
习题答案

📝 **实践训练**

S6.1　设计一个带使能端的3线—8线译码器，再实例引用该模块，构成4线—16线译码器。要求如下。

（1）用 Verilog HDL 描述表 S6.1 所示 3 线—8 线译码器的功能。

（2）编写测试模块，使用 ModelSim 对各个设计模块进行仿真。

*（3）有条件的话，用 FPGA 开发板实现设计，并测试设计结果。

表 S6.1　3 线—8 线译码器功能表

输入				输出							
En	A_2	A_1	A_0	Y_0	Y_1	Y_2	Y_3	Y_4	Y_5	Y_6	Y_7
0	×	×	×	0	0	0	0	0	0	0	0
1	0	0	0	1	0	0	0	0	0	0	0
1	0	0	1	0	1	0	0	0	0	0	0
1	0	1	0	0	0	1	0	0	0	0	0
1	0	1	1	0	0	0	1	0	0	0	0
1	1	0	0	0	0	0	0	1	0	0	0
1	1	0	1	0	0	0	0	0	1	0	0
1	1	1	0	0	0	0	0	0	0	1	0
1	1	1	1	0	0	0	0	0	0	0	1

S6.2　用 Verilog HDL 描述一个同步二进制可逆计数器。要求如下。

（1）计数器计数范围为 0 ～ 15，且具有异步清零、增或减计数的功能。$UpDn = 0$ 时，递增计数；$UpDn = 1$ 时，递减计数。用七段数码管显示计数值，计数值 1s 改变一次。

（2）编写测试模块，使用 ModelSim 对各个设计模块进行仿真。

*（3）有条件的话，用 FPGA 开发板实现设计，并测试设计结果。

S6.3　根据图 S6.3 所示框图，实例引用 S6.1、S6.2 的译码器和计数器子模块，按如下要求实现流水灯电路设计。编写测试模块，使用 ModelSim 对设计模块进行仿真，或者用 FPGA 开发板实现电路，并记录测试结果。

（1）每秒点亮 16 个发光二极管中的一个，并不断地循环。

（2）去掉 $UpDn$，实现自动可逆计数器，让点亮的发光二极管能够自动地双向"移动"。

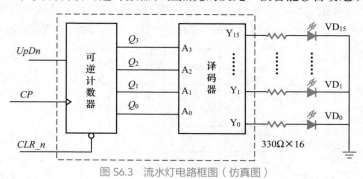

图 S6.3　流水灯电路框图（仿真图）

S6.4　用 Verilog HDL 描述一个 16 位双向移位寄存器，实现流水灯电路的功能。要求移位寄存器具有预置数据的功能，以便改变点亮发光二极管的个数。编写测试模块，使用 ModelSim 对设计模块进行仿真。

第 **7** 章

逻辑门电路

本章知识导图

✿ 本章学习要求

- 了解半导体器件构成的开关电路的工作原理及动态特性。
- 熟练掌握 CMOS 基本逻辑门（**与非**、**或非**、**异或门**）、三态门、OD 门和传输门的逻辑功能。
- 学会门电路逻辑功能分析方法。
- 了解 TTL **与非门**和**或非门**电路的结构及工作原理。
- 掌握逻辑门在应用中的接口问题。

✿ 本章讨论的问题

- MOS 管和 BJT 管的开关特性是什么？
- CMOS 反相器的结构、工作原理和外部特性是什么？
- CMOS **与非门**和 CMOS **或非门**的结构及工作原理是什么？
- 什么是 CMOS 传输门？如何使用 CMOS 传输门？
- 什么是 CMOS 三态门及漏极开路门，如何使用 CMOS 传输门？
- TTL 反相器包括哪几部分？
- CMOS 逻辑门电路与 TTL 逻辑门电路比较有哪些特点？
- 逻辑门电路使用中需要注意哪些问题？

前面各章节仅从逻辑层面上介绍了逻辑运算、组合逻辑、时序逻辑等方面的内容，所有的图形符号都是以黑匣子的方式表示相应的数字电路。但是，黑匣子只能帮助读者建立初步的概念，这对电子设计工作者来说是远远不够的。为了正确地使用数字集成电路，我们必须对其内部电路及其对外显现出的外部特性有一定的了解。本章将揭示黑匣子内部的奥秘，具体介绍几种通用的集成逻辑门电路，如 CMOS 逻辑门电路、TTL 逻辑门电路等。实现基本逻辑运算和常用逻辑运算的单元电路称为逻辑门电路，简称门电路。

由于逻辑门电路中的 MOS 管和 BJT 管均工作在开关状态，因此，在介绍逻辑门电路之前，首先要讲解这些半导体器件的开关特性，然后以它为基础，讨论基本逻辑门电路的结构和工作原理。

7.1 CMOS 逻辑门电路

CMOS 逻辑门电路是目前使用广泛、占主导地位的集成电路。随着集成制造工艺的不断改进，CMOS 逻辑门电路的集成度、工作速度、功耗和抗干扰能力已经远优于 TTL 逻辑门电路。因此，几乎所有的 CPU、存储器，PLD 及专用集成电路现在都采用 CMOS 工艺制造。

7.1.1 MOS 管的开关特性

MOS 管按照导电沟道的不同，分为 N 沟道 MOS（NMOS）管和 P 沟道 MOS（PMOS）管，按照导电沟道形成机理的不同，又分为增强型和耗尽型。增强型 NMOS 管与 PMOS 管的图形符号分别如图 7.1.1（a）、（b）所示。我们主要以增强型 NMOS 管为例介绍其开关特性。

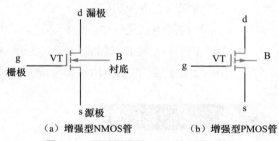

（a）增强型 NMOS 管　　　　（b）增强型 PMOS 管

图 7.1.1　两种增强型 MOS 管的图形符号

1. MOS 管开关电路

NMOS 管构成的开关电路如图 7.1.2（a）所示。

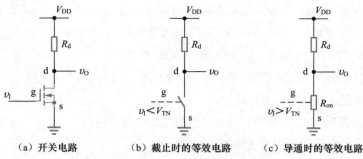

（a）开关电路　　　　（b）截止时的等效电路　　　　（c）导通时的等效电路

图 7.1.2　MOS 管开关电路及等效电路

当输入 v_I 为低电平时，栅源间的电压小于开启电压 V_{TN}，MOS 管截止，相当于开关"断开"，输出为高电平，$v_O \approx V_{DD}$。其等效电路如图 7.1.2（b）所示。

当输入为高电平时，$v_I > V_{TN}$，MOS 管导通。当 v_I 足够大时，d、s 之间的导通电阻 R_{on} 很小（R_{on} 为 25 ～ 200Ω），使得 R_d 远大于 R_{on}，相当于开关"闭合"，电路输出为低电平，$v_O \approx 0$。其等效电路如图 7.1.2（c）所示。

由此可见，MOS 管相当于一个由 v_{GS} 控制的无触点开关。MOS 管具备有触点开关的"断开"

和"闭合"两种状态，但在速度和可靠性方面比机械开关优越得多。

2. MOS 管开关电路的动态特性

在图 7.1.2（a）所示 MOS 管开关电路的输入端加一个理想脉冲，如图 7.1.3（a）所示。由于 MOS 管中栅极与衬底间电容 C_{gb}（即数据手册中的输入电容 C_I）、漏极与衬底间电容 C_{db}、栅极与漏极间电容 C_{gd}，以及导通电阻等的存在，其在导通和截止两种状态之间转换时，不可避免地受到电容充、放电过程的影响。输出电压 v_O 的波形已不是与输入电压一样的理想脉冲，如图 7.1.3（b）所示。其上升沿和下降沿都变得平缓了，而且输出电压的变化滞后于输入电压的变化。

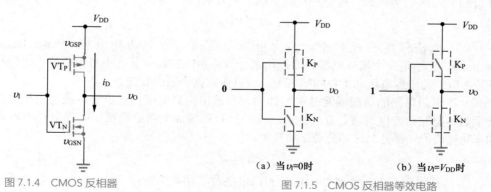

（a）输入电压波形

（b）输出电压波形

图 7.1.3　MOS 管开关电路电压波形

7.1.2　CMOS 反相器

图 7.1.2 电路中，当输入为高电平时，流过导通 NMOS 管的电流很大，R_d 起限流作用，但此时消耗在其上的功率也很大。为了克服这个缺点，用另一个 PMOS 管替代电阻 R_d，就构成了 CMOS 反相器。由 NMOS 管和 PMOS 管组成的电路称为互补 MOS 电路或 CMOS 电路。CMOS 反相器是构成 CMOS 逻辑电路的基本单元电路，下面讨论 CMOS 反相器的工作原理。

CMOS 反相器如图 7.1.4 所示，其中 VT_N 为 NMOS 管，VT_P 为 PMOS 管。它们的栅极连在一起作为输入端，漏极连在一起作为输出端。为方便叙述，将 NMOS 管和 PMOS 管的开启电压分别用 V_{TN} 和 V_{TP} 表示，v_{TN} 为正值，v_{TP} 为负值。当 $v_{GSN} > v_{TN}$ 时，NMOS 管导通，否则截止；当 $v_{GSP} < v_{TP}$ 时，PMOS 管导通，否则截止。

1. 工作原理

在以下讨论中，设定 v_I 处于逻辑 **0** 时，电压近似为 0V；而当 v_I 处于逻辑 **1** 时，电压近似为 V_{DD}。

当 v_I 为 **0** 时，VT_N 的栅源电压 $v_{GSN} < V_{TN}$，故 VT_N 断开，内阻很高。VT_P 的栅源电压 $|v_{GSP}| < |V_{TP}|$，VT_P 导通，而且导通电阻很低。其等效电路如图 7.1.5（a）所示。图中，开关 K_P 闭合，K_N 断开，电路输出高电平，且输出高电平 $V_{OH} \approx V_{DD}$。

当 v_I 为 **1** 时，VT_N 的栅源电压 $v_{GSN} > V_{TN}$，VT_N 导通，VT_P 的栅源电压 $|v_{GSP}| > |V_{TP}|$，VT_P 断开。其等效电路如图 7.1.5（b）所示。图中开关 K_N 闭合，K_P 断开，电路输出低电平，且输出低电平 $V_{OL} \approx 0$。

图 7.1.4　CMOS 反相器

（a）当 v_I=0时　　　　（b）当 v_I=V_{DD}时

图 7.1.5　CMOS 反相器等效电路

从上述分析可见，无论 v_I 是高电平还是低电平，VT_N 和 VT_P 总有一个是断开的，而且内阻极高，流过 VT_N 和 VT_P 的静态电流极小，所以说 CMOS 反相器的静态功耗极小（即电路工作在图 7.1.6 所示的 AB 段或 CD 段时的功耗）。CMOS 反相器因这一工作特点，不但能降低电路的整体功耗，而且能使电路在不工作时自动处于功耗极微的"睡眠"或"待机"状态，对用电池供电的设备尤为有益。

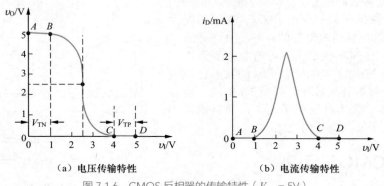

（a）电压传输特性　　　　　　　　　（b）电流传输特性

图 7.1.6　CMOS 反相器的传输特性（V_{DD} = 5V）

2. 电压传输特性和电流传输特性

CMOS 反相器的电压传输特性，是指其输出电压 v_O 随输入电压 v_I 变化的曲线，如图 7.1.6（a）所示。CMOS 反相器的电流传输特性，是指漏极电流 i_D 随输入电压 v_I 变化的曲线，如图 7.1.6（b）所示。由于 CMOS 反相器中 VT_N 和 VT_P 的特性是对称的，传输特性过渡区很窄，阈值电压为 $V_{DD}/2$，因此其具有很高的噪声容限，为（45% ~ 55%）V_{DD}。

3. CMOS 逻辑门电路的功耗及延时—功耗积

（1）功耗。

功耗是逻辑门电路的重要参数之一。功耗有静态和动态之分。静态功耗，是指电路输出没有状态转换时的功耗。静态时，CMOS 电路的电流非常小，使得静态功耗非常低，所以 CMOS 电路广泛应用于要求功耗较低或电池供电的设备，如便携式计算机、智能手机等。这些设备在没有输入信号时，功耗非常低。

CMOS 逻辑门电路在输出发生状态转换时的功耗称为动态功耗。它主要由两部分组成。

CMOS 逻辑门电路动态功耗的一部分是电路输出状态转换瞬间 MOS 管的导通功耗。由图 7.1.6 所示的 CMOS 反相器电压传输特性和电流传输特性可知，当输出电压由高到低或由低到高变化时，在短时间内，NMOS 管和 PMOS 管均导通，从而导致有较大的电流从电源经导通的 NMOS 管和 PMOS 管流入地。这部分功耗可由下式表示：

$$P_T = C_{PD}V_{DD}^2f$$

式中，f 为输出信号的转换频率；V_{DD} 为电源电压；C_{PD} 称为功耗电容（Power Dissipation Capacitance），它不是一个实际电容，而是用来计算输出端在高、低电平转换时输出电流动态特性的等效参数，与电源电压和工作频率有关，可以在数据手册中查到。

CMOS 逻辑门电路的负载通常是电容性的，当输出由高电平向低电平，或者由低电平向高电平转换时，电路会对电容进行充、放电，这一过程将增加电路的损耗，这就是 CMOS 逻辑门电路动态功耗的另一部分。这部分动态功耗为

$$P_L = C_L V_{DD}^2 f$$

式中，C_L 为负载电容。由此得到 CMOS 逻辑门电路总的动态功耗：

$$P_D = (C_{PD} + C_L)V_{DD}^2f$$

从上式可见，CMOS 逻辑门电路的动态功耗与转换频率和电源电压的平方成正比。当工作频率增加时，CMOS 逻辑门电路的动态功耗会线性增加。

（2）延时—功耗积。

当增大电源电压时，电路的工作速度变快，功耗也随之增加。理想的数字电路或系统既要速度高，又要功耗低。在工程实践中要实现这种理想情况是较难的。高速数字电路往往要以较高的功耗为代价。衡量这种性能的综合性指标称为延时—功耗积，用符号 DP 表示，单位为 J（焦耳），即

$$DP = t_{pd}P_D$$

式中，$t_{pd} = (t_{pLH} + t_{pHL})/2$；$P_D$ 为门电路的功耗。

7.1.3 CMOS 与非门和或非门

CMOS 系列集成逻辑门中，除非门（反相器）外，还有**与门**、**或门**、**与非门**、**或非门**、**异或门**等。下面重点介绍**与非门**和**或非门**。

1. CMOS 与非门

2 输入 CMOS **与非门**（也称为 NAND 门）如图 7.1.7 所示，电路包括两个串联的 NMOS 管和两个并联的 PMOS 管。电路的每个输入端连到一个 NMOS 管和一个 PMOS 管的栅极。当输入 A、B 有一个为低电平时，就会使与它相连的 NMOS 管截止，PMOS 管导通，输出为高电平；仅当 A、B 全为高电平时，才会使两个串联的 NMOS 管都导通，使两个并联的 PMOS 管都截止，输出为低电平。电路输出与输入的逻辑关系及各个 MOS 管的工作状态如表 7.1.1 所示。

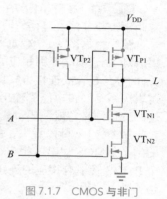

图 7.1.7　CMOS 与非门

表 7.1.1　与非门输入与输出关系及各 MOS 管工作状态

A	B	VT_{N1}	VT_{P1}	VT_{N2}	VT_{P2}	L
0	**0**	截止	导通	截止	导通	**1**
0	**1**	截止	导通	导通	截止	**1**
1	**0**	导通	截止	截止	导通	**1**
1	**1**	导通	截止	导通	截止	**0**

从表 7.1.1 可见，这种电路具有**与非**的逻辑功能，即

$$L = \overline{A \cdot B}$$

显然，n 输入**与非门**必须有 n 个 NMOS 管串联和 n 个 PMOS 管并联。

2. CMOS 或非门

图 7.1.8 所示为 2 输入 CMOS **或非门**（也称为 NOR 门），电路包括两个并联的 NMOS 管和两个串联的 PMOS 管。

输入 A、B 只要有一个为高电平，就会使与它相连的 NMOS 管导通，而 PMOS 管截止，输出为低电平；仅当 A、B 全为低电平时，两个并联 NMOS 管都截止，两个串联 PMOS 管都导通，输出为高电平。电路输出与输入的逻辑关系及各个 MOS 管的工作状态如表 7.1.2 所示。

表 7.1.2 表明，该电路具有**或非**的逻辑功能，其逻辑表达式为

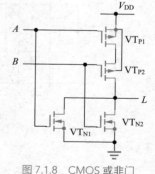

图 7.1.8　CMOS 或非门

$$L = \overline{A + B}$$

显然，n 输入**或非门**必须有 n 个 NMOS 管并联和 n 个 PMOS 管串联。

从以上对 CMOS **与非门**和**或非门**的讲解可知，输入越多，串联的管也越多。串联的管全部导通时，其总的导通电阻会增加，致使**与非门**的输出低电平升高，**或非门**的输出高电平降低。所以，CMOS 逻辑门的输入端不宜过多。

表 7.1.2　或非门输入与输出关系及各 MOS 管工作状态

A	B	VT_{N1}	VT_{P1}	VT_{N2}	VT_{P2}	L
0	0	截止	导通	截止	导通	1
0	1	截止	导通	导通	截止	0
1	0	导通	截止	截止	导通	0
1	1	导通	截止	导通	截止	0

例 7.1.1　试分析图 7.1.9 所示的 CMOS 逻辑门电路，写出其逻辑表达式，说明其逻辑功能，并画出由或非门及与门符号构成的逻辑图。

解　根据图 7.1.7 CMOS **与非门**和图 7.1.8 CMOS **或非门**的结构特点可知，如果 NMOS 管串联，则相应的 PMOS 管并联；反之亦然。判断电路逻辑关系时，只关注 NMOS 管的连接方式即可。如果 NMOS 管串联，与之相连的变量则是"与"逻辑关系，经过电路到输出端再"非"一次。同理，如果 NMOS 管并联，与之相连的变量则是"或"逻辑关系，经过电路到输出端再"非"一次。

CMOS 异或门的分析

从图 7.1.9 可以看出，虚线左边是**或非门**结构，其输出 $X = \overline{A + B}$。虚线右边的两个 NMOS 管串联相**与**，即 $A \cdot B$，然后与另一个 NMOS 管并联相**或**，即 $A \cdot B + X$，同时三个 PMOS 管也有相应的连接，所以是**与或非门**结构。**与或非门**的输出 $L = \overline{A \cdot B + X}$，将 X 的表达式带入，得

$$L = \overline{A \cdot B + X} = \overline{A \cdot B + \overline{A + B}} = \overline{A \cdot B + \overline{A} \cdot \overline{B}} = \overline{A \odot B} = A \oplus B$$

电路实现**异或**逻辑功能。由**或非门**及**与门**图形符号构成的逻辑图如图 7.1.10 所示。如果在**异或门**的后面增加一级反相器，就构成**异或非门**，此时其表达式为 $\overline{L} = A \cdot B + \overline{A} \cdot \overline{B}$，可以实现**同或**逻辑功能。

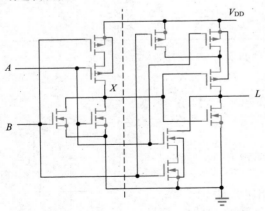

图 7.1.9　例 7.1.1 的 CMOS 逻辑门电路

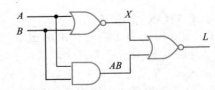

图 7.1.10　由逻辑门图形符号构成的例 7.1.1 的逻辑图

7.1.4　CMOS 传输门

传输门（Transmission Gate，TG）的应用十分广泛，它不仅可以作为基本单元电路构成各种数字电路，用于数字信号的传输，还可以传输模拟信号，因而又称为模拟开关。

1. CMOS 传输门的结构和工作原理

CMOS 传输门由一个 PMOS 管和一个 NMOS 管并联而成，电路结构如图 7.1.11（a）所示。设它们的开启电压 $V_{TN} = |V_{TP}| = V_T$，图中 C 和 $\overline{C}$ 是一对互补的控制信号。CMOS 传输门中的 VT_N 和 VT_P 的结构是完全对称的，所以栅极的引出端画在符号横线的中间。它们的漏极和源极可以互换，因而，CMOS 传输门输入端和输出端可以互换使用，可作为信号双向传输器件。图 7.1.11（b）是它的图形符号。

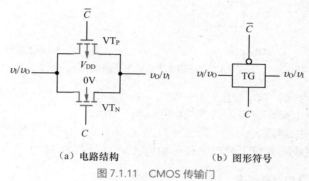

（a）电路结构　　　　（b）图形符号

图 7.1.11　CMOS 传输门

当 C 接 0V、$\overline{C}$ 接 V_{DD} 时，输入 v_I 的取值在 $0 \sim V_{DD}$ 范围内，$|v_{GSP}| > |V_T|$，$v_{GSN} < V_{TN}$，VT_N 和 VT_P 同时截止，输入和输出之间呈高阻态，传输门的输入和输出之间是断开的，不能传输任何信号。

当 C 接 V_{DD}、$\overline{C}$ 接 0V 时，v_I 在 $0 \sim (V_{DD} - V_T)$ 的范围内，$v_{GSN} > V_{TN}$，VT_N 导通；v_I 在 $V_T \sim V_{DD}$ 的范围内，$|v_{GSP}| < |V_T|$，VT_P 导通。由此可知，当 v_I 在 $0 \sim V_{DD}$ 变化时，VT_N 和 VT_P 至少有一个导通，使 v_I 与 v_O 之间的导通电阻很小，传输门导通，此时，可以实现信号的双向传输。

2. CMOS 传输门的应用

（1）构成 2 选 1 数据选择器。

由 CMOS 传输门构成的 2 选 1 数据选择器如图 7.1.12 所示。图中 A、B 为数据输入，C 为通道选择输入。

当 $C = \mathbf{0}$ 时，传输门 TG_1 导通，TG_2 断开，输入 A 被传到输出端，$L = A$。

当 $C = \mathbf{1}$ 时，传输门 TG_1 断开，TG_2 导通，输入 B 被传到输出端，$L = B$。

电路在 C 为不同电平时，有选择地将两个输入中的一个传送到输出端。

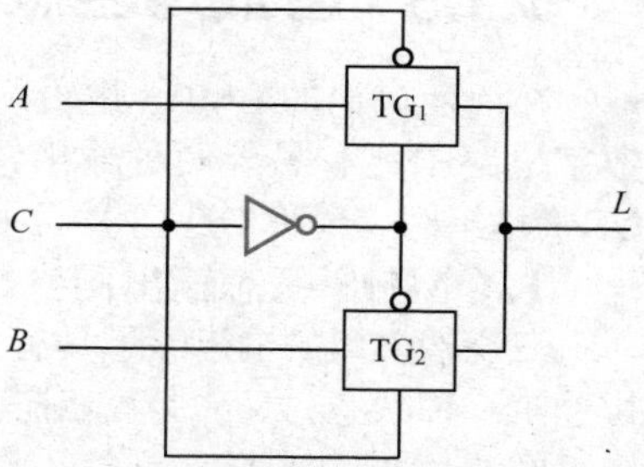

（2）用作模拟开关。

图 7.1.12　传输门构成的数据选择器

当 CMOS 传输门用作模拟开关时，若输入的变化范围为 $-V_{SS} \sim +V_{DD}$，则 VT_N 和 VT_P 的衬底分别接 $-V_{SS}$ 和 $+V_{DD}$。当互补控制信号 C 和 $\overline{C}$ 的控制电压分别为 $+V_{DD}$ 和 $-V_{SS}$ 时，传输门导通，电路传送输入信号。当 C 和 $\overline{C}$ 的控制电压分别为 $-V_{SS}$ 和 $+V_{DD}$ 时，传输门断开，电路不传送信号。传输门的导通电阻较小，是理想的电子开关。

例 7.1.2　由 CMOS 传输门构成的逻辑门电路如图 7.1.13（a）所示。分析电路，试根据图 7.1.13（b）所示输入波形，画出输出 L 的波形。

解　电路中，A 是两个传输门的控制信号，B 为输入信号。

当 $A = \mathbf{0}$ 时，TG_1 截止，TG_2 导通，$L = \overline{B}$。

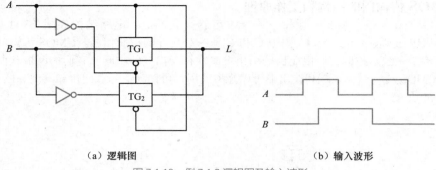

（a）逻辑图 （b）输入波形

图 7.1.13 例 7.1.2 逻辑图及输入波形

当 $A=1$ 时，TG_1 导通，TG_2 截止，$L=B$。

综上所述，可列出电路真值表，如表 7.1.3 所示。

从真值表可写出 L 的逻辑表达式，即 $L=\overline{A}\,\overline{B}+AB=A\odot B$。电路实现了**同或逻辑运算**。

根据逻辑功能可对应输入波形画出电路的输出波形，如图 7.1.14 所示。

表 7.1.3 例 7.1.2 电路真值表

A	B	L
0	0	1
0	1	0
1	0	0
1	1	1

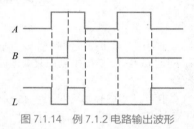

图 7.1.14 例 7.1.2 电路输出波形

7.1.5 CMOS 三态输出门和漏极开路输出门

在前面讨论的 CMOS 逻辑门中，输出只有高电平和低电平两种状态。就输出端看，在实际数字电路中还有另外两种输出结构的 CMOS 逻辑门，即三态输出门和漏极开路（Open Drain，OD）输出门（简称 OD 门）。下面分别讨论这两种逻辑门的工作原理及应用。

1. CMOS 三态输出门

三态输出门的输出除了具有一般逻辑门输出的高电平、低电平两种状态外，还具有高输出阻抗的第三种状态，又称为**高阻态**。

图 7.1.15（a）所示为高电平使能三态输出缓冲器，其中 A 是输入，L 为输出，EN（Enable）是控制信号，也称为使能输入，图 7.1.15（b）是它的标准图形符号，图中 EN 输入端没有小圆圈，表示高电平有效，图 7.1.15（c）是其常用图形符号。

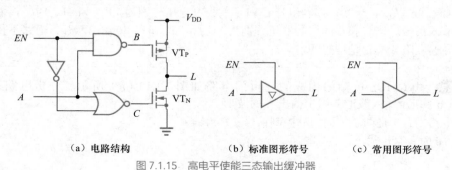

（a）电路结构 （b）标准图形符号 （c）常用图形符号

图 7.1.15 高电平使能三态输出缓冲器

使能输入 $EN = 1$ 时，如果 $A = 0$，则 $B = 1$，$C = 1$，使得 VT_N 导通，同时 VT_P 截止，输出 $L = 0$；如果 $A = 1$，则 $B = 0$，$C = 0$，使得 VT_N 截止，VT_P 导通，输出 $L = 1$。

当使能输入 $EN = 0$ 时，不论 A 的取值为何，都使得 $B = 1$，$C = 0$，则 VT_N 和 VT_P 均截止，电路的输出既不是低电平，又不是高电平，L 与电路断开，这就是**三态输出门的高阻态**。

由以上分析可知，当 EN 为有效的高电平时，电路处于正常逻辑工作状态，$L = A$，输入、输出同相；而当 EN 为低电平时，电路处于高阻态。三态输出门的真值表如表 7.1.4 所示，其中 "×" 表示 A 可以是 0 或 1。

在实际应用中，除上面介绍的高电平有效三态输出缓冲器外，还有一些逻辑门具有三态输出，如三态**非**门、三态**与非**门和三态**或非**门等；使能输入可以是高电平有效或低电平有效。低电平使能反相三态输出门及其图形符号分别如图 7.1.16（a）、（b）、（c）所示，其真值表如表 7.1.5 所示。图 7.1.16（b）中 $\overline{EN}$ 输入端的小圆圈表示使能输入低电平有效。

CMOS
三态门电路

表 7.1.4　三态输出门真值表

EN	A	L
1	0	0
1	1	1
0	×	高阻态

表 7.1.5　三态输出非门真值表

EN	A	L
0	0	1
0	1	0
1	×	高阻态

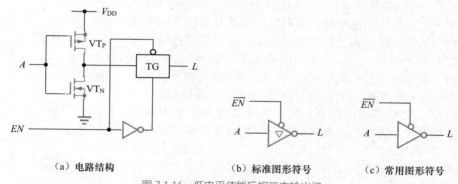

（a）电路结构　　　　　　（b）标准图形符号　　　（c）常用图形符号

图 7.1.16　低电平使能反相三态输出门

为了减少复杂系统中各个单元电路之间的连线，数字系统中信号的传输常常采取一种称为"总线"（Bus）的结构，以达到在同一连线上分时传递若干路信号的目的。**总线**是由导线组成的公共通信线路，供计算机各种功能部件之间或计算机与各类感应器元件之间传送信息。例如，在计算机或微处理机系统中，地址、数据和控制信号均采用了总线方式，实现了内部电路和不同外设之间地址、数据和控制信号的分时传送。由三态输出门构成的总线结构如图 7.1.17 所示，图中的三态输出门分别属于集成电路 $IC_1 \sim IC_n$，工作时只要控制各个 EN 的逻辑电平，保证在任何时刻仅有一个三态输出门被使能，就可以把各个输出信号按要求的顺序送到总线上，使它们互不干扰。

在总线中，数据往往需要双向传送，例如，计算机中的随机存取存储器不仅需要从总线输入数据，有时还需要将它所存数据输出到总线上。用三态输出门实现数据的双向传送的电路如图 7.1.18 所示。电路中，DIR 为传送控制信号。当 $DIR = 1$ 时 G_1 工作，G_2 为高阻态，$D_{O/I}$ 的数据经 G_1 送到总线上；当 $DIR = 0$ 时，G_2 工作而 G_1 为高阻态，来自总线的数据经 G_2 送到 $D_{O/I}$。

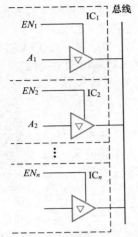

图 7.1.17 由三态输出门构成总线结构

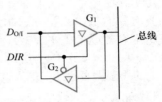

图 7.1.18 数据的双向传送

2. CMOS 漏极开路输出门

CMOS 反相器常常作为电路的输出缓冲器。在工程实践中，有时为了方便，将两个逻辑门的输出端并联以实现**与逻辑**功能（称为**线与**）。但普通逻辑门的输出端是不能直接连接在一起的，例如，将两个反相器的输出端并联，如图 7.1.19 所示，当一个逻辑门输出高电平，而另一个输出低电平时，并联输出必然导致很大的电流同时流过两个输出缓冲电路。这个电流将远远超过正常数值，可能导致电路损坏。而且，一般的输出缓冲电路，电源 V_{DD} 一经确定（如 5V），输出的高电平也就固定了，无法满足其他电平值输出的需要。为解决上述问题，可使用漏极开路输出门（简称 OD 门）。

漏极开路，是指 CMOS 逻辑门电路的输出电路只有 NMOS 管，并且它的漏极是开路的。漏极开路**与非门**及其图形符号如图 7.1.20（a）和图 7.1.20（b）所示，其中图标"◇"表示漏极开路。

在使用 OD 门时，必须在漏极和电源 V_{DD} 之间外接一个上拉电阻 R_P。将两个逻辑门的输出端接在一起，通过上拉电阻接电源，如图 7.1.21（a）所示，图 7.1.21（b）为其逻辑图。使用 OD 门后，由于上拉电阻 R_P 的限流作用，即使将它们的输出端并联使用，也不会产生大电流造成电路的损坏。

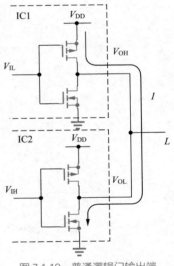

图 7.1.19 普通逻辑门输出端并联时的情况

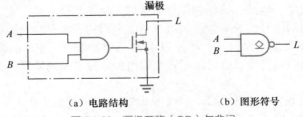

（a）电路结构　　　　　　　　（b）图形符号

图 7.1.20 漏极开路（OD）与非门

另外，从图 7.1.21（a）所示电路看到，当两个**与非门**的输出全为 **1** 时，输出为 $L = 1$；只要其中一个为 **0**，输出就为 $L = 0$。OD 门输出端并联使用时，输出符合与逻辑功能，$L = \overline{AB} \cdot \overline{CD}$，即实现了**线与**。

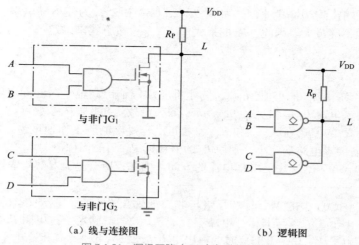

（a）线与连接图　　　　　　　　　　（b）逻辑图

图 7.1.21　漏极开路（OD）与非门的线与

　　在 OD 门使用中，上拉电阻 R_P 的选择很重要。R_P 的大小与工作速度、功耗有关。若 R_P 取值大，由于负载电容和接线电容的存在，电路工作速度低，功耗也低；否则，工作速度和功耗都会上升。另外，多个 OD 门的输出端**线与**后，当所有 OD 门中只有一个导通（输出低电平）时，负载电流将全部流入导通的 OD 门。因此，R_P 取值不可太小，不能使 OD 门的灌电流超出额定值，否则会造成逻辑输出低电平的上升，甚至损伤电路，应保证 I_{OL} 不超过额定值 $I_{OL(max)}$。如图 7.1.22（a）所示，R_P 上的压降为 $V_{DD} - V_{OL(max)}$。对于其他截止的 OD 门，流过截止 NMOS 管的漏电流 I_{OZ} 可以忽略，所以流过 R_P 的电流为 $I_{OL(max)} - I_{IL(total)}$，因此 R_P 的最小值 $R_{P(min)}$ 可按下式来确定：

$$R_{P(min)} = \frac{V_{DD} - V_{OL(max)}}{I_{OL(max)} - I_{IL(total)}} \tag{7.1.1}$$

式中，V_{DD} 为直流电源电压；$V_{OL(max)}$ 为驱动门 V_{OL} 最大值；$I_{OL(max)}$ 为驱动门 I_{OL} 最大值；$I_{IL(total)}$ 为负载门低电平输入电流 I_{IL} 总和，$I_{IL(total)} = nI_{IL}$。这里需要注意 n 的取值，对于负载为 CMOS 逻辑门或 TTL **或非门**的电路，n 为并联的输入端数目。对于 TTL **与非门**负载，n 为负载门的个数，而不是输入端的数目。

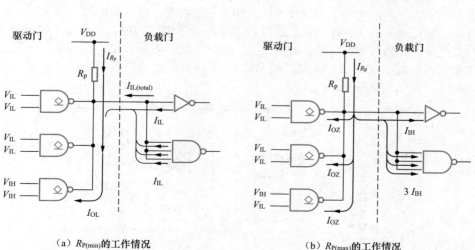

（a）$R_{P(min)}$的工作情况　　　　　　　　（b）$R_{P(max)}$的工作情况

图 7.1.22　计算 OD 门上拉电阻 R_P 的工作情况

当所有 OD 门输出均为高电平时，如图 7.1.22（b）所示，为使得高电平不低于规定的 V_{OH} 的最小值，R_p 取值不能过大。因此，R_p 的最大值 $R_{p(max)}$ 可按下式来确定：

$$R_{p(max)} = \frac{V_{DD} - V_{OH(min)}}{I_{OZ(total)} + I_{IH(total)}} \tag{7.1.2}$$

式中，$V_{OH(min)}$ 为驱动门 V_{OH} 最小值；$I_{OZ(total)}$ 为全部驱动门输出高电平时的漏电流 I_{OZ} 总和；$I_{IH(total)}$ 为负载门高电平输入电流 I_{IH} 总和。$I_{IH(total)} = nI_{IH}$，n 为负载门并联输入端数目。

实际应用中，R_p 的值选在 $R_{p(min)}$ 和 $R_{p(max)}$ 之间，若要求电路工作速度快，则使 R_p 的值接近 $R_{p(min)}$ 的标称值。若要求电路功耗小，则使 R_p 的值接近 $R_{p(max)}$ 的标称值。

式（7.1.1）和式（7.1.2）中已考虑电流的方向，因此，所有电流参数均取正值。

例 7.1.3 将 74HC03 中的 3 个漏极开路与非门的输出端并联，驱动 74HC04 中的 1 个反相器和 74HC10 中的 1 个 3 输入与非门，电路参看图 7.1.22，试确定上拉电阻 R_p 阻值。已知 $V_{DD} = 5V$，OD 门输出低电平 $V_{OL(max)} = 0.33V$ 时的输出电流 $I_{OL(max)} = 4mA$，输出高电平 $V_{OH(min)} = 4.4V$ 时的漏电流 $I_{OZ} = 5\mu A$。负载门高电平和低电平输入电流最大值 $I_{IH(max)} = I_{IL(max)} = 1\mu A$。

解（1）当 OD 门输出为低电平时，式（7.1.1）中

$$I_{IL(total)} = nI_{IL(max)} = 4 \times 1\mu A = 0.004mA$$

得

$$R_{P(min)} = \frac{V_{DD} - V_{OL(max)}}{I_{OL(max)} - I_{IL(total)}} = \frac{5V - 0.33V}{4mA - 0.004mA} \approx 1.17k\Omega$$

（2）当 OD 门输出为高电平时，式（7.1.2）中

$$I_{OZ(total)} = 3 \times 5\mu A = 0.015mA$$

$$I_{IH(total)} = 4 \times 1\mu A = 0.004mA$$

得

$$R_{P(min)} = \frac{V_{DD} - V_{OH(min)}}{I_{OZ(total)} + I_{IH(total)}} = \frac{5V - 4.4V}{0.01mA + 0.004mA} \approx 31.58k\Omega$$

根据上述计算，R_p 的值可在 1.17kΩ 和 31.58kΩ 之间选取。为使电路有较快的开关速度，可选用一标称值为 2kΩ 的电阻。

除了可以实现**线与**逻辑功能，OD 门也用来驱动发光二极管。发光二极管发光时需要的电流较大。图 7.1.23（a）所示为用 1 个漏极开路反相器驱动发光二极管的电路。发光二极管发光时要求有几毫安的电流通过，74HC/HCT 系列 CMOS 集成逻辑门的最大灌电流或拉电流为 4mA。当输入为高电平时，输出为低电平，此时发光二极管发光，否则输出为高电平，发光二极管熄灭。若需驱动指示灯（12V，20mA），则 74HC/HCT 系列集成逻辑门不能满足要求，可以选用 74AC05 或 74ACT05，其灌电流为 24mA。

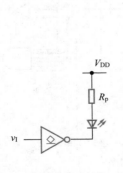

（a）驱动发光二极管

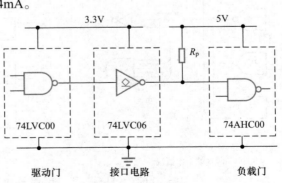

（b）逻辑电平变换

图 7.1.23 OD 门电路的应用

OD 门电路的另一个功能是实现逻辑电平变换，例如，可将 3.3V 高电平转换为 5V 高电平，如图 7.1.23（b）所示。驱动电路 74LVC00 工作在 3.3V 的电源电压下，输出高电平的最大值为 3.3V 以下。负载电路 74AHC00 工作在 5V 的电源电压下，输入高电平的最小值为 3.5V。所以 74LVC00 的输出逻辑电平不能满足 74AHC00 的要求。因此在它们之间接入 OD 门 74LVC06 作为接口电路，可以将输入的 3.3V 逻辑电平信号转换为 5V 逻辑电平输出信号。OD 门上拉电阻值的计算可以参考式（7.1.1）和式（7.1.2）。

7.2 TTL 逻辑门电路

7.2.1 BJT 的开关特性

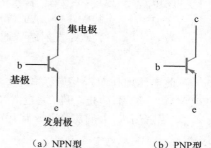

BJT 作为开关元件，曾经广泛用于数字集成电路和数字系统中，但由于它的静态功耗较大，在现代新型集成电路中用得不多。BJT 由 P 型和 N 型半导体结合在一起而构成，有 NPN 型和 PNP 型两种，其符号分别如图 7.2.1（a）、图 7.2.1（b）所示。下面主要介绍 NPN 型 BJT 的开关特性。

NPN 型 BJT 开关电路如图 7.2.2（a）所示。

当输入电压 $v_I = 0$ 时，BJT 的发射结为 0 偏置（$v_{BE} = 0$），集电结为反向偏置（$v_{BC} < 0$），BJT 处于**截止状态**。此时 $i_B = 0$，

图 7.2.1　两种 BJT 的图形符号

集电极只有很小的漏电流 i_C 流过，故 $i_C \approx 0$，$v_{CE} \approx V_{CC}$，集电极回路中的 c、e 极之间近似于开路，与开关断开时的状态一样。其等效电路如图 7.2.2（b）所示。

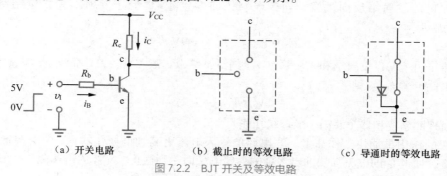

图 7.2.2　BJT 开关及等效电路

当 $v_I = 5V$ 时，调节 R_b，使集电结和发射结均正向偏置，$i_B > V_{CC}/\beta R_c$，则 BJT 工作在饱和状态。此时，$I_{CS} \approx V_{CC}/R_c$，称为集电极饱和电流。集电极、发射极之间的电压 v_{CE} 为 0.2 ~ 0.3V，该电压称为 BJT 的饱和压降 V_{CES}。此时 v_{CE} 近似为 0，相当于开关闭合。其等效电路如图 7.2.2（c）所示。

由此可见，BJT 相当于一个由基极电流控制的无触点开关，截止时相当于开关"断开"，饱和导通时相当于开关"闭合"。

在图 7.2.2（a）所示 BJT 开关电路的输入端加一个理想脉冲，由于 BJT 各极间电容及导通电阻等的存在，其在导通和截止两种状态之间转换时，不可避免地受到电容充、放电过程的影响。输出电压 v_o 的上升沿和下降沿都变得平缓了，而且输出电压的变化滞后于输入电压的变化。因此，人们为了加快电路工作速度，设计出了 TTL 集成逻辑门。

7.2.2 TTL 反相器

TTL 集成电路于 20 世纪 60 年代问世，是应用最早、技术较为成熟的一种集成电路，曾在数字系统中得到广泛应用。

1. 电路结构

TTL 反相器是 TTL 集成电路中最基本的电路，如图 7.2.3 所示。

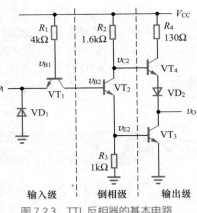

电路由输入级、倒相级和输出级 3 部分组成。其中，VT_1 组成电路的输入级，VT_3、VT_4 和二极管 VD_2 组成输出级，VT_2 组成倒相级。将 VT_2 的单端输入信号 v_{B2} 转换为互补的双端输出信号 v_{E2} 和 v_{C2}，分别驱动 VT_3 和 VT_4，以使 VT_3 和 VT_4 一个导通，另一个截止，实现倒相功能。

图 7.2.3　TTL 反相器的基本电路

2. 工作原理

设电源电压 $V_{CC} = 5V$，输入信号的高、低电平分别为 $V_{IH} = 3.6V$，$V_{IL} = 0.2V$。PN 结的导通电压为 $0.7V$。

当 $v_I = V_{IL}$ 时，VT_1 发射结导通，其基极电压为

$$v_{B1} = V_{IL} + V_{BE1} = 0.9V$$

此电压加在 VT_1 集电结和 VT_2、VT_3 发射结的 3 个 PN 结上，不足以使任何一个 PN 结导通，故 VT_2、VT_3 都截止。V_{CC} 通过 R_2 向 VT_4 提供基极电流，使 VT_4 和 VD_2 导通，电路输出高电平 V_{OH}。当忽略 R_2 上的压降时，输出电压

$$v_O = V_{OH} \approx V_{CC} - V_{BE4} - V_{D2} = 3.6V$$

当 $v_I = V_{IH}$ 时，V_{CC} 通过 R_1 和 VT_1 的集电结向 VT_2、VT_3 提供基极电流，使 VT_2、VT_3 饱和导通。此时

$$v_{B1} = V_{BC1} + V_{BE2} + V_{BE3} = 2.1V$$

显然 VT_1 的发射结反向偏置，而集电结正向偏置。VT_1 处于发射结和集电结倒置状态。VT_2、VT_3 饱和，$v_{E2} = 0.7V$，使

$$v_{C2} = V_{CES2} + V_{E2} = 0.9V$$

该电压作用于 VT_4 发射结和二极管 VD_2 两个 PN 结上，故 VT_4、VD_2 都截止，VT_3 饱和导通，使电路输出低电平 V_{OL}。则

$$v_O = v_{C3} = V_{CES3} = 0.2V$$

可见电路实现的是反相器（**非门**）的逻辑功能。

输入级的作用是加快工作速度。当电路的输入电压由高到低变化时，VT_1 由倒置状态转换为放大状态，使 VT_2 的电流加快抽走多余的存储电荷而达到截止。VT_2 的迅速截止一方面使 VT_4 的导通加快，另一方面使 VT_3 的截止加快，从而加快了状态转换。

从上述分析可见，输出级的两个管总是一个导通，而另一个截止，这种结构称为推拉式输出级。它不仅降低了静态功耗，而且提高了开关速度和电路带负载能力。当输出为低电平时，VT_4 截止，VT_3 饱和导通，其饱和电流全部用来驱动负载。当输出为高电平时，VT_3 截止，由 VT_4 组成电压跟随器的输出电阻很小，因此带负载能力也较强。当输出端接有电容性负载时，VT_3 或 VT_4 饱和导通电阻很低，对电容充、放电时间常数很小，使输出电压波形的上升沿和下降沿都符合需求。

7.2.3　TTL 与非门和或非门

1. 与非门

将反相器中的 VT_1 换成具有两个发射极的 BJT，就得到 2 输入**与非门**，如图 7.2.4 所示。图中，只要 A、B 当中有一个接低电平，则 VT_1 必有一个发射结导通，并将 VT_1 的基极钳位在 0.9V。这时 VT_2 和 VT_3 都截止，输出 L 为高电平 V_{OH}。只有当 A、B 同时为高电平时，VT_1 的基极钳位在 2.1V，这时 VT_2 和 VT_3 都导通，输出 L 为低电平 V_{OL}。电路实现与非逻辑功能，即 $L = \overline{A \cdot B}$。

2. 或非门

2 输入**或非门**如图 7.2.5 所示。图中 VT_{1B}、VT_{2B} 和 R_{1B} 组成的电路与 VT_{1A}、VT_{2A} 和 R_{1A} 组成的电路完全相同。若 A、B 同为低电平，则 VT_{2A} 和 VT_{2B} 均截止，$v_{E2} = 0$，VT_3 截止，输出高电平 V_{OH}。若 A、B 中有一个为高电平，则 VT_{2A} 或 VT_{2B} 饱和，VT_3 饱和导通，VT_4 截止，输出低电平 V_{OL}。电路实现**或非**逻辑功能，$L = \overline{A + B}$。

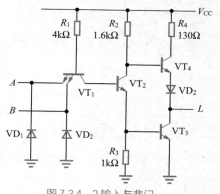

图 7.2.4　2 输入与非门　　　　　　　　　　　　图 7.2.5　2 输入或非门

上述 TTL 反相器中 BJT 导通时工作在深度饱和状态，这是产生传输延迟的主要原因，为此出现了各种系列的改进电路。改进效果比较明显的是抗饱和肖特基管电路，这种电路采用肖特基势垒二极管（Schottky-Barrier-Diode，SBD）的钳位作用来限制 BJT 导通时的饱和深度。抗饱和肖特基管结构如图 7.2.6 所示。早期的 74S 系列，之后推出的低功耗的 74LS 系列，后来

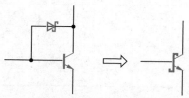

图 7.2.6　抗饱和肖特基管结构

改进工艺生产出 74AS 和 74ALS 系列，以及更快速的 74F 系列，都是采用抗饱和肖特基工艺生产的 TTL 集成逻辑门，其中主要的 BJT 采用抗饱和肖特基管结构，可以有效降低 BJT 的饱和深度，提高其状态转换速度。

与 CMOS 逻辑门类似，TTL 逻辑门也有另外两种输出结构，即集电极开路（Open Collector，OC）输出门（简称 OC 门）和三态输出门。OC 门是将 TTL 逻辑门输出级的集电极开路，只有外接上拉电阻电路才能正常工作。上拉电阻的计算与 OD 门类似。TTL 三态输出门也是在普通逻辑门的基础上增加控制电路构成的，电路的输出状态有高电平、低电平和高阻态 3 种。OC 门和三态输出门的具体电路这里不再赘述。

7.3　逻辑门电路使用中的实际问题

7.3.1　各种逻辑门电路之间的接口问题

在数字电路或系统的设计中，由于有工作速度、功耗指标或其他实际要求，往往需要将不同系列的器件混合使用。不同系列的逻辑门电路在连接时，驱动电路必须能为负载电路（被驱动电路）提供合乎相应标准的高、低电平和足够的驱动电流，也就是必须同时满足下列各式：

驱动电路　　负载电路

$$V_{OH(min)} \geqslant V_{IH(min)} \tag{7.3.1}$$

$$V_{OL(max)} \leqslant V_{IL(max)} \tag{7.3.2}$$

$$|I_{OH(max)}| \geqslant I_{IH(total)} \tag{7.3.3}$$

$$I_{OL(max)} \geqslant |I_{IL(total)}| \tag{7.3.4}$$

即驱动电路与负载电路的电平要兼容，电流要匹配。

表 7.3.1 列出了 CMOS 系列 2 输入与非门的电压与电流参数。表 7.3.2 列出了 TTL 系列 2 输入与非门的电压与电流参数，供选择接口电路时参考。表中的参数参考了 TI 公司在互联网上提供的集成电路产品数据。74HC/HCT 给出的是 V_{DD} = 5V 时的参数，74LVC/ALVC 给出的是 V_{DD} = 3V 时的参数，TTL 系列给出的均是 V_{CC} = 5V 时的参数，更详细的参数可查阅器件手册。

表 7.3.1 CMOS 系列 2 输入与非门的电压与电流参数

参数		系列			
		74HC00	74HCT00	74LVC00	74ALVC00
$I_{IH(max)}/\mu A$		1	1	5	5
$I_{IL(max)}/\mu A$		−1	−1	−5	−5
$I_{OH(max)}/mA$	CMOS 负载	−0.02	−0.02	−0.1	−0.1
	TTL 负载	−4	−4	−24	−24
$I_{OL(max)}/mA$	CMOS 负载	0.02	0.02	0.1	0.1
	TTL 负载	4	4	24	24
$V_{IH(min)}/V$		3.5	2	2	2
$V_{IL(max)}/V$		1.5	0.8	0.8	0.8
$V_{OH(min)}/V$	CMOS 负载	4.9	4.9	2.8	2.8
	TTL 负载	4.4	4.4	2.2	2
$V_{OL(max)}/V$	CMOS 负载	0.1	0.1	0.2	0.2
	TTL 负载	0.33	0.33	0.55	0.55

表 7.3.2 TTL 系列 2 输入与非门的电压与电流参数

参数	系列			
	74S	74LS	74AS	74ALS
$V_{IL(max)}/V$	0.8	0.8	0.8	0.8
$V_{OL(max)}/V$	0.5	0.5	0.5	0.5
$V_{IH(min)}/V$	2.0	2.0	2.0	2.0
$V_{OH(min)}/V$	2.7	2.7	2.7	2.7
$I_{IL(max)}/mA$	−2.0	−0.4	−0.5	−0.1
$I_{OL(max)}/mA$	20	8	20	8
$I_{IH(max)}/\mu A$	50	20	20	20
$I_{OH(max)}/mA$	−1.0	−0.4	−2.0	−0.4

下面主要以 CMOS 器件和 TTL 器件相互驱动为例，说明不同系列逻辑门电路之间的接口方法。

1. CMOS 器件驱动 TTL 器件

当以 5V 作为公共电源时，CMOS 电路高电平输出高于 4.4V，低电平输出低于 0.33V，TTL 电路高电平输入高于 2.0V，低电平输入低于 0.8V，显然两者逻辑电平是兼容的，满足式（7.3.1）和式（7.3.2），不需另加接口电路，仅需考虑电流是否匹配。图 7.3.1 为 CMOS 器件驱动 TTL 器件的示意图。CMOS 电路输出高电平时，向 TTL 负载提供拉电流，反之则由 TTL 电路提供流入 CMOS 电路的灌电流。

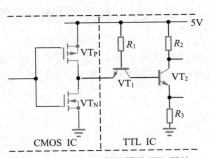

图 7.3.1 CMOS 器件驱动 TTL 器件

例 7.3.1 用 1 个 74HC00 与非门同时驱动 1 个 74S 系列 TTL 反相器和 5 个 74LS 系列逻辑门。验算此时的 CMOS 电路是否过载。参数如表 7.3.1 和表 7.3.2 所示。

解 根据表 7.3.1 和表 7.3.2 可知，74HC00 的 $I_{OL(max)}$ = 4mA，$I_{OH(max)}$ = -4mA。74S 系列 TTL 反相器的 $I_{IL(max)}$ = -2mA，$I_{IH(max)}$ = 0.05mA。74LS 系列逻辑门的 $I_{IL(max)}$ = -0.4mA，$I_{IH(max)}$ = 0.02mA。

（1）CMOS 驱动电路输出低电平，即灌电流时，$I_{OL(max)}$ = 4mA。负载电路总的输入电流为 74S 系列 TTL 反相器和 74LS 系列逻辑门电路输入电流之和，即 $|I_{IL(total)}|$ = 2mA + 5 × 0.4mA = 4mA，满足式（7.3.4）的条件。

（2）CMOS 驱动电路输出高电平，即拉电流时，$I_{OH(max)}$ = -4mA。负载电路总的输入电流 $I_{IH(total)}$ = 0.05mA + 5 × 0.02mA = 0.15mA，满足式（7.3.3）的条件。

根据以上分析，CMOS 电路未过载，但是灌电流情况刚刚满足条件，在实际电路设计中要考虑留出一定的余量，即增强带灌电流的能力。可以在驱动电路和负载电路之间增加一个驱动器，由于 TTL 系列 $I_{OL(max)}$ 较 CMOS 系列 $I_{OL(max)}$ 大得多，最简单的办法是在 CMOS 电路后面加一个 TTL 系列的同相缓冲器，再用这个缓冲器驱动上述 1 个 74S 系列 TTL 反相器和 5 个 74LS 系列逻辑门。

2. TTL 器件驱动 CMOS 器件

根据表 7.3.1 和表 7.3.2 可知，当 TTL 器件驱动 74HCT 系列器件时，完全满足式（7.3.1）～式（7.3.4）的要求，无须做任何处理。但驱动 74HC 系列器件时，就会出现 TTL 电路输出高电平不兼容的情况。例如，74LS 系列 $V_{OH(min)}$ = 2.7V，低于 74HC 系列的 $V_{IH(min)}$ = 3.5V，直接驱动可能出现逻辑混乱。

解决的方法是在 TTL 电路的输出端与电源之间接入上拉电阻 R_P，如图 7.3.2 所示。

当 TTL 电路输出高电平时，VT_3 截止，故

$$V_{OH} = V_{DD} - R_P I_{IH(total)} \qquad (7.3.5)$$

由于 CMOS 电路 I_{IH} 很小，所以只要 R_P 不是特别大，输出高电平就将被提升到 $V_{OH} \approx V_{DD}$。此时，R_P 仍可借用式（7.1.1）和式（7.1.2）来计算，并应用 OC 门的选取原则。

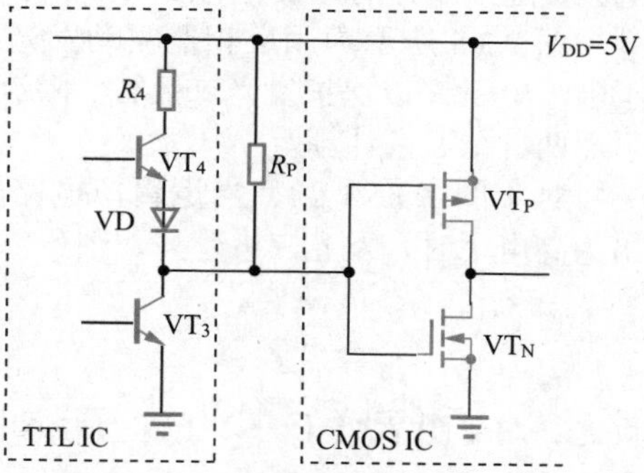

TTL 器件驱动 CMOS 器件的电流匹配计算方法与 CMOS 器件驱动 TTL 器件相同。

图 7.3.2 TTL 器件驱动 CMOS 器件

3. 低电压 CMOS 器件及接口

CMOS 器件的动态功耗为 $P_D = fC_{PD}V_{DD}^2$，为减小动态功耗，采用低电源电压。另外，半导体制造工艺的改进使晶体管尺寸越做越小，CMOS 器件的栅极与源极、栅极与漏极间的绝缘层也越来越薄，已不能承受 5V 电源电压，于是半导体厂家推出了电源电压分别为 3.3V、2.5V 和 1.8V 的一系列低电压集成逻辑门。为此，需要考虑低电压 CMOS 器件的接口问题。

3.3V 的 CMOS 器件 74LVC 系列具有 5V 输入容限，即输入端可以承受 5V 输入电压，因此，可以与 74HCT 系列或 TTL 系列直接连接。当用 74LVC 系列驱动 74HC 系列时，高电平参数不满足式（7.3.1），可以用上拉电阻、OD 门或采用专门的逻辑电平转换电路。2.5V 或 1.8V 的 CMOS 器件与其他系列连接时，需要专用的逻辑电平转换电路，例如，74ALVC164245 可用于不同 CMOS 系列或 TTL 系列之间的逻辑电平转换，它有两种直流电源 V_{DDA} 和 V_{DDB}，如图 7.3.3 所示。

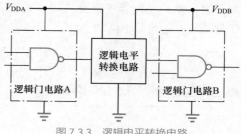

图 7.3.3 逻辑电平转换电路

74ALVC164245 的结构与功能表分别如图 7.3.4 和表 7.3.3 所示，它是双向传输器件，可以接收 2.5V（或 3.3V）电源电压的逻辑电平，输出 3.3V（或 5V）电源电压的逻辑电平，反之，它也可以接收 3.3V（或 5V）电源电压的逻辑电平，输出 2.5V（或 3.3V）电源电压的逻辑电平。

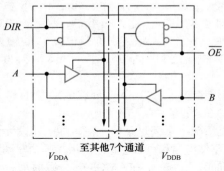

图 7.3.4　$\frac{1}{16}$ 74ALVC164245 逻辑电平转换电路

表 7.3.3　逻辑电平转换电路功能表

输入		操作
$\overline{OE}$	DIR	
L	L	B 传送到 A
L	H	A 传送到 B
H	×	隔离

7.3.2　逻辑门电路带负载时的接口电路

1. 用逻辑门电路直接驱动显示器件

在数字电路中，往往需要用发光二极管来显示信息，如电源接通或断开的指示、七段式数字显示、图形符号显示等。

图 7.3.5 所示为用反相器驱动发光二极管，电路中串接了限流电阻 R 以保护发光二极管。限流电阻的大小可分别按下面两种情况来计算。

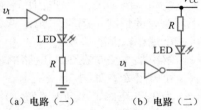

图 7.3.5　反相器驱动发光二极管电路

对于图 7.3.5（a），当逻辑门电路的输入为低电平，输出为高电平时，发光二极管亮，则

$$R = \frac{V_{OH} - V_F}{I_D} \tag{7.3.6}$$

反之，对于图 7.3.5（b），当输入为高电平，输出为低电平时发光二极管亮，故有

$$R = \frac{V_{CC} - V_F - V_{OL}}{I_D} \tag{7.3.7}$$

式（7.3.6）和式（7.3.7）中，I_D 为发光二极管的电流；V_F 为发光二极管的正向压降；V_{OH} 和 V_{OL} 为逻辑门电路的输出高、低电平电压。

例 7.3.2　试用 74HC04 中的 6 个 CMOS 反相器之一作为接口电路，使逻辑门电路的输入为高电平时，发光二极管导通发光。74HC04 的 $V_{OL} = 0.33V$，$I_{OL(max)} = 4mA$，发光二极管导通时的压降 V_F 为 1.6V。

解　发光二极管正常发光需要几毫安的电流，因此 I_D 取值不能超过 4mA。根据式（7.3.7）计算限流电阻的最小值为

$$R = \frac{(5 - 1.6 - 0.33)V}{4mA} = 768\Omega$$

相应的电路如图 7.3.5（b）所示。

---

2. 驱动机电性负载

在工程实践中，人们往往会用各种数字电路来控制机电装置，如控制电动机的位置和转速、继电器的接通与断开、流体系统中阀门的开通和关闭、自动生产线中的机械手等。这些机电性负载的工作电压和工作电流比较大，即使是微型继电器，驱动电流也在 10mA 以上。要使这些机电性负载正常工作，必须扩大驱动电路的输出电流以提高带负载能力，而且必要时要实现电平转换。

如果负载所需的电流不特别大，以微型继电器为例，则可以将两个反相器并联作为驱动电路，如图 7.3.6 所示。封装在同一芯片内的两个反相器的参数也会有差别，因此，并联后总的最大负载电流略小于单个反相器最大负载电流的两倍。

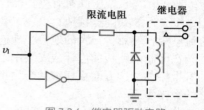

图 7.3.6　继电器驱动电路

如果负载所需的电流相当大，达到几百毫安，则需要在数字电路的输出端与负载之间接入一个功率驱动器件，称为外围驱动器件。它的输入与数字集成电路（如 CMOS 器件和 TTL 器件等）兼容，输出端可直接用于驱动机电性负载。

外围驱动器件（如达林顿晶体管阵列 ULN2003A 等）的电路形式与结构一般都具有以下两个特点：一是采用集电极开路输出结构，其输出高电平几乎等于外加电压，可通过调节外加电压来满足不同负载对高电平的要求；二是驱动电路的输出晶体管具有较强的带负载能力，能提供较大的电流。外围驱动器件的具体电路结构可查阅数据手册。

7.3.3　抗干扰措施

利用集成逻辑门（CMOS 或 TTL）做具体电路设计时，还应当注意下列抗干扰措施。

（1）多余输入端的处理。

集成逻辑门多余的输入端一般不悬空，以防止引入干扰信号。特别是 CMOS 器件的多余输入端绝对不能悬空。CMOS 器件输入电阻很大，容易受静电或工作区域工频电磁场引入电荷的影响，使电路的正常工作状态遭到破坏。

对多余输入端的处理以不改变电路工作状态及稳定可靠为原则，如图 7.3.7 所示。将与门、与非门的多余输入端通过 1kΩ ～ 10kΩ 限流电阻接电源，或门、或非门的多余输入端通过 1kΩ ～ 10kΩ 限流电阻接地。最好不要省去限流电阻，因为有些逻辑门在状态转换时，输入电流的大小有可能超过限定数值，使测试或调试更加困难。

当工作频率比较低时，可以将多余输入端与其他输入端并接在一起。对于工作频率比较高的电路，输入端并接会增加等效的电容性负载，而使信号的传输速度下降，最好采用前面的方法。

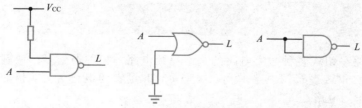

图 7.3.7　多余输入端的处理电路

（2）去耦合滤波电容。

数字电路或系统往往由多片集成逻辑门构成，它们由一个公共直流电源供电。这种电源是非理想的，一般是整流稳压电路，具有一定的内阻抗。当数字电路在高、低电平之间变换时，会产生较大的的脉冲电流或尖峰电流，它们流经公共内阻抗时，必将相互影响，甚至使逻辑功能发生错乱。一种常用的处理方法是采用去耦合滤波电容，将 10μF ～ 100μF 的大电容器接在直流电源与地之间，滤除干扰信号。除此以外，每一芯片的电源与地之间接一个 0.1μF 的电容器以滤除开关噪声。

（3）接地和安装工艺。

正确接地对于降低电路噪声是很重要的。方法是将电源地与信号地分开，先将信号地汇集在一点，然后将二者用最短的导线连在一起，以避免含有多种脉冲波形（含尖峰电流）的大电流被引到某数字器件的输入端而破坏系统正常的逻辑功能。

此外，当系统中同时有模拟器件和数字器件时，同样需将二者的地分别汇集在一点，然后选用一个合适的共同点接地，以免二者相互影响。必要时，也可设计模拟和数字两块电路板，各备直流电源，然后将二者的地恰当地连接在一起。

在印制电路板的设计或安装中，要注意连线尽可能短，以减少接线电容产生寄生反馈而引起的寄生振荡。这方面更详细的介绍可参阅有关文献。某些典型电路应用设计也可参考集成数字电路的数据手册。

此外，CMOS 器件在使用和储藏过程中要注意静电感应导致损伤的问题。静电屏蔽是常用的防护措施。

7.3.4　差分信号传输

差分信号传输（简称差分传输）是一种抗干扰能力强的信号传输技术。电视机、计算机、数字音响等设备的高清多媒体接口（High-Definition Multimedia Interface，HDMI）及 USB 接口的数据传输均采用差分传输。低电压差分传输已应用到 FPGA、ASIC 等芯片内部。

传统的信号传输采用一根信号线和一根接地线，信号线上传输高电平或低电平电压值。若叠加干扰信号后电压值改变，有可能导致逻辑电平发生变化。

差分信号传输是在两根线上都传输信号，两个信号的大小相等，相位相反。差分信号传输示意图如图 7.3.8 所示。

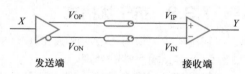

图 7.3.8　差分信号传输示意图

原始数字信号在发送端经过缓冲器和反相器，变成两个大小相等、相位相反的信号被送到两根传输线上。在电路板上，两根传输线必须等长、等宽、紧密靠近且在同一层面。当干扰信号作用时，两根传输线上的干扰信号（共模信号）大小相等，相位也相同。接收端用差分放大器来检测差分信号，两个发送端信号相减后，干扰信号被抵消。因此，差分传输具有很强的抗干扰能力。

当 $X=0$ 时，V_{OP} 为低电平，V_{ON} 为高电平。经过传输线到接收端，$V_{IP}-V_{IN}<0$ 时，$Y=0$。

当 $X=1$ 时，V_{OP} 为高电平，V_{ON} 为低电平。在接收端，$V_{IP}-V_{IN}>0$ 时，$Y=1$。

小结

- 逻辑门电路是组成各种数字电路的基本单元电路，它种类繁多，从制造工艺上可分为 MOS 型（CMOS 逻辑门电路）和双极型（TTL 逻辑门电路）等。目前，使用较多的是 CMOS 逻辑门电路。
- 各种逻辑门电路中的 MOS 管和 BJT 均工作在开关状态。影响其工作速度的主要因素是器件内部各电极之间的结电容。
- CMOS 逻辑门电路是由互补的增强型 N 沟道和 P 沟道 MOS 管构成的，其优点是集成度高、功耗低、扇出数大（指带同类门负载）、噪声容限大、开关速度较高。随着半导体制造工艺的改进，CMOS 逻辑门电路向着低电压和低功耗的方向发展。
- CMOS 逻辑门电路有普通缓冲器输出、漏极开路输出、三态输出 3 种不同的输出结构。
- 漏极开路输出门（OD 门）和集电极开路输出门（OC 门）的输出端并联实现"线与"。

三态输出门的输出端也可以并联使用，但要保证任何时候只有一个三态输出门工作，而其他三态输出门都处于高阻态。

- 在逻辑门电路的实际应用中，存在不同系列逻辑门电路之间、逻辑门电路与负载之间的接口问题。正确分析与处理这些问题，是数字电路设计者应具备的基本技能。

自我检验题

7.1 填空题

答案

1. 数字电路中，MOS 管或 BJT 工作在_____状态和_____状态。
2. CMOS 逻辑门电路的静态功耗_____，动态功耗随着工作频率的提高而_____。
3. CMOS 与非门带同类门负载数目增加时，其输出低电平将_____。
4. CMOS 或非门带同类门负载数目增加时，其输出高电平将_____。
5. OD 门在使用时，输出端和电源之间应外接_____。
6. 在正确使用 OD 门或 OC 门的前提下，将多个门的输出端相连可实现_____逻辑功能。
7. CMOS 传输门能传输_____信号和_____信号，所以，它又称为_____。
8. CMOS 传输门可以输出的状态有_____、_____和_____。
9. 三态输出门能够输出的 3 种状态是_____，_____和_____。
10. 为了使三态输出门能够正常工作，使能端应接_____电平。
11. 与门、与非门的多余输入端的连接方法有_____、_____。
12. 或门、或非门的多余输入端的连接方法有_____、_____。

习题

7.1 CMOS 逻辑门电路

7.1.1 试分析图题 7.1.1 所示的电路，写出 L 的逻辑表达式，画出由**与门**、**或门**、**非门**图形符号构成的逻辑图。

7.1.2 试分析图题 7.1.2 所示的电路，写出 L 的逻辑表达式，画出由**与门**、**或门**、**非门**图形符号构成的逻辑图。

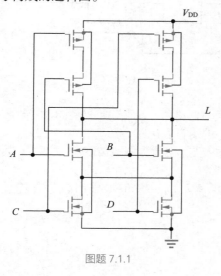

图题 7.1.1

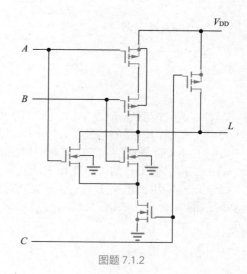

图题 7.1.2

7.1.3　试分析图题 7.1.3 所示的 CMOS 逻辑门电路，列出功能表，说明电路的逻辑功能。

7.1.4　CMOS 逻辑门电路及各输入波形如图题 7.1.4 所示，试画出输出 L 的波形。

7.1.5　三态输出门构成的电路及其输入波形分别如图题 7.1.5（a）、（b）所示。试分析电路，画出输出 L 的波形。

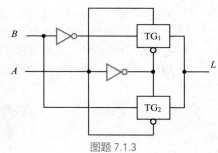

图题 7.1.3

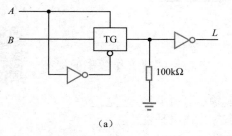

（a）

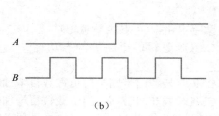

（b）

图题 7.1.4

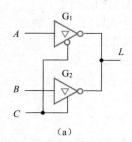

（a）

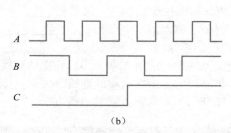

（b）

图题 7.1.5

7.1.6　电路及其输入波形分别如图题 7.1.6（a）、（b）所示。试分析电路，画出输出 L 的波形。

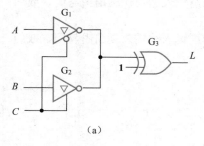

（a）

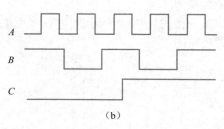

（b）

图题 7.1.6

7.1.7　试分析图题 7.1.7（a）、（b）所示的 CMOS 逻辑门电路，说明它们的逻辑功能。

7.1.8　逻辑门电路如图题 7.1.8 所示，试写出输出 L 的逻辑表达式。

7.1.9　由 OD **异或**门和 OD **与非**门构成的电路及其输入波形分别如图题 7.1.9（a）、（b）所示。

（1）试写出输出与输入的逻辑表达式，画出输出波形。

（2）已知输出低电平 $V_{OL(max)} = 0.33V$ 时的最大输出电流 $I_{OL(max)} = 4mA$，输出高电平 $V_{OH(min)} = 4.4V$ 时的漏电流 $I_{OZ} = 5\mu A$，计算 $R_{p(min)}$ 和 $R_{p(max)}$。

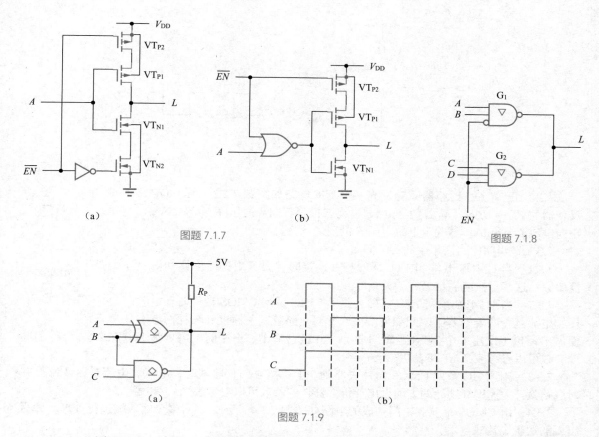

（a）　　　　　　　　　（b）

图题 7.1.7

图题 7.1.8

（a）　　　　　　　　　　（b）

图题 7.1.9

7.1.10　用 74HC03 中的 2 个漏极开路与非门及 74HC00 中的 4 个与非门构成的电路如图题 7.1.10 所示。试确定上拉电阻 R_p 的取值范围。已知 $V_{DD} = 5V$，OD 门输出低电平 $V_{OL(max)} = 0.33V$ 时的输出电流 $I_{OL(max)} = 4mA$，输出高电平 $V_{OH(min)} = 4.4V$ 时的漏电流 $I_{OZ} = 5\mu A$。负载门高电平和低电平输入电流最大值 $I_{IH(max)} = I_{IL(max)} = 1\mu A$。

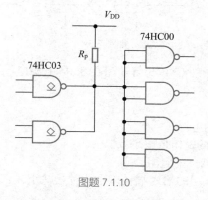

图题 7.1.10

7.1.11　试判断下列哪些 CMOS 逻辑门电路可以将输出端并接使用：（1）普通的互补输出；（2）漏极开路输出；（3）三态输出。

7.2　TTL 逻辑门电路

7.2.1　BJT（$\beta = 100$）开关电路及其输入波形分别如图题 7.2.1（a）、（b）所示。试画出当加入图示 v_I 信号时的 v_O 波形。

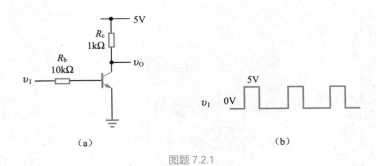

（a）　　　　　　　　　　　　（b）

图题 7.2.1

7.2.2　已知 OC 反相器驱动发光二极管的电路如图题 7.2.2 所示。OC 反相器的 $V_{OL} = 0.3V$，$I_{OL(max)} = 8mA$，发光二极管正向导通压降 $V_F = 1.7V$，正向电流 $I_D = 5mA$。试确定上拉电阻 R 的值。

图题 7.2.2

7.3　逻辑门电路使用中的实际问题

7.3.1　当 CMOS 器件和 TTL 器件相互连接时，要考虑哪些电压和电流参数？这些参数应满足怎样的关系？

7.3.2　当用 74LS 系列 TTL 器件去驱动 74HC 系列 CMOS 器件时，电压、电流是否匹配？若不匹配如何解决？并对电路就开关速度和功耗两方面做出评价（设用一个 74LS 逻辑门驱动，并且它输出高电平时的漏电流为 0.2mA）。器件的其他参数可以参考表 7.3.1 和表 7.3.2。

7.3.3　当用 HC 系列 CMOS 器件去驱动 74LS 系列 TTL 器件时，电压、电流是否匹配？并对电路就开关速度和功耗两方面做出评价。器件的参数可以参考表 7.3.1 和表 7.3.2。

7.3.4　由 CMOS 集成逻辑门构成的电路如图题 7.3.4 所示，试对多余输入端进行处理，并写出 L 的逻辑表达式。

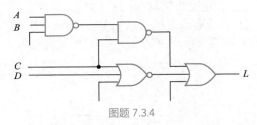

图题 7.3.4

7.3.5　为什么说 74LVC 系列 CMOS 与非门在 3.3V 电源电压下工作时，输入在以下 4 种接法下都为逻辑 0（参考表 7.3.1）？

（1）输入端接地；

（2）输入端接低于 0.8V 的电源；

（3）输入端接同类与非门的输出低电平 0.2V；

（4）输入端到地之间接 10kΩ 的电阻。

7.3.6　为什么说 TTL 与非门的输入端在以下 4 种接法下，都属于逻辑 1（参考表 7.3.2）？

（1）输入端悬空；

（2）输入端接高于 2V 的电源；

（3）输入端接同类与非门的输出高电平 3.6V；

（4）输入端与地之间接 10kΩ 的电阻。

第7章部分习题答案

实践训练

S7.1 由 CMOS OD 门及与非门组成的电路如图 S7.1 所示。已知 OD 门输出低电平 $V_{OL(max)} = 0.26V$ 时的最大输出电流 $I_{OL(max)} = 5.2mA$，负载门高电平和低电平输入电流均为 $1\mu A$（可以忽略）。发光二极管参数为 $V_F = 1.6V$，$I_D = 5mA$，试计算 R_p。在 Multisim 中，搭建图 S7.1 所示电路，运行仿真并改变开关的状态（单击开关），观察电压指针示数、发光二极管、指示灯及电压表示数。

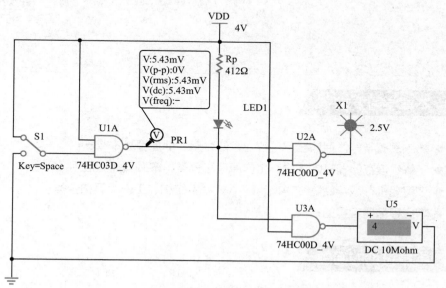

图 S7.1　逻辑门接口电路（仿真图）

第 8 章

半导体存储器

本章知识导图

8.1 存储器的基本概念

8.1.1 存储器的基本结构

半导体存储器（简称存储器）用于存储大量二值数据、程序等信息，它是计算机等大型数字系统中不可或缺的组成部分，同时也广泛用于小型、便携的数码产品中，如数码相机、智能手机等。

存储器通常是由存储矩阵、地址译码器、输入 / 输出控制电路组成的，如图 8.1.1 所示。

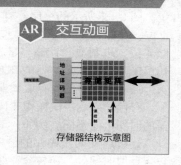
AR 交互动画

存储器结构示意图

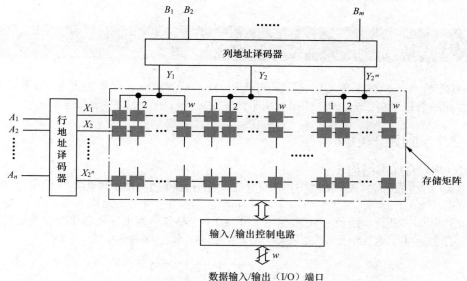

图 8.1.1 存储器结构框图

存储矩阵由许多能够存储 1 位（bit）二进制数的存储单元构成，这些存储单元排列成阵列，称为存储矩阵。存储矩阵行数为 2^n，列数为 2^m，二进制信息被分组存储在存储矩阵中，每个组称为一个**字**（word），常以 1 位、4 位或 8 位等二进制数为一组。一个字所含的位数称为**字长**。字长为 8 位的二进制数称为字节（byte，B）。为了区别不同的字，赋予每个字一个编号，称为**地址**。构成字的存储单元也称为**地址单元**。

地址译码器将输入的地址码译成相应的地址信号，从存储矩阵中选出相应的存储单元，并将其中的数据送到输出控制电路。这里有 2 个地址译码器，称为二维译码结构。如果每个地址单元包含 w 位，则存储器将有 w 根数据线。任何地址单元的数据都可以通过选择第 i 行、第 j 列来访问。

输入 / 输出控制电路可以控制将地址码指定的 w 个存储单元的数据通过数据缓冲器输出到 I/O 端口，或将 I/O 端口的数据通过数据缓冲器写入地址码指定的 w 个存储单元。

8.1.2 存储器的分类及性能指标

按照存储矩阵中信息存取方式的不同，半导体存储器可以分为只读存储器（Read-Only Memory，ROM）和随机存取存储器（Random Access Memory，RAM）。

存储器的性能指标主要有存储容量，存取速度（包括存取时间、存取周期等）。

（1）存储容量。

存储器能够存储的二进制信息总量称为存储容量。常以字数和字长的乘积表示存储器的容量。图 8.1.1 所示的存储器有 $(n + m)$ 根地址线，提供 2^{n+m} 个地址单元（即字数为 2^{n+m}），字长为 w 位，存储容量为 $2^{n+m} \times w$ 位。例如，1K×4 位表示该芯片有 1K 个地址单元，每个地址单元存储 4 位二进制数。存储容量较大时，字数通常采用 KB、MB、GB 或 TB 为单位。$1KB = 2^{10}B = 1024B$，$1MB = 2^{20}B = 1024KB$，$1GB = 2^{30}B = 1024MB$，$1TB = 2^{40}B = 1024GB$。

（2）存取时间和存取周期。

存储器启动一次操作（读或写）所需的时间称为存取时间，或存储器的访问时间。读和写所需的时间可能不同。例如，动态随机存取存储器（DRAM）读慢写快，闪存读快写慢。

连续启动两次操作的最短时间间隔称为存取周期。例如，CPU 中主存储器的存取周期除了包含存取时间外，还包含存储器状态的稳定恢复时间，所以以存取周期略大于存取时间。

8.2 只读存储器

ROM 的特点是，在正常工作时，只能从 ROM 中读出数据，而不能向 ROM 写入数据，断电以后存储的数据不会丢失。ROM 一般用于存放固定的程序、常数、表格等。

8.2.1 固定 ROM

1. ROM 的基本结构

图 8.2.1 所示为 ROM 结构示意图。ROM 主要由存储阵列、地址译码器和输出控制电路 3 部分组成。与图 8.1.1 不同，这里只有一个地址译码器，称为一维译码结构。ROM 的存储单元是一些开关元件，如二极管、熔丝、MOS 管等。图 8.2.1 中存储阵列由字线和位线交叉处的二极管构成。该存储器有 4 个地址单元（即字数为 4），字长为 4 位。存储容量为 4×4 位。

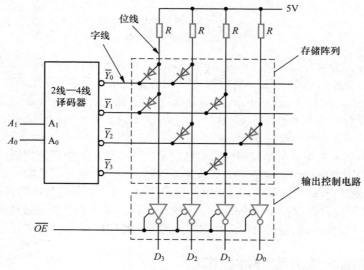

图 8.2.1　ROM 结构示意图

输出控制电路一般包含三态缓冲器，以便与系统的数据总线连接。当有数据读出时，ROM 有能力驱动数据总线；没有数据输出时，输出高阻态不会对数据总线产生影响。

读操作时，如果给定的地址码为 $A_1A_0 = 01$，译码器的 $\overline{Y}_0 \sim \overline{Y}_3$ 中只有 $\overline{Y}_1$ 为低电平，则 $\overline{Y}_1$ 字

线与所有位线交叉处的二极管导通，使相应的位线变为低电平，而交叉处没有二极管的位线仍保持高电平。此时，若使能输出 $\overline{OE} = 0$，则位线电平经反相输出缓冲器，使 $D_3D_2D_1D_0 = 1010$。因此，ROM 属于组合电路，给定一组输入（地址），便可得到一组输出（内容）。该 ROM 的 4 个地址所存储的内容如表 8.2.1 所示。

从以上分析可知，字线与位线交叉处相当于一个存储单元，此处若有二极管存在，则存储单元存 1，否则存 0。

表 8.2.1　图 8.2.1 ROM 存储的内容

| 地址 | | 内容 | | | |
A_1	A_0	D_3	D_2	D_1	D_0
0	0	1	1	0	0
0	1	1	0	1	0
1	0	0	1	0	1
1	1	0	0	1	0

2. 二维译码与 NOR 型存储阵列

现在 ROM 的容量都非常大。如果一片容量为 1K × 1 位的 ROM 采用图 8.2.1 中的译码方式，则字线需要 $2^{10} = 1024$ 根。这在大容量存储器的集成电路制造过程中会给布线及产品尺寸带来问题。若采用行译码和列译码的二维译码结构，则只需要行、列选择线各 32 根，使布线更合理。

为简单起见，仍以 4×4 的存储矩阵为例，如图 8.2.2 所示。2 线—4 线译码器实现行的选择，4 选 1 数据选择器实现列的选择，从而完成行和列的译码。ROM 通过行和列交叉点上是否有 MOS[1] 管来存储 0 和 1。行线和列线交叉处为增强型 NMOS 管，上拉器件采用耗尽型 NMOS 管。

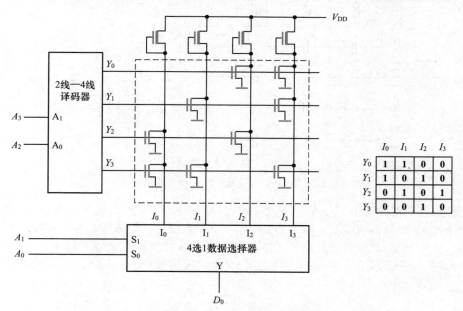

图 8.2.2　NOR 型存储阵列 ROM 结构示意图

当给定的地址码为 $A_3A_2A_1A_0 = 0000$ 时，A_3A_2 经译码器译码，输出 Y_0 为高电平，则栅极与 Y_0 相连的 MOS 管导通，使 I_2、I_3 变为低电平；而交叉处没有 MOS 管的列线仍保持高电平，如 I_0、I_1 的列线。而此时地址码的低 2 位 $A_1A_0 = 00$，数据选择器选择 I_0 列线输出。Y_0 行线和 I_0 列线交叉处没有 MOS 管，则 $D_0 = I_0 = 1$。同理，当给定的地址码为 $A_3A_2A_1A_0 = 0011$ 时，选中 Y_0 行线和 I_3 列线，它们的交叉处有 MOS 管，因此，$D_0 = I_3 = 0$。由于二维译码中通过行、列共同定位才能选中地址单元，所以存储矩阵中的水平线和垂直线称为行线和列线，而不是字线和位线。

每条列线上的增强型 NMOS 管的漏极及源极是并联的，与上拉 NMOS 管构成 NOR（或非）型。例如，当 Y_2 或 Y_3 为高电平，则第 1 列 I_0 为低电平，即

1　为简明起见，本章图中 MOS 管采用简化符号。

$$I_0 = \overline{Y_2 + Y_3}$$

同理

$$I_1 = \overline{Y_1 + Y_3}$$

$$I_2 = \overline{Y_0 + Y_2}$$

$$I_1 = \overline{Y_0 + Y_1 + Y_3}$$

所以，这种结构也称为 NOR 型 ROM，其存储的内容与表 8.2.1 所示的内容相同，但字长为 1 位。如果要构成多位地址单元，则需要进行位扩展，参见 8.3.7 节。

3. NAND 型存储阵列

NAND 型存储列也是一个 MOS 管表示 1 位，但每一列上所有增强型 MOS 管是串联在一起的，而不像 NOR 型存储阵列的 MOS 管是并联的，如图 8.2.3 所示。这里只画出了存储矩阵，并且行线输出是低电平有效，一次只能有一行为低电平，其余行为高电平。列线输出从上拉 MOS 管源极引出。

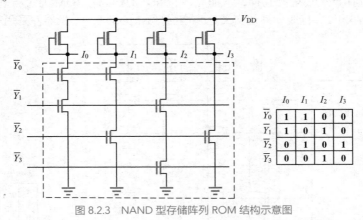

图 8.2.3　NAND 型存储阵列 ROM 结构示意图

当行地址译码器的输出 $\overline{Y_0}$ 为低电平时，栅极与其相连的 MOS 管截止，使 I_0 和 I_1 为高电平，而交叉处未接 MOS 管的列线上 I_2 和 I_3 为低电平。如果数据选择器选择 I_0 列线输出，则输出为 **1**。也就是说，交叉处有 MOS 管的存储单元存 **1**，没有 MOS 管的存储单元存 **0**。

每条列线上的 MOS 管是串联的，与上拉 MOS 管构成 NAND（**与非**）型。例如，当 $\overline{Y_0}$ 或 $\overline{Y_1}$ 为低电平，则第 1 列 I_0 为高电平，即

$$I_0 = \overline{\overline{Y_0} \cdot \overline{Y_1}}$$

$$I_1 = \overline{\overline{Y_0} \cdot \overline{Y_2}}$$

$$I_2 = \overline{\overline{Y_1} \cdot \overline{Y_3}}$$

$$I_3 = \overline{\overline{Y_2}}$$

所以，这种结构也称为 NAND 型 ROM，其存储的内容与表 8.2.1 所示的内容相同。上述表达式中 $\overline{Y_i}$ 表示低电平有效，短横线"–"与 Y_i 作为一个整体，不要分开。

NAND 型 ROM 省去了大量的 MOS 管接地，从而节省了空间，集成度比 NOR 型 ROM 高，但串联导致读取速度慢。

8.2.2　ROM 的分类

按照写入方式的不同，ROM 可分为固定 ROM、一次性编程 ROM（Programmable Read-Only Memory，PROM），可重复编程 ROM 3 类。可重复编程 ROM 又分为可擦可编程只读存储

器（Erasable Programmable Read-Only Memory，EPROM）、电擦除可编程只读存储器（Electrically Erasable Programmable Read-Only Memory，E^2PROM）、Flash 存储器（闪存）。

1. 固定 ROM

固定 ROM 也称为掩模 ROM。图 8.2.1 ～图 8.2.3 所示的固定 ROM 中，存储的信息是由器件制造商在制造时写入的，用户无法更改。固定 ROM 中的每个存储单元由单管构成。

2. 一次性编程 ROM

PROM 的存储阵列由带熔丝的半导体器件构成，每个存储单元由一个开关管串接熔丝构成，如图 8.2.4 所示。出厂时，PROM 存储内容全为 **1**（或全为 **0**），用户通过专用编程器将要写入数据的存储单元的熔丝烧断来改写存储内容，只能烧写一次。

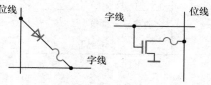

图 8.2.4　熔丝结构的 PROM 存储单元

3. 可重复编程 ROM

（1）EPROM。

EPROM 为可擦除可编程只读存储器。EPROM 的存储阵列由 SIMOS（Stacked-gate Injection MOS，叠栅雪崩注入型 MOS）管构成，其数据写入需要通用或专用编程器。EPROM 芯片装有透明石英盖板，用紫外线或 X 射线照射 15min ～ 20min，便可擦除其全部内容，擦除后可重新写入数据。如今大多数 PROM 实际上是不装透明石英盖板的 EPROM，因而无法擦除，只能写入一次，也称 OTP（One Time Programmable）EPROM。

SIMOS 管的结构及图形符号如图 8.2.5 所示。它是一个增强型 NMOS 管，有两个重叠的栅极：控制栅 g_c 和浮栅 g_f。控制栅用于控制数据的写入和读出；浮栅被绝缘的 SiO_2 包围着。编程处理前，浮栅上没有电荷，与普通 MOS 管一样。当控制栅加正常工作的高电平时，SIMOS 管处于导通状态。编程时漏极和源极间加几十伏的正电压，漏极与衬底间的 PN 结产生雪崩击穿，若同时在控制栅加正脉冲电压，则雪崩产生的高能电子在栅极电场的作用下穿过 SiO_2 层注入浮栅。此时控制栅加正常工作的高电平也不能使其导通，SIMOS 管相当于断开。

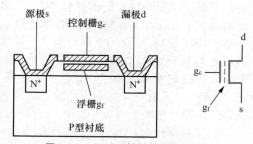

图 8.2.5　SIMOS 管结构及图形符号

擦除的方法是用紫外线灯照射器件 20min，SiO_2 层中产生电子—空穴对，为浮栅上的电子提供泄放通道，使之放电，SIMOS 管恢复编程前的状态。

（2）E^2PROM。

E^2PROM 为电擦除可编程只读存储器。E^2PROM 的存储阵列由浮栅雪崩注入型 MOS（Floating-gate Tunnel Oxide MOS，Flotox MOS）管构成。E^2PROM 既具有 ROM 的非易失性，又具有写入功能，并且编程和擦除同时进行，每次编程是以新的信息代替原来的信息（在线擦除，即不需要将芯片从电路系统中取出），可重复擦写 1 万次以上。

Flotox MOS 管的结构及图形符号如图 8.2.6 所示。其浮栅与漏极间的氧化层很薄，称为隧道区。当隧道区的电场强度足够大时，漏极与浮栅之间便出现导电隧道，在电场的作用下，电子通过隧道，形成电流，对浮栅进行充电，使 Flotox MOS 管断开。当提供的电压极性与之相反时，浮栅上的电荷被释放掉，Flotox MOS 管恢复编程前的状态。

为了保护 Flotox MOS 的极薄氧化层，并提高工作可靠性，E^2PROM 的存储单元由 Flotox MOS 管与普通 MOS 管串接而成，如图 8.2.7 所示。与 EPROM 相比，E^2PROM 的集成度较低。

若选中字线为高电平，并且 Flotox MOS 管浮栅没有电荷，控制栅加正常电压时 M_1 导通，M_2 也导通，则位线输出低电平 **0**；若浮栅有电荷，则 M_1 截止，M_2 也截止，输出高电平 **1**。

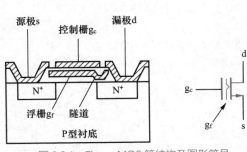

图 8.2.6　Flotox MOS 管结构及图形符号

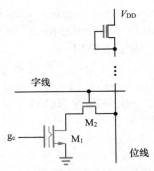

图 8.2.7　E²PROM 的存储单元

（3）闪存。

闪存的存储阵列由 Flash MOS 管构成。它既有 EPROM 的结构简单、编程可靠的优点，又有 E²PROM 的电擦除可编程特性。闪存可以用一个 MOS 管存储 1 位，因此集成度比 E²PROM 提高约一倍。

Flash MOS 管的结构及图形符号如图 8.2.8 所示。它与 SIMOS 管结构类似，但有两点不同：一是它的源极 N⁺ 区大于漏极 N⁺ 区，这样浮栅与源极 N⁺ 区重叠面积大，而 SIMOS 管的源极 N⁺ 区和漏极 N⁺ 区是对称的；二是 Flash MOS 管的浮栅到 P 型衬底间的氧化层比 SIMOS 管的更薄。这个超薄氧化层导电隧道更容易形成强电场。写入信息时，利用热载流子注入效应使栅极带电，正常逻辑电平条件下 Flash MOS 管相当于断开；擦除信息时，利用高压下的隧道效应，使浮栅释放电荷，Flash MOS 管恢复编程前的状态。

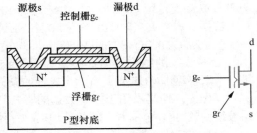

图 8.2.8　Flash MOS 管的结构及图形符号

闪存主要分为 NOR 型和 NAND 型两种。

NOR 型闪存价格比较高，容量比较小，有独立的地址线和数据线，读写速度相对较快。NOR 型闪存比较适合频繁随机读写的场合，通常用于存储程序代码并直接在闪存内运行。

NAND 型闪存成本较低，但容量大很多。其地址线和数据线是共用的 I/O 线，类似于串行 ATA（Serial Advanced Technology Attachment，SATA）硬盘，其所有信息都通过一条硬盘线传送，因此对读写速度有一定的影响。NAND 型闪存主要用来存储资料，常用的闪存产品都是 NAND 型闪存，如 U 盘、数码相机的存储卡等。

NOR 型闪存和 NAND 型闪存都必须先将芯片中的内容清空再写入，即先擦后写。擦除时都是在源极上加正电压，利用隧道效应释放浮栅上的电子。NOR 型闪存一次擦写一个字，而 NAND 型闪存一次擦写整个块。

NOR 型闪存和 NAND 型闪存的编程操作都是存 **1** 时将 MOS 管浮栅充电荷，存 **0** 时将 MOS 管浮栅未充电荷。

1）NOR 型闪存。

存储阵列为 4×4 矩阵的 NOR 型闪存结构示意图如图 8.2.9 所示。读/写操作时源极线 s

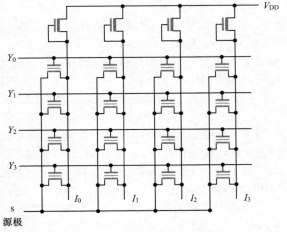

图 8.2.9　4×4 NOR 型闪存结构示意图

是接地的，如图 8.2.10 所示（浮栅上有圆点表示充了电荷），与图 8.2.2 所示 NOR 型 ROM 类似。可得 $I_0 = \overline{Y_2 + Y_3}$，$I_1 = \overline{Y_1 + Y_3}$，$I_2 = \overline{Y_0 + Y_2}$，$I_3 = \overline{Y_0 + Y_1 + Y_3}$。

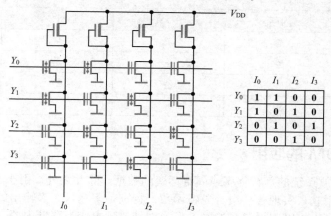

	I_0	I_1	I_2	I_3
Y_0	1	1	0	0
Y_1	1	0	1	0
Y_2	0	1	0	1
Y_3	0	0	1	0

图 8.2.10　s 接地的 4×4 NOR 型闪存读操作示意图

2）NAND 型闪存。

存储阵列为 4×4 矩阵的 NAND 型闪存结构示意图如图 8.2.11 所示。存储阵列按组（块）划分（这里只画出一组），由选择线确定组，每组的一列上所有 MOS 管是串联在一起的，该列 MOS 管与上拉耗尽型 MOS 管就构成了**与非（NAND）型**。

读操作时源极线 s 接地，选择线 1、2 接 5V。与 NOR 型闪存不同的是，当 NAND 型闪存中 MOS 管栅极为 0V 时，即使浮栅未充电荷，MOS 管仍导通。

当行地址译码器的输出 $\overline{Y_0}$ 为低电平，$\overline{Y_1}$、$\overline{Y_2}$ 和 $\overline{Y_3}$ 为高电平时，第一列上与 $\overline{Y_0}$ 相连的 MOS 管因浮栅上有电荷而截止，与 $\overline{Y_1}$、$\overline{Y_2}$ 和 $\overline{Y_3}$ 相连的 MOS 管无论浮栅上是否充有电荷均导通，即列线电平仅取决于被选择的行线上 MOS 管的状态，存了 **1**（浮栅上有电荷）的输出高电平，存了 **0**（浮栅上没有电荷）的输出低电平。

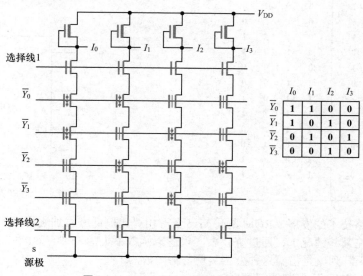

	I_0	I_1	I_2	I_3
$\overline{Y_0}$	1	1	0	0
$\overline{Y_1}$	1	0	1	0
$\overline{Y_2}$	0	1	0	1
$\overline{Y_3}$	0	0	1	0

图 8.2.11　4×4 NAND 型闪存结构示意图

上述可编程 ROM 的发展实际上已经改变了 ROM "只读存储器"的含义，使 ROM 既有读功能，又有写功能。特别是闪存因大容量、可读写、具有非易失性等特点，广泛应用于各种数码产品。表 8.2.2 所示为几种 ROM 性能比较。

表 8.2.2　几种 ROM 性能比较

性能	种类			
	闪存	ROM	EPROM	E²PROM
非易失性	是	是	是	是
高密度	是	是	是	否
单管存储单元	是	是	是	否
在系统可写	是	否	否	是

8.2.3　ROM 的应用

ROM 常用于存放系统的运行程序或固定不变的数据。除此之外，由于 ROM 是一种组合逻辑电路，因此可以用它来实现各种组合逻辑函数，特别是多输入、多输出的逻辑函数。设计实现时，只需列出真值表，以逻辑函数的输入作为地址，输出作为存储内容，将内容按地址写入 ROM 即可。

1. 用 ROM 查找表实现码制转换

用 ROM 实现二进制码到格雷码的转换，真值表如表 8.2.3 所示，框图如图 8.2.12 所示。该电路需要用 ROM 的 4 根地址线和 4 根数据线，ROM 容量至少为 $2^4 \times 4$ 位。将格雷码存入 ROM，将二进制码作为地址输入，改变输入，在输出端得到相应的格雷码。

表 8.2.3　二进制码转换为格雷码真值表

B_3	B_2	B_1	B_0	G_3	G_2	G_1	G_0
0	0	0	0	0	0	0	0
0	0	0	1	0	0	0	1
0	0	1	0	0	0	1	1
0	0	1	1	0	0	1	0
0	1	0	0	0	1	1	0
0	1	0	1	0	1	1	1
0	1	1	0	0	1	0	1
0	1	1	1	0	1	0	0
1	0	0	0	1	1	0	0
1	0	0	1	1	1	0	1
1	0	1	0	1	1	1	1
1	0	1	1	1	1	1	0
1	1	0	0	1	0	1	0
1	1	0	1	1	0	1	1
1	1	1	0	1	0	0	1
1	1	1	1	1	0	0	0

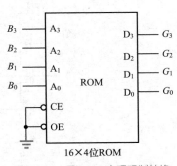

图 8.2.12　用 ROM 实现码制转换

随着集成电路技术的发展，ROM 的价格已变得相对比较低廉，加之用它实现逻辑函数非常简单易行，所以在某些情况下，通过查找表实现逻辑函数不失为一种有效的方法。实际上，第 9 章的现场可编程门阵列就是借鉴这种方法实现逻辑函数的。

2. 用 ROM 实现组合逻辑函数

例 8.2.1 ▶ 由 ROM 及 D 触发器构成的电路如图 8.2.13 所示。

（1）求电路的简化状态转换方程及输出方程；

（2）列出状态表；

（3）画出状态图；

（4）确定电路的功能。

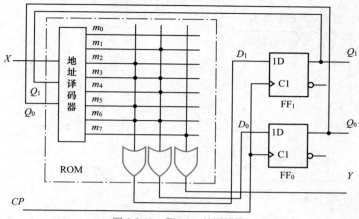

图 8.2.13　例 8.2.1 的逻辑图

解　ROM 构成的组合逻辑电路，其输入为 X、Q_1、Q_0，它们作为 ROM 的地址线。8 条字线为 ROM 输入变量的 8 个最小项 $m_0 \sim m_7$。或门输出的 3 条位线是组合逻辑电路的输出，它们是触发器的输入 D_1、D_0 及输出 Y。

（1）求状态转换方程及输出方程。

图 8.2.13 中 ROM 相应位置上的圆点表示该最小项为**或**门的一个最小项输入，D_1 包含最小项 m_2、m_3、m_5、m_6，同理得到 D_0，则

$$D_1(X, Q_1, Q_0) = m_2 + m_3 + m_5 + m_6$$
$$D_0(X, Q_1, Q_0) = m_1 + m_3 + m_4 + m_6$$

用卡诺图化简 D_1、D_0，如图 8.2.14 所示，得

$$D_1 = \overline{X}Q_1 + Q_1\overline{Q}_0 + X\overline{Q}_1Q_0$$
$$D_0 = \overline{X}Q_0 + X\overline{Q}_0 = X \oplus Q_0$$

根据 D 触发器的特性方程 $Q^{n+1} = D$，得状态转换方程

$$Q_1^{n+1} = \overline{X}Q_1 + Q_1\overline{Q}_0 + X\overline{Q}_1Q_0$$
$$Q_0^{n+1} = \overline{X}Q_0 + X\overline{Q}_0 = X \oplus Q_0$$

同理，得输出方程

$$Y = m_7 = XQ_1Q_0$$

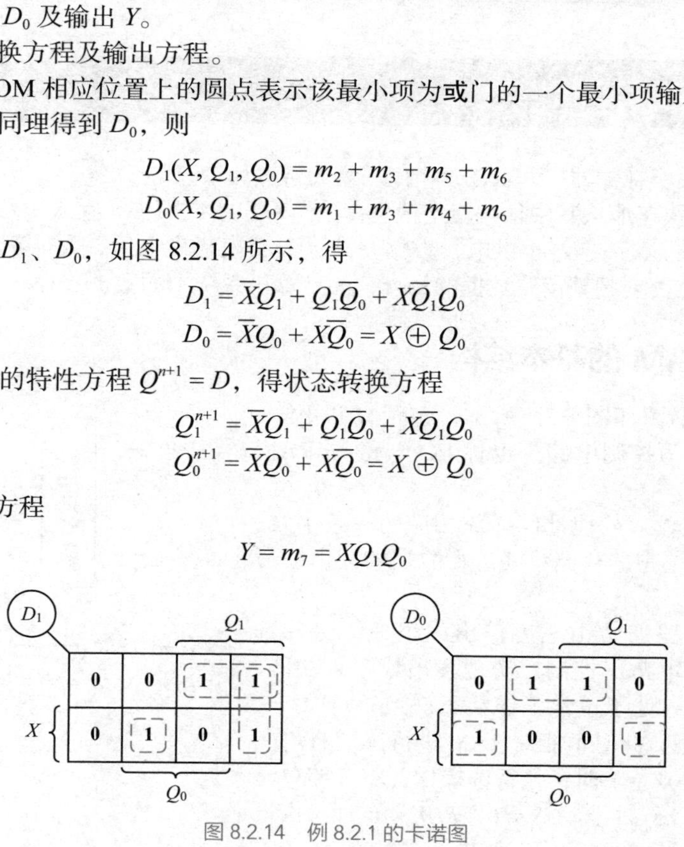

图 8.2.14　例 8.2.1 的卡诺图

（2）列状态表。

将输入 X 及触发器输出 Q_1、Q_0 的所有取值组合代入状态转换方程和输出方程，得到状态表，如表 8.2.4 所示。

（3）画状态图。

根据状态表可以画出状态图，如图 8.2.15 所示。

表 8.2.4　例 8.2.1 的状态表

X	Q_1^n	Q_0^n	Q_1^{n+1}	Q_0^{n+1}	Y
0	0	0	0	0	0
0	0	1	0	1	0
0	1	0	1	0	0
0	1	1	1	1	0
1	0	0	0	1	0
1	0	1	1	0	0
1	1	0	1	1	0
1	1	1	0	0	1

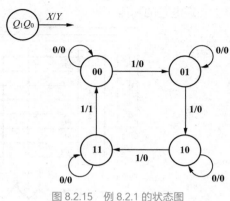

图 8.2.15　例 8.2.1 的状态图

（4）确定电路功能。

由状态图可知，该电路是一个由信号 X 控制的可控二进制计数器。当 $X = 0$ 时，电路处于保持状态；当 $X = 1$ 时，电路为递增计数器，计数到 **11** 状态时，Y 输出 **1**，可用于触发进位操作。

8.3　随机存取存储器

RAM 是另一大类存储器，与 ROM 相比其最大特点如下。

（1）可以随时快速地从其中任一指定地址读出（取出）或写入（存入）数据。

（2）数据易失性。一旦停止供电，数据立即丢失，恢复供电后，先前存储的数据也不能恢复。RAM 一般用在需要频繁读写数据的场合，如计算机系统中的数据缓存。

8.3.1　RAM 的基本结构

RAM 的结构框图如图 8.3.1 所示，包括存储矩阵、地址译码器、读 / 写控制电路（也称 I/O 电路）。RAM 的核心是存储单元。

地址译码器将输入的地址码译成相应的一条字线，读 / 写控制电路对选中的存储单元进行数据的读出或写入操作。

读 / 写控制电路通常由三态输出门组成，由片选信号 $\overline{CS}$ 和读写信号 $R/\overline{W}$ 控制，实现读出或写入功能。当 $\overline{CS} = 0$ 时，RAM 处于正常工作状态；当 $\overline{CS} = 1$ 时，RAM 处于保持状态，此时不能对 RAM 进行读 / 写操作。当 $\overline{CS} = 0$，并且 $R/\overline{W} = 1$ 时，执行读操作，将存储单元中的数据送到 I/O 端口；当 $\overline{CS} = 0$，$R/\overline{W} = 0$ 时，执行写操作，I/O 端口的数据被写入存储单元。

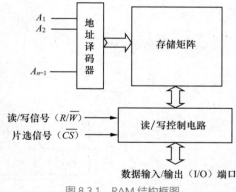

图 8.3.1　RAM 结构框图

按组成结构不同，RAM 分为静态 RAM（Static Random Access Memory，SRAM）和动态 RAM（Dynamic Random Access Memory，DRAM）。

SRAM 中的存储单元相当于一个锁存器，有 **0**、**1** 两个稳态，只要不掉电，所存信息就不会丢失。DRAM 利用电容器存储电荷来保存 **0** 或 **1**，因此需要定时对其进行刷新，否则随着时间的推移，电容器中存储的电荷会逐渐消散。

与 SRAM 相比，DRAM 结构简单、集成度高、功耗低、价格低廉，但使用不方便，存取数据的速度也比 SRAM 慢。

8.3.2　SRAM 存储单元

SRAM 的存储单元是由锁存器构成的，因此 SRAM 属于时序逻辑电路。

SRAM 的存储单元是由 6 个 MOS 管组成的 CMOS 逻辑门电路，如图 8.3.2 所示。$VT_1 \sim VT_4$ 构成一个 SR 锁存器，用来存储 1 位二值数据；$VT_5 \sim VT_8$ 为门控部分，完成模拟开关的功能。行选择线 X_i 和列选择线 Y_j 分别来自行、列地址译码器的输出，VT_5、VT_6 由行选择线 X_i 控制，$X_i = 1$ 时，VT_5、VT_6 导通，Q 和 $\overline{Q}$ 的状态分别送到位线 B 和 $\overline{B}$。VT_7、VT_8 由列选择线 Y_j 控制，$Y_j = 1$ 时，VT_7、VT_8 导通，数据线与位线接通，进行读（输出）或写（输入）操作。在 $X_i = 1$、$Y_j = 1$ 时，存储单元被选中，由 I/O 端口控制其读出或写入数据。

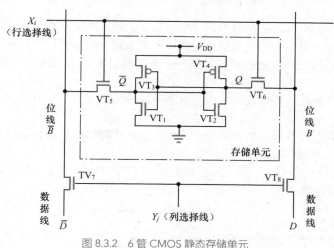

图 8.3.2　6 管 CMOS 静态存储单元

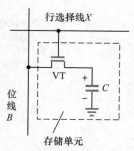

AR5-FBGA封装内存芯片
引脚识别的方法

8.3.3　DRAM 存储单元

SRAM 存储单元所用的管数多、功耗大，集成度受到限制，DRAM 克服了这些缺点。DRAM 存储单元早期采用 4 个 MOS 管，后来逐步发展为 3 管、2 管和 1 管。单管 DRAM 是使用最广泛的存储结构，图 8.3.3 所示为单管动态存储单元，由门控管 VT 和电容 C 组成。它利用电容器的电荷存储效应来存储数据 **0** 或 **1**。当电容 C 充有电荷、呈现高电压时，相当于存 **1**，反之存 **0**。由于电路中漏电流的存在，电容上的电荷不能长久保存，因此必须定期给电容补充电荷，以免存储的数据丢失，这种操作称为**刷新**（Refresh）。

写入信息时，行选择线 X 为高电平，VT 导通，对电容 C 充电写入 **1**。当写入的数据为 **0** 时，若存储单元中原来的数据为 **0**，则电容上的电荷不变；若原来的数据为 **1**，则电容放电。

读出信息时，行选择线 X 为高电平，VT 导通，电容 C 与位线连通，数据通过位线输出。由

图 8.3.3　单管动态存储单元

于读出数据会消耗 C 中的电荷，存储的数据被破坏，故每次读出后，必须及时对读出的存储单元进行刷新。

单管电路结构简单，集成度高，功耗低，在大容量存储器中使用较多，但需要搭配较灵敏的读取放大器，读取后必须刷新，因此，外围电路较复杂。

8.3.4 同步 RAM

随着网络通信等数据密集型应用对速度要求的不断提高，出现了一种更适合高速存取的 SRAM，称为同步 SRAM（Synchronous SRAM，SSRAM）。同步 SRAM 的读 / 写操作是在统一的时钟信号控制下完成的。因此，同步 SRAM 最明显的标志是有 CP 输入端。为便于区别，将前面介绍的 SRAM 称为异步 SRAM（Asynchronous SRAM，ASRAM）。

同步 SRAM 的结构框图如图 8.3.4 所示。与图 8.3.1 相比增加了地址寄存器、数据输入和输出寄存器、输出缓冲器、丛发（Burst，也译为突发）逻辑计数器及相应的控制电路等。当 CP 有效沿到来时，各种输入信号分别存入相应的寄存器，供内部电路使用，同理，从存储矩阵输出的数据先保存在数据输出寄存器中，在下一个 CP 有效沿送出。读 / 写过程的传输延时被限制在 CP 间隔内。

同步 SRAM 增加了由 AVD 控制的丛发读 / 写模式，当 $AVD = 1$ 时，地址寄存器不再接收外部新地址而保持上一次存入的地址，接下来访问的地址低位由丛发逻辑计数器自行累加产生，这样便可以读 / 写多个连续地址的数据，而不占用地址总线。丛发逻辑计数器的位数通常有 1 位、2 位、3 位等，且可循环累加。

读操作时，数据在 CP 有效沿从存储矩阵读出，保存在数据输出寄存器中，在下一个 CP 有效沿被送出。

写操作时，写信号在 CP 有效沿被取样，在下一个 CP 有效沿，外部数据被锁存到数据输入寄存器，并在写信号控制下被写入存储矩阵。

当 $AVD = 0$ 时，同步 SRAM 进行一般模式读 / 写，计数器不工作，地址寄存器的地址直接送给地址译码器，用于选择读 / 写存储单元。

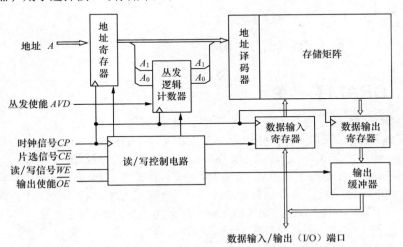

图 8.3.4　同步 SRAM 结构框图

上面介绍的同步 SRAM 在一个时钟周期内只利用了一个 CP 有效沿（上升沿）传送数据，一般称为单倍数据传输率（Single Data Rate，SDR）同步 SRAM。为提高传输速率，RAM 厂商又开发了在每个时钟周期的上升沿和下降沿都传输数据的双倍数据传输率（Double Data Rate，

DDR）同步 SRAM 和每个时钟周期内可以传输 4 次数据的 4 倍数据传输率（Quad Data Rate，QDR）同步 SRAM。这些 DDR 或 QDR 存储器广泛地应用在个人计算机、服务器、工作站等计算机系统中，以及网络交换机、路由器等通信设备中。

与 SRAM 的发展类似，DRAM 也有同步 DRAM（Synchronous DRAM，SDRAM）、DDR 同步 DRAM 和 QDR 同步 DRAM。由于 DRAM 的存储单元结构简单，其集成度远高于 SRAM，因此同等容量情况下，DRAM 更廉价。

目前，改进型 DDR Ⅱ（二代）和 DDR Ⅲ（三代）同步 DRAM 已成为个人计算机的主流内存。

除此之外，实际 SRAM 产品中还有一些专用 RAM，包括双口随机存取存储器（Dual-Port RAM，DPRAM），先进先出（First-In First-Out，FIFO）存储器。

8.3.5　双口 RAM

这种存储器有两套完全独立的地址、数据和控制端口，共享一个存储矩阵，如图 8.3.5 所示。两套端口都能进行读 / 写操作，而且能根据各自端口的地址随机存取。当两套端口同时访问相同的存储单元时，RAM 内部的仲裁电路将根据两套端口访问的微小时差，决定先完成哪个端口的访问，并输出状态信号，告知另一端口将延迟其访问。双口 RAM 为数据缓存提供了更便利的条件。双口 RAM 主要适用于多个处理器以共享存储方式实现快速数据交换的场合，多用于高速数据计算和通信处理场合。

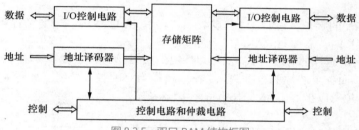

图 8.3.5　双口 RAM 结构框图

8.3.6　FIFO 存储器

FIFO 存储器是一种先进先出数据存储器。它与普通存储器的区别是没有外部读 / 写地址线，使用简单，缺点是只能顺序写入数据，顺序读取数据。其数据地址由内部读 / 写指针自动加 1 产生。

根据时钟信号的情况，FIFO 存储器可分为同步 FIFO 存储器和异步 FIFO 存储器。同步 FIFO 存储器的读时钟和写时钟为同一个时钟。异步 FIFO 存储器的读时钟和写时钟是相互独立的。图 8.3.6 所示为异步 FIFO 存储器的结构框图，由双口 RAM 存储矩阵、读 / 写控制电路、读 / 写指针等组成。

复位信号 $\overline{RS}$（Reset，低电平有效）有效时，使读指针和写指针均指向第一个存储单元。写操作时，在写时钟 WCLK 控制下，每写一组数据，写指针就自动加 1；读操作时，在读时钟 RCLK 控制下，每读取一组数据，读指针就自动加 1。该存储器必须先写入数据，才能读取数据。FIFO 存储器中的数据被读完后，表示"空"状态的输出信号低电平 $\overline{EF}$（Empty Flag）有效。若写入 FIFO 存储器的数据没有被及时读取，可能会出现存储器被写"满"的情况，此时表示"满"状态的输出信号低电平 $\overline{FF}$（Full Flag）有效。"空"和"满"状态信号为用户控制 FIFO 存储器的读 / 写提供了方便。

FIFO 存储器多用来做数据缓冲器，特别适合需要长时间、不间断、高速采集数据的场合。

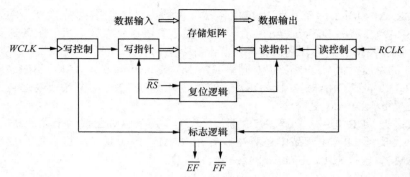

图 8.3.6 异步 FIFO 存储器结构框图

半导体存储器
仿真

8.3.7 存储容量的扩展

目前，尽管各种容量的存储器已经很丰富，用户能够方便地选择满足需要的产品。但是，只用单个芯片不能满足存储容量要求的情况仍然存在。个人计算机中的内存条就是一个典型的例子，它由焊在一块印制电路板上的多个芯片组成。这便涉及存储容量的扩展问题。

扩展存储容量可以通过增加字长（位数）或字数来实现。

（1）字长的扩展。

通常 RAM 芯片的字长（位数）为 1、4、8、16 位和 32 位等。当实际存储器系统的字长超过 RAM 芯片的字长时，需要对 RAM 实行位扩展。

位扩展可以利用芯片的并联方式实现，即将 RAM 的地址线、读/写信号和片选信号各自对应地并联在一起，而各个芯片的数据输入/输出线作为字的各个位线。如图 8.3.7 所示，用 4 个 4K×4 位 RAM 芯片可以扩展出 4K×16 位的存储器系统。

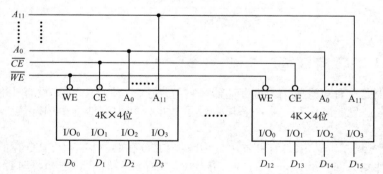

图 8.3.7 用 4K×4 位 RAM 芯片构成 4K×16 位的存储器系统

（2）字数的扩展。

字数的扩展可以利用外加译码器控制存储器芯片的片选信号来实现。例如，利用 2 线—4 线译码器将 4 个 8K×8 位的 RAM 芯片扩展为 32K×8 位的存储器系统，扩展方式如图 8.3.8 所示。图中，存储器扩展所要增加的地址线 A_{14}、A_{13} 与译码器的输入相连，译码器的输出 $\overline{Y_0} \sim \overline{Y_3}$ 分别接 4 片 RAM 的片选信号 $\overline{CE}$。这样，当输入一个地址码（$A_{14} \sim A_0$）时，只有一片 RAM 被选中，从而实现了字数的扩展。

实际应用中，常将以上两种方法结合，以达到同时扩展字数和位数的要求。可见，无论需要多大容量的存储器系统，均可利用容量有限的存储器芯片，通过位数和字数的扩展来满足需求。

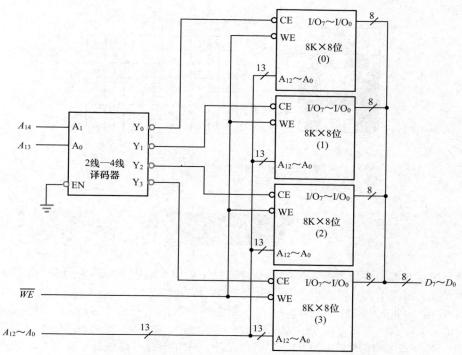

图 8.3.8 用 8K×8 位 RAM 芯片构成 32K×8 位的存储器系统

8.4 应用举例：用存储器实现字符显示

很多公共场所的大型显示屏都采用点阵式字符显示器。我们以 8×8 的发光二极管阵列为例，显示电路如图 8.4.1（a）所示。计数器控制 3 线—8 线译码器从上到下逐行扫描显示阵列，RAM 共有 8×8 个存储单元。计数器输出 $Q_2Q_1Q_0$ 从 **000** 到 **111** 变化时，每次将存储矩阵中一个字的 8 位数据送到输出端，控制发光二极管，需要点亮发光二极管的接 **1**，否则接 **0**。假设显示字符 "A"，如图 8.4.1（b）所示，则存储器第 1 行到第 8 行必须存入图 8.4.1（c）所示的数据。在 CP 作用下，存储器地址从 **000** 到 **111** 变化一遍，字符 "A" 在显示器上显示一次。调整 CP 的频率到某一合适的范围内，使存储器的地址不断地重复这一变化过程，字符 "A" 就能稳定显示。如果在 RAM 中写入不同的数据，则可显示不同的字符。

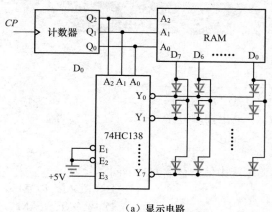

（a）显示电路

图 8.4.1 用存储器实现字符显示（一）

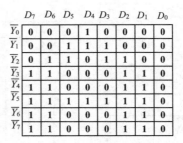

	D_7	D_6	D_5	D_4	D_3	D_2	D_1	D_0
$\overline{Y_0}$	0	0	0	1	0	0	0	0
$\overline{Y_1}$	0	0	1	1	1	0	0	0
$\overline{Y_2}$	0	1	1	0	1	1	0	0
$\overline{Y_3}$	1	1	0	0	0	1	1	0
$\overline{Y_4}$	1	1	0	0	0	1	1	0
$\overline{Y_5}$	1	1	1	1	1	1	1	0
$\overline{Y_6}$	1	1	0	0	0	1	1	0
$\overline{Y_7}$	1	1	0	0	0	1	1	0

（b）显示字符"A"   （c）存入数据

图 8.4.1　用存储器实现字符显示（二）

小结

- 半导体存储器是现代数字系统特别是计算机中的重要组成部分，它可分为 ROM 和 RAM 两大类。目前，大规模集成电路均采用 MOS 工艺制成。
- ROM 是一种非易失性存储器，在正常工作时，数据一般只能被读取。根据数据写入方式的不同，ROM 又可以分为固定 ROM 和可编程 ROM。可编程 ROM 又可以细分为 PROM、EPROM、E²PROM 和闪存等。E²PROM 和闪存可以进行电擦写，已兼有了 RAM 的特性。
- NOR 型闪存容量小，价格高，适合频繁随机读写的场合。NAND 型闪存容量大，成本低，多用于 U 盘、存储卡等产品中。
- RAM 存储的数据随电源断电而消失，因此是一种易失性存储器。它有 SRAM 和 DRAM 两种类型，前者用触发器记忆数据，后者靠 MOS 管栅极电容存储数据。因此，在不断电的情况下，SRAM 的数据可以长久保持，而 DRAM 则必须定期刷新。
- 无论是 SRAM，还是 DRAM，目前都有在时钟信号作用下工作的同步 RAM（SSRAM 和 SDRAM），而且同步 RAM 已成为主流存储器。在此基础上发展起来的 DDR、DDR Ⅱ 和 QDR 等 RAM 也越来越多地应用于计算机内存、显存和通信设备中。
- 专用 RAM 有双口 RAM 和 FIFO 存储器，它们都有两个数据端口。双口 RAM 的每个数据端口都能用于输入和输出。而 FIFO 存储器的两个数据端口一个用于输入，一个用于输出。

自我检验题

8.1　选择题

答案

1. 存储器通常是由_____、_____和_____组成。

A. 地址译码器，存储矩阵，输入 / 输出控制电路

B. 编码器，译码器，输入 / 输出控制电路

C. 编码器，存储矩阵，三态输出门

D. 地址译码器，存储矩阵，三态输出门

2. 半导体存储器按照存储矩阵中信息存取方式不同，分为_____和_____两种。

A. EPROM，E²PROM   B. PROM，ROM

C. ROM，RAM   D. PROM，RAM

3. ROM 必须在工作前存入数据，断电后数据_____。RAM 可以在工作_____随机读写数据，断电后数据_____。

A. 不丢失，前，丢失
B. 不丢失，中，丢失
C. 丢失，中，不丢失
D. 丢失，前，不丢失

4. 在下列存储器中，_____在断电后所保存的数据不丢失。

A. SRAM
B. FIFO 存储器
C. DRAM
D. EPROM

5. 64K × 8 位的存储器共有_____。

A. 16 根地址线、3 根数据线
B. 64 根地址线、8 根数据线
C. 64 根地址线、3 根数据线
D. 16 根地址线、8 根数据线

6. 一个存储容量为 256 × 4 位的 ROM 共有_____个存储单元，地址线有_____根，每次访问_____个存储单元。

A. 256，4，4
B. 256，8，4
C. 1024，8，4
D. 1024，4，4

8.2 判断题（正确的画"√"，错误的画"×"）

1. ROM 在断电后，其存储的数据不会丢失。　　　　　　　　　　　　　　　　　（　　）

2. EPROM 和 E^2PROM 均可以电擦除。　　　　　　　　　　　　　　　　　　（　　）

3. 闪存在写入前必须先擦除。　　　　　　　　　　　　　　　　　　　　　　　（　　）

4. 与 ROM 相比，RAM 最大的缺点是数据易失性。　　　　　　　　　　　　　（　　）

5. DRAM 和 SRAM 都必须进行周期性的刷新。　　　　　　　　　　　　　　　（　　）

6. 一般情况下，DRAM 的集成度比 SRAM 的集成度高。　　　　　　　　　　　（　　）

7. 同步 SRAM 的读 / 写是在时钟信号控制下进行的，而异步 SRAM 则不是。　　（　　）

8. FIFO 存储器可以一边写入数据一边读取数据，先写入的数据先被读取。　　　（　　）

📝 习题

8.1 存储器的基本概念

8.1.1 下列存储系统各具有多少个存储单元？至少需要几根地址线和数据线？

（1）4K × 1 位　　　　　（2）64K × 4 位　　　　　（3）1M × 1 位　　　　　（4）1G × 8 位

8.1.2 设存储器的起始地址为全 **0**，试给出下列存储系统的最高地址的十六进制地址码。

（1）4K × 1 位　　　　　（2）64K × 4 位　　　　　（3）1M × 32 位

8.2 只读存储器

8.2.1 试确定用 ROM 实现下列逻辑函数时所需的存储容量。

（1）实现两个 2 位二进制数相乘的乘法器；

（2）将 6 位二进制数转换成十进制数（用 BCD 码表示）的转换电路。

8.2.2 仿照本章图 8.2.13 所示 ROM 实现组合逻辑电路的方法，实现 2 位二进制数 A_1A_0 和 B_1B_0 的数值比较器。当 $A_1A_0 > B_1B_0$ 时，$F_0 = 1$；当 $A_1A_0 < B_1B_0$ 时，$F_1 = 1$；当 $A_1A_0 = B_1B_0$ 时，$F_2 = 1$。列出真值表，画出存储矩阵的阵列图。

8.2.3 由计数器 74HC161 和 E^2PROM 组成的电路如图题 8.2.3 所示，E^2PROM 中对应地址存放的数据如表题 8.2.3 所示，设计数器初态为 **0000**，$D = (D_3D_2D_1D_0)_{10}$。

（1）画出 $T = 16ms$ 内输出 D 的波形。

（2）该电路实现了何种功能？

（3）如何减少波形的失真？

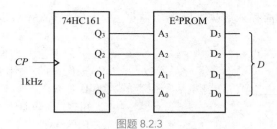

图题 8.2.3

表题 8.2.3

A_3	A_2	A_1	A_0	D_3	D_2	D_1	D_0	A_3	A_2	A_1	A_0	D_3	D_2	D_1	D_0
0	0	0	0	0	0	0	0	1	0	0	0	0	0	0	0
0	0	0	1	0	0	1	0	1	0	0	1	0	0	1	0
0	0	1	0	0	1	0	0	1	0	1	0	0	1	0	0
0	0	1	1	0	1	1	0	1	0	1	1	0	1	1	0
0	1	0	0	1	0	0	0	1	1	0	0	1	0	0	0
0	1	0	1	1	0	1	0	1	1	0	1	1	0	1	0
0	1	1	0	1	1	0	0	1	1	1	0	1	1	0	0
0	1	1	1	1	1	1	0	1	1	1	1	1	1	1	0

8.2.4 利用 ROM 构成的任意波形发生器如图题 8.2.4 所示，改变 ROM 的内容，即可改变输出波形。当 ROM 的内容如表题 8.2.4 所示时，画出输出随 CP 变化的波形。假设 V_{REF}、R、R_f 的取值使 $-\dfrac{V_{REF}R_f}{R} = 1V$。

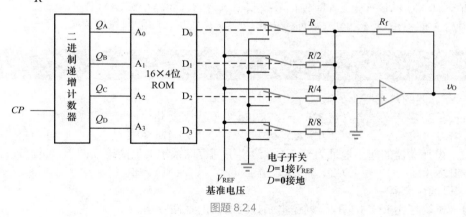

图题 8.2.4

表题 8.2.4

A_3	A_2	A_1	A_0	D_3	D_2	D_1	D_0	A_3	A_2	A_1	A_0	D_3	D_2	D_1	D_0
0	0	0	0	0	0	0	0	1	0	0	0	1	0	0	0
0	0	0	1	0	0	0	1	1	0	0	1	0	1	1	1
0	0	1	0	0	0	1	0	1	0	1	0	0	1	1	0
0	0	1	1	0	0	1	1	1	0	1	1	0	1	0	1
0	1	0	0	0	1	0	0	1	1	0	0	0	1	0	0
0	1	0	1	0	1	0	1	1	1	0	1	0	0	1	1
0	1	1	0	0	1	1	0	1	1	1	0	0	0	1	0
0	1	1	1	0	1	1	1	1	1	1	1	0	0	0	1

8.3　随机存取存储器

8.3.1　试用 64×4 位的 RAM 和一个 4 选 1 数据选择器构成一个 256×1 位的 RAM，画出扩展电路。

8.3.2　设同步 SRAM 工作在丛发模式下，若计数器为 2 位计数器，数据写入的首地址为 0094H，问：接下来的 3 个数据将被写入的存储单元的地址分别是什么？

8.3.3　试将 1024×4 位的 RAM 扩展为 1024×8 位的 RAM，画出扩展电路。

8.3.4　试将 1K×4 位的 RAM 扩展为 2K×4 位的 RAM，画出扩展电路。

8.3.5　试用 8K×8 位的 RAM 芯片和必要的逻辑门，设计一个 16K×16 位的存储器系统，画出控制电路。

第8章部分
习题答案

8.4　应用举例：用存储器实现字符显示

8.4.1　试用 RAM 实现 3.4.2 节介绍的七段显示译码器，并画出 RAM 及七段式数字显示器的连接图。

📝 实践训练

S8.1　在 Multisim 中，使用 2K×8 位 RAM 器件 HM6116A120（在 Master Database/MCU/RAM 库中），搭建图 S8.1 所示的电路。为了简单起见，将地址并为 4 组连接，运行仿真，控制开关分别在地址 **0001** 中存入数据 11，在地址 **0010** 中存入数据 22，在地址 **0100** 中存入数据 34，在地址 **1000** 中存入数据 56。然后改变地址并控制开关到读取状态，观察指定存储单元存入的数据是否正确。

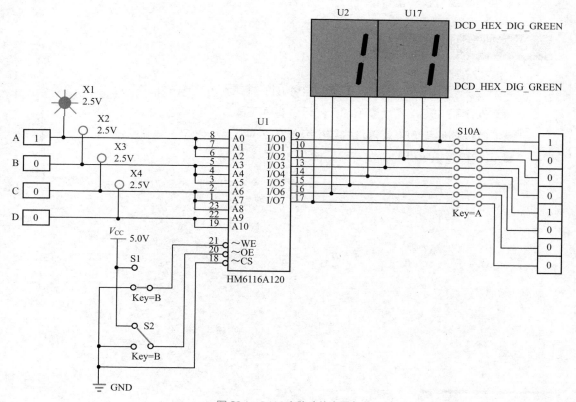

图 S8.1　RAM 电路（仿真图）

第 **9** 章

* 可编程逻辑器件

本章知识导图

本章学习要求

- 了解 PLA、PAL、GAL、EPLD、CPLD、FPGA 等各类器件的结构特点。
- 掌握 PLD 电路的表示方法。
- 理解在系统可编程技术。
- 掌握 CPLD 和 FPGA 实现逻辑函数的原理。
- 掌握可编程逻辑器件的一般开发流程。

本章讨论的问题

- 什么是可编程逻辑器件？它有哪些不同的种类？
- CPLD 和 FPGA 实现逻辑函数的原理有何不同？
- CPLD 器件和 FPGA 器件的结构有什么不同？
- 可编程逻辑器件的开发流程是什么？

9.1 概述

可编程逻辑器件（Programmable Logic Device，PLD）是一种通用的大规模集成电路，其电路结构具有通用性和可配置性。在出厂时它们不具备任何逻辑功能，用户通过开发软件对器件编程来实现所需要的逻辑功能，这类器件具有可多次擦除和反复编程的特点，足以满足设计一般的数字系统的需要。

PLD 的出现改变了传统的数字系统设计方法。传统的数字系统设计一般采用功能固定的中小规模集成电路，通过设计印制电路板，将所用芯片按照逻辑功能要求进行搭接，牵涉到芯片之间的连线问题、芯片的布局问题及相互影响等。采用这种传统的方法，往往要经过多次实验和反复修改才能制出一块较为可靠的功能电路板。采用 PLD 设计时，由于器件内部逻辑资源丰富，设计人员只需要对器件内部的逻辑功能、I/O 引脚进行设计，而将原来在电路板上完成的大部分工作（如元件布局及它们之间的连线）放在芯片内部进行；而且，通过修改 PLD 的程序就可以轻易地改变设计，不用改变系统的印制电路板布线就可以实现新的系统功能。因此，现在各种数字电路和系统通常都基于 PLD 设计。

9.1.1 PLD 的分类

PLD 最早出现于 20 世纪 70 年代，随着技术的发展，PLD 的体系结构也在不断进步，器件的工艺、集成度、工作速度、灵活性和编程技术等方面都有了很大的改进和提高，几乎每年都有新器件问世。PLD 的分类如图 9.1.1 所示。

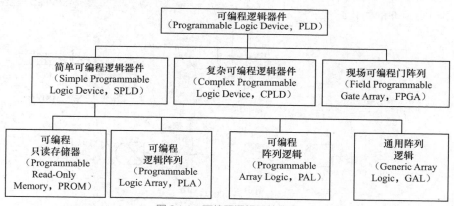

图 9.1.1 可编程逻辑器件分类

早期生产的 PROM、PLA、PAL、GAL 等器件采用**与—或**两级阵列结构实现组合逻辑功能，与后来的 CPLD、FPGA 相比，其电路规模较小、集成度较低，通常称为简单可编程逻辑器件，其中 PAL 是第一个获得广泛应用的可编程逻辑器件。20 世纪 90 年代，随着大型可编程逻辑器件需求的增长，出现了复杂可编程逻辑器件，它在单个芯片内部集成了多个 PAL 器件及其连线。

FPGA 是另一类高密度可编程逻辑器件，它是赛灵思（Xilinx[1]）公司在 1985 年推出的，采用 CMOS SRAM 工艺制作，可构成极其复杂的数字电路。进入 21 世纪后，FPGA 的集成度和工作速度得到了快速发展，特别是在集成度上与 CPLD 拉开了距离，成为大规模 PLD 的代表，并成为设计数字电路或系统的首选器件之一。另外，FPGA 的应用领域也从通信、图像处理扩展到了人工智能、大数据分析、机器人等。

---

1 2022 年 Xilinx 公司被超威半导体（AMD）公司收购。

目前，可编程逻辑器件的发展主要表现为以下三方面：一是电路规模越来越大，器件内部资源更加丰富；二是工作速度越来越快；三是电路结构越来越灵活。有些可编程逻辑器件内部集成了微处理器核、数字信号处理器、E²PROM、FIFO 存储器或双口 RAM、锁相环和千兆串行收发器等，这样，一个完整的数字系统（包括软件和硬件）仅用一片可编程逻辑器件就能实现，即片上系统（System on Chip，SoC）技术。

9.1.2　PLD 的符号

PLD 的规模很大，器件内部路径复杂，为了更清晰地表示器件的内部电路，通常会采用一些简化符号。图 9.1.2 所示为 PLD 中 3 种不同的连线方式。

（1）固定连接：交叉点上有一个实心圆点，表示横线与竖线是固定连接的，不可以编程改变。

（2）可编程"接通"单元：交叉点上画"×"，表示该处是用户通过编程来实现"接通"的。交叉处接有金属熔丝（现在常用可编程单元 EPROM、E²PROM 代替熔丝）。

（3）可编程"断开"单元：交叉点上没有任何连接符号，表示两条线不相连，即该处的编程单元被"擦除"了。

图 9.1.3 所示为 PLD 中与门和缓冲器的符号。图 9.1.3（a）为传统与门；图 9.1.3（b）为 PLD 阵列使用的与门，$L_1 = A \cdot B \cdot C$；图 9.1.3（c）为具有互补输出的输入缓冲器（同时输出原变量和反变量）；图 9.1.3（d）中与门的所有输入通过编程接通了，$L_2 = A \cdot \overline{A} \cdot B \cdot \overline{B} = 0$，于是在与门中画一个"×"，这是与门输出恒等于 0 的简化画法。

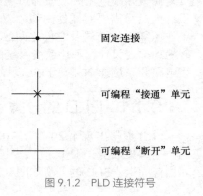

图 9.1.2　PLD 连接符号

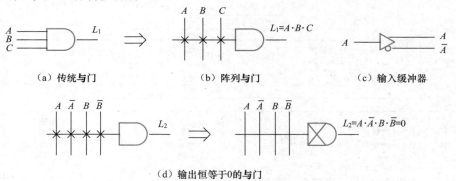

（a）传统与门　　　　　（b）阵列与门　　　　　（c）输入缓冲器

（d）输出恒等于0的与门

图 9.1.3　PLD 基本逻辑门符号

9.2　简单可编程逻辑器件

SPLD 的基本结构为与—或阵列，其结构示意图如图 9.2.1 所示。其中，PROM 主要作为存储器使用，也可以用它实现组合逻辑函数；在 PROM 中，与阵列是由译码电路实现的，它对所有输入信号进行译码，并产生全部的最小项，其与阵列结构是固定不变的、或阵列是可编程的，可以用来实现逻辑函数的最小项表达式。PLA 器件中与阵列、或阵列都是可编程的，但信号通过或阵列时会出现显著的传输延迟，以至于无法满足性能要求。

PAL 和 GAL 器件中与阵列是可编程的、或阵列是固定的，其阵列结构比 PLA 简单。早期 PAL 器件是基于熔丝工艺的，只能编程一次，但制造工艺比 PLA 器件略有简化，价格有所降低，工作速度得到加快，在当时得到广泛应用。在 PAL 器件的基础上，莱迪思（Lattice）公司[1]于 1985 年采用 CMOS 工艺和 E^2PROM 技术生产出 GAL16V8，该器件具有电擦除、可重复编程、可设置加密位等特性，因而得到广泛应用。同时，GAL 也被 Lattice 公司注册为专用商标。随后，许多公司采用 CMOS 工艺和 E^2PROM 技术来生产 PAL 器件，使得 PAL 器件也可以反复编程。为了与以前的产品相区别，有的公司用 PALCE 为器件命名，其中 CE 是 CMOS Electrically Erasable（电擦除）的缩写。

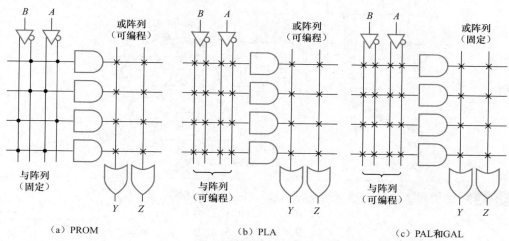

（a）PROM　　　　　　　　（b）PLA　　　　　　　　（c）PAL 和 GAL

图 9.2.1　几种 SPLD 的与—或阵列结构示意图

下面介绍用与—或阵列实现逻辑函数的基本原理，以及 GAL 器件的基本结构。

9.2.1　与—或阵列实现组合逻辑函数的原理

我们知道，任何一个逻辑表达式都可以变换成与—或表达式，因而任何一个逻辑函数都可以用一级与门和一级或门来实现。SPLD 就是基于这一原理研制出来的。

PLA 器件是最早开发的 PLD 之一，其基本结构如图 9.2.2 所示。它有 3 个输入端和 2 个输出端，或门的输出连接异或门的输入。利用异或门的性质，可以实现信号同相输出或反相输出。

图 9.2.2 中，与阵列实现的逻辑函数为

$$P_1 = \overline{A}BC, \quad P_2 = A\overline{B}C, \quad P_3 = \overline{A}B\overline{C}, \quad P_4 = BC$$

或阵列实现的逻辑函数为

$$F_0 = P_1 + P_3 + P_4 = \overline{A}BC + \overline{A}B\overline{C} + BC$$
$$F_1 = P_1 + P_2 + P_3 = \overline{A}BC + A\overline{B}C + \overline{A}B\overline{C}$$

通过异或门后，得到的逻辑函数为

$$L_0 = F_0 \oplus \mathbf{0} = F_0 = \overline{A}BC + \overline{A}B\overline{C} + BC$$
$$L_1 = F_1 \oplus \mathbf{1} = \overline{F_1} = \overline{\overline{A}BC + A\overline{B}C + \overline{A}B\overline{C}}$$

可见，PLA 器件可以用来实现与—或逻辑函数。在或阵列中，乘积项 P_1、P_3 为两个或门所共用，通常称为乘积项共享。

PLA 器件的优点是可编程，可以按照设计者的意愿来实现组合逻辑函数。其缺点是信号通过可编程连接点的传输延时比固定连接长，PLA 器件中的信号要经过两个可编程连接点，电路的工作速度较慢。于是在后来的 PAL 和 GAL 器件中，或阵列被改成了固定连接。

1　2006 年该公司宣布 GAL 器件停产。

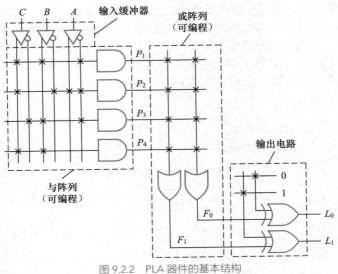

图 9.2.2　PLA 器件的基本结构

例 9.2.1　试用 PLA 器件实现下列逻辑函数，并尽量减少乘积项。

$$L_0(A, B, C) = \Sigma(0, 1, 2, 4)$$
$$L_1(A, B, C) = \Sigma(0, 5, 6, 7)$$

解　首先将逻辑函数化为最简**与或**表达式，然后画出 PLA 电路图。具体步骤如下。

（1）画出 L_0 和 L_1 的卡诺图，如图 9.2.3 所示。为了减少乘积项，要将两个函数放在一起综合考虑，使 L_0 和 L_1 有尽可能多的、相同的包围圈，L_1 采用包围 **0** 的方法进行化简，得

$$L_0 = \overline{AB + AC + B\overline{C}}$$
$$L_1 = AB + AC + \overline{A}\,\overline{B}\,\overline{C}$$

（2）画出 PLA 电路图。用**与阵列**实现上述逻辑表达式中的 4 个乘积项（与项），用**或**阵列的两个**或**门实现相应的乘积项相加，再通过两个**异或**门实现函数 L_0 和 L_1，如图 9.2.4 所示。

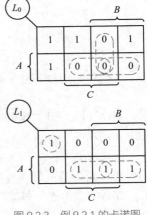

图 9.2.3　例 9.2.1 的卡诺图

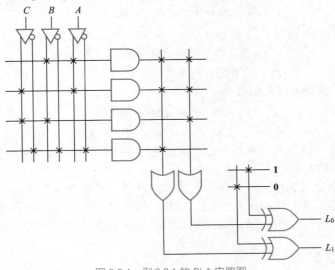

图 9.2.4　例 9.2.1 的 PLA 电路图

可见，为了减少乘积项，要对函数的原变量和反变量化简结果进行综合考虑。

例 9.2.2 一个 PAL 器件的内部结构如图 9.2.5 所示，试写出它的输出逻辑函数。

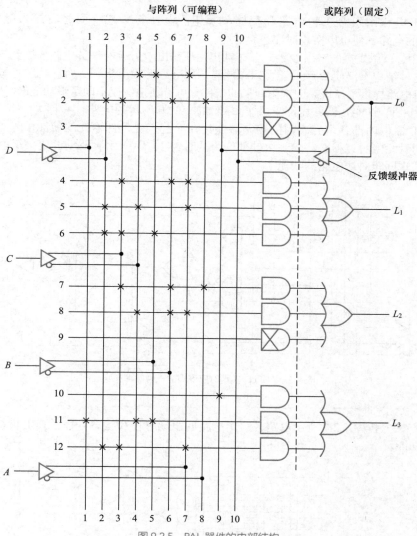

图 9.2.5　PAL 器件的内部结构

解 该电路有 4 个输入（A、B、C、D）和 4 个输出（$L_0 \sim L_3$），每个输入通过一个输入缓冲器得到原变量和反变量，每个输出都由固定连接的**或**门产生。每个输出端所对应的电路基本相同，即都包含一个**与或**阵列（有 3 个可编程的**与**门和 1 个固定的**或**门），每个**与**门有 10 个可编程的输入连接点，输出 $\overline{L}_0$ 通过反馈缓冲器将原变量、反变量连接到**与**门阵列，作为两个输入信号。

根据图 9.2.5 中的编程结果，可以得到实现的输出逻辑函数为

$$\begin{cases} L_0 = AB\overline{C} + \overline{A}\,\overline{B}CD \\ L_1 = A\overline{B}C + A\overline{C}\,\overline{D} + BCD \\ L_2 = \overline{A}\,\overline{B}C + AB\overline{C} \\ L_3 = L_0 + B\overline{C}D + AC\overline{D} = AB\overline{C} + \overline{A}\,\overline{B}CD + B\overline{C}D + AC\overline{D} \end{cases}$$

其中，L_3 包含 4 个乘积项，不能直接编程实现，但其中前 2 项正好为 L_0，于是将 L_0 反馈到**与**门阵列作为 L_3 的输入就可以实现。所以采用 PAL 器件进行设计时，要对每个函数单独进行化简，得到最少的乘积项之和。如果乘积项太多，可以将一个函数分解成两部分来实现。

9.2.2 SPLD 实现时序逻辑电路的原理

时序逻辑电路由组合逻辑电路和存储单元组成。在**与—或**阵列之后接入触发器，组成图 9.2.6 所示的电路，便可以实现时序逻辑。

图 9.2.6 中，D 触发器的输出 Q 经过三态输出门，输出 $\overline{Q}$ 经互补缓冲电路反馈到**与**阵列的可编程连接点。这种结构不仅使 D 触发器可以存储**与—或**阵列的输出状态，而且通过对**与—或**阵列编程为时序逻辑电路提供了从现态向次态转换的条件，可方便地组成不同逻辑功能的时序逻辑电路。

早期生产的许多 PAL 器件内部集成了多组如图 9.2.6 所示的电路，并称为"寄存器型 PAL"器件。在 PAL 器件内部各个三态门的控制端连接在一起，受外部输入的使能信号（OE）控制；各触发器的时钟信号也连接在一起，由外部的公共时钟（CLK）引脚驱动，使一组触发器能同时刷新状态，实现同步时序电路的功能。

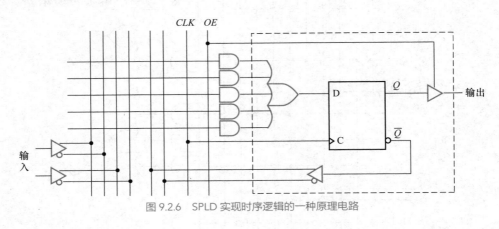

图 9.2.6 SPLD 实现时序逻辑的一种原理电路

例 9.2.3 试分析图 9.2.7 所示电路，写出电路的驱动方程和状态方程，画出状态图，说明该电路的逻辑功能。

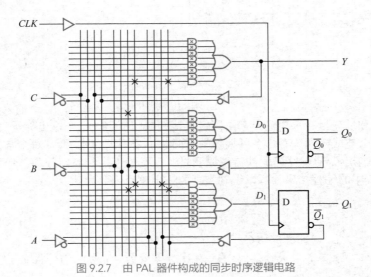

图 9.2.7 由 PAL 器件构成的同步时序逻辑电路

解　根据图 9.2.7，电路的驱动方程为

$$D_0 = \overline{Q_0}$$
$$D_1 = Q_0\overline{Q_1} + \overline{Q_0}Q_1 = Q_0 \oplus Q_1$$

分别将驱动方程代入 D 触发器的特性方程，得到状态方程为

$$Q_0^{n+1} = D_0 = \overline{Q_0}$$
$$Q_1^{n+1} = D_1 = Q_0 \oplus Q_1$$

根据状态方程列出状态表，如表 9.2.1 所示。画出状态图，如图 9.2.8 所示。可见，该电路是一个同步二进制递增计数器，$0 \sim 3$ 循环递增计数，在每一个 CLK 的上升沿计数值加 **1**。

表 9.2.1　例 9.2.3 的状态表

Q_1^n	Q_0^n	Q_1^{n+1}	Q_0^{n+1}	Y
0	0	0	1	0
0	1	1	0	0
1	0	1	1	0
1	1	0	0	1

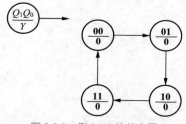

图 9.2.8　例 9.2.3 的状态图

9.2.3　GAL 器件的基本结构及工作原理

GAL 16V8 的内部结构如图 9.2.9 所示。它的**与—或**阵列结构跟 PAL 器件类似，但它改进了 PAL 器件的输出结构，形成了输出逻辑宏单元（Output Logic Macro Cell，OLMC）。GAL 16V8 共有 8 个 OLMC，每个 I/O 引脚与一个 OLMC 相对应。

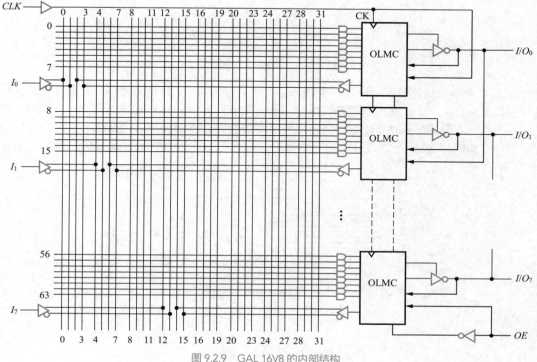

图 9.2.9　GAL 16V8 的内部结构

　　OLMC 的逻辑图如图 9.2.10 中虚线框内所示，它主要由 1 个**或门**、1 个**异或门**、1 个 D 触发器、4 个数据选择器及其控制电路 4 部分组成。对数据选择器的控制信号进行配置，就可以得到不同的输出结构。数据选择器的控制信号来自结构控制字，图 9.2.10 中的 AC_0、$AC_1(n)$、$XOR(n)$ 就是结构控制字中的数据位，括号中的 n 代表该宏单元对应的 I/O 引脚编号，m 代表相邻 OLMC 对应的引脚编号。

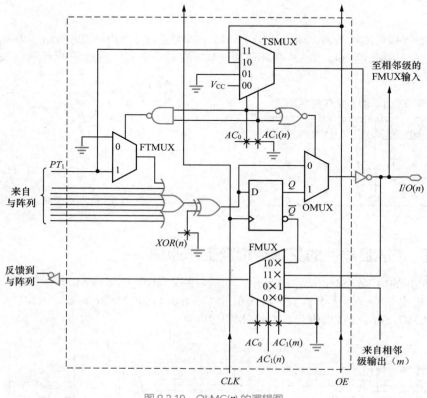

图 9.2.10　OLMC(n) 的逻辑图

　　GAL 器件的结构控制字中还有一个同步位 SYN。当 $SYN=1$ 时，输出结构被配置成组合逻辑电路，如图 9.2.11 所示，此时**或门**输出的信号经过**异或门**后，再经过输出选择器（OMUX）的 **0** 号输入端和三态输出门到达 I/O 引脚，内部触发器被旁路，不起作用；当 $SYN=0$ 时，器件内部至少有一个 OLMC 被配置成含有触发器的输出结构，如图 9.2.12 所示，此时**或门**输出的信号经

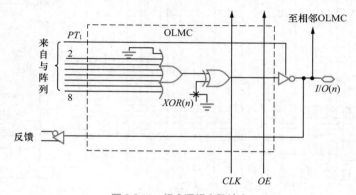

图 9.2.11　组合逻辑电路输出

过**异或**门后，再经过 D 触发器、OMUX 的 1 号输入端和三态输出门到达 I/O 引脚；其他 OLMC 可以被配置成组合逻辑电路输出。使用 GAL 器件时，用户并不需要深入研究器件内部电路的细节，软件会自动处理所有细节。

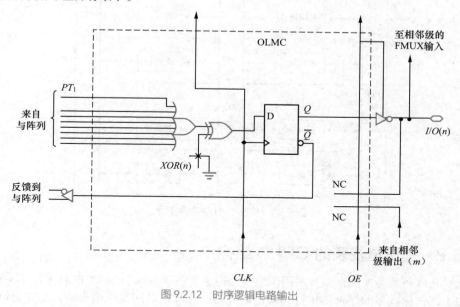

图 9.2.12　时序逻辑电路输出

9.3 复杂可编程逻辑器件

9.3.1 传统 CPLD 的基本结构

PAL 和 GAL 器件内部采用的是单一的**与—或**阵列结构，且器件内部触发器较少（一般少于 10 个），通常用于实现规模较小的数字电路。为了实现更复杂的数字电路，就需要采用多片 PAL 器件，于是出现了 CPLD 等规模较大的可编程逻辑器件。

CPLD 实现逻辑函数的基本原理与 PAL 器件一样，不同的是它拥有更多的逻辑块（每个逻辑块大致相当于一个 PAL 器件），因而解决了单个 PAL 器件内部资源较少的问题。之所以没有继续扩大 PAL 器件中单一**与—或**阵列的规模来制造 CPLD，是因为一个大的**与—或**阵列结构会造成芯片资源的极大浪费。

早期的 CPLD 采用 CMOS 工艺和 EPROM 技术生产（当时称为 Erasable PLD，EPLD），只能用紫外线擦除，且每次编程时需要从电路板上取下器件放在专门的编程器上。后来，采用 CMOS 工艺、E²PROM 和闪存技术的 CPLD 具有电擦除、可多次编程和编程后的信息能够长期保存的优点，并且器件内部增加了在系统可编程（In System Programmability，ISP）的电路，因而这种器件不需要专用的编程器，而能通过专用电缆直接编程，不仅提高了可靠性，而且加快了数字系统的调试过程。

传统 CPLD 的结构框图如图 9.3.1 所示，它由多个逻辑块、内部可编程连线区和 I/O 块等组成。逻辑块是 CPLD 实现逻辑功能的核心模块，它能实现用乘积项之和表示的逻辑函数。每一个逻辑块[1]类似于一个 PAL 器件，所以，CPLD 实际上是将多个 PAL 器件集成到了单个芯片内部，

1　各公司 CPLD 中的逻辑块名称不一。例如，Altera 公司（2015 年被 Intel 公司收购，改名为 Intel Programmable Solution Group）称逻辑阵列块（Logic Array Block，LAB），Xilinx 公司称函数块（Function Block，FB），Lattice 公司称通用逻辑块（Generic Logic Block，GLB）。

使用内部可编程连线来实现片内各个逻辑块之间、逻辑块与 I/O 块之间的信号传递。

在使用 CPLD 时，建议读者参阅器件的数据手册，了解器件内部结构细节。

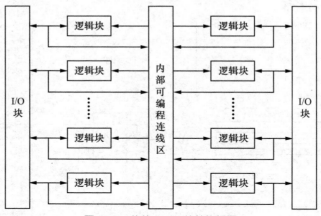

图 9.3.1 传统 CPLD 的结构框图

9.3.2 基于查找表的 CPLD 结构

传统 CPLD 将非易失性存储技术用于编程，但是，基于查找表[1]的 CPLD 采用了 FPGA 的阵列式结构（即数量众多的逻辑块按行和列排成阵列，行和列之间是可编程的内部连线资源），并基于查找表来实现逻辑函数。查找表使用的是 SRAM 技术，该技术具有易失性，当电源关闭时，所有编程数据都会丢失。因此，为了存储配置信息，芯片内部嵌入了一块非易失性配置存储器，在系统接通电源时自动地对器件进行初始化配置。

实际上，这种查找表 CPLD 是 FPGA 和非易失性存储器相结合的产物，如图 9.3.2 所示，也可以被视为低密度的 FPGA。

目前，采用这种结构的 CPLD 有阿尔特拉（Altera）公司的 MAX II 系列和 MAX 10 系列，国内深圳市紫光同创电子有限公司的 Compact 系列、广东高云半导体科技股份有限公司的 GW1N 系列和 GW2AN 系列、上海安路信息科技股份有限公司的 ELF 系列等。

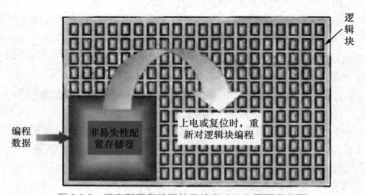

图 9.3.2 带有配置存储器的查找表 CPLD 平面示意图

---

1 查找表将在 9.4.1 节介绍。

9.4 现场可编程门阵列

　　按照编程方式，FPGA 可分为两类。第一类为一次性可编程 FPGA，这类器件的各连线交叉点上有反熔丝（antifuse），使得连线互不相通；编程时将需要接通的交叉点上的反熔丝烧熔，从而使连线互相连通。反熔丝需要的面积很小，但只能编程一次，这类 FPGA 主要用于定型产品和大批量产品。第二类是基于 SRAM 技术的可反复编程的 FPGA，由于 SRAM 具有数据易失性，一旦失去电源供电，所存储的数据立即丢失，FPGA 原有的逻辑功能将消失。所以使用这类 FPGA 时，需要一个外部的 E^2PROM 或闪存来保存编程数据。接通电源时，FPGA 首先从外部存储器读入编程数据进行初始化，然后才开始正常工作。

　　本节主要介绍基于 SRAM 技术的 FPGA。首先介绍查找表实现逻辑函数的基本原理，然后简要介绍 FPGA 的结构。

9.4.1　查找表实现逻辑函数的基本原理

　　在 FPGA 中，查找表（Look-Up Table，LUT）是实现逻辑函数的基本逻辑单元，它由若干存储单元和数据选择器构成。每个存储单元能够存储二值数字逻辑的一个值（0 或 1），作为存储单元的输出。

　　图 9.4.1（a）所示为一个 2 输入 LUT 的结构框图，其中 $M_0 \sim M_3$ 为 4 个 SRAM 存储单元，它们存储的数据作为数据选择器的输入数据。该 LUT 有 2 个输入（A、B）和 1 个输出（L），可以实现任意 2 变量组合逻辑函数。LUT 的 2 个输入 A、B 作为 3 个数据选择器的通道选择输入，根据 A、B 的取值，选择一个存储单元的内容作为 LUT 的输出。

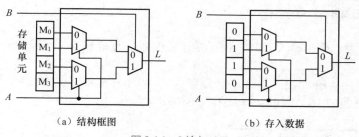

（a）结构框图　　　　　　　　　　（b）存入数据

图 9.4.1　2 输入 LUT

　　例如，用该 LUT 实现逻辑函数 $L = \overline{A}B + A\overline{B}$，真值表如表 9.4.1 所示。由于 2 输入变量的真值表有 4 行，因此这个 LUT 的每一个存储单元对应着真值表中一行的输出值。将逻辑函数 L 的值 0、1 按由上到下的顺序分别存入 4 个 SRAM 存储单元，如图 9.4.1（b）所示。当 $A = B = 0$ 时，LUT 输出最上面的那个存储单元的内容；当 $A = B = 1$ 时，LUT 输出最下面的那个存储单元的内容。同理，可以得到 A、B 为其他两种取值组合时的输出。

表 9.4.1　逻辑函数真值表

B	A	L
0	0	0
0	1	1
1	0	1
1	1	0

由此看出，只要改变 SRAM 存储单元 $M_0 \sim M_3$ 中的数据，就可以实现不同的逻辑函数，这就是 FPGA 可编程特性的具体体现。

　　可见，LUT 的基本思想就是将函数所有输入组合对应的输出值存储在一个表中，然后使用输入变量的当前取值索引该表，查找其对应的输出。LUT 的一个重要特征是，改变存储在表中的函数值，就能改变函数的功能，而不需要改变任何连线。所以，LUT 相当于以真值表的形式实现给定的逻辑函数。

在 FPGA 中实现该逻辑函数时需要完成以下编程任务：①将 FPGA 的 I/O 引脚上的输入 A 和 B 通过可编程连线资源连接到数据选择器的控制端；②将真值表中 L 的值写入 LUT 中对应的 SRAM 存储单元；③将 LUT 的输出 L 通过可编程连线资源连接到 FPGA 的 I/O 引脚上，作为逻辑函数 L 的输出。

用一个小规模的 FPGA 实现逻辑函数 $F = F_1 + F_2 = AB + \overline{B}C$，真值表如表 9.4.2 所示。编程后 FPGA 中部分逻辑块和可编程连线资源的编程状态如图 9.4.2 所示。可编程连线资源将 I/O 引脚上的输入 A、B、C 和输出 F 连接到内部逻辑块，而内部逻辑块之间也通过可编程连线资源实现连接。图 9.4.2 中上方两个逻辑块被编程实现逻辑函数 $F_1 = AB$ 和 $F_2 = \overline{B}C$，右下角的逻辑块实现 $F = F_1 + F_2$。逻辑块中的 **0**、**1** 表示 LUT 中 SRAM 存储单元的编程数据，也就是表 9.4.2 中 F_1、F_2 和 F 的值。

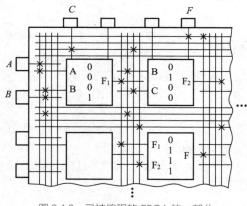

图 9.4.2　已被编程的 FPGA 的一部分

表 9.4.2　逻辑函数真值表

A	B	F_1	B	C	F_2	F_1	F_2	F
0	0	0	0	0	0	0	0	0
0	1	0	0	1	1	0	1	1
1	0	0	1	0	0	1	0	1
1	1	1	1	1	0	1	1	1

图 9.4.3 所示为一个 3 输入 LUT。由于 3 输入变量的真值表有 8 行，因此 LUT 中有 8 个存储单元。

FPGA 大多使用 4 输入 LUT，每一个 LUT 中有 16 个存储单元，所以每一个 LUT 可以被看成一个有 4 根地址线的 16×1 位的 SRAM，如图 9.4.4 所示。

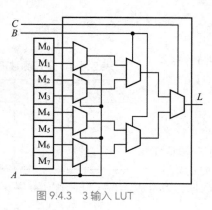

图 9.4.3　3 输入 LUT

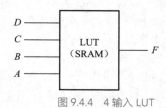

图 9.4.4　4 输入 LUT

现代 FPGA（如 Xilinx 公司 Virtex-7、Kintex-7 和 Artix-7 系列）具有多达 6 个输入的 LUT。如果组合逻辑表达式中有更多的输入，则可以使用多个可编程的逻辑块以形成更大的 LUT。

9.4.2 FPGA 的一般结构

目前，FPGA 产品种类较多，各厂商的产品也各不相同。这里仅从构成 FPGA 的基本原理出发，介绍 FPGA 的一般结构。

FPGA 的结构框图如图 9.4.5 所示。它至少包含 3 种基本资源：可编程逻辑块[1]、可编程 I/O 块和可编程连线资源。不同公司生产的 FPGA，其内部逻辑块的结构和数量、内部连线结构和采用的可编程互连开关都存在较大的差异，大型 FPGA 内部有成千上万个逻辑块。在实际使用时，用户可以根据所选用的器件型号查阅相关数据手册。

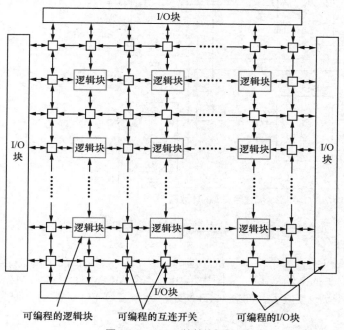

图 9.4.5　FPGA 的结构框图

1. 可编程逻辑块

可编程逻辑块排列成二维阵列，有规则地分布于整个芯片中，是实现各种逻辑功能的基本单元，包括组合逻辑、时序逻辑、加法器等。

FPGA 往往将多个相邻的基本逻辑单元（Logic Element，LE）连接在一起构成可编程逻辑块。基本逻辑单元的简化结构如图 9.4.6 所示，它包括 4 输入 LUT、D 触发器和一些可编程数据选择

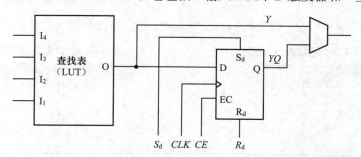

图 9.4.6　基本逻辑单元的简化结构

---

1 各公司 FPGA 中的逻辑块名称不一。例如，Xilinx 公司称其为可配置逻辑块（Configurable Logic Block，CLB），以前的 Altera 公司称其为逻辑阵列块（Logic Array Block，LAB）。

器。LUT 用于实现 4 变量组合逻辑函数，D 触发器用于实现时序逻辑电路，数据选择器用于选择组合逻辑输出或时序逻辑输出。

例 9.4.1 图 9.4.7 所示为 FPGA 中逻辑块编程后实现的同步计数器，试具体分析该电路的逻辑功能。

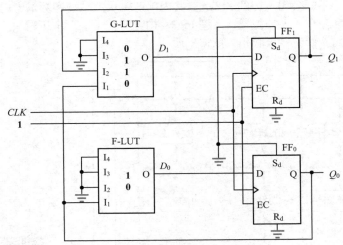

图 9.4.7　逻辑块编程后实现的计数器

解　该电路由两个基本逻辑单元组成，两个 D 触发器的时钟信号为 CLK，其输出为 Q_1 和 Q_0，因此它是一个 2 位同步计数器。

图 9.4.7 中，G-LUT 产生 D_1，仅用到 2 个输入变量（即 $I_1 = Q_0$、$I_2 = Q_1$），高位的 2 个输入接地。此时，G-LUT 相当于图 9.4.1 的 2 输入 LUT，图中给出了 4 个 SRAM 存储单元 $M_0 \sim M_3$ 的编程数据，于是可以列出逻辑函数的真值表，如表 9.4.3 所示。D 触发器 FF_1 的驱动方程为

$$D_1 = \bar{I}_2 I_1 + I_2 \bar{I}_1 = \overline{Q_1} Q_0 + Q_1 \overline{Q_0}$$

类似地，用 F-LUT 产生 D_0，仅用到 1 个输入变量，F-LUT 相当于 1 输入 LUT，所以仅需对它的 M_0 和 M_1 编程。根据编程结果，得到 D 触发器 FF_0 的驱动方程为

$$D_0 = \bar{I}_1 = \overline{Q_0}$$

于是 D 触发器的状态方程为

$$Q_1^{n+1} = D_1 = \overline{Q_1} Q_0 + Q_1 \overline{Q_0}$$
$$Q_0^{n+1} = D_0 = \overline{Q_0}$$

计数器状态表如表 9.4.4 所示。由表可知，该电路为 2 位二进制递增计数器。

表 9.4.3　函数 D_1 真值表

I_2	I_1	D_1
0	0	0
0	1	1
1	0	1
1	1	0

表 9.4.4　计数器状态表

Q_1	Q_0	Q_1^{n+1}	Q_0^{n+1}
0	0	0	1
0	1	1	0
1	0	1	1
1	1	0	0

2. 可编程 I/O 块

I/O 块是芯片外部引脚与内部电路进行数据交换的接口电路。I/O 块由多个 I/O 单元组成，I/O 单

元的简化结构如图 9.4.8 所示。每个 I/O 单元对应一个封装引脚,并有许多 I/O 选项,可以通过配置存储单元进行选择,这些存储单元由带"M"的方框表示。通过配置,可将引脚分别用作输入、输出。

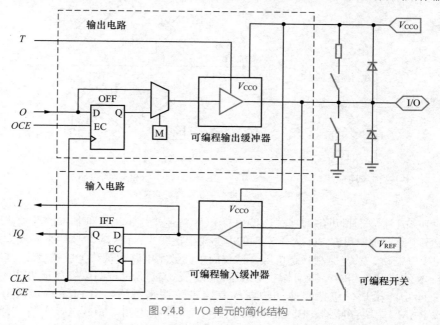

图 9.4.8 I/O 单元的简化结构

I/O 单元中有输入和输出两条信号通路。当 I/O 引脚用作输出时,信号由 O 通路进入 I/O 单元,经可编程数据选择器确定是直接送输出缓冲器还是经过 D 触发器 OFF 寄存后再送输出缓冲器。

当 I/O 引脚用作输入时,引脚上的输入信号经输入缓冲器后,可以直接由 I 通路进入内部电路,也可以经 D 触发器 IFF 寄存后由 IQ 输入内部电路。没有用到的引脚被预置为高阻态。

I/O 单元中设计了两个电源输入 V_{CCO} 和 V_{REF},用来支持不同的 I/O 标准。V_{REF} 为逻辑电平的参考电压,在执行某些 I/O 标准时,需要输入 V_{REF}。每一个 I/O 块共用一个 V_{CCO} 和 V_{REF},但不同块的 V_{CCO} 和 V_{REF} 可以不同。只有电气标准相同的端口才能接在一起。FPGA 内部核心区的电路在其核心电源(Core Power Supply)下工作,位于四周的 I/O 块可以使用不同的工作电源,这样 FPGA 可以工作在由不同工作电源供电的复杂系统中。

每一个 I/O 块内的 D 触发器均可编程配置为边沿触发或电平触发方式,它们共用一个时钟信号 CLK,但有各自的时钟使能端 EC。通过 D 触发器,可以实现同步输入/输出。

I/O 引脚上还有两个钳位二极管,具有瞬时过电压保护和静电保护作用。上拉电阻和下拉电阻上接有可编程开关,通过编程,可以将未使用的 I/O 引脚配置成上拉、下拉或高阻态。

3. 可编程连线资源

可编程连线资源是 FPGA 不可或缺的组成部分,它包括纵向和横向连线及可编程互连开关。通过对连线资源的编程,可实现逻辑块与逻辑块、逻辑块和 I/O 块之间的信号传递。

两种典型的可编程互连开关(有时也称为可编程开关矩阵)如图 9.4.9 所示,当 NMOS 管栅极连接的 SRAM 存储单元 M 被编程存入 1 时,开关导通,否则开关断开。对图 9.4.9(a)中的 M 编程,可以决定纵向、横向连线是否连通,而对图 9.4.9(b)所示的 6 路互连开关编程,可以连通上、下、左、右任意方向,非常灵活。

在实际的 FPGA 芯片中,除了上述通用可编程连线资源,通常还有一些特殊用途的连线资源,如时钟信号线和全局控制信号线等。

信号的传输延迟是限制器件工作速度的根本因素。在 FPGA 的设计过程中,利用软件进行优化,确定电路布局和线路选择,可减小传输延迟,提升工作速度。

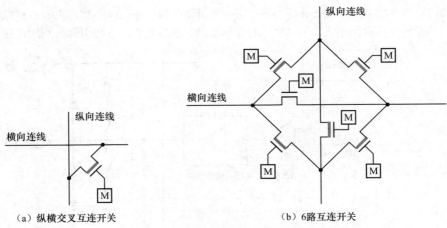

（a）纵横交叉互连开关　　　　　　　（b）6 路互连开关

图 9.4.9　两种典型的可编程互连开关

　　早期的 FPGA 主要通过可编程连线连接含有 LUT 的逻辑块，用这种基本的结构就可以实现用户所需的数字电路。那时可在 FPGA 上实现的电路规模比较小，FPGA 主要用来实现大规模系统中子模块间的接口电路、系统控制状态机等，这类简单的数字电路也被称为胶连逻辑（Glue Logic）。

　　随着技术的进步，FPGA 的架构也在不断地发展。目前的 FPGA 产品已在芯片内部添加了许多重要的功能模块，包括高速加法器和专用进位逻辑电路、由 LUT 构成的分布式 RAM（Distributed RAM）、块存储器（Block RAM）、微处理器核（如 Cortex-A9 核）、千兆的串行收发器、数字信号处理器、锁相环等。

9.5　可编程逻辑器件的一般开发流程

　　开发可编程逻辑器件必须具备计算机、开发软件、通用或专用编程器（或编程电缆）3 个条件。各个 FPGA 厂商一般都会提供开发软件[1]，用来支持自己产品的器件开发。其一般开发流程如图 9.5.1 所示。除了第一步，其他步骤必须在开发软件的支持下完成。

　　（1）设计规划。

　　根据设计需求，分析当前项目需要实现的功能、性能指标、输入与输出接口信号、电路结构等，并应用前面章节介绍的逻辑设计方法设计出电路或用硬件描述语言描述电路的行为。

　　（2）设计输入。

　　将设计结果以开发软件能够接受的方式输入计算机。大多数开发软件均接受 HDL 描述方式和原理图描述方式。

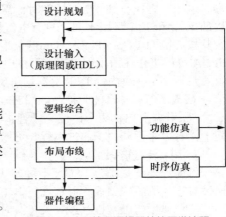

图 9.5.1　可编程逻辑器件的开发流程

　　（3）逻辑综合。

　　根据设计对象的 HDL 描述生成数字电路的过程称为逻辑综合。逻辑综合的结果为电路网表（简称网表）。网表由逻辑单元及这些单元之间的连接组成。

1　Xilinx 公司早期的开发软件为 Foundation 和 ISE，目前用户用得较多的是 Vivado；Altera 公司早期提供 MAX+plus II，现在用户普遍使用 Quartus Prime。

逻辑综合的过程包括图 9.5.2 所示的 3 个阶段。网表生成阶段的任务是对代码的语法错误进行检查，并生成采用逻辑表达式描述的网表。门级优化阶段的任

图 9.5.2 逻辑综合的 3 个阶段

务是根据优化目标对网表进行逻辑化简和优化，以得到一个更优的等效电路。工艺映射阶段将决定网表中的每一个元件如何用目标芯片（如 FPGA 芯片或 CPLD 芯片）上的资源来实现。

（4）布局布线。

利用芯片上的逻辑资源（如逻辑门、查找表、触发器等）和连线资源（连线和可编程互连开关）等实现网表。开发软件根据事先设定的约束条件（如器件型号、指定的 I/O 引脚、电路工作频率等），以及先前生成的网表文件，在目标芯片中确定逻辑块的位置和信号的连接路径，最后生成编程数据文件[1]和一系列中间文件。一般来说，首先会确定逻辑块的布局，然后对逻辑块间的连接进行布线。布局布线有时也称为**适配**。

在 EDA 软件中，逻辑综合、布局布线等软件通常集成在一起，称为**编译器**。

（5）功能仿真。

通过专用的仿真软件或开发软件提供的仿真功能，可以对设计的电路进行逻辑功能仿真。如果发现逻辑功能不满足设计要求，则需要修改设计。

（6）时序仿真。

布局布线完成后，信号的传输通路也都确定了。时序仿真是反映信号传输通路上的逻辑门、触发器、可编程开关及连线等的传输延时的仿真。若发现不满足设计要求，则需更换器件或增加约束条件重新进行布局布线；若仍不能满足要求，则需要修改最初的设计。

（7）器件编程。

器件编程也称为下载（Download）或配置（Configure），就是将编程数据写入 CPLD 器件或 FPGA 器件。由于 CPLD 和 FPGA 的编程实现技术存在差异，因为这两种器件的编程步骤也略有不同。

9.6 应用举例：基于 FPGA 篮球竞赛 24s 定时器电路设计

设计一个定时器，定时时间为 24s，递减计时，每隔 1s 减 1。设置两个外部控制开关，控制功能如表 9.6.1 所示。当定时器递减计时到 0（即定时时间到）时，定时器保持状态不变，同时发出报警信号。时钟信号的频率为 1Hz。定时器输出 8421BCD 码。

表 9.6.1　定时器功能表

nRST	nPAUSE	定时器完成的功能
0	×	复位，置初值 24
1	1	开始计时
1	0	暂停计时

AR 交互动画

篮球竞赛24s定时电路应用

（1）逻辑设计。

用计数器对 1Hz 的时钟信号进行计数，其计数值即为定时器秒数。根据设计要求可知，电路需要输出 2 组 8421BCD 码，计数器初值为 24，递减计数，减到 0 时，发出报警信号，并能暂停 / 继续计数，所以需要设计一个可预置初值的带使能端的递减计数器。

1　编程数据文件有多种名称，如配置数据、比特流（Bitstream）、编程文件（Program File）等，文件扩展名为 .bit 或 .sof（SRAM Object File）等。

实现上述功能的 Verilog HDL 程序如下。HDL 描述分为以下 3 部分：第一部分对电路的输入、输出信号进行声明。nRST（低电平有效）、nPAUSE 和 CP 均为输入信号，TimerH（定时器的十位）、TimerL（定时器的个位）和 Alarm 均为输出信号。第二部分用一个 **assign** 连续赋值语句描述了电路报警信号的输出，即计数器递减到 0 时，输出报警信号（Alarm = **1**）。第三部分用一个 **always** 块描述计数器的计数处理，计数器的个位和十位均按 8421BCD 码递减计数。

```verilog
/**************** Basketball24.v ****************/
module basketball24(                          //Verilog—2001、Verilog—2005 语法
  input nRST, nPAUSE, CP,                     // 定时器的输入信号声明
  output reg [3:0] TimerH, TimerL,            // 定时器的输出信号声明
  output Alarm                                // 报警信号声明，定时时间到 Alarm=1
);
  assign Alarm =({TimerH, TimerL} == 8'h00)&(nRST == 1'b1);   // 输出报警信号
always @(posedge CP, negedge nRST, negedge nPAUSE)            // 计数处理
begin
    if(~nRST)
         {TimerH, TimerL} <= 8'h24;           // 复位时置初值 24
    else if(~nPAUSE)
         {TimerH, TimerL} <= {TimerH, TimerL};   // 暂停计时
    else if({TimerH, TimerL} == 8'h00)        // 定时时间到，保持 0 不变
         begin {TimerH, TimerL} <= {TimerH, TimerL}; end
    else if(TimerL==4'h0)
         begin TimerH <= TimerH - 1'b1; TimerL <= 4'h9; end
    else
         begin TimerH <= TimerH; TimerL <= TimerL - 1'b1;end
    end
endmodule
```

（2）设计实现。

用可编程逻辑器件实现上述设计的过程如下。

1）在 Quartus Prime 软件中建立一个新的工程项目，输入上述 Verilog HDL 程序，对程序进行编译。

2）新建一个仿真波形文件，给出时钟信号，为方便观察将 CP 的周期指定为 2ms，对项目进行时序仿真，得到图 9.6.1 所示的波形。

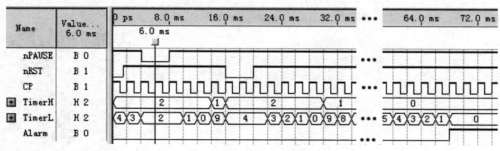

图 9.6.1　定时器的仿真波形图

分析波形图可知，刚开始和 16ms ～ 20ms 时，nRST 为低电平，初值 24 被预置到计数器的输出 TimerH、TimerL；4ms ～ 8ms 时，nPAUSE 为低电平，计数器暂停计数；其他时间 nRST、nPAUSE 均为高电平，计数器在 CP 上升沿到来时递减计数，到 68 ms 之后，计数器输出为 0，报警信号 Alarm 为高电平。仿真结果完全符合设计要求。

3）选定目标器件（如 EPM7032S），将输入、输出分配到器件相应的引脚上，然后重新编译项目，生成下载文件（文件扩展名为 .pof 或 .sof）。

4）将下载文件写入目标器件，该器件就成为专用的定时器电路。

小结

- 根据器件的结构不同，可编程逻辑器件分为 SPLD、CPLD 和 FPGA 三大类，通过对器件编程，可以实现用户所需要的逻辑功能。
- 早期的 SPLD 均采用**与—或**阵列的基本结构形式。
- 传统的 CPLD 通常采用 CMOS 工艺 E^{2}PROM 技术制造，其电路结构的核心是**与—或**阵列和触发器，对器件编程后，即使切断电源，其逻辑也不会消失，并且在系统可编程。部分 CPLD 内部还集成了 E^{2}PROM、FIFO 存储器或双口 RAM，以适应不同功能的数字系统设计。
- 基于查找表（LUT）的 CPLD 是将 FPGA 和非易失性存储器相结合的产物。它使用 LUT 实现逻辑函数，但在芯片内部嵌入了一块非易失性的配置存储器来存储编程数据，在接通芯片电源时，会自动配置器件。
- FPGA 是基于 LUT 实现逻辑函数的。尽管单个 LUT 比 CPLD 中基于**与—或**结构的逻辑块要小、功能要弱，但是 FPGA 芯片包含数目众多的 LUT，因此可以实现规模更大、逻辑更复杂的数字电路。
- 利用 LUT 是实现可编程的组合逻辑电路的一种简单方法。LUT 通常是由数据选择器和 SRAM 构成的，其编程次数不受限制。但断电时，SRAM 中存储的数据会丢失，原有的逻辑功能将消失。所以使用 FPGA 时，需要一个外部配置存储器保存编程数据。接通电源后，FPGA 首先从外部配置存储器读入编程数据进行初始化，然后才开始正常工作。
- 无论是 CPLD 还是 FPGA，其开发过程必须借助相关开发软件和编程设备。它们的一般开发步骤为设计输入→逻辑综合→逻辑仿真→布局布线→器件编程。

自我检验题

9.1 选择题

1. 在 SPLD 的结构图中，在阵列横线与竖线的交叉点上画"×"，表示横线与竖线是_____。

  A. 断开的   B. 编程连通的
  C. 悬空的   D. 固定连通的

2. PLA 是指_____。

  A. 可编程逻辑阵列   B. 通用逻辑阵列   C. 只读存储器   D. 随机读取存储器

3. FPGA 是_____。

  A. 复杂可编程逻辑器件，掉电后信息不消失   B. 复杂可编程逻辑器件，掉电后信息消失
  C. 现场可编程门阵列，掉电后信息不消失   D. 现场可编程门阵列，掉电后信息消失

4. PAL 具有固定连接的_____阵列和可编程的_____阵列。

  A. 与，或   B. 或，与   C. 与，与   D. 或，或

5. GAL 的与阵列_____，或阵列_____。

  A. 固定，可编程   B. 可编程，固定   C. 可编程，可编程   D. 固定，固定

6. 易失性 FPGA 通常是基于_____工艺技术制造的。

  A. 熔丝   B. 反熔丝   C. CMOS E^{2}PROM   D. CMOS SRAM

7. 可编程逻辑器件开发流程的逻辑综合阶段的最终输出是_____。

  A. 比特流   B. 器件引脚数   C. 逻辑波形   D. 电路网表

答案

9.2 判断题（正确的画"√"，错误的画"×"）

1. FPGA 是一种可编程的大规模集成电路。 （　　）
2. CPLD 和 FPGA 实现逻辑函数的原理是相同的。 （　　）
3. 可编程逻辑器件都是基于 E^2PROM 技术制造的。 （　　）
4. GAL 器件是用电擦除工艺制造的，具有 CMOS 的低功耗特性。 （　　）
5. GAL 器件具有输出逻辑宏单元，使用户能够按需要对输出电路进行组态。 （　　）
6. CPLD 主要由可编程的逻辑块、I/O 块和可编程的内部连线资源 3 部分组成。 （　　）
7. 开发可编程逻辑器件时，两种设计输入的方法分别是 HDL 描述和原理图描述。 （　　）
8. 一个典型的 FPGA 比 CPLD 具有更大的逻辑门密度。 （　　）
9. FPGA 芯片采用查找表结构实现组合逻辑函数，该结构一般是基于片内的 SRAM 和数据选择器实现的，所以 FPGA 需要片外的 E^2PROM 配置芯片。 （　　）
10. 以下 2 输入 LUT 示意图中，输出 L 能够实现**异或**逻辑函数的功能。 （　　）

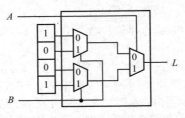

习题

9.1 概述题

9.1.1 什么是可编程逻辑器件？什么是在系统可编程技术？

9.2 简单可编程逻辑器件

9.2.1 试分析图题 9.2.1 所示的数字电路，写出输出函数表达式。

9.2.2 在图题 9.2.2 所示 PLA 器件结构图中，根据下列逻辑表达式，画出对**与—或**阵列编程后的逻辑图。

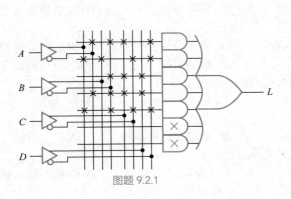

图题 9.2.1

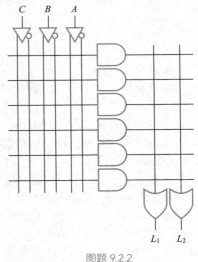

图题 9.2.2

$$L_1 = A\overline{B} + A\overline{C} + \overline{A}B\overline{C}$$
$$L_2 = \overline{AC + AB + BC}$$

9.2.3 试分析图题 9.2.3 所示的数字电路，写出输出 $L_0(A, B, C)$ 和 $L_1(A, B, C)$ 的逻辑表达式。

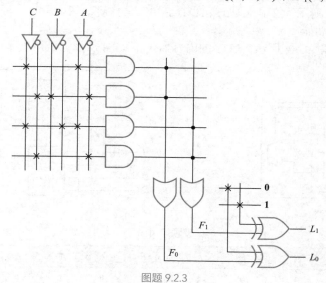

图题 9.2.3

9.2.4 试用本章图 9.2.5 所示 PAL 器件实现表题 9.2.4 所示真值表给出的逻辑功能。

9.2.5 试分析图题 9.2.5 所示的电路。

（1）该电路为什么是一个 PAL 电路？

（2）写出电路的驱动方程、状态方程和输出方程，画出状态图。

（3）说明该电路的逻辑功能。

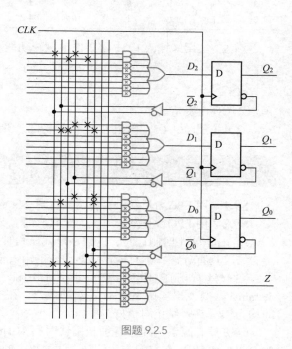

图题 9.2.5

表题 9.2.4

A	B	C	L_1	L_2	L_3	L_4
0	0	0	0	1	0	0
0	0	1	1	1	1	1
0	1	0	1	0	1	1
0	1	1	0	1	0	1
1	0	0	1	0	1	0
1	0	1	0	0	0	1
1	1	0	1	1	1	0
1	1	1	0	1	1	1

9.3 复杂可编程逻辑器件

9.3.1 简述 CPLD 的基本组成，说明各部分的主要功能。

9.4 现场可编程门阵列

9.4.1 LUT 实现各种组合逻辑函数的原理是什么？

9.4.2　FPGA 在结构上由哪几个部分组成？各部分的主要功能是什么？

9.4.3　图题 9.4.3 所示为 2 输入 LUT，当存储单元的内容如图所示时，写出 L 的逻辑表达式，说明它所完成的逻辑功能。

9.4.4　电路如图题 9.4.4 所示，LUT 的内容如表题 9.4.4 所示，试写出 Y 的逻辑表达式。

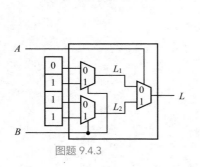

图题 9.4.3

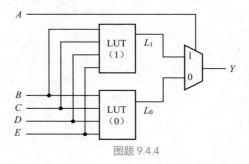

图题 9.4.4

表题 9.4.4

B	C	D	E	L_1	L_0	B	C	D	E	L_1	L_0
0	0	0	0	0	1	1	0	0	0	0	1
0	0	0	1	0	0	1	0	0	1	1	0
0	0	1	0	1	0	1	0	1	0	0	0
0	0	1	1	0	0	1	0	1	1	0	1
0	1	0	0	1	0	1	1	0	0	0	1
0	1	0	1	1	0	1	1	0	1	0	0
0	1	1	0	0	1	1	1	1	0	1	0
0	1	1	1	0	1	1	1	1	1	0	1

9.4.5　试用 3 输入 LUT 实现以下逻辑功能。

$$L(A, B, C) = A\overline{B} + AC + B\overline{C}$$

要求：

（1）列出真值表；

（2）仿照图 9.4.3，画出 LUT 的结构图，并给出存储单元的配置数据。

第9章部分
习题答案

📝 实践训练

S9.1　用 FPGA 开发板实现篮球竞赛 24s 定时电路，具体要求与 9.6 节所述相同。

S9.2　用 FPGA 开发板实现一个具有时、分、秒计时的数字钟电路，要求如下。

（1）按 24 小时制计时，以数字形式显示时、分、秒。

（2）具有分钟、小时校正功能，校正输入脉冲频率为 1Hz。

（3）具有仿广播电台整点报时的功能，即每逢 59 min 51 s、59 min 53 s、59 min 55 s 及 59 min 57 s 时发出 4 声 500 Hz 左右的低音，在 59 min 59 s 时发出 1 声 1kHz 左右的高音，持续时间均为 1s，高音结束时恰好为整点。

（4）具有闹钟功能，且最长闹铃时间为 1min。可以任意设置闹钟的小时、分钟；闹铃信号为 500Hz 和 1kHz 左右的方波信号，两种频率的信号交替输出，各持续 1s。设置一个停止闹铃键，以便按停闹铃。

第 **10** 章

数模转换器和模数转换器

本章知识导图

实现高水平科技自立自强，进入创新型国家前列；建成教育强国、科技强国、人才强国、文化强国、体育强国、健康中国，国家文化软实力显著增强是我国发展的总体目标之一。

随着数字技术，特别是计算机技术的飞速发展与普及，在现代控制、通信及检测领域中，信号的处理无不广泛地采用计算机技术。自然界中的物理量，如压力、温度、位移等都是模拟量，要使计算机或数字仪表能识别、处理这些信号，必须首先将这些模拟信号转换成数字信号；而经计算机分析、处理后输出的数字信号也往往需要转换为相应的模拟信号才能为执行机构所接收。这样，我们就需要一种能在模拟信号与数字信号之间起转换作用的电路，即模数转换器和数模转换器。模数转换器（Analog to Digital Converter，ADC 或 A/D 转换器）是一种能将模拟信号转换成数字信号的电路，而数模转换器（Digital to Analog Converter，DAC 或 D/A 转换器）则是能把数字信号转换为模拟信号的电路。

A/D 转换器和 D/A 转换器在工业控制系统中的应用如图 10.0 所示。模拟传感器将工业生产过程中的各种物理量变换成模拟信号，A/D 转换器则将模拟传感器送来的模拟信号转换成数字信号，再送入计算机进行处理、存储并产生数字信号，D/A 转换器把来自计算机的数字信号转换为模拟信号，经模拟控制器实现对被控对象的控制。

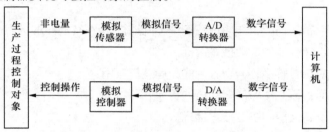

图 10.0　A/D 转换器与 D/A 转换器在工业控制系统中的作用

为实现准确、实时的转换，A/D 转换器和 D/A 转换器必须具有足够的转换精度和转换速度。转换精度和转换速度是 A/D 转换器和 D/A 转换器的两个主要技术指标。

10.1　D/A 转换器

10.1.1　权电阻网络 D/A 转换器

任何一个二进制数 $D_{n-1} D_{n-2} \cdots D_1 D_0$ 都可以展开为

$$(N)_D = D_{n-1} \times 2^{n-1} + \cdots + D_1 \times 2^1 + D_0 \times 2^0 \tag{10.1.1}$$

式中，2^{n-1}, $\cdots$, 2^1, 2^0 为从最高有效位（MSB）到最低有效位（LSB）的权。该式表明，要把数字量转换成模拟量，必须将二进制数中每一个为 **1** 的数码按其权的大小转换成模拟量，然后将这些模拟量相加，相加所得的总量就是与数字量成正比的模拟量。根据这个思路，可以用多种电路方案实现这种转换。

图 10.1.1 所示为 4 位 D/A 转换器的一种实现方案。下面说明各个组成部分的作用。

（1）数码寄存器[1]。在锁存指令控制下，将输入的数字量存入，使得在一次完整的转换过程中输入的数字量保持稳定。

（2）模拟电子开关。寄存器输出的各位数码（$D_0 \sim D_3$）分别控制相应的模拟电子开关 $S_0 \sim S_3$，当 $D_i = \mathbf{1}(i = 0, 1, 2, 3)$ 时，S_i 接至基准电压源 V_{REF}，当 $D_i = \mathbf{0}$ 时，S_i 接地。模拟电子开关由场效应晶体管或 BJT 构成。

1　该寄存器通常被称为 DAC 寄存器（DAC Register）。

（3）权电阻网络：n 条电阻支路分别对应 n 位数码，各支路电阻的取值按照二进制数码的权以 2 的幂为倍数变化。这里，$D_3 \sim D_0$ 对应的权电阻支路阻值分别为 R、$2R$、$4R$ 和 $8R$。这样，当模拟电子开关接至 V_{REF} 时，各支路提供的支路电流也按权的大小成规律变化。权越高的支路电流越大。

（4）运算放大器（简称运放）：与权电阻网络一起构成求和电路，对权电阻网络的输出电流求和，并转换成电压输出。

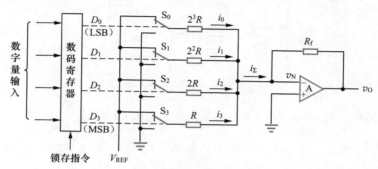

图 10.1.1　权电阻网络 D/A 转换器的原理电路

下面对输出的模拟电压 v_O 进行定量分析。

由于运放工作在线性区，根据虚短、虚断的特点，可得

$$v_O = -i_\Sigma R_f$$
$$= -R_f(i_3 + i_2 + i_1 + i_0) \qquad (10.1.2)$$

由于 $v_N \approx 0$，故 $i_3 = \dfrac{V_{REF}D_3}{R}$，$i_2 = \dfrac{V_{REF}D_2}{2R}$，$i_1 = \dfrac{V_{REF}D_1}{2^2R}$，$i_0 = \dfrac{V_{REF}D_0}{2^3R}$，将它们代入式（10.1.2），同时令 $R_f = R/2$，则得

$$v_O = -R_f\left(\frac{V_{REF}D_3}{R} + \frac{V_{REF}D_2}{2R} + \frac{V_{REF}D_1}{2^2R} + \frac{V_{REF}D_0}{2^3R}\right)$$
$$= -\frac{V_{REF}}{2^4}\sum_{i=0}^{3}(D_i \cdot 2^i) \qquad (10.1.3)$$

式（10.1.3）表明，电路的输出电压与输入的二进制数字量大小成正比，从而实现了 D/A 转换。

由于该电路中每一支路电阻的阻值与这一位的"权"相对应，权越大，对应的阻值越小，所以，该电路也称为权电阻网络 D/A 转换器。这种电路各个电阻的阻值不同，当输入数字量的位数较多时，各支路电阻阻值相差很大，很难在集成电路内部实现，因此在集成 D/A 转换器中很少采用这种电路。

图 10.1.1 中的权电阻网络是完成 D/A 转换的核心电路，通常称为解码网络。常用的解码网络有倒 T 形电阻网络、电阻串联分压式网络、权电流电路等。

数码寄存器用来保存外部输入的数字量。根据输入数字量方式的不同，D/A 转换器可以分为并行输入 D/A 转换器和串行输入 D/A 转换器。并行输入 D/A 转换器具有更快的转换速度，而串行输入 D/A 转换器具有更少的引脚，适合于便携设备。

例 10.1.1 由权电阻网络 D/A 转换器构成的可控增益放大电路如图 10.1.2 所示。图中，当 $Q_i = 1$ 时 S_i 与 v_1 接通，$Q_i = 0$ 时 S_i 接地。

（1）试写出电路的电压增益 $A_v = \dfrac{v_O}{v_1}$ 的表达式。

（2）当 $v_1 = -5\text{mV}$，$Q_3Q_2Q_1Q_0 = 1001$ 时，计算 v_O 的值。

（3）求电压增益 $|A_V|$ 的最大值。

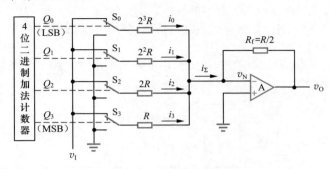

图 10.1.2　例 10.1.1 电路图

解　（1）电路中，$V_{REF} = v_I$，$D_i = Q_i$，将其代入式（10.1.3），得

$$v_O = -v_I \sum_{i=0}^{3} (Q_i 2^i)$$

于是，电压增益表达式为

$$A_V = \frac{v_O}{v_I} = -\sum_{i=0}^{3} (Q_i 2^i) \qquad （10.1.4）$$

（2）当 $v_I = -5\text{mV}$，$Q_3 Q_2 Q_1 Q_0 = \mathbf{1001}$ 时，可得

$$v_O = -(-5\text{mV}) \times (1 \times 2^3 + 1 \times 2^0) = 45\text{mV}$$

（3）当计数器的输出 $Q_3 Q_2 Q_1 Q_0 = \mathbf{1111}$ 时，电压增益的绝对值最大。根据式（10.1.4），得

$$|A_V|_{\max} = 1 \times 2^3 + 1 \times 2^2 + 1 \times 2^1 + 1 \times 2^0 = 15$$

10.1.2　倒 T 形电阻网络 D/A 转换器

倒T形电阻网络
D/A 转换器

在单片集成 D/A 转换器中，使用最多的是倒 T 形电阻网络 D/A 转换器。下面以 4 位 D/A 转换器为例说明其工作原理。

1. 4 位倒 T 形电阻网络 D/A 转换器

4 位倒 T 形电阻网络 D/A 转换器的原理电路如图 10.1.3 所示。电路中的电阻只有 R 和 $2R$ 两种阻值，且 R—$2R$ 电阻网络呈倒 T 形，因而得名。

图 10.1.3 中，模拟开关 $S_i (i = 0, 1, 2, 3)$ 由输入数码 D_i 控制，当 $D_i = \mathbf{0}$ 时，S_i 接地；当 $D_i = \mathbf{1}$ 时，S_i 接运算放大器反相端，倒 T 形的电阻解码网络与运算放大器 A 组成求和电路。

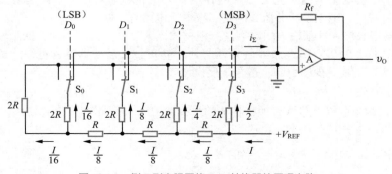

图 10.1.3　倒 T 形电阻网络 D/A 转换器的原理电路

　　运放工作在线性区，其反相端"虚地"。这样，无论模拟开关 S_i 置于何种位置，与 S_i 相连的 $2R$ 电阻总是接地，所以，流经每条 $2R$ 电阻支路的电流与开关状态无关。于是，可画出倒 T 形电阻网络等效电路，如图 10.1.4 所示。该图表明，从 AA、BB、CC、DD 每个二端网络向左看去的等效电阻均为 R。如基准电压源提供的总电流为 $I(I = V_{REF}/R)$，则流过各开关支路（从右到左）的电流分别为 $I/2$、$I/4$、$I/8$ 和 $I/16$。

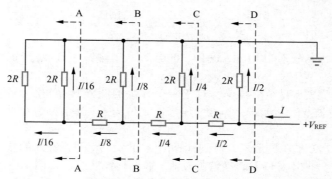

图 10.1.4　倒 T 形电阻网络等效电路

　　于是，可得总电流

$$i_\Sigma = \frac{V_{REF}}{R}\left(\frac{D_0}{2^4} + \frac{D_1}{2^3} + \frac{D_2}{2^2} + \frac{D_3}{2^1}\right)$$

$$= \frac{V_{REF}}{2^4 R}\sum_{i=0}^{3}(D_i \cdot 2^i) \tag{10.1.5}$$

输出电压

$$v_O = -i_\Sigma R_f = -\frac{R_f}{R} \cdot \frac{V_{REF}}{2^4}\sum_{i=0}^{3}(D_i \cdot 2^i) \tag{10.1.6}$$

　　如将输入数字量扩展到 n 位，可得 n 位倒 T 形电阻网络 D/A 转换器输出模拟量与输入数字量之间的一般关系式为

$$v_O = -\frac{V_{REF}}{2^n} \cdot \frac{R_f}{R}\left[\sum_{i=0}^{n-1}(D_i \cdot 2^i)\right] \tag{10.1.7}$$

若将式中 $\dfrac{V_{REF}}{2^n} \cdot \dfrac{R_f}{R}$ 用 K 表示，n 位二进制数对应的十进制数用 N_D 表示，则式（10.1.7）可改写为

$$v_O = -KN_D \tag{10.1.8}$$

　　式（10.1.8）表明，每输入一个二进制码，在图 10.1.3 电路的输出端都能得到与之成正比的模拟电压。

　　由式（10.1.6）可见，要提高 D/A 转换器的转换精度，电路参数的选择要注意以下几点。

　　（1）基准电压 V_{REF} 的精度和稳定性对 D/A 转换器的精度影响很大，在对精度要求较高的情况下，基准电压可采用带隙基准电压源。

　　（2）倒 T 形电阻网络中 R 和 $2R$ 电阻比值的精度要高。

　　（3）每个模拟开关的开关压降要相等。为实现电流从高位到低位按 2 的整数倍递减，模拟开关的导通电阻也相应地按 2 的整数倍递增。

　　（4）运放的零点漂移要小。

例 10.1.2 在图 10.1.3 所示的 4 位倒 T 形电阻网络 D/A 转换器中，假设 $R_f = R = 10\text{k}\Omega$，$V_{REF} = 10\text{V}$。
（1）当 $D_3D_2D_1D_0$ 分别为 **1000**、**0100**、**0010**、**0001** 时，求输出电压。
（2）画出该电路的输入 / 输出特性曲线。

解　（1）根据式（10.1.6），$D_3D_2D_1D_0 =$ **1000** 时，可得

$$v_O = -\frac{V_{REF}}{2^4} \times 2^3 = -\frac{V_{REF}}{2} = -\frac{10\text{V}}{2} = -5\text{V}$$

同理，当 $D_3D_2D_1D_0$ 分别为 **0100**、**0010**、**0001** 时，其输出电压 v_O 分别为 −2.5V、−1.25V 和 −0.625V。

根据计算过程可以得到一个结论：对于一个 n 位的 D/A 转换器，当输入二进制数字量的最高位为 **1**、其余位为 **0** 时，$v_O = -V_{REF}/2$；仅当次高位为 **1**、其余位为 **0** 时，$v_O = -V_{REF}/4$；依次类推。

（2）根据 $D_3D_2D_1D_0$ 的不同取值，分别计算出 v_O 的值，然后以输入的数字量作为横轴，以输出电压 v_O 作为纵轴，画出该 D/A 转换器的输入 / 输出特性曲线，如图 10.1.5 所示。可见，输出模拟电压为台阶状，总共有 15 级台阶，每一级台阶的电压值大小（或称步长）为 0.625V。对于 n 位 D/A 转换器，台阶的总数为 $2^n - 1$。

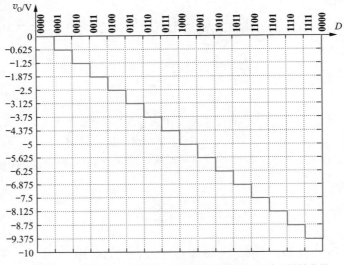

图 10.1.5　4 位倒 T 形电阻网络 D/A 转换器的输入 / 输出特性曲线

2. 集成 D/A 转换器

单片集成 D/A 转换器产品种类繁多，性能指标各异。ADI 公司生产的 AD7533 是 10 位 CMOS 电流开关型 D/A 转换器，属于电流输出型转换器，结构简单，通用性好。AD7533 芯片内只有倒 T 形电阻网络、CMOS 电流开关和反馈电阻，使用 AD7533 组成 D/A 转换器时，必须外接运算放大器。

用 AD7533 组成的 D/A 转换器如图 10.1.6 所示，图中虚线框内为 AD7533 的内部电路，反馈电阻为片内电阻（10kΩ）。根据需要，反馈电阻也可以采用外接电阻。该电路的输出电压为

$$v_O = \frac{-V_{REF}}{2^{10}} \sum_{i=0}^{9} (D_i \cdot 2^i) \tag{10.1.9}$$

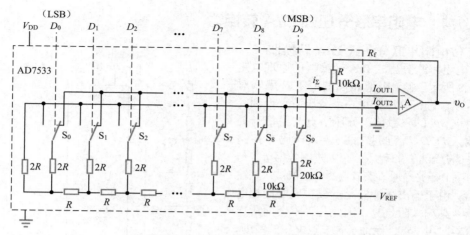

图 10.1.6 AD7533 组成的 D/A 转换器

10.1.3 权电流型 D/A 转换器

实际的倒 T 形电阻网络 D/A 转换器中的模拟开关存在导通电阻和导通压降，这会引起电流求和的误差，从而影响 D/A 转换器的转换精度。要提高 D/A 转换器的精度，可采用权电流型 D/A 转换器。

4 位权电流型 D/A 转换器的原理电路如图 10.1.7 所示。图中，一组恒流源代替了图 10.1.3 中的倒 T 形电阻网络，从高位到低位恒流源的电流大小依次为 $\dfrac{I}{2}$、$\dfrac{I}{4}$、$\dfrac{I}{8}$、$\dfrac{I}{16}$。

图 10.1.7 中，当 $D_i = 0$ 时，开关 S_i 接地；$D_i = 1$ 时，开关 S_i 与运放的反相端相连，相应的权电流流入求和电路。分析该电路可得

$$v_O = i_\Sigma R_f = R_f\left(\frac{I}{2}D_3 + \frac{I}{4}D_2 + \frac{I}{8}D_1 + \frac{I}{16}D_0\right)$$

$$= \frac{I}{2^4} \cdot R_f \sum_{i=0}^{3}(D_i \cdot 2^i) \tag{10.1.10}$$

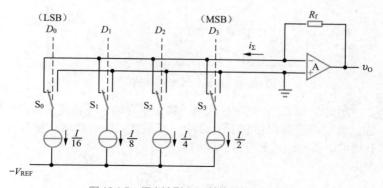

图 10.1.7 权电流型 D/A 转换器的原理电路

在权电流型 D/A 转换器中，由于各支路上权电流的大小不受开关导通电阻和导通压降的影响，因此，该电路具有较高的转换精度。

10.1.4 电阻串联分压式 D/A 转换器[1]

1. 3 位电阻串联分压式 D/A 转换器

3 位电阻串联分压式 D/A 转换器的原理电路如图 10.1.8 所示。8 个阻值相同的电阻 R 串联对基准电压 V_{REF} 进行分压，每一个分压节点得到的电压值为 $V_{REF}/8$ 的整数倍，分压节点与模拟开关相联；输入 $D_2 D_1 D_0$ 通过 3 线—8 线译码器控制相应开关是否导通。每输入一个二进制数字量，与之对应的一个开关导通，该节点的电压值被送到输出缓冲器。由于输出缓冲器是运放构成的同相电压跟随器，其输入阻抗高，因此几乎不会向所连通的分压器取用电流，保证了各节点电压的精度。

电阻串联分压式 D/A 转换器结构简单，输出电压的单调性好。在 12 位以上的 D/A 转换器中，通常将两组电阻串联分压式电路级联，以减少电阻器的数量。

2. 集成电阻串联分压式集成 D/A 转换器

当今很多低速高精度单片集成 D/A 转换器都使用串行数字接口。图 10.1.9 所示为 TI 公司 DAC121S101 的结构框图，它是采用 CMOS 工艺制造的 12 位 D/A 转换器，属于电压输出型转换器。

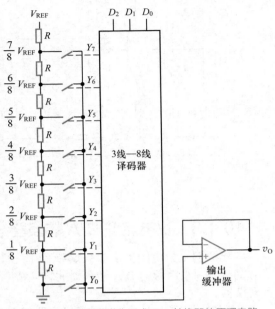

图 10.1.8 电阻串联分压式 D/A 转换器的原理电路

芯片电源电压 V_{DD} 的范围为 2.7 ~ 5.5V，并直接被作为基准电压。分压器由 4096 个阻值相同的电阻构成。芯片采用时钟输入（$SCLK$）、串行数据输入（SDI）和帧同步输入（$\overline{SYNC}$）串行输入接口[2]，最高工作频率为 30MHz。

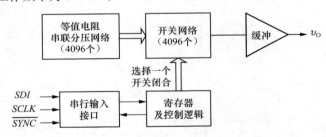

图 10.1.9 DAC121S101 的结构框图

外部输入的二进制码在 $SCLK$ 作用下依次进入移位寄存器，并转换成并行数据保存在内部的数码寄存器中；在这些二进制码的控制下，4096 个开关之一闭合，从而将对应的节点电压连接到输出缓冲器。其输出电压与输入数字量之间的关系为

$$v_O = \frac{V_{DD}}{4096} \sum_{i=0}^{11} (D_i \times 2^i) \tag{10.1.11}$$

1　英文为 Resistor-string DAC，有时也称为开尔文分压式（Kelvin Divider）D/A 转换器。

2　这种 3 线接口与 SPI 等标准接口是兼容的。SPI（Serial Peripheral Interface，串行外设接口）是一种高速、全双工、同步的通信总线，在芯片的引脚上占用 4 根线。现在越来越多的芯片集成了这种通信协议。该接口将在后续课程中详细介绍。

采用这种方案生产的单片集成 D/A 转换器的型号较多，如 TI 公司的 DAC5311（8 位）、DAC7311/TLV5618A（12 位）等，ADI 公司的 AD5621/AD5681R（12 位）、AD5682R/AD5692R（14 位）、AD5683R/AD5693R（16 位）等。它们通常用在便携式电池供电的产品中，以发挥其低功耗的优势。

10.1.5 D/A 转换器的主要技术指标

1. D/A 转换器的分辨率

D/A 转换器的分辨率可以由输入的二进制数的位数给出。输入数字量位数越多，D/A 转换器输出电压可分离的等级（台阶）越多，分辨率越高。所以，分辨率表示 D/A 转换器在理论上对输入数字量微小变化的敏感程度。

另外，分辨率也可以用 D/A 转换器能够分辨出来的最小输出电压（此时输入的数字量仅最低有效位为 **1**，其余各位均为 **0**）与最大输出电压（此时输入的数字量各位全为 **1**）之比给出。n 位 D/A 转换器的分辨率表示为

$$分辨率 = \frac{V_{LSB}}{V_m} = \frac{1}{2^n - 1} \qquad (10.1.12)$$

式中，V_{LSB} 为最小输出电压；V_m 为最大输出电压[1]。8 位 D/A 转换器的分辨率可以表示为

$$\frac{1}{2^8 - 1} = \frac{1}{256 - 1} \approx 0.0039$$

2. D/A 转换器的转换精度

D/A 转换器的转换精度也称为转换误差，是指 D/A 转换器实际转换特性与理想转换特性曲线之间的最大偏差。由于 D/A 转换器中的元件参数存在误差，基准电压不稳，模拟开关存在导通电阻和导通压降，运算放大器存在零点漂移，因此 D/A 转换器实际输出的模拟量与理想值之间存在误差。

转换误差是一个综合性指标，根据产生原因的不同，可以分为静态误差和动态误差。静态误差包括失调误差、增益误差和非线性误差等，它们会影响直流信号转换期间转换器的精度；而动态误差通常用于说明转换器的动态性能（如建立时间、转换速率和毛刺脉冲等），将在后面介绍。

转换误差通常用满刻度的百分比（%FSR）表示，也可以用最低有效位的倍数表示。例如，转换误差为 $\frac{1}{2} LSB$，这就表示输出模拟电压的绝对误差等于输入为 **00…01** 时输出模拟电压的一半。

显然，为了实现高精度的 D/A 转换，不仅要选择位数较多的 D/A 转换器，还应该选择高稳定度的基准电压源和低零点漂移的运算放大器。

3. D/A 转换器的转换速度

当 D/A 转换器输入的数字量发生变化时，输出的模拟量并不能立即达到所对应的值，而要延迟一段时间。通常用稳定时间（Settling Time，也译为建立时间）来描述 D/A 转换器的转换速度。

稳定时间，是指从输入数字量变化到输出稳定在规定的误差范围内所需的时间，一般用 D/A 转换器输入的数字量从全 **0** 变为全 **1** 时，输出电压（或电流）进入与稳态值相差 $\pm LSB/2$ 范围以内所需的

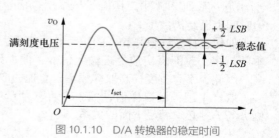

图 10.1.10 D/A 转换器的稳定时间

---

1 最大输出电压也称为输出电压满刻度（Full Scale Range，FSR）。

时间表示，写为 t_{set}，如图 10.1.10 所示。t_{set} 的大小与分辨率、电路结构和制造工艺有关，其典型值范围是 10ns ～ 15μs。一般来说，电流输出型 D/A 转换器的稳定时间比电压输出型 D/A 转换器的稳定时间短，造成这种差别的原因是转换电路中运放的响应时间不同。

对于高速 D/A 转换器，常用输出更新速率（Output Update Rate）[1] 来衡量其转换速度，它和 $1/t_{set}$ 等价。

例 10.1.3 已知 10 位 D/A 转换器满刻度输出电压 $V_m = 10V$。

（1）求输入最低位 D_0 对应的输出电压增量 V_{LSB}。

（2）如要求分辨的最小电压为 5mV（$V_{LSB} = 5mV$），至少应选用多少位的 D/A 转换器？

解　（1）根据式（10.1.12）可知，分辨率 $= \dfrac{1}{2^n-1} = \dfrac{V_{LSB}}{V_m}$　　　　　　　（10.1.13）

将 $n = 10$，$V_m = 10V$ 代入式（10.1.13），得

$$V_{LSB} = \frac{1}{2^n-1} \times V_m = \frac{1}{2^{10}-1} \times 10V = 0.01V$$

（2）将 $V_{LSB} = 5mV$，$V_m = 10V$ 代入式（10.1.12），可得

$$\frac{1}{2^n-1} = \frac{0.005}{10}$$

由此求得 $n \approx 11$。

由以上分析可知，在给定条件下应选择 11 位 D/A 转换器。

10.2　A/D 转换器

A/D 转换器是用于将输入模拟量转换为与之成正比的数字量的电路。A/D 转换一般要经过取样、保持、量化及编码 4 个步骤。

10.2.1　A/D 转换的一般工作过程

1. 取样与保持

取样电路能将随时间连续变化的模拟量转换为时间离散的模拟量。取样电路示意图如图 10.2.1（a）所示。取样信号 $S(t)$ 控制取样过程，在 $S(t)$ 的高电平期间，开关导通，$v_O(t) = v_I(t)$，而在 $S(t)$ 的低电平期间，开关断开，$v_O(t) = 0$。电路工作波形如图 10.2.1（b）所示。取样的结果 $v_O(t)$ 是一系列窄脉冲，其顶部与原模拟信号波形相同，幅值仍然是连续的模拟量，称为**样本**，但时间上已经离散了。

如何选择取样信号 $S(t)$ 的频率 f_s 才能不失真地复现原来的输入信号呢？取样频率 f_s 越高，样本就越多，越能真实地复现输入信号，但得到的数据多，对后续数据存储和处理的要求就会变高。因此，不宜过度提高取样频率，合理的取样频率由取样定理确定。

取样定理：设取样信号 $S(t)$ 的频率为 f_s，输入模拟信号 $v_I(t)$ 的最高频率分量的频率为 f_{imax}[2]，则 f_s 与 f_{imax} 必须满足下面的关系

$$f_s \geqslant 2f_{imax} \tag{10.2.1}$$

1　其单位常用 MSPS（Mega-Samples Per Second，兆次 / 秒）或 MHz。

2　$f_s = 2f_{imax}$ 也称为奈奎斯特频率（Nyquist Frequency）。

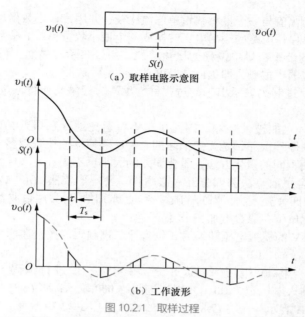

（a）取样电路示意图

（b）工作波形

图 10.2.1　取样过程

取样定理说明，为了能够不失真地复现原来的输入信号，取样频率 f_s 必须不小于输入模拟信号频谱中最高频率 f_{imax} 的两倍。或者说，在满足式（10.2.1）的条件下，取样得到的信号经低通滤波器后才能重建原输入信号。例如，话音信号的 $f_{imax} \approx 3.4\text{kHz}$，一般取 $f_s = 8\text{kHz}$。再如，音频信号的最高频率为 20kHz，在数字音频系统中，常用的取样频率是 44.1kHz 和 48kHz，其中 48kHz 最常见，而 44.1kHz 常用于音频 CD 中。在实际应用中，如果对信号质量要求较高，则取样频率可以高一些，取 $f_s = (3 \sim 5) f_{imax}$ 通常能满足要求。

要把取样所得信号数字化，还需要经过量化和编码。为了给后续的量化编码电路提供一个稳定值，在两次取样之间，还需将取得的信号保持一段时间，这一步骤称为**保持**。取样与保持一般都是同时完成的，常常将取样—保持电路集成在一个芯片（常见的有 LF198/298/398、AD1154、MAX1565 等）中。

取样—保持电路原理图如图 10.2.2（a）所示。电路由输入放大器 A_1、输出放大器 A_2 保持电容 C_H 和开关驱动电路组成。

取样—保持电路的工作波形如图 10.2.2（b）所示。在 $t_0 \sim t_1$ 时段，开关 S 闭合，电路处于取样阶段，电容器 C_H 充电，由于 $A_{v1} \cdot A_{v2} = 1$，因此 $v_O = v_I$；$t_1 \sim t_2$ 时段为保持阶段，此期间 S 断开，A_2 的输入阻抗足够大，且 S 为较理想的开关，可认为 C_H 几乎没有放电回路，v_O 保持不变，输出波形保持平顶。

2. 量化与编码

由图 10.2.2（b）可知，取样—保持电路的输出电压在时间上是离散的，但在幅值上仍是连续的。如何使取样—保持电路输出信号离散呢？

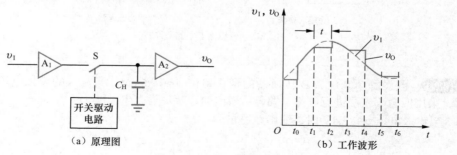

（a）原理图

（b）工作波形

图 10.2.2　取样—保持电路

通常将取样信号的幅值与一个最小数量单位做比较，并用该最小数量单位的整数倍来代替该幅值，也就是将取样—保持电路的输出电压转换成某个最小数量单位的整数倍，这一转换过程称为**量化**。量化时所取的最小数量单位称为量化单位，用 Δ 表示。显然，量化单位 Δ 是数字量最低有效位为 1 时所对应的模拟量，即 $1\Delta = 1\ LSB$。

将量化的结果用二进制码表示出来的过程称为编码。经编码所得二进制码就是 A/D 转换器的输出。

由于取样电压不一定能被 Δ 整除，因此量化不可避免地存在误差，此误差称为量化误差，用 ε 表示。量化误差属原理误差，是无法消除的。A/D 转换器的位数越多，Δ 值越小，量化误差的绝对值也越小。采用不同的量化方法，量化误差的大小也不同。

量化方法一般有舍尾取整法和四舍五入法两种。舍尾取整法：$(n-1)\Delta < v_1 < n\Delta$ 时，取 v_1 的量化值为 $(n-1)\Delta$。四舍五入法：当 v_1 的尾数不足 $\Delta/2$ 时，舍去尾数取整数；当 v_1 的尾数大于或等于 $\Delta/2$ 时，其量化单位在原数上加一个 Δ。

例如，要将 $0\sim 1V$ 的模拟电压转换为 3 位自然二进制码，按上述两种方法划分量化电平的示意图分别如图 10.2.3（a）、（b）所示。

采用舍尾取整法，将 1V 电压等分成 8 份，并对每一份进行编码。取量化单位 $\Delta = (1/8)$ V，将 $0\sim(1/8)$V 的输入电压定为 0Δ，并用二进制码 **000** 表示；将 $(1/8)\sim(2/8)$V 的输入电压定为 1Δ，用二进制码 **001** 表示……将 $(7/8)\sim 1$V 的输入电压定为 7Δ，用二进制码 **111** 表示。这种方法是将不足一个量化单位的值舍去，其最大量化误差为 $\Delta = (1/8)$V，也可以表示为 $|\varepsilon_{max}| = 1LSB$。

采用四舍五入法，取量化单位 $\Delta = (2/15)$V，并规定 $0\sim(1/15)$V 的输入电压为 0Δ，用二进制数 **000** 表示；$(1/15)\sim(3/15)$V 的输入电压为 1Δ，用二进制数 **001** 表示……可见，这种量化方法把每个二进制码所代表的模拟电压规定在量化间隔的中点，其最大量化误差为 $\Delta/2 = (1/15)$V，也可以表示为 $|\varepsilon_{max}| = LSB/2$。由于量化误差较小，四舍五入法在集成 A/D 转换器中得到广泛应用。

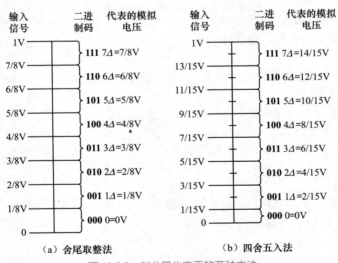

图 10.2.3 划分量化电平的两种方法

例 10.2.1 假设一个 8 位 A/D 转换器的量化单位 $\Delta = 19.6$mV，当输入的模拟电压为 3.4V 和 4.5V 时，采用四舍五入法进行量化，编码后输出的数字量为多少？

解 当输入电压 $v_1 = 3.4$V 时，输出数字量为

$$v_1/\varDelta = \lceil 3400/19.6 \rceil \approx \lceil 173.4 \rceil = 173 = (1010\ 1101)_B$$

当输入电压 $v_1 = 4.5\text{V}$ 时，输出数字量为

$$v_1/\varDelta = \lceil 4500/19.6 \rceil \approx \lceil 229.5 \rceil = 230 = (1110\ 0110)_B$$

注意，式中的方括号 $\lceil\ \rceil$ 表示取整数。

例 10.2.2 假设一个 6 位 A/D 转换器输入的模拟电压范围为 $0 \sim 0.7\text{V}$，采用"四舍五入"法量化，最大量化误差为多少？

解 已知输入电压为 $(0 \sim 0.7)\text{V}$，6 位 A/D 转换器的量化单位为

$$\varDelta = 0.7/(2^6 - 1) = 0.011\,(\text{V})$$

所以最大量化误差为

$$\varepsilon_{\max} = \pm\varDelta/2 = \pm LSB/2 = 5.5\ \text{mV}$$

10.2.2　并行比较型 A/D 转换器

3 位并行比较型 A/D 转换器的原理电路如图 10.2.4 所示。它由电阻分压器、电压比较器、寄存器及代码转换器等部分组成。输入电压 v_1 是经过取样、保持电路后得到的，其变化范围是 $0 \sim V_{\text{REF}}$，输出为 3 位二进制码 $D_2D_1D_0$。

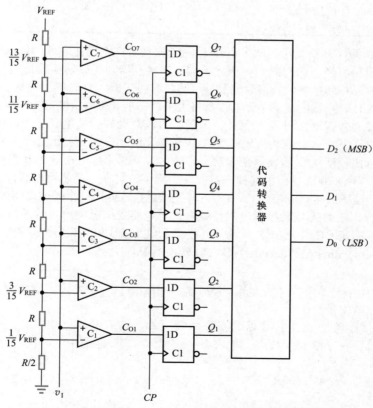

图 10.2.4　并行比较型 A/D 转换器（闪速型 A/D 转换器）的原理电路

这里采用图 10.2.3（b）所示的量化方法，用电阻分压器将基准电压分为（1/15）V_{REF}、（3/15）

V_{REF}、$\cdots$、$(13/15)V_{REF}$ 这 7 个不同的电压值，其量化单位为 $\Delta = (2/15)\mathrm{V}$。再将这 7 个电压分别加到电压比较器 $C_1 \sim C_7$ 的反相输入端作为比较基准。然后，输入电压 v_1 同时加到每个电压比较器的同相输入端，与这 7 个比较基准进行比较，实现对输入电压 v_1 幅值的量化。

对于任一电压比较器，如果输入电压高于它的比较基准，则输出高电平；否则输出低电平。因此，输入电压 v_1 的大小决定着各电压比较器的输出状态，例如，当 $0 \leq v_1 < (1/15)V_{REF}$ 时，$C_7 \sim C_1$ 的输出都为 **0**；当 $(3/15)V_{REF} \leq v_1 < (5/15)V_{REF}$ 时，电压比较器 C_1 和 C_2 的输出 $C_{O1} = C_{O2} = 1$，其余各电压比较器的输出均为 **0**；依次类推。所有电压比较器的输出形成一种代码[1]，由 D 触发器存储，再经代码转换器变为数字量输出，如表 10.2.1 所示。

代码转换器是一个多输出组合逻辑电路，读者可以自行分析和设计。

表 10.2.1 3 位并行比较型 A/D 转换器输入与输出关系对照表

模拟输入	比较器输出							数字输出		
	C_{O7}	C_{O6}	C_{O5}	C_{O4}	C_{O3}	C_{O2}	C_{O1}	D_2	D_1	D_0
$0 \leq v_1 < V_{REF}/15$	0	0	0	0	0	0	0	0	0	0
$V_{REF}/15 \leq v_1 < 3V_{REF}/15$	0	0	0	0	0	0	1	0	0	1
$3V_{REF}/15 \leq v_1 < 5V_{REF}/15$	0	0	0	0	0	1	1	0	1	0
$5V_{REF}/15 \leq v_1 < 7V_{REF}/15$	0	0	0	0	1	1	1	0	1	1
$7V_{REF}/15 \leq v_1 < 9V_{REF}/15$	0	0	0	1	1	1	1	1	0	0
$9V_{REF}/15 \leq v_1 < 11V_{REF}/15$	0	0	1	1	1	1	1	1	0	1
$11V_{REF}/15 \leq v_1 < 13V_{REF}/15$	0	1	1	1	1	1	1	1	1	0
$13V_{REF}/15 \leq v_1 < V_{REF}$	1	1	1	1	1	1	1	1	1	1

在并行比较型 A/D 转换器中，输入电压 v_1 同时加到所有电压比较器的输入端，从 v_1 加入，到稳定输出数字量，所经历的时间为电压比较器、D 触发器和代码转换器传输延迟的总和。所以，这种并行结构 A/D 转换器的转换时间是最短的，有闪速型 A/D 转换器之称。

并行比较型 A/D 转换器的缺点是元器件数目太多，一个 n 位的转换器，分压电阻要用 2^n 个、电压比较器和触发器各需要 $2^n - 1$ 个。另外，为了获得较高的转换速度，各个电压比较器必须工作在较高的工作电压下，这会使并行比较型 A/D 转换器的功耗较大，因此，用集成工艺制造输出位数很多的并行比较型 A/D 转换器是非常困难的。常见的并行比较型 A/D 转换器输出数字量一般为 6 ~ 8 位。MAX1003 是使用这种方案的一个例子，它在一个芯片内部包含两个 6 位 A/D 转换器，输出更新速率高达 90MSPS（MHz），转换结果在取样后一个时钟周期就可以使用了。

为了解决并行比较型 A/D 转换器输出位数增加与电路规模急剧增长的矛盾，可以采用其他方案，常用的有半闪速（Half Flash）型 A/D 转换器、流水线（Pipelined）型 A/D 转换器、折叠/插值（Folding/Interpolating Architecture）型 A/D 转换器等。

例 10.2.3 在图 10.2.4 中，已知 $V_{REF} = 6\mathrm{V}$，输入模拟电压 $v_1 = 3.4\mathrm{V}$，试确定 3 位并行比较型 A/D 转换器的输出数字量。

解 根据并行比较型 A/D 转换器的工作原理可知，输入电压比较器 $C_1 \sim C_7$ 的基准电压分别为 $(1/15)V_{REF} \sim (13/15)V_{REF}$。将 $V_{REF} = 6\mathrm{V}$ 代入，求得图 10.2.4 中 $(7/15)V_{REF} = 2.8\mathrm{V}$，$(9/15)V_{REF} = 3.6\mathrm{V}$。

输入模拟电压 $v_1 = 3.4\mathrm{V}$，即 $(7/15)V_{REF} < v_1 < (9/15)V_{REF}$，对照表 10.2.1，可知输出二进制数码 **100**。

---

1 这种代码称为温度计码（Thermometer Code），因为它看起来很像水银温度计中的汞柱。

10.2.3　逐次比较型 A/D 转换器

逐次比较型 A/D 转换器[1]是应用较多的一种转换器。这种转换器的转换过程与用天平称物体的质量相似。假设所用天平的砝码质量逐个减少一半，其称重规则：从最重的砝码开始试放，与被称物体进行比较，若物体重于砝码，则保留该砝码，否则移去；再加一个次重的砝码，判断砝码的质量是否大于物重，决定第 2 个砝码的去留；照此方法一直加到最小一个砝码。最后，将所有留下的砝码质量相加，就得到物体的质量。

逐次比较型 A/D 转换，就是取一个数字量加到 D/A 转换器上，得到一个对应的模拟电压 v_O，与待转换的模拟量 v_I 进行比较，通常所取数字量从高位到低位逐位比较，决定该位是留 **1**，还是留 **0**，所有位都尝试后，就能找到与 v_I 最接近（误差在 $\pm 1/2\,LSB$ 之内）的数字量。

图 10.2.5 所示为逐次比较型 A/D 转换器的框图。它包括 D/A 转换器、逐次逼近寄存器（Successive Approximation Register，SAR）和控制逻辑、电压比较器和时钟源。为保证转换期间信号保持不变，转换电路之前须有取样—保持电路。

逐次比较型 A/D 转换器通常有一个开始转换的启动信号（$\overline{START}$），以及一个转换结束信号（$\overline{EOC}$）[2]。对于不同的芯片，这两个信号的极性和名称可能会有所不同，但基本概念是相同的。

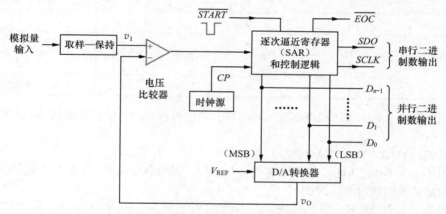

图 10.2.5　逐次比较型 A/D 转换器框图

在启动信号（$\overline{START}$）为低电平时，先将寄存器（SAR）清零，加到 D/A 转换器的数字量为全 **0**。在 $\overline{START}$ 从 0 跳变为 1 时，开始转换，在转换期间，取样—保持电路工作在保持模式，即 v_I 保持不变。在第 1 个 CP 的作用下，首先将 SAR 的最高有效位（MSB）D_{n-1} 置为 **1**，即将二进制码 **10…0** 送入 D/A 转换器，根据式（10.1.7）可知，$v_O = V_{REF}/2$，将 v_O 与输入电压 v_I 比较。如果 $v_I > v_O$，说明数字量不够大，则 D_{n-1} 的这个 1 应该保留；如果 $v_I < v_O$，说明数字量太大了，这个 1 应该去掉（变为 0）。接着，在第 2 个 CP 到来时，按同样的方法将次高位置为 1，同时根据上一次比较的结果，将第二个二进制码（**110…0** 或 **010…0**）送入 D/A 转换器，并再次比较 v_O 和 v_I，以决定这一位的 1 是否应该保留。依次类推，直到完成最低有效位（LSB）D_0 的比较，并在下一个 CP 到来时，确定 D_0 位的 1 是否应该保留。这样，就得到了转换后的数字量。在转换期间，信号 $\overline{EOC}$ 一直为高电平，输出数据无效，在 $\overline{EOC}$ 下降沿到来时，输出数据才是有效的。转换后数字量可以并行输出，也可以串行输出。

可见，对于一个 n 位逐次比较型 A/D 转换器来说，完成一次转换所需的时间至少为 $(n+1)$

1　从得到结果的过程来命名，这种转换器又被称为逐次逼近型 A/D 转换器。

2　EOC 是 End-Of-Convert 的缩写。

个时钟周期。位数越少，时钟频率越高，转换所需时间越短。另外，这种 A/D 转换器具有转换精度较高和价格较低的优点，在目前的集成 A/D 转换器产品中广泛使用。目前，逐次比较型 A/D 转换器的取样频率可达到兆赫级，分辨率可达到 18 位，有些芯片是多通道数据采集系统，如 ADI 公司的 AD7641、AD7328/7329、AD7625/7626 等。

例 10.2.4　假设一个 4 位逐次比较型 A/D 转换器[1]的时钟频率为 100kHz，$V_{REF} = -10V$，输入模拟电压 $v_I = 6.84V$，该转换器输出的数字量是多少？完成一次 A/D 转换所需的最短时间是多少？

解　根据式（10.1.7）可知，当 $R_f = R$ 时，4 位 D/A 转换器输出的模拟电压为

$$v_O = -\frac{V_{REF}}{2^4} \sum_{i=0}^{3} (D_i \cdot 2^i)$$

当 $V_{REF} = -10V$，仅最高有效位 D_4 为 **1** 时对应输出为 5V，仅 D_3 为 **1** 时对应输出为 2.5V，仅 D_2 为 **1** 时对应输出为 1.25V，依次类推，得到表 10.2.2。

表 10.2.2　D/A 转换器输入各位分别为 1 对应的输出电压

D_3	D_2	D_1	D_0	D/A 输出 v_O/V
1	0	0	0	5
0	1	0	0	2.5
0	0	1	0	1.25
0	0	0	1	0.625

若输入电压 $v_I = 6.84$ V，根据逐次比较原理，转换过程中产生的波形如图 10.2.6 所示。比较过程如下。

（1）首先，$\overline{START}$ 为 0，SAR 清零。

（2）当第 1 个 CP 到来时，首先使最高位 D_3 为 **1**，其余各位为 **0**，此时 D/A 转换器的输入为 **1000**，所对应的模拟输出电压为 5V。

（3）第 2 个 CP 到来时，首先确定上次 D_3 的 **1** 是否保留，因为 5V < v_I，所以保留 D_3 = **1**，与此同时使次高位 D_2 置 **1**，其余各位为 **0**，此时 D/A 转换器的输入为 **1100**，所对应的模拟输出电压为 7.5V。

（4）第 3 个 CP 到来时，由于 7.5V > v_I，因此去掉 D_2 的 **1**，置 D_2 = **0**。与此同时使 D_1 置 **1**，D_0 为 **0**，此时 D/A 转换器的输入为 **1010**，所对应的模拟输出电压为 6.25V。

（5）第 4 个 CP 到来时，由于 6.25V < v_I，因此 D_1 = **1**。将 D_0 置 **1**，此时 D/A 转换器的输入为 **1011**，所对应的模拟输出电压为 6.875V。

（6）至此，从 D_3 到 D_0 所加的数码依次比较了一遍，等到第 5 个 CP 到来时，就能够确定最后一位 D_0 加的 **1** 是否保留，由于 6.875V > v_I，因此确定 D_0 应该为 **0**。此时，转换结束信号 $\overline{EOC}$ 有效，最后的转换结果为 **1010**。

由 v_O 的波形可见，在转换过程中，输出数字量所对应的模拟电压 v_O 在 CP 的作用下逐次逼近 v_I 值，最后转换结果 **1010** 所对应的模拟电压为 6.25V，与实际输入的模拟电压 6.84V 的相对误差为 -8.63%。转换需要 5 个时钟周期的时间，即 50μs。

如果提高该 A/D 转换器位数至 8 位，则最后的转换结果为 **10101111**，其相对误差为 -0.06%，但转换时间为 90μs。可见，位数越多，转换精度越高，但转换时间越长。

1　具体实现电路参见习题 10.2.3。

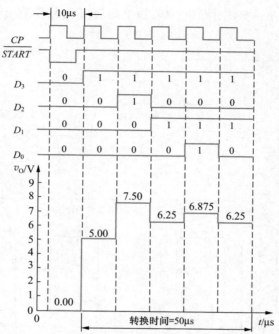

图 10.2.6　4 位逐次比较型 A/D 转换器转换波形

10.2.4　双积分式 A/D 转换器

双积分式A/D
转换器

双积分式 A/D 转换器是一种间接 A/D 转换器。它通过对输入模拟电压和基准电压的两次积分过程，先将模拟电压变换成与之成正比的时间量 T，然后在 T 内对固定频率的 CP 计数，计数所得结果就是正比于模拟量的数字量。双积分式 A/D 转换器具有很强的抗工频干扰能力，在数字测量中应用广泛。

双积分式 A/D 转换器的原理电路如图 10.2.7 所示，它由积分器、过零比较器（C）、时钟脉冲控制门（G）和计数器（$FF_0 \sim FF_{n-1}$）等几部分组成。其中，积分器由运放（A）和 R、C 组成，n 个 JK 触发器组成 n 位异步二进制递增计数器。触发器 FF_n 的输出 Q_n 控制开关 S_1 的切换。

下面以输入正极性的直流电压 $v_1(v_1 < |V_{REF}|)$ 为例，说明电路的基本工作原理。电路工作波形如图 10.2.8 所示。其工作过程分为以下几个阶段。

（1）准备阶段。

转换开始前，$\overline{CR}$ 将计数器清零，开关 S_2 闭合（其控制电路未画出），使积分电容完全放电完毕。转换开始时，S_2 断开，同时 S_1 与待转换的模拟电压 v_1 接通，接着进入两次积分阶段。

（2）第一次积分阶段。

设 $t = 0$ 时，模拟电压 v_1 加到积分器的输入端，电路进入第一次积分阶段。积分器从初始状态 0 开始对输入电压积分，由于 v_1 是正值，所以积分器的输出电压 v_O 从 0V 开始下降，其波形如图 10.2.8（c）的斜线①。积分器的输出电压 v_O 为

$$v_O = -\frac{1}{\tau} \int_0^t v_1 \mathrm{d}t \tag{10.2.2}$$

式中，$\tau = RC$。由于 $v_O < 0$，过零比较器的输出 v_C 为高电平，所以，CP 可以通过控制门 G，计数器在 CP 作用下从 0 开始递增计数。n 位二进制计数器从全 0 计数到全 1 需要（$2^n - 1$）个 CP。当第 2^n 个 CP 到来时，计数器（$FF_0 \sim FF_{n-1}$）的输出会变为 0，而其进位信号 Q_{n-1} 使 $Q_n = 1$，开

关 S_1 由点 A 转接点 B，第一次积分结束。假设 CP 的周期 T_c 为固定值，则第一次积分时间 T_1 为

$$T_1 = 2^n T_c \qquad (10.2.3)$$

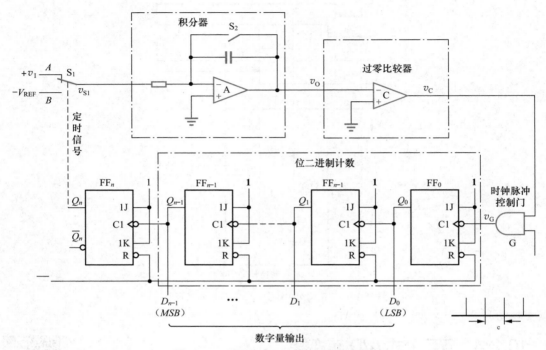

图 10.2.7　双积分式 A/D 转换器的原理电路

若用 V_1 来表示 T_1 期间 v_1 的平均值，则将式（10.2.3）代入式（10.2.2），可得第一次积分结束时积分器的输出电压为

$$v_p = -\frac{T_1}{\tau} V_1 = -\frac{2^n T_c}{\tau} V_1 \qquad (10.2.4)$$

可见，在 T_1 一定的条件下，积分器的输出电压 v_p 与输入电压的平均值成正比。如果 V_1 较小，则 v_p 的绝对值也会小一些，如图 10.2.8（c）中斜线①上方的虚线所示。

（3）第二次积分阶段。

S_1 转接点 B 时（ $t = t_1$ ），积分器开始对基准电压 $-V_{REF}$ 进行积分。由于基准电压的极性与输入电压 v_1 相反，所以积分器以 v_p 为初值向反方向积分，在图 10.2.8（c）所示的波形中，就是从负值 v_p 以固定斜率往正方向回升的斜线②。此时，过零比较器的输出电压 v_C 仍然为高电平，如图 10.2.8（d）所示，计数器从 0 开始新一轮的计数。

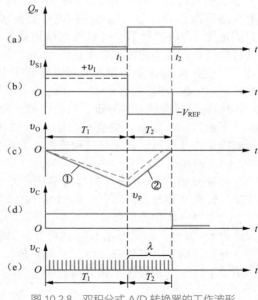

图 10.2.8　双积分式 A/D 转换器的工作波形

当 $t = t_2$ 时，积分器输出电压 $v_O = 0$，过零比较器的输出电压 v_C 立刻变为 0，时钟脉冲控制门 G 关闭，CP 被封锁，计数器停止计数，第二次积分结束。此时计数器 $Q_{n-1} \sim Q_0$ 的计数值就是本次 A/D 转换得到的数字量，我们用 λ 表示。将计数值 λ 乘以时钟周期 T_C 就是第二次积分时间 T_2，即

$$T_2 = \lambda T_C \tag{10.2.5}$$

在第二次积分阶段结束后，控制电路又通过 $\overline{CR}$ 将计数器清零，同时使开关 S_2 闭合，电容 C 放电，电路为下一次转换做好准备。

下面，我们来求计数值 λ 与输入电压 v_1 之间的关系。

第二次积分阶段从 t_1 时刻开始，到 t_2 时刻结束，积分的起始电压为 v_p，终止电压 $v_O(t_2)$ 为 0，所以积分结束时 v_O 为

$$v_O(t_2) = v_p - \frac{1}{\tau}\int_{t_1}^{t_2}(-V_{REF})\mathrm{d}t = 0$$

由于 $T_2 = t_2 - t_1$，因此有

$$v_p = -\frac{V_{REF}T_2}{\tau} \tag{10.2.6}$$

根据式（10.2.4）和式（10.2.6），得到

$$T_2 = \frac{2^n T_c}{V_{REF}} V_I \tag{10.2.7}$$

可见，双积分式 A/D 转换过程的中间变量 T_2 与 V_I 成正比。计数器在 T_2 这段时间里对频率为 $f_C(f_C = \frac{1}{T_C})$ 的时钟脉冲计数，则计得的结果也一定与 V_I 成正比。

将式（10.2.7）代入式（10.2.5），得到

$$\lambda = \frac{T_2}{T_C} = \frac{2^n}{V_{REF}} V_I \tag{10.2.8}$$

式（10.2.8）表明，在计数器中所计的数 λ（$\lambda = Q_{n-1}\cdots Q_1 Q_0$）与在取样时间 T_1 内输入电压的平均值 V_I 成正比。只要 $V_I < V_{REF}$，T_2 期间计数器不会产生溢出问题，转换器就能正常地将输入模拟电压转换为数字量，并可从计数器的输出读取转换的结果。如果取 $V_{REF} = 2^n$V，则 $\lambda = V_I$，计数器所计的数在数值上就等于模拟电压。

双积分式 A/D 转换器的突出优点是工作性能稳定，抗干扰能力强，尤其是抗工频干扰能力强，但其转换速度慢。

集成双积分式 A/D 转换器有二进制码输出和 BCD 码输出两大类。双积分式 A/D 转换器的主要缺点是转换速度慢，因此主要用在对转换精度要求较高、对转换速度要求不高的场合。例如，在数字电压表中广泛使用的 CB14433、CB7135、ICL7129、CB7126/7137 等都是双积分式 A/D 转换器。

图 10.2.9 所示为国产 CB7137 的功能框图，它是 $3\frac{1}{2}$ 位（常称为 3 位半）双积分式 A/D 转换器，能够直接输出七段译码信号并驱动外接的发光二极管数字显示器。该芯片输出数码的最高位（千位）只能是 0 或 1，其余 3 位均可为 0 ~ 9 的任何数，即显示数值范围为 0.000 ~ 1.999，故称为 "3 位半"。

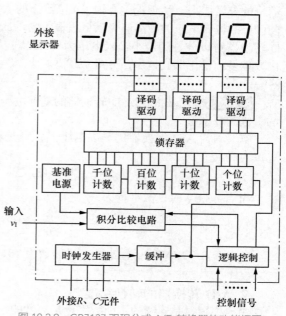

图 10.2.9　CB7137 双积分式 A/D 转换器的功能框图

例 10.2.5 在图 10.2.7 双积分式 A/D 转换器中，$n = 8$，计数脉冲频率 $f_{CP} = 10\text{kHz}$，积分器 $R = 100\text{k}\Omega$，$C = 1\mu\text{F}$，输入电压 v_I 的变化范围为 $0 \sim 5\text{V}$。

（1）求第一次积分时间 T_1。

（2）求积分器的最大输出电压 $|v_{\text{Omax}}|$。

（3）当 $-V_{\text{REF}} = -10\text{V}$，$\lambda = (64)_{10}$ 时，输入电压平均值 V_I 为多大？

解 （1）根据式（10.2.3），得

$$T_1 = 2^n T_C = 2^n / f_{CP} = \frac{2^8}{10 \times 10^3}\ \text{s} = 25.6\text{ms}$$

（2）根据式（10.2.4），得

$$|v_{\text{Omax}}| = \left|-\frac{T_1}{\tau} v_{\text{Imax}}\right| = \frac{T_1}{RC} v_{\text{Imax}}$$

$$= \frac{25.6 \times 10^{-3}}{100 \times 10^3 \times 1 \times 10^{-6}} \times 5\text{V} = 1.28\text{V}$$

（3）根据式（10.2.8），得

$$V_I = \frac{\lambda}{2^n} V_{\text{REF}} = \frac{64}{2^8} \times 10\text{V} = 2.5\text{V}$$

10.2.5　A/D 转换器的主要技术指标

A/D 转换器和 D/A 转换器一样，技术指标较多。这里主要介绍分辨率、转换精度和转换速度等指标。

1. A/D 转换器的分辨率

A/D 转换器的分辨率用输出二进制（或十进制）数的位数表示。它说明 A/D 转换器对输入信号的分辨能力。从理论上来说，n 位输出的 A/D 转换器能区分输入模拟电压的 2^n 个不同等级，能区分的输入电压的最小值为满量程输入的 $1/2^n$。例如，当输入电压的最大值为 5V 时，10 位 A/D 转换器可以分辨的最小输入电压为 4.88mV。因此，A/D 转换器在最大输入电压一定时，输出位数越多，量化单位越小，分辨率越高。

例 10.2.6 已知 8 位 A/D 转换器的基准电压 $V_{\text{REF}} = 5.12\text{V}$，求当输入电压 $v_I = 3.8\text{V}$ 时，输出的二进制数字量。

解 因为 A/D 转换器的基准电压 V_{REF} 就是输入信号的最大值，因此 8 位 A/D 转换器的量化单位为

$$\Delta = v_{\text{Imax}}/2^8 = V_{\text{REF}}/2^8 = 5.12/256 = 0.02(\text{V})$$

当 $v_I = 3.8\text{V}$ 时，数字量为

$$\frac{v_I}{\Delta} = \frac{3.8}{0.02} = (190)_D = (\mathbf{10111110})_B$$

所以，$v_I = 3.8\text{V}$ 时，输出的二进制数为 **10111110**。

2. A/D 转换器的转换精度

由于模拟量是连续的，而数字量是离散的，所以，一般是某个范围中的模拟量对应于某一个数字量。这就是说，在 A/D 转换时，模拟量和数字量之间并不是一一对应的关系。于是就存在转换精度的问题。

A/D 转换器的转换精度（或称为转换误差）反映了 A/D 转换器的输出值接近理想值的程度，通常用数字量的最低有效位（LSB）来表示，有时也以转换器满刻度的百分比（%FSR）表示。转换误差包括失调误差、增益误差、级差非线性误差和整体非线性误差等。

3. A/D 转换器的转换速度

A/D 转换器的转换速度通常用转换时间或转换速率来描述。

转换时间，是指 A/D 转换器完成一次完整的转换所需要的时间，也就是说，从接到转换启动信号到输出端得到稳定的数字量所经过的时间。

对于大多数 A/D 转换器来说，转换速率等于转换时间的倒数，它表示单位时间里完成转换的次数，其单位常用 kSPS（千次 / 秒）或 kHz、MSPS（兆次 / 秒）或 MHz。但某些高速 A/D 转换器（如分级流水线型 A/D 转换器）的转换速率可能大于转换时间的倒数，因为在前一次 A/D 转换结束之前，就开始了下一次的转换。

A/D 转换器的转换时间与转换电路的类型有关，差别较大。其中，并行比较型 A/D 转换器的转换速度最快，转换时间可达纳秒级，一般只用在超高速场合；逐次比较型 A/D 转换器次之，转换时间在几百纳秒到几十微秒的范围内，且具有转换精度较高和价格低的优点，在工业控制领域多采用此种转换器；双积分式 A/D 转换器的转换速度最慢，一般在几十毫秒到几百毫秒，但具有抗工频干扰能力强、转换精度较高的优点，故在数字测量仪表中用得较多。

另外，对于各种不同类型的 A/D 转换器而言，比较器的响应时间、运放的带宽、时钟频率、输出位数、输出方式等对转换时间也会产生一定的影响。

在实际应用中，除了根据需求确定分辨率、转换精度和转换速率等基本指标外，还应从数字量接口形式、模拟量接口形式、基准电压稳定度、供电方式、芯片功耗和工作温度范围等方面综合考虑 A/D 转换器的选用。

例 10.2.7 某信号采集系统要求用一片 A/D 转换芯片在 1s 内对 16 个热电偶的输出电压分时进行 A/D 转换。已知热电偶输出电压范围为 0 ~ 0.025V（对应于 0 ~ 450℃ 温度范围），需要分辨的温度为 0.1℃，试问应选择多少位的 A/D 转换器，并求其转换时间。

解 （1）对于 0 ~ 450℃ 温度范围，输出电压为 0 ~ 0.025V，分辨温度为 0.1℃，这相当于 $\dfrac{0.1}{450} = \dfrac{1}{4500}$ 的分辨率。12 位 A/D 转换器的分辨率为 $\dfrac{1}{2^{12} - 1} = \dfrac{1}{4095}$，这说明 12 位的 A/D 转换器不能满足要求，所以应选用 13 位 A/D 转换器。

（2）系统的取样速率为 16 次 /s，取样时间为 62.5ms。对于这样慢速的取样，任何一个 A/D 转换器都可满足需求。可选用带有取样保持（S/H）的逐次比较型 A/D 转换器或不带 S/H 的双积分式 A/D 转换器。

10.3 应用举例：可编程波形产生器

可编程波形产生器如图 10.3.1 所示。电路由计数器 74LVC161、16×4 位 ROM 和 D/A 转换器等部分组成。图中，ROM 用来存储一个周期的波形数据，其存储地址与数据的对应关系如表 10.3.1 所示。

74LVC161 为 4 位二进制递增计数器，在时钟脉冲作用下，输出 $Q_3Q_2Q_1Q_0$ 在 **0000** ~ **1111** 循环；由于 $A_3A_2A_1A_0 = Q_3Q_2Q_1Q_0$，所以 ROM 的地址 $A_3A_2A_1A_0$ 从 **0000** 变化到 **1111** 时，ROM 中对应地址的数据被取出，并送入 D/A 转换器，经过转换可得 16 个不同的输出电压值。

由于 $V_{REF} = -8V$，$D_5D_4D_3D_2D_1D_0 = $ **000000**，将其代入式（10.1.9），得

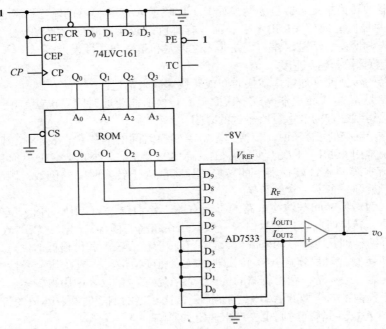

图 10.3.1　可编程波形产生器

表 10.3.1　ROM 的数据表

A_3	A_2	A_1	A_0	O_3	O_2	O_1	O_0
0	0	0	0	0	0	0	1
0	0	0	1	0	0	1	0
0	0	1	0	0	0	1	1
0	0	1	1	0	1	0	0
0	1	0	0	0	0	1	1
0	1	0	1	0	0	1	0
0	1	1	0	0	0	0	1
0	1	1	1	0	0	1	0
1	0	0	0	0	0	1	1
1	0	0	1	0	1	0	0
1	0	1	0	0	0	1	1
1	0	1	1	0	0	1	0
1	1	0	0	0	0	0	1
1	1	0	1	0	0	1	0
1	1	1	0	0	0	1	1
1	1	1	1	0	1	0	0

$$v_{\mathrm{O}} = -\frac{V_{\mathrm{REF}}}{2^{10}}\sum_{i=0}^{9}(D_i \cdot 2^i)$$

$$= \frac{8\mathrm{V}}{2^{10}}(D_9 \times 2^9 + D_8 \times 2^8 + D_7 \times 2^7 + D_6 \times 2^6)$$

$$= \frac{1}{2}(D_9 \times 2^3 + D_8 \times 2^2 + D_7 \times 2^1 + D_6 \times 2^0)\mathrm{V} \qquad (10.3.1)$$

当 $A_3A_2A_1A_0 = \mathbf{0000}$ 时，读出的数据为 $\mathbf{0001}$，代入式（10.3.1），求得 $v_{\mathrm{O}} = 0.5\mathrm{V}$；同理，当 $A_3A_2A_1A_0 = \mathbf{0001}$ 时，读出的数据为 $\mathbf{0010}$，可求得 $v_{\mathrm{O}} = 1\mathrm{V}$；当 $A_3A_2A_1A_0 = \mathbf{0010}$ 时，读出的数据为 $\mathbf{0011}$，可求得 $v_{\mathrm{O}} = 1.5\mathrm{V}$；其余类推。于是，对应 CP 波形画出 v_{O} 的波形，如图 10.3.2 所示。如果在 D/A 转换器的输出端接一个低通滤波器，滤除阶梯波形中的高频分量，电路就能输出比较平滑的三角波，如图 10.3.2 中虚线所示。

显然，改变 ROM 数据表中的数据就可以得到不同的

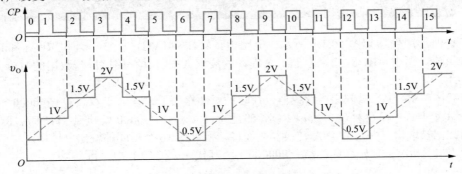

图 10.3.2　图 10.3.1 所示电路输出波形

输出波形。例如，将一个周期的正弦波（或锯齿波）数据存储在 ROM 数据表中，就能在输出端得到正弦波（或锯齿波）信号。如果改变时钟信号的频率，就能改变输出频率。目前，常见的直接数字频率合成（Direct Digital Synthesis，DDS）信号发生器就是基于这一原理实现的，它能产生正弦波、锯齿波、方波等多种信号波形，在电子设计和测试中得到广泛应用。

小结

- D/A 转换器和 A/D 转换器是连接模拟电路和数字电路的信号变换电路，通常作为电子系统的接口电路。转换精度和转换速度是转换器最重要的技术指标。
- D/A 转换器能把输入的数字信号转换成模拟信号输出，按照电路结构可以分为权电阻网络 D/A 转换器、倒 T 形电阻网络 D/A 转换器、电阻串联分压式 D/A 转换器、权电流型 D/A 转换器等，按照工作原理可以分为电流求和型 D/A 转换器和分压型 D/A 转换器。在 CMOS 集成 D/A 转换器中，倒 T 形电阻网络 D/A 转换器和电阻串联分压式 D/A 转换器用得较多；在双极型集成 D/A 转换器中，权电流型 D/A 转换器较为常见。
- A/D 转换器能将输入的模拟信号转换成数字信号输出，一般要经过取样、保持、量化和编码这 4 个步骤。
- 按照电路的结构，A/D 转换器可以分为并行比较型 A/D 转换器、逐次比较型 A/D 转换器、双积分式 A/D 转换器等。
- 不同电路结构的 A/D 转换器有各自的特点：并行比较型 A/D 转换器的转换时间可达到纳秒级，一般只用在超高速场合；逐次比较型 A/D 转换器的转换时间在几百纳秒到几十微秒的范围内，且具有转换精度较高和价格低的优点，在工业控制领域多采用此种转换器；双积分式 A/D 转换器具有抗工频干扰能力强、转换精度较高的优点，但转换速度慢，一般在几十毫秒到几百毫秒，故在数字测量仪表中用得较多。

自我检验题

10.1 填空题

1. 在图 10.1.3 所示 4 位倒 T 形电阻网络 D/A 转换器中，已知 $V_{REF} = 10V$，$R = 10k\Omega$；当 $D_3D_2D_1D_0 = \mathbf{1111}$ 时，$v_O = -\dfrac{15}{16} \times 10V$，则运放的反馈电阻 R_f 为 _____ kΩ。

答案

2. 一个 8 位倒 T 形电阻网络 D/A 转换器的最小输出电压 $V_{LSB} = 0.02V$，当输入二进制码为 **10100110** 时，输出电压 $v_O = $ _____ V。

3. 如分辨率用 D/A 转换器的最小输出电压 V_{LSB} 与最大输出电压 V_m 的比值来表示，则 8 位 D/A 转换器的分辨率为 _____。

4. 已知某 D/A 转换器满刻度输出电压为 5V，如果要求分辨率为 1mV，则输入数字量的位数 n 为 _____。

5. 将取样—保持电路输出的阶梯离散电平统一归并到邻近的指定电平上的过程称为 _____。

6. 8 位并行比较型 A/D 转换器中的比较器有 _____ 个。

7. 要使图 10.2.7 所示的双积分式 A/D 转换器正常工作，输入电压的平均值 V_I 和基准电源电压 $-V_{REF}$ 之间在数值上应满足 _____ 条件。

8. 假设逐次比较型 A/D 转换器中的 8 位 D/A 转换器的 $V_{Omax} = 10.2V$，若输入 $V_I = 4.4V$，则

转换后输出的 8 位二进制码为_____。

9. 对于采集温度范围为 0 ～ 120℃，能辨别 0.1℃变化的应用要求，应选择_____位的 A/D 转换器；如果取样温度为 25℃，对应的二进制数字量为_____。

10. 一个完整波形周期序列由 200 个样点数据构成。当每个样点数据以 2μs 的时间间隔循环送入 D/A 转换器时，D/A 转换器输出端得到的模拟信号重复频率为_____kHz。

10.2 选择题

1. 在二进制权电阻网络 D/A 转换器中，最小电阻值对应于_____。
A. 输入二进制数的最高位　　　　　　　　B. 输入二进制数的最低位
C. 与输入的二进制数无关　　　　　　　　D. 基准电压的大小

2. 与倒 T 形电阻网络 D/A 转换器相比，权电流型 D/A 转换器的主要优点是消除了_____对转换精度的影响。
A. 网络电阻精度　　　　B. 模拟开关导通电阻　　　　C. 电流建立时间　　　　D. 加法器

3. 模拟信号取样的结果是_____。
A. 一系列正比于信号幅度的脉冲　　　　B. 一系列正比于信号频率的脉冲
C. 表示信号幅度的数字　　　　　　　　D. 表示信号频率的数字

4. 根据取样定理，取样频率应该是_____。
A. 小于信号最高频率的一半　　　　　　B. 大于信号最高频率的两倍
C. 小于信号最低频率的一半　　　　　　D. 大于信号的最低频率

5. 量化过程是指_____。
A. 将取样—保持电路的输出转换为二进制码　　B. 将取样脉冲转换为电平
C. 将二进制码序列转换为重建的模拟信号　　　D. 在取样之前过滤掉不需要的频率

6. 已知被转换信号的上限频率为 10 kHz，则 A/D 转换器的取样频率至少应该大于_____，完成一次转换所用时间应小于_____。
A. 40kHz；50μs　　　　B. 20kHz；60μs　　　　C. 20kHz；50μs　　　　D. 40kHz；80μs

7. 数字电压表使用_____A/D 转换器。
A. 并行比较型　　　　B. 逐次逼近型　　　　C. Σ—Δ 型　　　　D. 双积分式

8. 3 位半 A/D 转换器有_____位能够完整显示 0 ～ 9，最高位显示的数字是_____。
A. 3；1 或 2　　　　B. 3；1 或 5　　　　C. 3；0 或 1　　　　D. 4；0 或 1

9. 双积分式 A/D 转换器属于_____模数转换器，它的第一次积分是通过_____将输入电压 v_I 转换成与之成比例的输出电压；第二次积分再将该电压转换成与之成比例的_____信号。
A. 计数型；积分器；电压　　　　　　　　B. 电压时间变换型；乘法器；电流
C. 电压时间变换型；积分器；时间　　　　D. 双积分型；乘法器；时间

10. 有一个 8 位 A/D 转换器，其基准电压为 5 V，则 $1LSB$ 大约等于_____mV。
A. 200　　　　　　　　B. 100　　　　　　　　C. 40　　　　　　　　D. 20

📝 习题

10.1　D/A 转换器

10.1.1　在图 10.1.1 所示 4 位权电阻网络 D/A 转换器中，假设 $V_{REF} = 10V$，$R_f = R$，试分别计算输入代码为全 **1**、全 **0** 和 **1000** 时对应的输出电压值。

10.1.2　10 位倒 T 形电阻网络 D/A 转换器如图题 10.1.2 所示。若要求电路输入数字量为 200H 时，输出电压 $V_O = 5V$，V_{REF} 应取何值？

10.1.3　可控增益放大电路如图题 10.1.3 所示，当 $Q_i = 1$ 时，S_i 与 v_I 接通；$Q_i = 0$ 时，S_i 接地。

（1）试写出电路的电压增益 $A_V = \dfrac{v_O}{v_I}$ 的表达式。

（2）当 $v_1 = +5\text{mV}$，$Q_3Q_2Q_1Q_0 = \textbf{1001}$ 时，计算 v_O 的值。

（3）求电压增益 $|A_V|$ 的最大值。

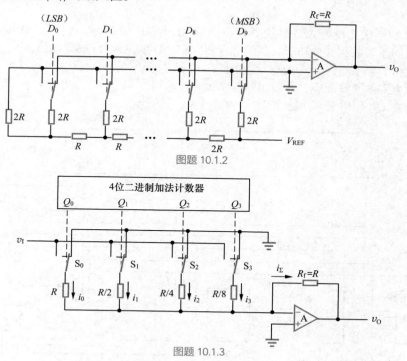

图题 10.1.2

图题 10.1.3

10.1.4　由计数器 74LVC161、D/A 转换器 AD7533 和运算放大器组成的波形产生电路如图题 10.1.4 所示。已知 AD7533 的 $V_{REF} = -10\text{V}$，试画出 CP 和 v_O 的波形。

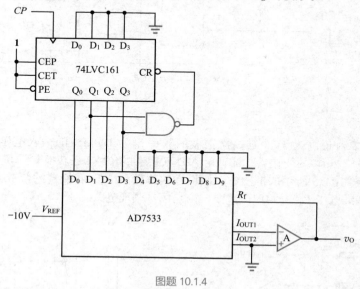

图题 10.1.4

10.1.5　某一控制系统中有一个 D/A 转换器，若系统要求该 D/A 转换器的分辨率要小于 0.5%，应选多少位的 D/A 转换器？

10.2　A/D 转换器

10.2.1　在图 10.2.4 所示的 3 位并行比较型 A/D 转换器中，假设 $V_{REF} = 7\text{V}$，电路的量化单位 Δ 等于多少？电路的最大量化误差为多少？当 $v_I = 2.4\text{V}$ 时，输出数字量 $D_2D_1D_0$ 是多少？

10.2.2　在图 10.2.5 所示的逐次比较型 A/D 转换器中，若 $n = 10$，已知时钟频率为 1MHz，则完成一次转换所需的时间至少是多少？若要求完成一次转换的时间小于 100μs，时钟频率应选多大？

10.2.3　4 位逐次比较型 A/D 转换器的逻辑图如图题 10.2.3 所示。它是由 D/A 转换器、电压比较器、具有同步置数和移位功能的移位寄存器、6 个 D 触发器及逻辑门组成的，其输入的模拟电压为 v_I，输出的数字量为 $D_3 \sim D_0$。假设 $V_{REF} = -10V$，$v_1 = 8.26V$，要求：

（1）说明电路的工作原理，并写出转换结果；

（2）画出在 CP 作用下 v'_0 的波形图。

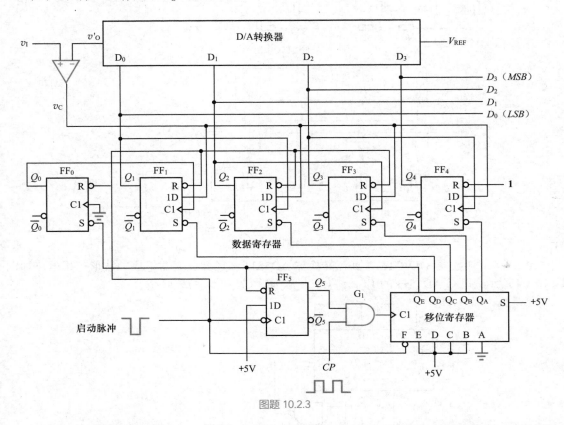

图题 10.2.3

10.2.4　如果要对最高为 5V、最高次谐波的频率 f_H 为 100kHz 的输入电压进行 A/D 转换，要求能分辨输入电压 2mV 的变化量，试确定 A/D 转换器的位数 n、转换时间和类型。

10.2.5　在图题 10.2.5 所示的框图中，假设逐次比较型 A/D 转换器的位数为 10 位，其时钟频率为 1 MHz，基准电压 $V_{REF} = 10V$。虚线框内是信号调理电路。

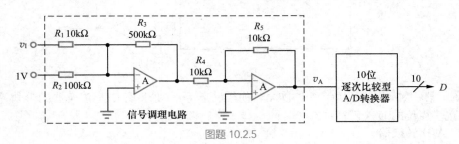

图题 10.2.5

（1）该 A/D 转换器能区分输入电压的最小值为多少？

（2）当 A/D 转换器的输入电压范围为 0 ～ 10V 时，求 v_1 的范围。

（3）受该 A/D 转换器的限制，输入信号的最高频率不能超过多少？

（4）若 A/D 转换器输出二进制原码，那么当 $v_1 = 10\text{mV}$ 时，A/D 转换的结果是多少？

10.2.6　双积分式 A/D 转换器如图 10.2.7 所示。试回答下列问题。

（1）第二次积分完毕时，积分器的输出电压分别是多少？

（2）在双积分式 A/D 转换器中，输入电压 v_1 和基准电压在极性和数值上应满足什么关系？

（3）如 $|V_1| > |V_{REF}|$，电路能完成模数转换吗？为什么？

10.2.7　在图 10.2.7 所示的双积分式 A/D 转换器中，设基准电压 $|V_{REF}| = 10\text{V}$，计数器为 12 位二进制加法计数器。已知时钟频率 $f_c = 100\text{kHz}$。试问：该 A/D 转换器允许输入的最大模拟电压是多少？完成一次转换所需要的时间是多少？

10.2.8　在图 10.2.7 所示双积分式 A/D 转换器中，设时钟频率为 f_c，分辨率为 n 位，试写出 A/D 转换器最低转换频率的一般表达式。

10.2.9　在图 10.2.7 所示双积分式 A/D 转换器中，回答下列问题。

（1）若输入电压 V_1 的最大值为 2V，要求分辨率为 0.1mV，二进制计数器的计数容量 N 应大于多少？

（2）需要多少位二进制计数器？

（3）若时钟频率 f_c 为 200kHz，则取样—保持时间至少为多少毫秒？

（4）若时钟频率 f_c 为 200kHz，基准电压 $|V_{REF}| = 2\text{V}$，积分器最大输出电压的绝对值为 5V，积分时间常数 RC 为多少毫秒？

10.2.10　在一个双积分式 A/D 转换器中，已知基准电压为 -10 V，时钟频率 $f_c = 30\text{kHz}$，计数器为十进制计数器，其最大计数容量为 $(3000)_D$。积分器中 $R = 100\text{k}\Omega$，$C = 1\mu\text{F}$。

（1）求第一次积分时间 T_1。

（2）当输入电压 v_1 的变化范围为 0 ～ 5V 时，求积分器的最大输出电压 $|v_{Omax}|$。

（3）第二次积分计数器计数值 $\lambda = (2500)_D$，输入电压的平均值 V_1 为多少？

10.3　应用举例：可编程波形产生器

10.3.1　由 D/A 转换器、扭环形计数器和 E²PROM 等组成的波形产生电路如图题 10.3.1（a）所示，其输出波形如图题 10.3.1（b）所示。假设 74HC194 的初始状态为 $Q_0Q_1Q_2Q_3 = \mathbf{0000}$。

试回答下列问题。

（1）画出 74HC194 的状态图。

（2）在表题 10.3.1 中填写 E²PROM 中应当存有的数据（对没有用到的地址单元，其存储的数据可以用"×"表示）。

表题 10.3.1

A_3 A_2 A_1 A_0 (Q_0 Q_1 Q_2 Q_3)				O_3 O_2 O_1 O_0	A_3 A_2 A_1 A_0 (Q_0 Q_1 Q_2 Q_3)				O_3 O_2 O_1 O_0
0	0	0	0		1	0	0	0	
0	0	0	1		1	0	0	1	
0	0	1	0		1	0	1	0	
0	0	1	1		1	0	1	1	
0	1	0	0		1	1	0	0	
0	1	0	1		1	1	0	1	
0	1	1	0		1	1	1	0	
0	1	1	1		1	1	1	1	

（3）如果需要调节输出电压波形的幅度，应当调节电路中的哪些参数？

（4）如果需要调节输出电压波形的频率，应当调节电路中的什么参数？

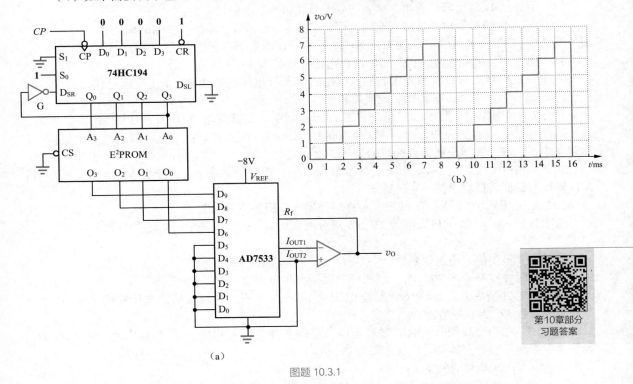

图题 10.3.1

📝 实践训练

S10.1　在 Multisim 中，从混合器件库（Mixed）中调用一个通用的 8 位 D/A 转换器（VDAC），构建一个仿真电路，研究 D/A 转换器数字输入量与模拟输出电压之间的关系。要求：使用字信号发生器（Word Generator）作为电路的输入，并将它设置成连续输出 0 ～ 255 的数字量，使用示波器观察输出的电压波形，并用电压表指示值的变化。

S10.2　在 Multisim 中，从混合器件库（Mixed）中调用一个通用的 8 位 A/D 转换器（ADC），构建一个仿真电路，研究 A/D 转换器模拟输入电压与数字输出量之间的关系。要求：用 1kΩ 电位器对 10V 的电压进行分压后作为电路的输入，调整电位器使输入电压能在 0 ～ 10V 范围内变化；当输入电压为 10V 时，观察记录逻辑分析仪上输出的 8 位数字波形；再调整输入电压为其他值（如 5、3、1V 等），列表记录相应的数字输出量（二进制数和十进制数）。

第 **11** 章

脉冲波形的变换与产生

本章知识导图

本章学习要求

- 理解 555 定时器的结构特点和工作原理。
- 掌握用 555 构成的施密特、单稳态、多谐振荡器的电路结构、工作过程及应用场合。
- 了解集成的施密特、单稳态的电路及其典型应用。
- 了解石英晶体多谐振荡电路的组成及特点。

本章讨论的问题

- 如何用 555 定时器构成施密特触发电路、单稳态电路和多谐振荡电路？
- 常用于脉冲波形变换与整形的施密特触发电路有怎样的工作特点？
- 常用于定时和延时的单稳态电路分为哪两类？它们的区别是什么？
- 常用于产生脉冲波形的多谐振荡电路有什么特点？
- 石英晶体振荡电路有什么工作特点？

11.1 | 555 定时器

555 定时器[1]是一种模、数混合的中规模集成电路，它使用方便、灵活，应用极为广泛。用它可方便地组成脉冲的产生、整形、延时和定时电路。

11.1.1　555 定时器的电路结构

双极型 555 定时器的电路如图 11.1.1（a）所示[2]。它的 8 个引脚名称和编号均标在虚线框外。图 11.1.1（b）是 555 定时器的图形符号。

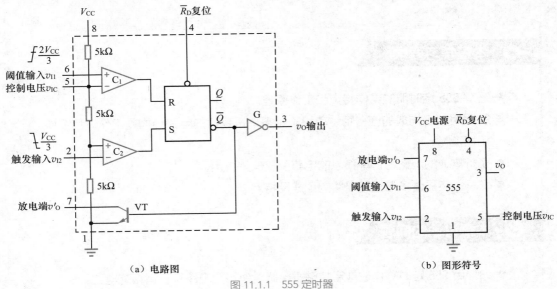

（a）电路图　　　　　　　　　　　　　　（b）图形符号

图 11.1.1　555 定时器

555 定时器由分压器、电压比较器（C_1、C_2）、基本 SR 锁存器、放电三极管 VT 和输出缓冲器 G 组成。3 个 5kΩ 电阻串联组成分压器，为电压比较器提供参考电压。基本 SR 锁存器由**或非**门构成。其中，$\overline{R}_D$ 为外部的直接清零输入。当为低电平时，不管其他输入的状态如何，基本 SR 锁存器的输出 Q 都为低电平，$\overline{Q}$ 为高电平，于是输出电压 v_O 为低电平。

三极管 VT 构成开关，其状态受 $\overline{Q}$ 控制，$\overline{Q}$ 为 **0** 时 VT 截止，为 **1** 时 VT 导通。三极管 VT 的作用是为外接的 RC 电路提供放电通路，由于三极管 VT 的集电极开路，所以使用时，7 号引脚一般都要外接一个上拉电阻。

输出缓冲器就是接在输出端的反相器，其作用是提高 555 定时器的带负载能力和隔离负载对 555 定时器的影响。

11.1.2　555 定时器的工作原理

555 定时器的功能如表 11.1.1 所示（"×"表示任意状态）。当 $\overline{R}_D = \mathbf{0}$ 时，输出电压 v_O 为低电平，三极管 VT 饱和导通。正常工作时，必须使 $\overline{R}_D$ 处于高电平。

1　由美国 Signetics 公司于 1972 年研制成功并投放市场，该公司于 1975 年被飞利浦公司收购。

2　CMOS 型 555 定时器中三极管为 NMOS 管，3 个分压电阻的阻值不是 5 kΩ，而是 100 kΩ。

表 11.1.1　555 定时器功能表

输入			输出	
阈值输入（$v_{\text{I}1}$）	触发输入（$v_{\text{I}2}$）	复位（$\overline{R_{\text{D}}}$）	输出（v_{o}）	放电管 VT
×	×	0	0	导通
×	$< V_{\text{CC}}/3$	1	1	截止
$> 2V_{\text{CC}}/3$	$> V_{\text{CC}}/3$	1	0	导通
$< 2V_{\text{CC}}/3$	$> V_{\text{CC}}/3$	1	不变	不变

电压比较器 C_1 和 C_2 的输出控制着基本 SR 锁存器和放电三极管 VT 的状态。当 5 号引脚（一般该端和地之间接 $0.01\mu\text{F}$ 左右的滤波电容）不加控制电压时，3 个 $5\text{k}\Omega$ 电阻串联组成的分压器为电压比较器提供参考电压。电压比较器 C_1 的参考电压为 $\dfrac{2}{3}V_{\text{CC}}$，电压比较器 C_2 的参考电压为 $\dfrac{1}{3}V_{\text{CC}}$。

当 $v_{\text{I}1} < \dfrac{2V_{\text{CC}}}{3}$，$v_{\text{I}2} < \dfrac{V_{\text{CC}}}{3}$ 时，电压比较器 C_1 输出低电平，电压比较器 C_2 输出高电平，SR 锁存器置 1，$\overline{Q}$ 为低电平，三极管 VT 截止，输出电压 v_{o} 为高电平。

当 $v_{\text{I}1} > \dfrac{2V_{\text{CC}}}{3}$，$v_{\text{I}2} > \dfrac{V_{\text{CC}}}{3}$ 时，电压比较器 C_1 输出高电平，电压比较器 C_2 输出低电平，SR 锁存器置 0，$\overline{Q}$ 为高电平，三极管 VT 导通，输出电压 v_{o} 为低电平。

当 $v_{\text{I}1} < \dfrac{2V_{\text{CC}}}{3}$，$v_{\text{I}2} > \dfrac{V_{\text{CC}}}{3}$ 时，SR 锁存器 $R = 0$，$S = 0$，锁存器状态不变，电路保持原状态不变。

当 $v_{\text{I}1} > \dfrac{2V_{\text{CC}}}{3}$，$v_{\text{I}2} < \dfrac{V_{\text{CC}}}{3}$ 时，$R = 1$，$S = 1$，$Q = \overline{Q} = 0$，VT 截止，v_{o} 为高电平。这时 555 定时器的输出与 $v_{\text{I}1} < \dfrac{2V_{\text{CC}}}{3}$，$v_{\text{I}2} < \dfrac{V_{\text{CC}}}{3}$ 时相同，所以将它们合并于表 11.1.1 中第 2 行。

可见，555 定时器通过 $v_{\text{I}2}$ 收到一个低于 $\dfrac{V_{\text{CC}}}{3}$ 的触发信号时，v_{o} 变为高电平，且保持不变；直到通过 $v_{\text{I}1}$ 收到一个高于 $\dfrac{2V_{\text{CC}}}{3}$ 的阈值信号时，v_{o} 才变为低电平，且放电三极管 VT 导通。

上面讨论时，假定 5 号引脚没有加控制电压，因而电压比较器 C_1 和 C_2 的参考电压分别为 $\dfrac{2}{3}V_{\text{CC}}$ 和 $\dfrac{1}{3}V_{\text{CC}}$。如果 5 号引脚外接控制电压 v_{IC}，则电压比较器 C_1、C_2 的参考电压就变为 v_{IC} 和 $v_{\text{IC}}/2$。

555 定时器有双极型和 CMOS 型两种类型。双极型产品的电源电压为 $4.5 \sim 18\text{V}$，输出高电平不低于电源电压的 90%，且能够输出和吸收 200mA 的电流。为了降低功耗，后来又出现了 CMOS 型产品，如 TLC555、ICM755，它们的电源电压为 $2 \sim 18\text{V}$，输出高电平不低于电源电压的 95%，其吸收电流为 100mA，输出电流为 10mA。为了提高集成度，后来还出现了双定时器产品（如 NE556A，ICM7556 等）和四定时器产品（如 NE558 等）。

11.2　施密特触发电路

模拟电路中有由集成运放构成的施密特触发电路（迟滞比较器），这里我们将介绍数字技术中常用的施密特触发电路。施密特触发电路（Schmitt Trigger）[1] 常用于波形变换、幅度鉴别等。其工作特点如下。

1　该电路也称为施密特触发器，但"触发器"一词已在双稳态电路中使用，而施密特触发电路与双稳态触发器的特性不同，为避免概念混淆，本书将 Schmitt Trigger 翻译为"施密特触发电路"。

（1）电平触发。当输入信号达到某一电压值时，输出状态会发生跳变；但输入信号在增大和减小的过程中和引起输出状态跳变的输入电压值是不相同的。

（2）电路内部采用正反馈来加速电平的转换，可以将边沿平缓的信号变换成边沿陡直的矩形脉冲。

11.2.1 用 555 定时器组成的施密特触发电路

1. 电路结构

将 555 定时器的阈值输入和触发输入相接，即构成施密特触发电路，如图 11.2.1（a）所示。v_o 是 555 定时器的输出；555 定时器内部的三极管 VT 集电极引出端（7 号引脚）通过电阻 R 接电源 V_{DD}（其值可以与 V_{CC} 不一样），成为输出 v'_o，通过改变 V_{DD} 的大小，可以调节 v'_o 高电平的大小。

2. 工作原理

当输入 v_I 为三角波时，施密特触发电路的工作波形如图 11.2.1（b）所示。

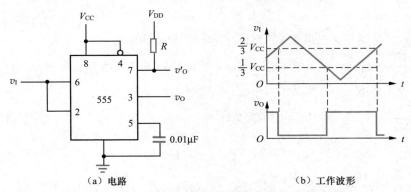

（a）电路　　　　　　　　　（b）工作波形

图 11.2.1　用 555 定时器组成的施密特触发电路及工作波形

当 v_I 从 0V 开始逐渐增加时，根据 555 定时器功能表可知，只要 $v_I < \dfrac{V_{CC}}{3}$，输出 v_o 就为高电平；当 v_I 增加到满足 $\dfrac{V_{CC}}{3} < v_I < \dfrac{2V_{CC}}{3}$ 时，输出 v_o 保持高电平不变；一旦 $v_I > \dfrac{2V_{CC}}{3}$，v_o 就由高电平跳变为低电平；之后 v_I 再增加，v_o 保持低电平不变。

我们把输入信号增大过程中使电路的输出状态发生跳变时所对应的输入电压称为**正向阈值电压**，用 V_{T+} 表示。可见，该施密特触发电路在 v_I 增大过程中所对应的正向阈值电压为

$$V_{T+} = \frac{2}{3} V_{CC} \tag{11.2.1}$$

当 v_I 经过三角波最高点后开始逐渐减小时，如果 $v_I > \dfrac{2}{3} V_{CC}$，$v_o$ 为低电平；当 $\dfrac{V_{CC}}{3} < v_I < \dfrac{2V_{CC}}{3}$，$v_o$ 保持低电平不变；只有当 $v_I < \dfrac{V_{CC}}{3}$ 时，电路才再次翻转，v_o 由低电平跳变为高电平。

我们将输入信号减小过程中使电路的输出状态发生跳变时所对应的输入电压称为**负向阈值电压**，用 V_{T-} 表示。可见，该施密特触发电路在 v_I 减小过程中所对应的负向阈值电压为

$$V_{T-} = \frac{1}{3} V_{CC} \tag{11.2.2}$$

定义正向阈值电压 V_{T+} 与负向阈值电压 V_{T-} 之差为**回差电压**（又称为滞回电压），并记作 ΔV_T。由式（11.2.1）和式（11.2.2）可求得

$$\Delta V_{\mathrm{T}} = V_{\mathrm{T+}} - V_{\mathrm{T-}}$$
$$= \frac{2}{3} V_{\mathrm{CC}} - \frac{1}{3} V_{\mathrm{CC}} = \frac{1}{3} V_{\mathrm{CC}} \qquad (11.2.3)$$

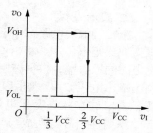

可见，施密特触发电路能将输入缓慢变化的三角波整形成为矩形脉冲波输出。它的电压传输特性曲线如图 11.2.2 所示，该曲线直观地反映了图 11.2.1（a）所示电路的滞回特性。

若在控制电压端（5 号引脚）加电压 V_{R}，则有 $V_{\mathrm{T+}} = V_{\mathrm{R}}$，$V_{\mathrm{T-}} = V_{\mathrm{R}}/2$，$\Delta V_{\mathrm{T}} = V_{\mathrm{R}}/2$；改变 V_{R} 可以调节电路的回差电压。

图 11.2.2 施密特触发电路的电压转输特性曲线

例 11.2.1 用 555 定时器构成的逻辑电平检测电路如图 11.2.3 所示。

（1）试问 555 定时器构成的是什么功能电路？

（2）求电路的主要参数值。

（3）电路在输入高、低电平时，分别会使一个发光二极管发亮。导致某个发光二极管发亮的高、低电平分别是多少？输入高电平和低电平时，分别会使那个发光二极管亮？

解（1）图 11.2.3 所示电路中，555 定时器构成施密特触发电路。

（2）电路的主要参数是正、负向阈值电压和回差电压，且 $V_{\mathrm{T+}} = v_{\mathrm{R}}$，$V_{\mathrm{T-}} = v_{\mathrm{R}}/2$，$\Delta V = V_{\mathrm{T+}} - V_{\mathrm{T-}} = v_{\mathrm{R}}/2$。

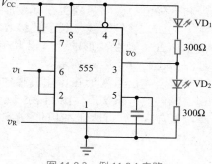

图 11.2.3 例 11.2.1 电路

（3）根据图 11.2.2 所示电压转输特性曲线可知，当 $v_{\mathrm{I}} < v_{\mathrm{R}}/2$ 时，电路输出高电平，发光二极管 VD_2 亮；当 $v_{\mathrm{I}} > v_{\mathrm{R}}$ 时，电路输出低电平，VD_1 亮；当 $v_{\mathrm{R}}/2 < v_{\mathrm{I}} < v_{\mathrm{R}}$ 时，电路的输出状态不变。所以电路可检测的高、低电平分别是 v_{R} 和 $v_{\mathrm{R}}/2$。

11.2.2　集成施密特触发电路

施密特触发电路除了用 555 定时器构成外，还可以用普通逻辑门和 RC 反馈电路来构成，又称**施密特触发门电路**。由于这种电路应用广泛，因此有专门的集成电路产品出售，分为 TTL 和 CMOS 两大类，表 11.2.1 列出了一些常用的 CMOS 集成施密特触发电路，其内部电路较为复杂，这里不做进一步介绍。施密特触发电路的图形符号是在普通逻辑门符号框中添加滞回特性曲线"⎍"。

表 11.2.1　常用的集成施密特触发电路

型号	说明	型号	说明
74HCS00	四路 2 输入施密特触发与非门	74HCS14	六路施密特触发反相器
74HCS02	四路 2 输入施密特触发或非门	74HCS32	四路 2 输入施密特触发或门
74HCS04	六路施密特触发反相器	74HC132	四路 2 输入施密特触发与非门
74HCS08	四路 2 输入施密特触发与门	4093B	四路 2 输入施密特触发与非门
74HCS10	三路 3 输入施密特触发与非门	40106B	六路施密特触发反相器
74HCS11	三路 3 输入施密特触发与门	74AUP3G17	三路施密特触发缓冲器

11.2.3　施密特触发电路的应用

集成施密特触发电路性能稳定、使用方便，其正向阈值电压 $V_{\mathrm{T+}}$ 与负向阈值电压 $V_{\mathrm{T-}}$ 比较稳定，有很强的抗干扰能力，应用较为广泛。

1. 波形变换

施密特触发电路常用于波形变换，如将正弦波、三角波等变换成矩形脉冲。将幅值大于 V_{T+} 的正弦波送到施密特触发电路的输入端，根据施密特触发电路的电压传输特性，可画出输出电压波形，如图 11.2.4 所示。结果表明，利用施密特触发电路在状态变化过程中的正反馈作用，可将边沿平缓的周期性信号变换成与其同频率、边缘陡直的矩形脉冲。

2. 波形的整形与抗干扰

工程项目中常有信号在传输过程中发生畸变的现象。例如，当传输线上电容较大时，矩形脉冲在传输过程上升沿和下降沿都会明显变缓，其波形如图 11.2.5（a）中 v_I 所示。又如，若传输线较长，且接收端的阻抗与传输线的阻抗不匹配，则在波形的上升沿和下降沿将产生阻尼振荡，如图 11.2.5（b）中 v_I 所示。

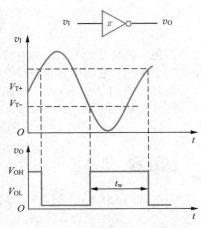

图 11.2.4　用施密特触发电路实现波形变换

对上述信号波形在传输过程中产生的畸变，均可采用施密特触发电路整形。图 11.2.5（a）、图 11.2.5（b）所示施密特触发电路工作波形说明，只要回差电压合适，就可达到理想的整形效果。

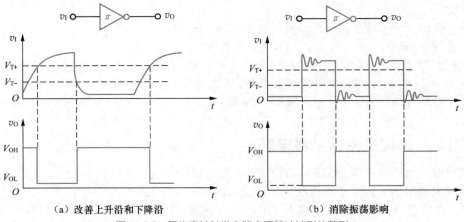

（a）改善上升沿和下降沿　　　　　　　（b）消除振荡影响

图 11.2.5　用施密特触发电路实现脉冲波形的整形

3. 幅度鉴别

施密特触发电路属电平触发，即其输出状态与输入 v_I 的幅值有关。利用这一工作特点，可将它作为幅度鉴别电路。例如，在施密特触发电路输入端输入一串幅度不等的脉冲信号，只有幅度大于 V_{T+} 的那些脉冲才会使施密特触发电路翻转，使 v_O 有脉冲输出；而对输入幅度小于 V_{T+} 的脉冲，施密特触发电路不翻转，v_O 没有脉冲输出。因此，施密特触发电路可以选出幅度大于 V_{T+} 的脉冲，电路的输入、输出波形如图 11.2.6 所示。

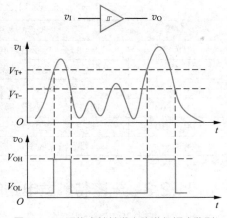

图 11.2.6　用施密特触发电路进行幅度鉴别

11.3 单稳态电路

单稳态电路（Monostable Multivibrator，又称为 One-shot）[1] 常用于脉冲的变换、延时和定时等。例如，日常生活中常见的楼道声控灯、感应水龙头等都是单稳态电路的典型应用。

单稳态电路具有下列工作特点。

（1）单稳态电路的输出有稳态和暂稳态两个不同的状态。

（2）没有外加触发脉冲作用时，电路处于稳定状态，简称稳态。

（3）在外加触发脉冲作用下，电路会由稳态翻转到暂稳态。电路在暂稳态保持一段时间后，会自动返回稳态。暂稳态的持续时间取决于电路本身的参数，与触发脉冲无关。

根据电路工作特性不同，单稳态电路分为不可重复触发单稳态电路和可重复触发单稳态电路。

不可重复触发单稳态电路的图形符号和工作波形如图 11.3.1（a）所示，方框中的限定符号"1┌┐"表示不可重复触发。当触发信号使电路进入暂稳态后，电路不再接收新的触发信号，暂稳态会保持下去，即不可重复触发单稳态电路只能在稳态接收触发信号。

可重复触发单稳态电路的图形符号和工作波形如图 11.3.1（b）所示，方框中的限定符号"┌┐"表示可重复触发。在暂稳态期间，电路能够接收新的触发信号，重新开始暂稳态过程，即电路的暂稳态将从最后一个有效沿到达时刻开始，再经 t_W 时间后返回稳态，这样暂稳态的时间就被延长了。

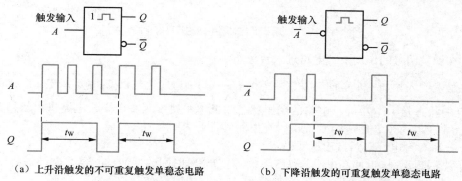

（a）上升沿触发的不可重复触发单稳态电路　　（b）下降沿触发的可重复触发单稳态电路

图 11.3.1　两种集成单稳态电路的图形符号及工作波形

11.3.1　用 555 定时器组成的单稳态电路

1. 电路结构

用 555 定时器组成的单稳态电路如图 11.3.2 所示。v_I 是触发输入信号，下降沿有效，加在 555 定时器的 2 号引脚，v_o 是输出信号。R、C 为外接定时元件，不使用控制电压 v_{IC} 引脚时，将其通过 $0.01\mu F$ 的电容接地，以旁路高频干扰。

2. 工作原理

（1）没有触发信号时，电路工作在稳态。

没有触发输入信号时，v_I 为高电平（$v_I > \dfrac{V_{CC}}{3}$）。接通电源前，电容 C 两端的电压 $v_C = 0V$。

接通电源 V_{CC} 时，电路进入稳态有一个。这时 V_{CC} 通过电阻 R 向电容 C 充电，v_C 随之上

1　该电路也称为单稳态触发器，但这种触发器和第 4 章介绍的触发器（双稳态存储电路）具有不同的特性，故译为"单稳态电路"。

升。当 v_C 上升到 $\dfrac{2V_{CC}}{3}$ 时，电压比较器 C_1 输出 $R = 1$；由于 $v_1 > \dfrac{V_{CC}}{3}$，电压比较器 C_2 输出 $S = 0$，锁存器 Q 置 0，$\overline{Q} = 1$，于是 VT 饱和导通，电容 C 通过 VT 迅速放电，使 $R = S = 0$，基本 SR 锁存器的状态不变，电路处于稳定状态，即 v_o 为低电平。

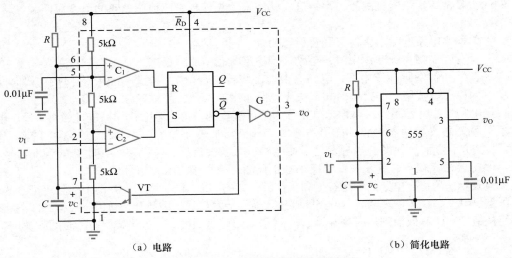

（a）电路　　　　　　　　　　　　　　　（b）简化电路

图 11.3.2　用 555 定时器组成的单稳态电路

（2）在触发信号的作用下，电路进入暂稳态。

若在触发输入端加一个负向触发信号（$v_1 < \dfrac{V_{CC}}{3}$），电压比较器 C_2 输出高电平，此时 $S = 1$，$R = 0$，Q 的状态是 1，$\overline{Q} = 0$，电路的输出状态由低电平跳变为高电平，电路进入暂稳态，三极管 VT 截止，V_{CC} 通过 R 向电容 C 充电，充电时间常数为 $\tau_1 = RC$。

（3）电容 C 充电，电路自动返回稳态。

在暂稳态期间，v_1 返回高电平，使 $S = 0$；随着充电时间的增加，电容 C 两端的电压 v_C 呈指数规律上升，当 v_C 上升到 $\dfrac{2V_{CC}}{3}$ 时，电压比较器 C_1 输出高电平，使 $R = 1$，于是基本 SR 锁存器复位到 0 状态，即 $Q = 0$，$\overline{Q} = 1$，VT 饱和导通，暂稳态结束，电路自动返回稳态。

当 VT 导通时，定时电容 C 经导通的 VT 放电，放电时间常数为 $\tau_2 = R_{CES} \cdot C$，其中，R_{CES}是 VT 的饱和导通电阻（很小），经 $(3 \sim 5)\tau_2$ 后，电容 C 放电完毕，电路恢复到初始状态，单稳态电路又可以接收新的触发输入信号。

综合上述分析，可画出单稳态电路的工作波形，如图 11.3.3 所示。

由图 11.3.3 可知，电路由外加到触发输入端的负向脉冲 [1] 启动后，就会输出一个单脉冲，

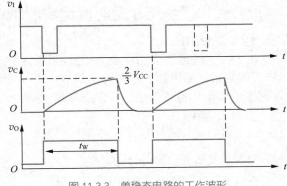

图 11.3.3　单稳态电路的工作波形

1　注意：触发输入 v_1 的脉冲宽度必须小于电路输出 v_o 的脉冲宽度，否则电路将不能正常工作。因为单稳态电路被触发翻转到暂稳态后，如果 v_1 一直为低电平不变，电压比较器 C_2 的输出总为 1，基本 SR 锁存器 $\overline{Q}$ 总为 0，定时电容 C 充电后，无法正常放电，所以电路将无法按规定时间返回稳定状态。解决方法：如果 v_1 为宽脉冲，就在 555 定时器的触发输入端增加一个 RC 微分电路。

因此该电路也称为单脉冲产生器。如果在电路的暂稳态持续时间内加入新的触发脉冲（如图 11.3.3 中的虚线所示），则该触发脉冲并不能改变 555 定时器内部 SR 锁存器的状态，因此对电路不起作用，电路为不可重复触发单稳态电路。

3. 主要参数的计算

（1）输出脉冲宽度 t_W。

输出脉冲宽度 t_W 就是暂稳态持继时间。它是 RC 电路在充电过程中，使电容电压 v_C 从 0V 上升到 $\dfrac{2V_{CC}}{3}$ 所需要的时间。由 v_C 的波形可知，$v_C(0) = 0$，$v_C(\infty) = V_{CC}$，$v_C(t_W) = V_{TH} = 2V_{CC}/3$，$\tau_1 = RC$。将这些值代入 RC 电路过渡过程的计算公式

$$v_C(t) = v_C(\infty) + \left[v_C(0) - v_C(\infty) \right] e^{-t/\tau_1}$$

求得 v_O 的脉冲宽度

$$t_W = RC \ln \frac{v_C(\infty) - v_C(0)}{v_C(\infty) - v_C(t_W)} = RC \ln \frac{V_{CC} - 0}{V_{CC} - \dfrac{2}{3} V_{CC}}$$

$$= RC \ln 3 \approx 1.1 RC \tag{11.3.1}$$

可见，t_W 只与 R、C 有关，与触发输入和电源电压无关。通常 R 的取值为 $1k\Omega \sim 3.3M\Omega$，C 的取值为 $470pF \sim 470\mu F$。这种电路产生的脉冲宽度可从几微秒到数分钟，精度可达 0.1%。

（2）恢复时间 t_{re}。

暂稳态结束后，电路还需要一段恢复时间，只有等电容 C 上的电荷释放完，电路才能完全恢复到触发前的起始状态。一般取 $t_{re} = (3 \sim 5)\tau_2$，即认为经过 3 ~ 5 倍放电时间常数的时间后，RC 电路的放电过程才基本结束。由于 $\tau_2 = R_{CES} \cdot C$，而 R_{CES} 很小，因此 t_{re} 很短。

（3）最高工作频率 f_{max}。

设触发输入 v_I 是周期为 T 的连续脉冲，为了保证单稳态电路正常工作，应满足 $T > (t_W + t_{re})$ 的条件，因此，单稳态电路的最高工作频率为

$$f_{max} = \frac{1}{T_{min}} < \frac{1}{t_W + t_{re}} \tag{11.3.2}$$

4. 可重复触发单稳态电路

用 555 定时器也可以构成可重复触发单稳态电路。在定时电容 C 两端并上一个 PNP 型三极管，在重复触发时为电容 C 提供放电通路，其电路及工作波形如图 11.3.4 所示。

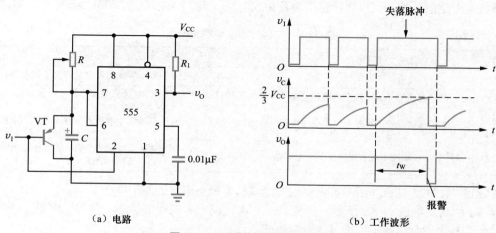

（a）电路　　　　　（b）工作波形

图 11.3.4　可重复触发单稳态电路

v_I 输入负向脉冲后，电路进入暂稳态，同时三极管 VT 导通，电容 C 放电。负向脉冲撤除后，电容 C 充电，在 v_C 充到 $\dfrac{2V_{CC}}{3}$ 之前，电路处于暂稳态。如果在此期间又加入新的触发脉冲，三极管 VT 又导通，电容 C 再次放电，输出仍然维持在暂稳态，于是暂稳态的时间变长。只有触发脉冲撤除且在 t_W 时间内没有新的触发脉冲，电路才返回稳态。该电路可用作失落脉冲检测，例如，对电动机转速、人体心律进行监视，在电动机的转速不稳或人体的心律不齐时，v_O 的低电平可用作报警信号。

例 11.3.1 用单稳态电路组成的脉冲宽度调制电路如图 11.3.5（a）所示。电路的调制信号为三角波，试分析电路实现脉冲宽度调制的原理。

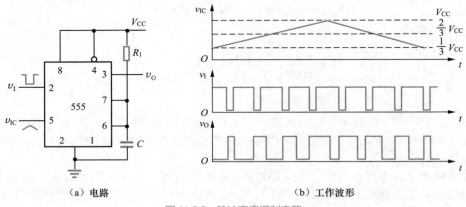

（a）电路　　　　　　　　　　（b）工作波形

图 11.3.5　脉冲宽度调制电路

解　图 11.3.5（a）为单稳态电路，其控制电压端输入三角波。当控制电压升高时，电路的阈值电压升高，输出脉冲宽度随之增大；而当控制电压降低时，电路的阈值电压也降低，单稳态电路的输出脉冲宽度则随之减小。在单稳态电路的输出端，可得到随控制电压变化的脉冲宽度调制波形，如图 11.3.5（b）所示。

11.3.2　集成单稳态电路

除了用 555 定时器构成单稳态电路外，还可以用逻辑门和 RC 电路来实现单稳态电路。为了提高单稳态电路的性能，可以直接选用单片集成电路。表 11.3.1 列出了部分集成单稳态电路。

表 11.3.1　部分集成单稳态电路

型号	说明	型号	说明
74121	不可重复触发单稳态电路	CD4098D	双路带清零端的可重复触发单稳态电路
74LS122	带清零端的可重复触发单稳态电路	74HC4538	双路带清零端的高精度可重复触发单稳态电路
74HC123 74HC423	双路带清零端的可重复触发单稳态电路	CD14538B	双路带清零端的可重复触发单稳态电路
74HC221	双路带清零端的不可重复触发单稳态电路	CD4047B	可重复触发单稳态电路 / 多谐振荡电路 （可选择工作模式）

下面以 74121 为例，介绍不可重复触发的集成单稳态电路的使用方法。

74121 的功能如表 11.3.2 所示。功能表的前 4 行说明了电路的稳态，Q 为低电平，$\overline{Q}$ 为高电平；功能表的后 5 行给出了电路进入暂稳态的条件。

在下述两种情况下，74121 由稳态翻转到暂稳态：

（1）$\overline{A}_1$、$\overline{A}_2$ 两个输入中有一个或两个为低电平，输入 B 出现由 **0** 到 **1** 的正向跳变。

（2）B 为高电平，输入 $\overline{A}_1$、$\overline{A}_2$ 中有一个或两个出现由 **1** 到 **0** 的负向跳变（不产生跳变的输入保持高电平）。

表 11.3.2 74121 功能表

输入			输出		说明
$\overline{A}_1$	$\overline{A}_2$	B	Q	$\overline{Q}$	
L	×	H	L	H	稳态
×	L	H	L	H	
×	×	L	L	H	
H	H	×	L	H	
H	↓	H	⊓	⊔	暂稳态
↓	H	H	⊓	⊔	
↓	↓	H	⊓	⊔	
L	×	↑	⊓	⊔	
×	L	↑	⊓	⊔	

74121 的输出脉冲宽度主要取决于所使用的电容 C_{ext} 和电阻 R_{ext}（或 R_{int}）的实际值。它的输出脉冲宽度

$$t_W \approx 0.7R_{ext}C_{ext} \tag{11.3.3}$$

定时电容 C_{ext} 连接在芯片的 10、11 号引脚之间，如果采用电解电容，其正极必须接在 R_{ext}/C_{ext}（11 号引脚），允许外接电解电容的最大值为 1000μF。定时电阻可选择外接电阻 R_{ext} 或芯片内部电阻 R_{int}（2kΩ）。通常 R_{ext} 的取值范围为 2kΩ ～ 40kΩ。

74121 采用外接电阻 R_{ext} 和内部电阻 R_{int} 的电路连接分别如图 11.3.6（a）、（b）所示（数字为芯片的引脚号）。

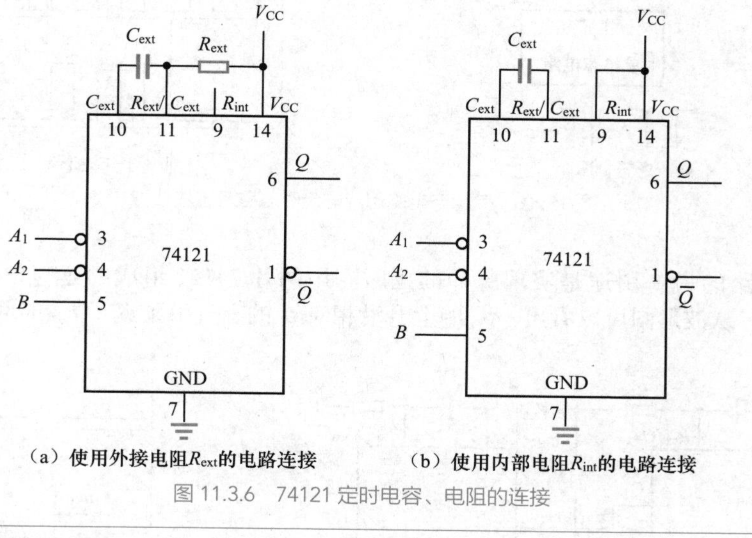

（a）使用外接电阻R_{ext}的电路连接　（b）使用内部电阻R_{int}的电路连接

图 11.3.6 74121 定时电容、电阻的连接

例 11.3.2 假设用 74121 构成的单稳态电路如图 11.3.6（a）所示，电路的输入波形如图 11.3.7（a）所示。

（1）画出输出 Q 的波形。

（2）已知图 11.3.6（a）中 R_{ext} = 10kΩ，C_{ext} = 0.1μF，计算 Q 的脉冲宽度。

解 （1）根据功能表，可画出输出 Q 的波形，如图 11.3.7（b）所示。

（2）电路输出脉冲宽度为

$$t_W \approx 0.7R_{ext}C_{ext} \qquad (11.3.4)$$

将 $R_{ext} = 10\text{k}\Omega$ 和 $C_{ext} = 0.1\mu\text{F}$ 代入式（11.3.4），求得 $t_W \approx 0.7 \times 10^4 \times 10^{-7}\text{s} = 0.7\text{(ms)}$。

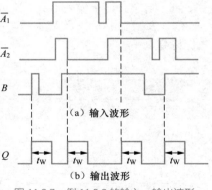

图 11.3.7　例 11.3.2 的输入、输出波形

11.3.3　单稳态电路的应用

1. 定时

由于单稳态电路能产生一定宽度的矩形脉冲，因此利用它可以组成逻辑门定时开、关电路。由单稳态电路组成的定时电路及工作波形如图 11.3.8 所示。单稳态电路的输出信号作为与门的控制信号，只有在单稳态电路输出高电平期间（t_W 时间内），与门导通，v_A 信号才有可能通过。与门的开启时间不同，通过与门的脉冲个数也不同。与门的开启时间由单稳态电路的 R、C 取值决定。

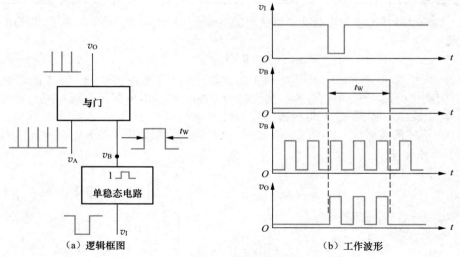

图 11.3.8　单稳态电路组成的定时电路及工作波形

2. 延时

单稳态电路的另一用途是实现脉冲的延时。用两片 74121 组成的延时电路及工作波形如图 11.3.9 所示。从波形图可以看出，v_O 的上升沿相对 v_I 的上升沿延迟了 t_{W1} 时间。

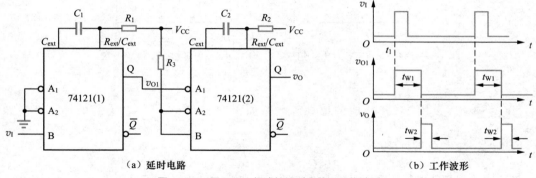

图 11.3.9　用 74121 组成的延时电路及工作波形

11.4　多谐振荡电路

多谐振荡电路（Astable Multivibrator）[1]是一种自激振荡电路，在接通电源后，无需外加输入信号，电路就能自行产生一定频率和一定幅值的矩形波。由于输出的矩形波含有丰富的谐波分量，因此该电路称为**多谐振荡电路**。多谐振荡电路在工作过程中没有稳定状态，故又被称为**无稳态电路**。多谐振荡电路常作为时钟信号源。

11.4.1　用 555 定时器组成的多谐振荡电路

1. 电路结构

555 定时器外接电阻 R_1、R_2 和电容 C 构成的多谐振荡电路如图 11.4.1（a）所示。

2. 工作原理

（1）第一暂稳态。

接通电源后，假设电路输出 v_0 为高电平，555 定时器内部三极管 VT 截止，电源 V_{CC} 通过串联电阻 R_1、R_2 对电容 C 充电，充电时间常数为 $(R_1 + R_2)C$，电容 C 的电压 v_C 呈指数规律上升，v_C 上升到略大于 $\dfrac{2V_{CC}}{3}$ 时，使 v_0 为低电平。电路的这一状态不能保持，故称为第一暂稳态。

（2）第二暂稳态。

v_0 为低电平后，VT 导通，电容 C 通过 R_2 和 VT 放电，放电时间常数为 R_2C，v_C 呈指数规律下降。当 v_C 下降到略小于 $\dfrac{V_{CC}}{3}$ 时，v_0 翻转为高电平。同样，该状态不能保持，称为第二暂稳态。

v_0 为高电平后，VT 截止，V_{CC} 又通过 R_1、R_2 对电容 C 充电，当 v_C 上升到 $\dfrac{2V_{CC}}{3}$ 时，电路返回第一暂稳态，v_0 为低电平。如此周而复始。于是，在电路的输出端可得到一个周期性矩形波。电路的工作波形如图 11.4.1（b）所示。

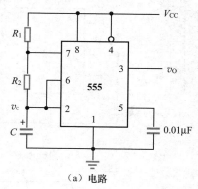
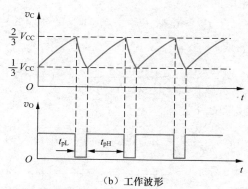

（a）电路　　　　　　　　　　　　（b）工作波形

图 11.4.1　多谐振荡电路

3. 振荡周期的计算

由工作原理可知，电路稳定工作之后，电容 C 充电和放电的过渡过程是周而复始的。电容 C 充电时，时间常数 $\tau_1 = (R_1 + R_2)C$，电容两端的电压 v_C 由 $\dfrac{V_{CC}}{3}$ 上升到 $\dfrac{2V_{CC}}{3}$，即 $v_C(0) = \dfrac{V_{CC}}{3}$，$v_C(\infty) = V_{CC}$，$v_C(t_{pH}) = \dfrac{2V_{CC}}{3}$，将这些值代入 RC 电路过渡过程的计算公式，得到充电所需的时间为

1　该电路也称为多谐振荡器或无稳态多谐振荡器。

$$t_{pH} = \tau_1 \ln \frac{v_C(\infty) - v_C(0)}{v_C(\infty) - v_C(t_{pH})} = (R_1 + R_2)C\ln \frac{V_{CC} - V_{T-}}{V_{CC} - V_{T+}}$$

$$= (R_1 + R_2)C\ln 2 \approx 0.7(R_1 + R_2)C \tag{11.4.1}$$

电容 C 放电时，时间常数 $\tau_2 = R_2C$，电容两端的电压 v_C 由 $\frac{2V_{CC}}{3}$ 下降到 $\frac{V_{CC}}{3}$，即 $v_C(0) = \frac{2V_{CC}}{3}$，

$v_C(\infty) = 0$，$v_C(t_{pL}) = \frac{V_{CC}}{3}$，将这些值代入 RC 电路过渡过程的计算公式，得到放电所需的时间为

$$t_{pL} = R_2C\ln \frac{0 - V_{T+}}{0 - V_{T-}} = R_2C\ln 2 \approx 0.7R_2C \tag{11.4.2}$$

所以，多谐振荡电路的振荡周期

$$T = t_{pH} + t_{pL} = 0.7(R_1 + 2R_2)C \tag{11.4.3}$$

振荡频率

$$f = \frac{1}{t_{pL} + t_{pH}} \approx \frac{1.43}{(R_1 + 2R_2)C} \tag{11.4.4}$$

由于 555 定时器内部的比较器灵敏度较高，而且采用差分电路形式，因此用 555 定时器构成的多谐振荡电路的振荡频率受电源电压和温度变化的影响很小。

4. 占空比可调的电路

图 11.4.1（a）电路的占空比是固定不变的。要实现占空比可调，可采用图 11.4.2 所示的电路。由于二极管 VD_1、VD_2 的单向导电特性，电容 C 的充电、放电回路分开，调节电位器，就可调节多谐振荡电路的占空比。图 11.4.2 中，V_{CC} 通过 R_A、VD_1 向电容 C 充电，充电时间为

$$t_{pH} \approx 0.7R_AC \tag{11.4.5}$$

电容 C 通过 VD_2、R_B 及 555 定时器中的三极管 VT 放电，放电时间

$$t_{pL} \approx 0.7R_BC \tag{11.4.6}$$

因而，振荡频率

$$f = \frac{1}{t_{pL} + t_{pH}} \approx \frac{1.43}{(R_A + R_B)C} \tag{11.4.7}$$

电路输出波形的占空比

$$q = \frac{R_A}{R_A + R_B} \times 100\% \tag{11.4.8}$$

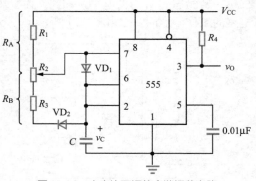

图 11.4.2　占空比可调的多谐振荡电路

例 11.4.1　由 555 定时器及场效应晶体管 VT 组成的压控振荡器如图 11.4.3 所示，电路中 VT 工作于可变电阻区，其导通电阻为 R_{DS}。（1）说明电路实现压控振荡的工作原理；（2）写出 v_O 的频率表达式。

解　（1）依题意，场效应晶体管 VT 工作于可变电阻区，当 v_I 变化时，R_{DS} 也不同。555 定时器与 R_1、R_{DS} 和 C 组成多谐振荡器。改变 v_I 的数值，可改变 R_{DS} 的阻值，从而改变振荡器的振荡频率，实现输入电压控制输出频率的功能。

（2）根据 555 定时器组成多谐振荡器的工作原理，

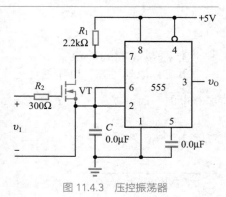

图 11.4.3　压控振荡器

可得

$$t_{\text{pH}} \approx 0.7(R_1 + R_{\text{DS}})C$$

$$t_{\text{pL}} \approx 0.7R_{\text{DS}}C$$

$$f = \frac{1}{t_{\text{pH}} + t_{\text{pL}}} \approx \frac{1.43}{(R_1 + 2R_{\text{DS}})C}$$

11.4.2　用施密特触发电路组成的多谐振荡电路

由于施密特触发电路有 $V_{\text{T+}}$ 和 $V_{\text{T-}}$ 两个不同的阈值电压，因此，如果能使它的输入电压在 $V_{\text{T+}}$ 和 $V_{\text{T-}}$ 之间反复变化，就可以在输出端得到矩形波。将施密特触发电路的输出端经 RC 电路接回其输入端，利用 RC 电路充、放电过程改变输入电压，即可用施密特触发电路构成多谐振荡电路，如图 11.4.4（a）所示。

假设在电源接通瞬间，电容 C 的初始电压为零，则输出电压 v_{O} 为高电平。v_{O} 通过电阻 R 对电容 C 充电，v_{C} 会逐渐上升，当 v_{C} 达到 $V_{\text{T+}}$ 时，施密特触发电路翻转，v_{O} 由高电平跳变为低电平。此后，电容 C 又开始放电，v_{C} 逐渐下降，当 v_{C} 下降到 $V_{\text{T-}}$ 时，电路又发生翻转，v_{O} 又由低电平跳变为高电平，C 又被重新充电。如此周而复始，电路的输出端就得到了矩形波。其工作波形如图 11.4.4（b）所示。

设在图 11.4.4（a）中采用 CMOS 施密特触发电路 CD40106，已知 $V_{\text{OH}} \approx V_{\text{DD}}$、$V_{\text{OL}} \approx 0\text{V}$，则根据 RC 电路暂态过渡过程的计算公式 $v_{\text{C}}(t) = v_{\text{C}}(\infty) + [v_{\text{C}}(0) - v_{\text{C}}(\infty)]e^{-t/\tau}$，可求出图 11.4.4（b）中输出电压 v_{O} 的周期

$$
\begin{aligned}
T = T_1 + T_2 &= RC\left(\ln\frac{V_{\text{DD}} - V_{\text{T-}}}{V_{\text{DD}} - V_{\text{T+}}} + \ln\frac{V_{\text{T+}}}{V_{\text{T-}}}\right) \\
&= RC\ln\left(\frac{V_{\text{DD}} - V_{\text{T-}}}{V_{\text{DD}} - V_{\text{T+}}} \cdot \frac{V_{\text{T+}}}{V_{\text{T-}}}\right)
\end{aligned}
\tag{11.4.9}
$$

注意：使用带有施密特触发输入的 CMOS 反相器组成振荡电路时，虽然振荡波形较好，但由于 $V_{\text{T+}}$、$V_{\text{T-}}$ 各自有一定的变化范围，例如，CD40106 在 5V 供电时，其正向阈值电压为 2.2 ～ 3.6V，负向阈值电压为 0.9 ～ 2.8V，这意味着具有相同 R 值和 C 值的不同的振荡电路，因此，其输出信号的频率会有差异。

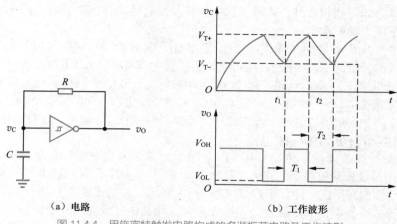

（a）电路　　　　　　　　　　　（b）工作波形

图 11.4.4　用施密特触发电路构成的多谐振荡电路及工作波形

11.4.3　石英晶体多谐振荡电路

前面介绍的多谐振荡电路振荡频率不够稳定。现代数字系统普遍采用石英晶体（其化学成分是 SiO_2）振荡电路来获得频率稳定的信号。石英晶体典型的固有频率范围是 10kHz ～ 10MHz。

石英晶体的图形符号、电路模型和电抗频率特性如图 11.4.5 所示。C_0 代表石英晶体不振动时支架静电容量，一般为几到几十皮法；L、C 和 R 代表晶体本身的特性；L 相当于晶体质量（机械振动惯性），其值很大，一般为几十到几百毫亨；C 相当于晶体的等效弹性模数，其值仅为 $10^{-4}pF ～ 10^{-1}pF$；R 表示晶片振动时的摩擦损耗，其值为 100Ω 左右。由于 L/C 的比值很大，因而品质因数 Q 高达 10 000 ～ 500 000。又由于石英晶体的固有频率仅与石英晶体的结晶方向和外尺寸有关，与电路中的电阻、电容无关，因此，石英晶体振荡电路的频率稳定度极高，其频率稳定度 $\Delta f_S/f_S$ 可达 $10^{-10} ～ 10^{-11}$。

由图 11.4.5（c）可知，石英晶体有两个谐振频率。当 R、L、C 支路发生串联谐振时，该支路呈纯阻性，阻值为 R，此时的谐振频率为 f_S；当频率高于 f_S 时，R、L、C 支路呈感性，可与 C_0 发生并联谐振，此时的谐振频率为 f_P。由于 $C \ll C_0$，因此 f_S 与 f_P 很接近（相差几十到几百赫兹）。

利用石英晶体构成的振荡电路通常有两类：一类是把谐振频率选择在 f_S 处，石英晶体构成串联谐振型振荡电路；另一类是把振荡频率选择在 f_S 与 f_P 之间，石英晶体等效于电感元件，构成并联谐振型振荡电路。

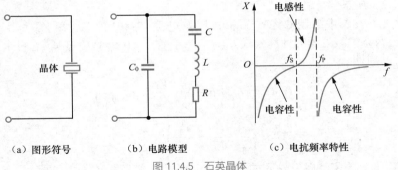

（a）图形符号　　　（b）电路模型　　　（c）电抗频率特性

图 11.4.5　石英晶体

1. 串联谐振型石英晶体振荡电路

串联谐振型石英晶体振荡电路如图 11.4.6 所示。石英晶体串接在由逻辑门 G_1、G_2 组成的正反馈电路中。当振荡频率等于晶体的串联谐振频率 f_S 时，晶体阻抗最小，呈现纯电阻特性，此时正反馈最强，且满足相位条件；而其他频率的信号经石英晶体都会衰减（由于电抗 X 较大），所以电路的振荡频率就是 f_S。

图 11.4.6 中，电阻 R_1 和 R_2 的作用是使反相器 G_1、G_2 在静态（电路没有振荡）时工作在电压传输特性曲线的转折区（放大区），使每个反相器成为具有很强放大能力的放大电路，有利于电路起振。如采用 TTL 逻辑门电路，R_1 和 R_2 通常取值为 $0.5k\Omega ～ 2k\Omega$；如采用 CMOS 逻辑门电路，则其阻值在 $5M\Omega ～ 100M\Omega$。电容 C_1、C_2 为两个反相器之间的耦合电容，它们的取值应使其在频率为 f_S 时的容抗可以忽略不计，这样，可保证 G_1 和 G_2 之间形成正反馈环路。

2. 并联谐振型石英晶体振荡电路

并联谐振型石英晶体振荡电路如图 11.4.7 所示。R_f 是偏置电阻，其取值一般在 $10M\Omega ～ 100M\Omega$，其作用是设置直流静态工作点（$V_B = V_A = V_T \approx V_{DD}/2$），保证 CMOS 反相器 G_1 能工作在其电压传输特性的转折区，即反相器 G_1 与 R_f 组成基本放大电路。图 11.4.7 中，石英晶体的工作频率位于串联谐振频率 f_S 和并联谐振频率 f_P 之间，使晶体呈现电感特性，与电容 C_1、C_2 一起组成选频反馈网络，这个网络将 B 点输出信号的一部分反馈到 A 点，再由 G_1 放大以维持振荡。

放大电路和选频网络共同组成电容三点式振荡电路。反相器 G_2 起整形缓冲作用，因为振荡电路输出信号接近于正弦波，经 G_2 整形后变成矩形波，并且 G_2 还能提高振荡电路的带负载能力。

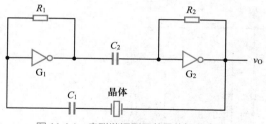

图 11.4.6 串联谐振型石英晶体振荡电路

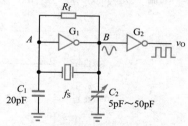

图 11.4.7 并联谐振型石英晶体振荡电路

电路的振荡频率由谐振回路的参数（C_1、C_2 和石英晶体的等效电感 L_{eq}）决定，但与石英晶体本身的谐振频率十分接近。C_1、C_2 的值一般取几十皮法，其中 C_2 用来微调振荡频率。由于振荡电路的工作频率被限定在 f_S 与 f_P 之间，而在这一频率范围内，石英晶体的电抗曲线很陡峭，因此，电抗稍有变化时，频率变化极小，使得电路频率稳定性很高。

石英晶体构成的秒脉冲信号产生电路如图 11.4.8 所示。图中，CC4060 为异步二进制计数器 / 振荡器。它内部有 14 个串行级联的 T 触发器，其输出 $Q_4 \sim Q_{10}$，$Q_{12} \sim Q_{14}$ 分别对应 $2^4 \sim 2^{10}$ 和 $2^{12} \sim 2^{14}$ 分频，另外，在 9 号引脚、10 号引脚、11 号引脚这 3 个引脚上外接电阻、电容和石英晶体可以构成振荡电路，振荡信号可以从 9 号引脚输出，同时也送到内部计数器进行分频，得到多种不同频率的输出信号。按照图 11.4.8 中的电路连接，由晶体振荡电路产生 32 768Hz 的基准时钟，经 2^{14} 分频后得到 2Hz 的时钟信号，再经过 D 触发器构成的二分频器分频后，得到 1Hz 的时钟信号。

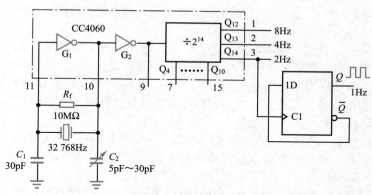

图 11.4.8 秒脉冲信号产生电路

11.5 应用举例：双音报警电路

双音报警电路如图 11.5.1 所示。其工作原理：555（1）为自激多谐振荡电路，接通电源后，v_{O1} 输出矩形脉冲，振荡频率通过式（11.4.4）进行计算。根据图中参数，可求得其频率约为 0.681Hz。

555（2）是一个可控的多谐振荡电路。v_{O1} 输出的矩形脉冲送到 555（2）的控制电压端（5 号引脚），这个电压将改变芯片内部比较器的阈值，从而改变振荡频率。当 5 号引脚的控制电压升高时，振荡频率降低；而当控制电压降低时，振荡频率则升高，这就是控制电压对振荡频率的调制作用。

在图 11.5.1 所示电路中，当 v_{O1} 输出高电平时，555（2）的输出信号频率较低，而当 v_{O1} 输出低电平时，555（2）的输出信号频率较高，于是扬声器发出"滴——嘟——滴——嘟……"的双音声响，即救护车的鸣笛声。

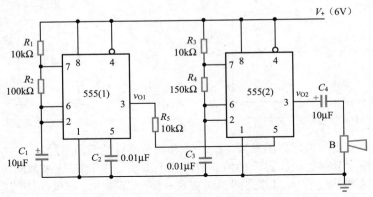

图 11.5.1　救护车双音报警电路

小结

- 数字系统中所需的各种脉冲，可以用脉冲信号产生电路——多谐振荡电路直接产生，也可以通过波形变换电路——施密特触发电路和单稳态电路获得。本章介绍了用于产生矩形脉冲的一些常用电路。
- 555 定时器是一种应用广泛的集成电路，可以用它构成施密特触发电路、单稳态电路和多谐振荡电路等。
- 施密特触发电路有两个阈值电压。输入信号在增大过程中使输出电压产生跳变时所对应的输入电压称为**正向阈值电压**（V_{T+}）；而输入信号在减小过程中使输出电压产生跳变时所对应的输入电压称为**负向阈值电压**（V_{T-}）。V_{T+} 和 V_{T-} 是施密特触发电路的两个主要参数。施密特触发电路输出电压在跳变过程中存在正反馈，其输出波形的跳变沿都很陡直，所以常作为脉冲变换（整形）电路。
- 单稳态电路只有一个稳态，在触发信号作用下，电路会翻转到暂稳态。由于电路中 RC 延时环节的作用，电路会在触发信号消失后自动返回稳态。电路的输出脉冲宽度 t_W 由 RC 延时环节参数值决定。
- 单稳态电路分为不可重复触发和可重复触发两大类。在暂稳态期间出现的触发信号对**不可重复触发单稳态电路没有影响**，而对可重复触发单稳态电路可起到连续触发作用。
- 多谐振荡电路是一种自激振荡电路，不需要外加输入信号，就能在接通电源后自动地产生矩形脉冲并输出。频率稳定性要求较高的场合通常采用石英晶体振荡器。

自我检验题

11.1　填空题
1. 555 定时器由_____、_____、_____、_____和_____组成。
2. 555 定时器构成的基本施密特触发电路没有外接控制电压时，正、负向阈值电压分别为_____和_____，回差电压为_____。

答案

3. 555 定时器组成的施密特触发电路中，通过改变外接控制电压，可调节_____电压大小。

4. 集成单稳态电路分为_____和_____两种类型。

5. 集成单稳态电路 74121 外接电阻为 10kΩ，外接电容为 0.033μF，则暂稳态时间为_____。

6. 555 定时器组成的单稳态电路中，定时电阻为 10kΩ，电容为 0.033μF，则输出脉冲宽度为_____。

7. 555 定时器组成的单稳态电路中，若触发脉冲宽度大于单稳态输出脉冲宽度，应在触发输入端增加_____电路。

8. 在输入脉冲的触发下，若想产生一个可调整输出脉冲宽度的单一正脉冲，可采用_____电路来实现。

9. 多谐振荡电路在工作过程中没有稳定状态，故又称为_____电路。

10. 在串联谐振型石英晶体振荡电路中，晶体的阻抗最小，电路的振荡频率等于晶体的_____频率。

11.2　选择题

1. 单稳态电路正常工作时输出脉冲的宽度取决于（　　　）。

A. 触发脉冲的宽度　　　　　　　　　　B. 触发脉冲的幅度

C. 电源电压的数值　　　　　　　　　　D. 电路本身的电阻、电容值

2. 若增加集成单稳态电路 74121 的输出脉冲宽度，则（　　　）。

A. 增加触发脉冲的时间间隔　　　　　　B. 增加电源电压的数值

C. 增加外接电阻或电容值　　　　　　　D. 减小外接电阻或电容值

3. 集成单稳态电路 74121 的输出脉冲宽度约为（　　　）。

A. 0.7RC　　　　　　B. RC　　　　　　C. 1.1RC　　　　　　D. 2RC

4. 由 555 定时器组成的单稳态电路输出脉冲的宽度约为（　　　）。

A. 0.7RC　　　　　　B. RC　　　　　　C. 1.1RC　　　　　　D. 2RC

5. 要使 555 定时器组成的多谐振荡器停止振荡，最有效的方法是（　　　）。

A. 复位端 $\overline{R}_D$ 接低电平　　　　　　　　B. 复位端 $\overline{R}_D$ 接高电平

C. 控制电压端（v_{IC}）接高电平　　　　　　D. 触发输入端（v_{I2}）接高电平

6. 利用（　　　）电路可以将边沿平缓的信号变换为边沿很陡的矩形脉冲信号。

A. 可重复触发单稳态电路　　　　　　　B. 不可重复触发单稳态电路

C. 施密特触发电路　　　　　　　　　　D. 多谐振荡电路

7. 施密特触发电路的特点是（　　　）。

A. 具有记忆功能　　　　　　　　　　　B. 有两个可以自行保持的稳定状态

C. 具有负反馈作用　　　　　　　　　　D. 上升和下降过程的阈值电压不同

8. 对一串幅度不等的脉冲，要剔除幅度不够大的脉冲，并将其余脉冲的幅度调整到规定的幅度，可以采用（　　　）。

A. 可重复触发单稳态电路　　　　　　　B. 不可重复触发单稳态电路

C. 施密特触发电路　　　　　　　　　　D. 多谐振荡电路

9. 为了提高多谐振荡电路频率的稳定性，最有效的方法是（　　　）。

A. 提高电容、电阻的精度　　　　　　　B. 提高电源的稳定度

C. 采用石英晶体振荡器　　　　　　　　D. 保持环境温度不变

✎　习题

11.1　555 定时器

11.1.1　555 定时器中输出端缓冲器的作用是什么？

11.1.2　TTL 型和 CMOS 型 555 定时器的电源电压范围分别是多少？这两种类型器件的输出电流和吸收电流分别是多少？

11.1.3　用 555 定时器组成应用电路时，控制电压端与地之间接一个电容的作用是什么？

11.1.4　在 555 定时器中，假定电源电压为 5V，如果 5 号引脚没有加控制电压，比较器 C_1 和 C_2 的参考电压分别是多少？如果 5 号引脚外接 4V 的控制电压，比较器 C_1、C_2 的参考电压分别是多少？

11.2　施密特触发电路

11.2.1　用 555 定时器构成的施密特触发电路和 v_1 波形分别如图题 11.2.1（a）、（b）所示。

（1）电路的正、负向阈值电压及回差电压分别是多少？

（2）对应输入波形，画出输出波形。

（3）画出电路的传输特性曲线。

11.2.2　如果电路的输入、输出波形如图题 11.2.2 所示，试画出用 555 定时器组成的电路。

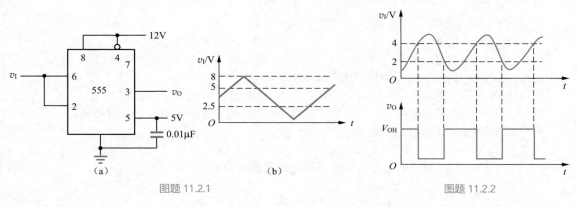

图题 11.2.1　　　　　　　　　　　　图题 11.2.2

11.3　单稳态电路

11.3.1　已知几种电路的输入、输出波形分别如图题 11.3.1（a）～（d）所示，试确定对应何种电路。

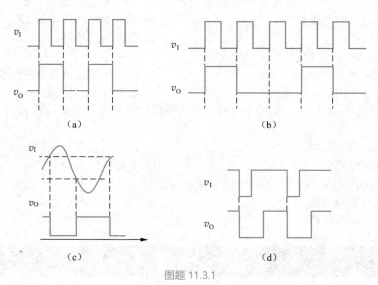

图题 11.3.1

11.3.2　图题 11.3.2 所示为一个简易触摸开关电路。当手摸金属片时，发光二极管亮，经过一定时间后，发光二极管 VD 自动熄灭。试说明其工作原理，并计算发光二极管亮多长时间自动熄灭。

11.3.3 由 555 定时器构成的电路和两个输入波形分别如图题 11.3.3（a）、（b）所示。

（1）试指出电路的名称。

（2）计算电路的输出脉冲宽度。

（3）为使电路正常工作，根据以上计算结果，电路应选择图题 11.3.3（b）所示两个触发信号中的哪一个？

11.3.4 由 555 定时器构成的锯齿波发生器如图题 11.3.4 所示，三极管 VT_1 和电阻 R_1、R_2、R_e 构成恒流源，给定时电容 C 充电，画出触发输入端输入负向脉冲后电容电压 v_C 及 555 定时器输出电压 v_O 的波形，并计算电路的输出脉冲宽度。

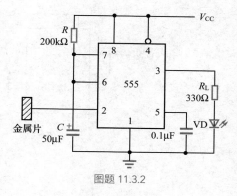

图题 11.3.2

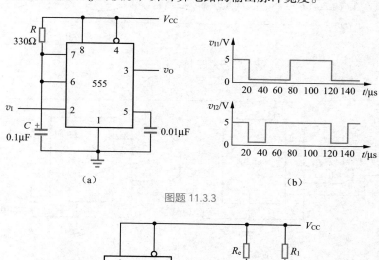

（a）

（b）

图题 11.3.3

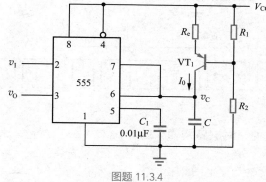

图题 11.3.4

11.3.5 图题 11.3.5（a）所示为心律失常报警电路，经放大后的心电信号 v_I 如图题 11.3.5（b）所示，v_I 的幅值 $v_{Im} = 4V$。

（1）说明电路的组成及工作原理。

（2）对应 v_I 分别画出图中 A、B、E 三点的电压波形。

11.3.6 由 555 定时器接成的汽车发动机等运转部件超速报警器如图题 11.3.6 所示，v_I 是与转速成正比的脉冲信号。在正常速度下，发光二极管不发光；当速度超过正常值时，发光二极管被点亮，指示速度超过允许值。

（1）说明电路的组成及工作原理。

（2）画出 v_{C1}、v_{O1}、v_{C2} 及 v_{O2} 的波形。

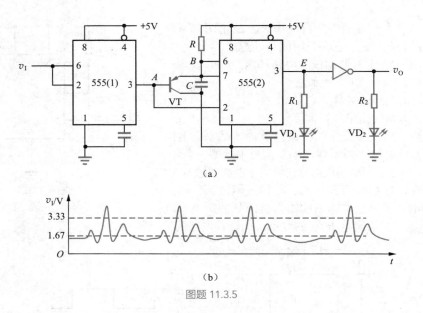

图题 11.3.5

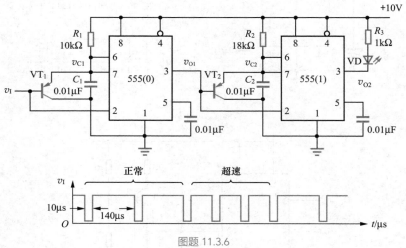

图题 11.3.6

11.3.7 由 74121 组成的延时电路及输入脉冲如图题 11.3.7 所示。

（1）计算输出脉冲宽度的变化范围。

（2）解释为什么使用电位器时要串接一个电阻。

11.3.8 由 74121 组成的电路及参数如图题 11.3.8（a）所示，触发输入信号如图题 11.3.8（b）所示。

（1）计算在 v_I 作用下 v_{O1}、v_{O2} 输出脉冲宽度。

（2）对应输入 v_I，画出输出 v_{O1}、v_{O2} 的波形。

11.3.9 两片集成单稳态电路 74121 构成的多谐振荡电路如图题 11.3.9 所示。

（1）试说明开关 S 从闭合变为断开时电路的工作原理，并对应 v_{B1} 画出 v_{O1} 和 v_O 波形。

（2）计算电路的振荡频率。提示：稳态时，两个单稳态电路的输出均为 **0**，当开关 S 断开时，电路开始振荡。

图题 11.3.7

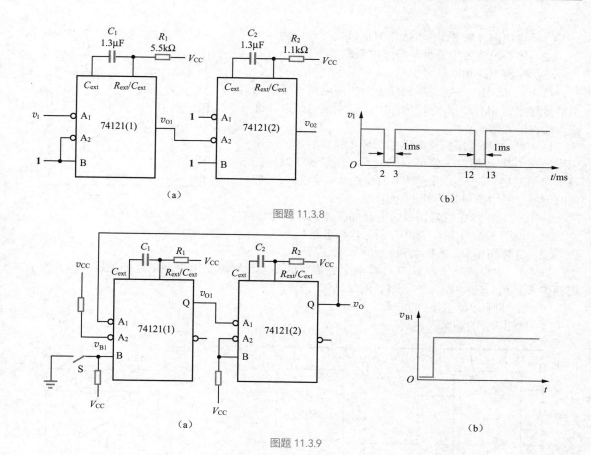

图题 11.3.8

图题 11.3.9

11.4　多谐振荡电路

11.4.1　用 555 定时器构成图题 11.4.1 所示的电路，假设二极管 VD_1、VD_2 是理想的。

（1）分别说明开关 S 与①②③连接时，电路能否振荡。

（2）若能振荡，试画出 v_C 和 v_o 的波形，并写出 v_o 的频率表达式。

（3）图中二极管（VD_1、VD_2）的作用是什么？

11.4.2　某防盗报警电路如图题 11.4.2 所示，a、b 两端被一细铜丝接通，此铜丝置于小偷必经之处。当小偷闯入室内将细铜丝碰断时，扬声器 B 发出报警声。扬声器电压为 1.2V，通过电流为 40mA。

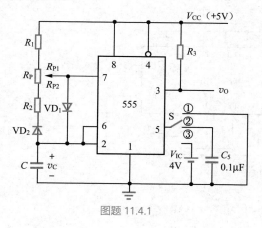

图题 11.4.1

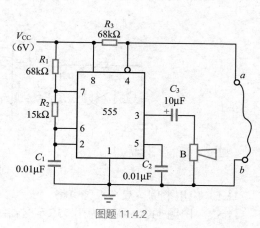

图题 11.4.2

（1）当细铜丝断开时，555 定时器接成何种电路？

（2）简要说明该报警电路的工作原理。

（3）报警声的频率是多少？

11.4.3 试用 555 定时器构成多谐振荡电路，要求输出信号频率为 4kHz，占空比为 60%，试画出电路，并确定各元件的参数值。

11.4.4 某过电压监视电路如图题 11.4.4 所示。试说明当监视电压 v_1 超过一定值时，发光二极管 VD 发出闪烁信号的原理。提示：当电路中的 VT 饱和导通时，555 定时器的 1 号引脚可认为处于地电位。

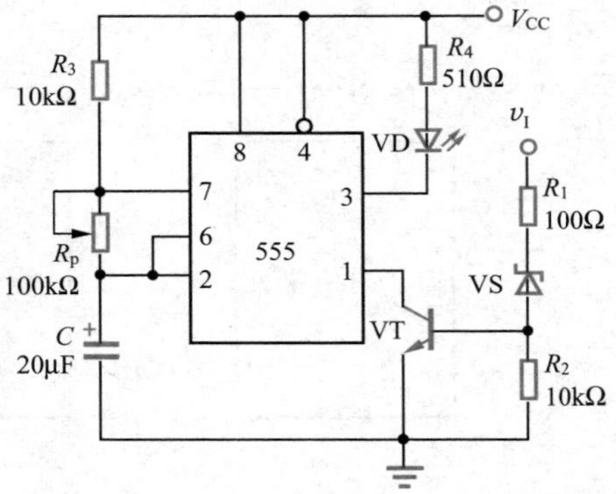

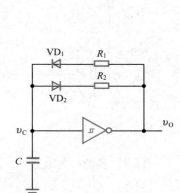

图题 11.4.4

11.4.5 由 555 定时器构成的电路如图题 11.4.5 所示。

（1）说明 555(1) 和 555(2) 分别是什么电路.

（2）计算图中 v_{O1} 的频率和 v_{O2} 的脉宽。

11.4.6 由集成施密特 CMOS 非门电路组成的占空比可调多谐振荡电路如图题 11.4.6 所示，电路中 R_1、R_2、C 及 V_{DD}、V_{T+}、V_{T-} 的值已知。

（1）定性画出 v_C 及 v_O 的波形。

（2）写出 v_O 的频率表达式。

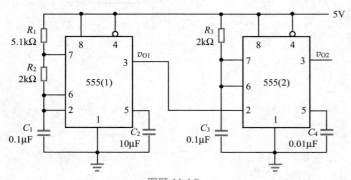

图题 11.4.5

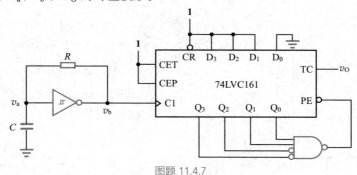

图题 11.4.6

11.4.7 集成施密特触发电路和 4 位同步二进制加法器 74LVC161 组成的电路如图题 11.4.7 所示。

（1）分别说明图中两部分电路的功能。

（2）画出图中 74LVC161 组成的电路的状态图。

（3）画出图中 v_a、v_b 和 v_O 的对应波形。

图题 11.4.7

11.5 应用举例：双音报警电路

11.5.1 图题 11.5.1 所示为用 555 定时器组成的双音电子门铃电路。

（1）分析电路的工作原理。

（2）扬声器发出的高音和低音的频率分别是多少？

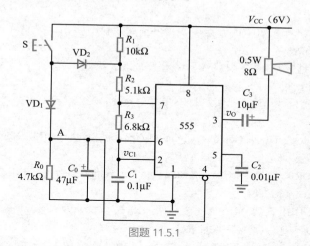

图题 11.5.1

11.5.2　图题 11.5.2 所示为用两个 555 定时器组成的触摸报警电路。当有人触摸电极片时，人体感应产生的负向脉冲使扬声器开始发出声音并持续一段时间。

（1）说明电路的工作原理。

（2）计算触发一次报警的时间和扬声器发出声音的频率。

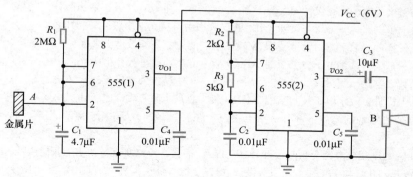

图题 11.5.2

📝 实践训练

S11.1　在 Multisim 中，对图题 11.2.1 和图题 11.3.3 所示电路进行仿真分析，给出电路的输入和输出波形。

S11.2　在 Multisim 中，对图题 11.4.5 所示电路进行仿真分析，给出 v_{O1} 和 v_{O2} 波形。

S11.3　在 Multisim 中，对图 11.5.1 所示救护车双音报警电路进行仿真分析，给出 v_{O1} 和 v_{O2} 波形。

S11.4　利用 555 定时器组成的单稳态触发电路，设计一个触摸控制灯（发光二极管）电路。要求手触摸金属片（或导线）后，亮灯时间为 10s。

（1）写出计算 R、C 的过程。

（2）在仿真软件中画出电路原理图，并仿真运行电路。

参 考 文 献

[1] BROWN S, VRANESIC Z. 数字逻辑基础与 Verilog 设计 [M]. 3 版. 吴建辉，黄成，等，译. 北京：机械工业出版社，2019.

[2] MANO M M, CILETTI M D. 数字设计与 Verilog 实现 [M]. 5 版. 徐志军，尹廷辉，倪雪，等，译. 北京：电子工业出版社，2015.

[3] WAKERLY J F. 数字设计：原理与实践 [M]. 5 版. 林生，葛红，金京林，等，译. 北京：机械工业出版社，2019.

[4] PALNITKAR S. Verilog HDL: A Guide to Digital Design and Synthesis [M]. New Jersey: SunSoft Press A Prentice Hall Title, 1996.

[5] THOMAS D E, MOORBY P R. The Verilog Hardware Description Language [M].5th ed. Dordrecht: Kluwer Academic Publishers Group, 2002.

[6] BHASKER J. Verilog HDL 入门 [M]. 3 版. 夏宇闻，甘伟，译. 北京：北京航空航天大学出版社，2008.

[7] CILETTI M D. Verilog HDL 高级数字设计 [M]. 张雅绮，李锵，等，译. 北京：电子工业出版社，2005.

[8] 华中科技大学电子技术课程组. 电子技术基础：数字部分 [M]. 7 版. 北京：高等教育出版社，2021.

[9] 清华大学电子学教研组. 数字电子技术基础 [M]. 6 版. 北京：高等教育出版社，2016.

[10] 华中科技大学电子技术课程组. 数字电子技术基础 [M]. 3 版. 北京：高等教育出版社，2014.

[11] 华中科技大学电子技术课程组. 电子技术基础实验——电子电路实验、设计及现代 EDA 技术 [M]. 4 版. 北京：高等教育出版社，2017.

[12] 罗杰，谢自美. 电子线路设计·实验·测试 [M]. 5 版. 北京：电子工业出版社，2015.

[13] 瞿安连. 电子电路——分析与设计 [M]. 武汉：华中科技大学出版社，2010.

[14] 何建新，曾祥萍. 数字逻辑设计基础 [M]. 2 版. 北京：高等教育出版社，2019.

[15] 杨春玲，王淑娟. 数字电子技术基础 [M]. 2 版. 北京：高等教育出版社，2017.

[16] 曹汉房. 数字电路与逻辑设计 [M]，5 版. 武汉：华中科技大学出版社，2010.

[17] 杨志忠，卫桦林. 数字电子技术基础 [M]. 3 版. 北京：高等教育出版社，2018.

[18] 秦臻. 电子技术基础（数字部分）重点难点·题解指导·考研指南 [M]. 北京：高等教育出版社，2007.

[19] AYERS J E. 数字集成电路分析与设计 [M]. 2 版. 杨兵，译. 北京：国防工业出版社，2013.

[20] 罗杰. Verilog HDL 与 FPGA 数字系统设计 [M]. 2 版. 北京：机械工业出版社，2022.

[21] 任爱锋，初秀琴，常存，等. 基于 FPGA 的嵌入式系统设计 [M]. 西安：西安电子科技大学出版社，2004.